磁性纳米材料
及
磁固相萃取技术

杨亚玲　李小兰　主　编
杨德志　范　忠　周　芸　冯守爱　副主编

化学工业出版社
·北京·

本书对具有前瞻性的磁性纳米材料及磁固相微萃取技术进行了系统论述，内容包括该技术近十年的发展状况，功能性磁性纳米材料的合成方法、结构表征方法，磁性纳米材料的功能化，磁固相萃取的理论基础，磁固相萃取方法的优化和校正，磁固相萃取技术在食品、环境、药品、烟草、元素形态、天然产物等中的分析应用，为磁固相技术提供理论支撑和具体应用。

　　本书主要适于从事环境、食品、药品、日化、烟草等行业分析检测的技术人员阅读，也可作为高等学校相关专业研究生和本科生的课外参考书籍。

图书在版编目（CIP）数据

磁性纳米材料及磁固相萃取技术/杨亚玲，李小兰
主编．—北京：化学工业出版社，2020.1（2022.1重印）
ISBN 978-7-122-35534-8

Ⅰ.①磁⋯　Ⅱ.①杨⋯②李⋯　Ⅲ.①纳米材料-磁
性材料-研究　Ⅳ.①TB383

中国版本图书馆 CIP 数据核字（2019）第 248575 号

责任编辑：廉　静　孙凤英　　　　　　　　　装帧设计：王晓宇
责任校对：刘　颖

出版发行：化学工业出版社（北京市东城区青年湖南街 13 号　邮政编码 100011）
印　　装：北京捷迅佳彩印刷有限公司
787mm×1092mm　1/16　印张 17　字数 413 千字　2022 年 1 月北京第 1 版第 2 次印刷

购书咨询：010-64518888　　售后服务：010-64518899
网　　址：http://www.cip.com.cn
凡购买本书，如有缺损质量问题，本社销售中心负责调换。

定　　价：88.00 元

编写人员名单

主　　编　杨亚玲　李小兰

副 主 编　范　忠　周　芸　冯守爱　杨德志

编写人员　杨亚玲　李小兰　杨德志　范　忠　周　芸　冯守爱

　　　　　孟冬玲　杨　波　祝　艳　万　洋　陈子昭　母　昭

　　　　　华建豪　赵纯希　程春生　陈　峰　郭志宏　刘　鸿

　　　　　王建华　李志华　陈志燕　吴晶晶　徐雪芹　陈义昌

　　　　　黄善松　朱　静　黄世杰　周　晓　刘　政　王　月

　　　　　周肇峰　邓宾玲　吴　彦　吴　滨　李士超　黄祥进

　　　　　许蔼飞　务文涛

前言
Preface

在复杂样品分析过程中，样品存在成分复杂、目标物质含量低、稳定性差等问题。虽然近年来，高灵敏且准确性高的仪器分析方法发展迅速且应用广泛，但受基质效应和杂质干扰，很多复杂样品仍无法用仪器直接检测。因此，对样品进行前处理在样品分析中至关重要。通过样品预处理，可以将目标物质与杂质分离开，浓缩富集目标物，从而提高检测的灵敏度，满足仪器分析的要求。但样品处理时，也存在操作烦琐、溶剂消耗大、费时费力等缺点，且容易使样品损失，造成误差。因此，开发简易便捷、高效、低溶剂消耗、绿色环保的样品前处理技术具有重要的意义，也是分析化学研究的热点。新的前处理方法以及这些方法与分析仪器在线联用的研究是重点研究方向。

磁固相萃取（MSPE）是21世纪在分离富集领域的革命性技术，也称为磁固相微萃取技术。基于液-固色谱理论，MSPE是以磁性或可磁化的材料作为吸附剂的一种分散固相萃取技术。在MSPE过程中，磁性吸附剂不直接填充到吸附柱中，而是被添加到样品的溶液或者悬浮液中，将目标分析物吸附到分散的磁性吸附剂表面，在外部磁场作用下，目标分析物随吸附剂一起迁移，最终通过合适的溶剂洗脱被测物质，从而与样品的基质分离开来。MSPE的核心是磁性萃取材料，磁性纳米材料可作为MSPE的吸附剂。与常规的固相萃取（SPE）柱填料相比，纳米粒子的比表面积大、扩散距离短，只需使用少量的吸附剂和较短的平衡时间就能实现萃取分离，因此具有较高的萃取能力和萃取效率。经功能化修饰，磁性吸附剂有望实现对分析物的选择性萃取。另外，磁性吸附剂经适当的润洗之后可以循环使用。MSPE仅通过施加一个外部磁场即可实现相分离，因此操作简单、省时快速、无需离心过滤等烦琐操作，避免了传统固相萃取吸附剂需装柱和样品上样等耗时问题，而且在处理生物、环境样品时不会存在固相萃取中遇到的柱堵塞的问题。

至今，国内外专著中有关磁固相萃取技术大都出现在样品前处理技术中，发表论文数量呈上升趋势，主要涉及磁性纳米材料的功能化，在碳材料包括石墨烯、碳纳米管、C_{18}、富勒烯 C_{60} 等，硅材料、高分子材料、壳聚糖等材料功能修饰方面。我们研究组于2013年开始展开MSPE技术研究，获得了一些研究成果。为了让广大的分析工作者较系统地了解磁固相萃取的基本原理，磁固相纳米材料的特点、性能、表征技术及应用于磁固相萃取的对象等，同时为了更好在国内外与同行进行交流，出版此专著。

本书共分八章，以介绍目前分析化学中常用的样品前处理技术、磁固相萃取技术特点、磁性纳米材料及合成方法、磁性纳米粒子修饰材料及方法及表征、磁固相萃取技术理论基础及磁固相萃取技术应用为主线安排内容，详细介绍了纳米材料的物理化学性质及磁性纳米材料，磁性纳米材料制备方法，包括化学共沉淀法、溶胶-凝胶法、微乳液法、水热或溶剂热法及热分解法；磁性纳米材料功能化，包括硅材料、碳材料、离子液体、分子印迹材料功能化修饰；磁性纳米材料的表征方法，包括电镜、扫描电子显微镜、红外及拉曼光谱、X射线衍射、热重分析及振动样品磁强计；磁固相萃取的理论基础；磁固相萃取技术在金属离子、有机污染物、食品安全及食品分析的应用。

　　本书是广西烟草学会 2018 年学术活动项目，由昆明理工大学、广西中烟工业有限责任公司和广西烟草学会组织编写，由三十多名科技工作者进行撰稿，并由主编负责全书统稿工作，不断完善。

　　本书虽力求做到全面、系统、新颖及实用，但受到水平限制，不足及疏漏之处在所难免，恳请读者批评指正。

编者

2019 年 5 月

目录
Contents

第 1 章
磁性纳米材料的基本概念

001 ——————

第 2 章
磁性纳米材料

016 ——————

第 **5** 章

磁性纳米材料的表征方法

118

第6章
磁固相萃取的理论基础

155 —————

第7章
磁固相萃取在环境检测中的应用

163 —————

第 **8** 章
磁固相萃取技术应用实例

221

第1章

磁性纳米材料的
基本概念

1.1 样品前处理技术

样品前处理技术包括样品的制备和对样品采用合适的分解、溶解方法以及对待测组分进行提取、净化和浓缩等步骤，目的是使被测组分转变成可以测定的形式，从而进行定量和定性分析。由于待测组分会受其他组分的干扰或者由于测定方法本身灵敏度的限制以及对待测组分状态的要求，绝大多数分析物在检测和分析前都要对试样进行有效的、合理的物理或者化学的处理，将待测组分从样品中提取出来，排除干扰。同时还要将待测组分稀释或浓缩或转变成分析测定所要求的状态，使待测组分的量及存在形式适应所选分析方法的要求，从而使测定顺利进行，并保证分析测定结果的准确性和可靠性。样品前处理是化学分析的重要组成部分，也是分析中最困难、最烦琐的工作之一。根据文献报道，样品前处理所花费的时间占据整个分析过程的 61% [图 1-1(a)]；同时，样品前处理产生约 30% 的误差，加上人为操作误差，样本前处理所引进的误差约占据整个误差来源的 50% [图 1-1(b)]。样本前处理过程所耗时间长且容易造成误差，成为分析化学工作的瓶颈之一。因此，样品前处理方法与技术的研究已经吸引了越来越多的分析化学家的关注，各种新技术与新方法的探索和研究已成为当代分析化学的重要课题和发展方向之一。理想的样品前处理技术应该符合以下的条件：①能够选择性并高效率地分离出复杂基质中的待测物；②能够有效地去除共存的干扰组分，不会损害或者干扰色谱系统或质谱系统；③能够将样品转化为适合分析仪器对其进行分析的状态；④通过调节样品的酸碱度、离子强度、浓度等，满足检测仪器的工作要求；⑤操作过程简便而且价格低廉；⑥方法可靠并且结果具有可重复性等。

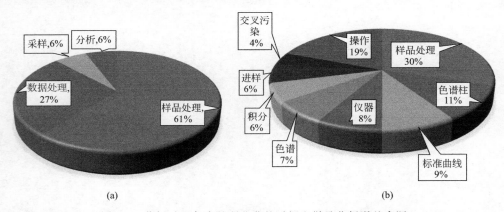

(a)   (b)

图 1-1　分析过程各步骤所花费的时间和样品分析误差来源

在样品分析过程中通常将样品主要分为两类，一种是液体样品，另外一种是固体及半固体样品，然而目前分析的大部分样品主要是液体样品，所以本综述主要介绍液体样品的前处理技术。目前，液体样品的前处理技术主要包括：液-液萃取法（liquid-liquid extraction，LLE）、固相萃取法（solid-phase extraction，SPE）、固相微萃取法（solid-phase microextraction，SPME）、磁性固相法萃取（magnetic solid phase extraction，MSPE）、浊点萃取法（cloud point extraction，CPE）、微波辅助萃取法（microwave-assisted extraction）、膜萃取法（membrane extraction）、超声萃取法（ultrasonic extraction）、搅拌棒萃取法（stir bar extraction）及超临界流体萃取法（supercritical fluid extraction）等，在这些样品前处理操作过程中又以液-液萃取、固相萃取最为简单方便、回收率高和重复性好而备受研究者们青睐。

传统的样品前处理方法有振荡提取、索氏提取（Soxhlet）、液-液分配（liquid-liquid extraction）、柱层析（弗罗里硅土、硅胶、硅藻土及氧化铝柱层析）等技术，这些技术主要应用在液体样本中分析物的提取中，这些技术包括匀质化、提取、过滤、离心、柱层析、浓缩和溶剂转换等费时费力的操作步骤，这不仅导致整个方法比较复杂、费时，而且易造成系统误差和偶然误差。随着技术的发展，新型的样品前处理技术不断涌现，如液相微萃取、固相微萃取等。这些新型的样品前处理技术在经典技术的原理上发展起来，通过微量化的手段使前处理技术变得简单、快捷、高效。

1.2 常用液体样品前处理方法简介

1.2.1 液-液萃取（LLE）

液-液萃取是利用样品中的分析物和干扰物质在互不相溶的两种溶剂中分配系数的差异，进行分离和净化的方法。通常使用一种能与水相溶的极性溶剂和另一种不与水相溶的非极性溶剂配对来进行分配。液-液萃取的原理是根据 Nernst 于 1891 年提出的分配定律，即在一定温度下，溶质在一对互不相溶的溶剂中进行分配，平衡时溶质在两相中浓度之比为常数，该常数称为分配系数 k。

$$k = A_o/A_w \tag{1-1}$$

式中，A_o 表示非极性溶剂中的溶质部分；A_w 表示极性溶剂中的溶质部分。

分配系数越大，表示组分在萃取剂中溶解度越大。通常，组分的 k 值随温度与组分在两相中组成而异。

当涉及原料液中两种组分的分离时，则需要用选择性系数来表示其在两液相中的平衡关系。二组分（A 和 B）的选择性系数 β 的定义为二组分在两相中的组成比的比值：

$$\beta = k_A/k_B \tag{1-2}$$

选择性系数也称为分离系数，当 $\beta > 1$ 表示两相平衡时组分 A 在萃取相中相对组成高，A，B 两组分可以用萃取方法分离。β 大，分离容易；β 小，分离困难。$\beta = 1$，则两组分不能用萃取方法分离。

液-液萃取的基本操作如图 1-2 所示，选取一只分液漏斗，在其中加入样品溶液和萃取溶剂，经过多次手动振荡使溶液充分混匀，之后静置分层，分离出萃取溶剂后，还要进行浓缩、定容等步骤才能在检测仪器中进样分析。

与其他样品前处理技术比较起来，液-液萃取具有几个优点：①常温操作，液相萃取对温度没有特殊要求，室温下即可进行，操作简便；②应用范围广，液-液萃取适用于检测不同样本中的目标分析物，即使是复杂样本也适用于该方法进行萃取，所以它属于广谱型的样品前处理技术；③实验成本低，液相萃取中适用的基本都是常规的有机溶剂，容易获得，价格也比较低。同时，液-液萃取也存在许多缺点：

图 1-2 液-液萃取的基本操作

①使用的溶剂量太大，萃取结束后处理废液十分困难，并且会对环境造成污染，对操作人员的健康也会造成有害影响；②在手动振荡过程中，容易形成乳状液，给分离造成困难，即使通过调节 pH、加入甲醇或消泡剂、离心过滤等手段，也很难得到较好的分层效果；③使用分液漏斗进行提取与分配，需要大量的手工操作，费时费力，并且有时需要分离上层萃取溶剂，操作更加复杂；④液-液萃取要用到涡旋、离心、旋蒸、定容等很多步骤，每一环节都会造成损失一定量的分析物，从而方法的回收率和重现性会受到一定程度的影响。由于以上存在的这些缺点，液-液萃取目前大量被固相萃取所取代。

1.2.2 固相萃取(SPE)方法及其特点

固相萃取（solid-phase extraction，SPE）是一种从 20 世纪 80 年代中期开始发展起来的样品前处理技术，特别适用于水体样品。在 SPE 过程中，固相对分析物的吸附大于样品基液，当样品通过固相柱时，分析物被吸附在固体填料表面，其他样品组分则通过柱子，分析物可用适当溶剂洗脱下来。与 LLE 相比，SPE 具有的优点：①速度较快；②精密度和准确度较高；③有机溶剂消耗低，环境污染小；④不出现乳化现象，易获得较为纯净样品；⑤操作简单，易于自动化。因此，SPE 在国外日趋受到重视，现已广泛用于样品预处理。

1.2.2.1 固相萃取法的原理

SPE 技术是以液相色谱分离机理为基础，用固体物质作为吸附剂从液体样品中提取某些组分，采用选择性吸附、选择性洗脱的方式对样品进行富集、分离、纯化的物理萃取过程；也可以将其近似地看作一种简单的色谱过程。其吸附剂为固定相，根据固相萃取剂对液相待测物的吸附作用，当待测物通过萃取剂时，其中某些痕量物质（目标物）就被吸附在萃取剂上，然后采用适宜的选择性溶剂将其洗脱下来，即可得到富集、纯化的目标物。

SPE 法与 LLE 原理相似，均为化合物在两相之间分配的过程，所不同的是，LLE 法是待分离物在两种互不相溶的液相间反复分配，达到分离；而 SPE 法则是使待萃取物在固定相与液相之间进行分配，固定相对于待萃取物的亲和力大于对样品基体的亲和力时，待萃取物保留（或称吸附）到固定相上，然后再用对其具有更大亲和力的溶剂将待萃取物洗脱下来。

SPE 技术（固相萃取过程）大体可分为吸附和洗脱两个部分：在吸附过程中，当溶液通过吸附剂床时，由于吸附剂对目标物质的吸附力大于溶剂的吸附力，因此目标物质被选择性地吸附在吸附床上进行了富集。在此过程中由于共吸附作用、吸附剂选择性等因素的存在，部分干扰物也会在吸附床上吸附。洗脱是一种使保留在吸附剂上的物质从吸附剂上去除的过程，通过加入一种对分离物的吸引大于吸附剂的物质来完成。在此过程中，首先要选用适当的溶剂对吸附在吸附床上的干扰物进行洗脱，然后再用洗脱剂对目标物质进行洗脱，最终得到目标物质。

1.2.2.2 正、反相和离子交换固相萃取

固相萃取根据相似相溶机理可分为正相（吸附剂极性大于洗脱液极性）、反相（吸附剂极性小于洗脱液极性）和离子交换固相萃取。

正相萃取过程中目标物质的极性官能团与吸附表面的极性官能团发生极性作用（包括氢键作用、偶极矩作用以及诱导作用等），从而使溶解于非极性溶剂中的极性物质在吸附剂表面吸附、富集。正相吸附的填充剂用硅藻土、硅胶、氧化铝、硅酸镁等强极性吸附剂，清洗

溶剂一般采用单一或混合有机溶剂将非极性或弱极性组分等非目标分析物去除，洗脱溶剂可用具有一定极性的溶剂如丙酮、甲醇、乙醇等。

反相萃取过程中目标物质的碳氢键与吸附表面官能团产生非极性作用（包括范德华力或色散力），使得极性溶剂中的非极性以及中等极性的物质在吸附剂表面吸附、富集；反相SPE所用的吸附剂通常是非极性的或是弱极性的，如 C_8、C_{18}、苯基柱等；所萃取的目标化合物通常是中等极性到非极性的化合物。清洗溶剂多用数毫升水或含有低浓度有机溶剂的水溶液，将弱保留的亲水性组分及极性有机物、中等保留物质清洗掉，洗脱溶剂多用甲醇、乙腈等有机溶剂，有些碱性物质的洗脱则需要加入少量有机胺如三乙胺、醋酸胺等才能完全洗脱。由于反相吸附可使用的溶剂种类多，价格便宜，毒性较小，如乙醇、甲醇等，所以反相吸附分离模式使用最为普遍。

离子交换型 SPE 所用的吸附剂是带电荷的离子交换树脂，如 LC-NH_2（含脂肪族季铵丙基键合硅胶）、LC-SCX（含脂肪族磺酸基键合硅胶）等；所萃取的目标化合物是带电荷的化合物。离子交换固相萃取又可分为强阳离子固相萃取和强阴离子固相萃取两种，作用机理都是目标物质的带电荷基团同吸附剂表面的带电基团发生离子静电吸引，从而实现吸附分离。

1.2.2.3 SPE 柱和 SPE 盘

按 SPE 装置的几何构型可以分为：SPE 柱（cartridge）和 SPE 盘（disk）。固相萃取法通常采取柱分离，称为 SPE 柱，是一种填充好固定相的短色谱柱，由柱管、筛垫、固定相三部分组成，用以浓缩被测组分或除去有害的物质。SPE 柱柱体材料多为塑料（通常为聚丙烯）、玻璃及不锈钢，两端均有多孔滤片、内装直径约 $40\mu m$ 的填料总重 $0.11\sim1g$。这种短柱通常是一次性使用，很少再生重复使用。使用柱形固相萃取装置时，决定萃取结果的关键因素是 SPE 柱内所用萃取剂的性能。

根据 SPE 柱内吸附剂的类型及适用范围，可分为以下几种。

① 键合硅胶 C_{18}、C_8（反相）。键合硅胶是通过有机硅和活性硅的反应形成的，是坚硬的物质，在不同溶剂中不会缩小或膨胀。通常用于制造键合硅胶吸附剂的硅的颗粒大小为 $15\sim100\mu m$。硅的颗粒是不规则的而不是球形的，这个特性允许在低真空和压力下溶剂快速流过吸附剂床。使用最多的填料还是 C_{18} 相，该种填料疏水性强，在水相中对大多数有机物显示保留。常用于萃取非极性、弱极性的有机物，如芳烃、多环芳烃、多氯联苯、有机磷和有机氯农药、烷基苯类、多氯酚类、邻苯二甲酸酯类、多氯苯胺、非极性除草剂等，以有机溶剂为洗脱剂。

② 多孔苯乙烯-二乙烯基苯共聚物（反相）。此共聚物弥补了硅胶键合吸附剂的一些不足，表现出亲水和亲脂的特性。亲水和亲脂的特性使其在水中能保持湿润，对极性和非极性化合物有很宽的适用范围。C_{18} 的回收率随干燥时间的延长迅速降低，而此聚合物吸附剂回收率保持不变。洗脱剂也都是常用的溶剂：甲醇、二氯甲烷、水及常用的酸、碱、盐。适于苯酚、氯代苯酚、苯胺、氯代苯胺、中等极性的除草剂（三嗪类、苯磺酰脲类等）。

③ 石墨化碳（反相）。适合非极性的醇类、硝基苯酚以及相当大极性的除草剂，以有机溶剂作为洗脱剂。

④ 离子交换树脂（离子交换）。适于阴阳离子型有机物，如苯酚、次氮基三乙酸、苯胺和极性衍生物、邻苯二甲酸酯类。洗脱溶剂采用一定 pH 的水溶液可以使选择性吸收损失减小。

⑤ 金属络合物吸附剂（络合体交换）。适用于金属络合物，如苯胺衍生物、氨基酸类、巯基苯并吡唑、羧酸类，以络合水溶液作为洗脱溶剂。

柱式固相萃取虽然使用简便，应用范围广，但存在一些问题，如：柱径较窄，流速无法增大，通常只能在 $1\sim10\mathrm{mL/min}$ 范围内使用，如按美国 EPA 方法处理 1L 的样品需 2h 以上；若用较大的流速，将产生动力学效应，妨碍了某些组分被有效地收集；对于较脏的样品，如含生物的样品和悬浮颗粒的样品，固相萃取柱很容易堵塞，流量更加减小，增加了样品的处理时间；$40\mu\mathrm{m}$ 的固定相的填料很容易产生缝隙，使短柱浓缩分离效率下降。

柱式固相萃取的这些缺陷随着圆盘固相萃取装置（SPE 盘）的出现基本上得到了解决。表观上 SPE 盘与膜过滤器十分相似，主要由蓄水器、圆盘支架、盘式萃取器、收集瓶、装置底座、真空泵等组成。SPE 盘和 SPE 柱的主要区别在于床厚度/直径比。对于等重的填料，SPE 盘的截面积比 SPE 柱的截面积大约 10 倍，既允许液体试样以较高的流速通过，又避免出现堵塞的问题，加上采用了 $8\mu\mathrm{m}$ 的细颗粒填料，不容易产生缝隙，改善了传质过程。SPE 盘的这个特点适合从水中富集痕量的污染物，1L 纯净的地表水通过直径为 50mm 的 SPE 盘仅需 $15\sim20\mathrm{min}$。

目前盘状的固相萃取剂可分为三大类。

① 由聚四氟乙烯网络包含了化学键合的硅胶或高聚物颗粒填料。填料含量占 90%，聚四氟乙烯只占 10%。如目前最常用的固定相 ENVITM-18DSK，直径 47mm，厚度 0.6mm，是以聚四氟乙烯为网络，含 C_{18} 化学键合硅胶为固定相的非极性的薄膜状萃取剂，可以保留（萃取）非极性的分析物。由于 ENVITM-18DSK 膜属于聚合键合类填料，具有很高的硅表面覆盖率和较高的碳含量，这种聚合键合类填料具有很强的抗酸碱的能力，为此更适用于环境样品，可富集酸化的环境样品中的有机化合物。

② 由聚氯乙烯网络包含了带离子交换基团或其他亲和基团的硅胶，如由 FMC 公司生产的 Anti-Disk 膜厚 1mm，由聚氯乙烯与硅胶组成，膜的孔穴平均流通直径为 $1\mu\mathrm{m}$，流速可达 $20\sim80\mathrm{mL/min}$。

③ 衍生化膜。它不同于前两种，固定相并非包合在膜中，而是膜本身经化学反应键合了各种官能团。如二乙氨基乙烯基、季铵基、磺酸丙基等。

1.2.2.4 操作过程

如图 1-3 所示。根据分析物的性质和分离要求，可选择不同的萃取模式。不同类型的萃取模式，SPE 操作方法略有不同。

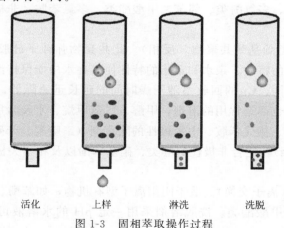

活化　　　上样　　　淋洗　　　洗脱

图 1-3　固相萃取操作过程

（1）SPE 柱的操作方法。对于反相萃取而言，基本程序一般包括 SPE 柱的活化，样品添加，SPE 柱的洗涤，分析物的洗脱，提取液的脱水与浓缩等几个步骤。

① 柱的预处理。为了获得高的回收率和良好的重现性，固相萃取柱在使用之前必须用适当的溶剂进行预处理。活化的目的是创造一个与样品溶剂相溶的环境并去除柱内所有杂质。通常需要两种溶剂来完成上述任务，第一个溶剂（初溶剂）用于净化固定相，另一个溶剂（终溶剂）用于建立一个合适的固定相环境使样品分析物得到适当的保留。终溶剂不应强于样品溶剂，若使用太强的溶剂，将降低回收率。通常采用一个弱于样品溶液的溶剂不会有什么问题。在活化的过程中和结束时，固定相不能抽干，因为这将导致填料床出现裂缝，从而得到低的回收率和重现性，样品也没得到应有的净化。如果在活化步骤中出现干裂，必须重新进行活化。

② 样品的添加。预处理后，将待测样品加入小柱，并以一定的流速通过柱子，这时分析物和样品干扰物保留在固定相上。为了保留分析物，溶解样品的溶剂必须较弱。如果溶剂太强，分析物将不被保留，结果回收率将会很低，这一现象叫穿漏（breakthrough）。尽可能使用最弱的样品溶剂，可以使溶质得到最强的保留或者说最窄的谱带。只要不出现穿漏，允许采用大体积的上样量（0.5～1L）。

③ 柱的淋洗。样品通过萃取柱时，不仅分析物被吸附在柱子上，一些杂质也同时被吸附。通常需要选择适当的溶剂淋洗固定相以洗掉干扰组分，同时保持分析物仍留在柱上。淋洗溶剂的洗脱强度是略强于或等于上样溶剂。淋洗溶剂必须尽量地弱以洗脱尽量多的干扰组分，但不能强到可以洗脱任何一个分析物的程度。

④ 分析物的洗脱。选择适当的洗脱剂进行洗脱，用洗脱剂将分析物洗脱在收集管中。洗脱剂必须进行认真选择，溶剂太强，一些更强保留的不必要组分将被洗出来；溶剂太弱，就需要更多的洗脱液来洗出。可改为强、弱溶剂混用；但混用或前后使用的溶剂必须互溶。在洗脱时，应注重少量多次的原则。

⑤ 提取液的脱水与浓缩。提取液中可能含有水分，在干净的移液管底部放置少许玻璃棉，其上填入 5～10cm 高的无水硫酸钠 5～7g 制成简易的干燥柱，进行提取液脱水。然后将提取液用氮气吹扫器浓缩至 0.5～1mL，转移至容量瓶中备用。

（2）SPE 盘的操作方法。圆盘萃取时首先进行圆盘清洗和活化，然后将样品液倒进蓄水器，抽真空迫使样品流过固相，分析物保留在固相上，再用淋洗液洗脱分析物接于接受瓶中。收集的样品液经过脱水浓缩即可上色谱分析。以 ENVITM-18DSK 的操作为例，具体步骤如下：

① 清洗圆盘：将 5mL 丙酮倾倒在圆盘表面，并立刻在低真空 50kPa 状态下抽滤圆盘。所有溶剂被抽滤过圆盘后，在低真空状态下抽滤圆盘 5min 直至圆盘干燥。此步骤的目的是在使用圆盘前，除去其可能存在的干扰物。

② 活化圆盘：将 5mL 甲醇倒于圆盘表面，立即在真空度为 3～7kPa 状态下抽滤，使溶剂通过圆盘，直至溶剂上表面将被抽滤过圆盘表面。最好使一定量的溶剂停留在圆盘上方，不让圆盘表面与空气接触。立即将 5mL 试剂水倒于圆盘表面，在低真空状态下抽滤，使试剂水通过圆盘，直到试剂水表面几乎碰触到圆盘表面。此步骤的目的是确保目标分析物的最

佳萃取效率。典型的圆盘活化方式包括用有机溶剂淋洗圆盘，然后将溶剂换相使其和样品中的溶剂匹配。活化试剂至少应是水溶性的，应充分润湿难溶于水的键合相。典型的活化试剂包括甲醇、乙腈和异丙醇。如果不进行活化步骤或活化不充分，可能出现流速缓慢、分析物回收率低或重现性不好等现象。

③ 添加水样：将水样倒入蓄水器中，使其直接与在圆盘活化步骤中，残留在圆盘表面的液膜相接触。1L 的水样瓶可倒扣在蓄水器上，使水样自动进给到圆盘上。立即调整真空度约 25kPa，使清水样品的流速为 75～100mL/min。对含有悬浮固体的水样，可视情况增大真空度。在水样全部流过圆盘之前，严禁圆盘表面暴露在空气中。圆盘固相萃取技术在使用过程中经常会遇到的问题是：萃取过程条件不合适。不适当的萃取条件会使流速缓慢并且不均匀，回收率随之降低，其原因多数是由于薄膜的疏水作用和水的表面张力造成的。为此常加 5～10mL 的甲醇至薄膜介质进行活化，并减压抽滤，使甲醇浸透薄膜。当甲醇刚要滤完，而薄膜还未暴露在空气中时加入试剂水和样品，以避免薄膜介质的空隙中形成空气-液体界面，降低萃取效率。

④ 干燥圆盘：将圆盘置于真空度约为 50kPa 状态下抽干 5min，视具体情况干燥时间可适当延长。其后的淋洗过程中，可使样品洗出液通过无水硫酸钠，去除残留的水分。此步骤的目的是在淋洗分析物之前，尽可能地除去圆盘中的水分。如果淋洗剂不溶于水，此步骤更为重要。干燥不彻底会导致含有淋洗剂的圆盘因湿润而无效，样品淋洗液因含过多的水分而无效。

⑤ 淋洗圆盘：将 5mL 丙酮、15mL 正己烷依次倒于圆盘表面，立即在真空度为 3～7kPa 状态下抽滤，使淋洗剂通过圆盘，进入收集器。为使淋洗完全，可视具体情况添加 5mL 同种溶剂，倒于圆盘表面，使其在真空条件下抽滤通过圆盘。此步骤的目的是高效、高选择性地将目标分析物从圆盘中淋洗出来。淋洗剂应对目标分析物敏感，也就是目标分析物必须更易溶解于淋洗剂，而不是被 C_{18} 或硅表面吸附住。淋洗剂也应和此过程的后续步骤（如衍生、浓缩或分解）相一致。典型的淋洗剂如：甲烷，乙腈，乙酸乙酯，二氯甲烷和正己烷等。溶剂的用量应尽量小，以保证分析物的高度浓缩。但用量也必须保证使圆盘达到饱和，并把设备中的死体积考虑进去。应使用部分淋洗剂润洗样品瓶和蓄水器，然后将润洗液直接倒于圆盘表面，作为淋洗步骤的一部分。

⑥ 脱水与浓缩：将淋洗液通过 3g 无水 Na_2SO_4 小柱脱水，接入浓缩瓶中。用氮气吹扫器定容至 1.0mL，供色谱测定。

1.2.3　固相微萃取（SPME）方法及其特点

固相微萃取（solid-phase microextraction，SPME）在 1989 年由 Belardi 和 Pawliszyn 首次提出，SPME 是一种基于气-固吸附（吸收）和液-固吸附（吸收）平衡的富集方法，利用分析物对活性固体表面有一定的吸附（吸收）亲和力而达到分离富集目的的方法，是在液-液分配和固相萃取的基础上开发的一种无溶剂，集采样、萃取、浓缩、进样于一体的样品前处理新技术。自 1993 年 Supelco 推出了商品化的固相微萃取装置后，固相微萃取技术得到了很快发展。该技术使用少量多聚物吸附剂涂布在熔融石英纤维头上进行萃取，简化了样品预处理过程，提高了分析速度及灵敏度。固相微萃取技术的主要优点是：不用或少用溶剂、操作简便、易于自动化和可与其他技术在线联用。与其他常用的富集技术相比，克服了传统的液-液萃取法需使用大量溶剂和试剂、处理时间长、操作步骤多的缺点，尤其适于水样中农药残留分析。SPME装置包括以下几种（见图1-4）：萃取式、管道式、容器式、悬浮颗粒式、搅拌式和薄膜式。

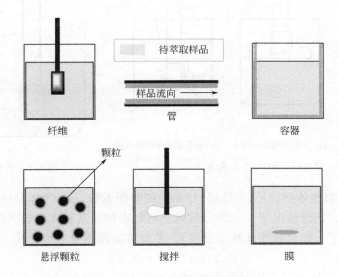

图1-4　固相微萃取装置图

1.2.3.1　固相微萃取技术萃取方式

根据样品基质的不同，以及待测物的物理化学性质，在具体的应用中有不同的萃取方式。常见的有直接固相微萃取法（direct-SPME，Dir-SPME）和顶空固相微萃取法（head-space-SPME，HS-SPME）等。

（1）直接固相微萃取法，如图1-5（a）。将萃取头直接插入水相或暴露在气体中进行萃取的方法称为直接法。该法适用于气体样品和比较干净的液体样品，当样品较复杂时，会引起严重的基质干扰，影响分析，同时对萃取头的寿命也会产生较大的影响。

（2）顶空固相微萃取法，如图1-5（b）。将萃取头置于待分析物样品的上部空间进行萃取的方法称为顶空固相微萃取法。该方法适用于任何基质，尤其是对于Dir-SPME无法处理的污水、油脂、血液、污泥、土壤等样品，HS-SPME的优势比较明显。顶空萃取可以使萃取头不与样品直接接触，避免了基质干扰，与Dir-SPME相比，HS-SPME对萃取头的伤害也小得多。HS-SPME特别适用于挥发性化合物的萃取。

（3）膜保护固相微萃取法（membrane-protected SPME），如图1-5（c）。该方法使用选择性的保护膜包覆萃取头，因此在分析比较复杂的基质时，保护膜可以有效保护萃取头，目标物可以自由通过而干扰物被阻挡。膜保护固相微萃取的萃取时间比Dir-SPME长，因为目标物要先通过保护膜。因此使用薄的保护膜以及提高萃取温度可以缩短萃取时间。

1.2.3.2　固相微萃取技术的原理

固相微萃取的理论基础主要包括两个方面：一个是热力学平衡理论，通过平衡理论可以得到目标物在萃取相中浓度或质量；另一个是动力学理论，通过对动力学的研究来了解萃取过程的快慢。

热力学平衡理论：固相微萃取通常采用将萃取头纤维暴露于样品中（见图1-6）。

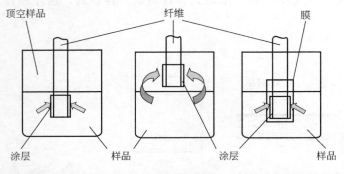

(a) 直接固相微萃取法　(b) 顶空固相微萃取法　(c) 膜保护固相微萃取法

图 1-5　固相微萃取主要萃取方式

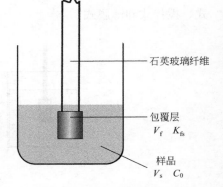

图 1-6　固相微萃取示意图

图中，V_f 为涂层的体积；K_{fs} 为涂层/样品间的分配系数；V_s 为样品体积；C_0 为样品中分析物的初始浓度。通常情况下，萃取完成时分析物在样品基质和涂层上浓度达到平衡。如果只考虑两项情况下（样品基质和纤维涂层），平衡可以用质量守恒公式（1-3）表示。

$$C_0 V_s = C_s^\infty V_s + C_f^\infty V_f \tag{1-3}$$

式中，C_f^∞ 和 C_s^∞ 分别是平衡时纤维涂层上和样品中分析物的浓度。分析物在纤维涂层和样品基质中的分配系数 K_{fs} 定义如下：

$$K_{fs} = \frac{C_f^\infty}{C_s^\infty} \tag{1-4}$$

将公式（1-3）和公式（1-4）合并在一起可以得到：

$$C_f^\infty = C_0 \frac{K_{fs} V_s}{K_{fs} V_f + V_s} \tag{1-5}$$

最后涂层上萃取的目标物的量可以由公式（1-6）计算：

$$n = C_f^\infty V_f = C_0 \frac{K_{fs} V_s V_f}{K_{fs} + V_s} \tag{1-6}$$

由公式（1-6）可以看出，目标物萃取量（n）与分析物在样品中的初始浓度（C_0）成正比。这也是 SPME 的定量基础。

当样品的体积足够大时，换句话说 $V_s \gg K_{fs} V_f$ 时，公式（1-6）可以简化成：

$$n = K_{fs} V_f C_0 \tag{1-7}$$

式（1-7）的意义在于样品体积未知情况下，SPME 技术仍然可以使用。如果我们将萃取纤维头暴露在流动的血液、空气、水体等样品中，目标的萃取量将与分析物在样品基质中的浓度呈正比，而与样品的体积无关。

通常情况下，萃取体系是复杂的。例如有些体系包括水相和顶空气相，水相中存在具有吸附作用的固相；又比如某些体系必须考虑目标物的生物降解或者被容器壁吸附。那么当萃取体系为三相的时候（纤维涂层，气相或者顶空气相，以及均一的样品基质如纯水或者空气），目标物会在三相中迁移直到平衡，因此：

$$C_0 V_s = C_s^\infty V_s + C_f^\infty V_f + C_h^\infty V_h \tag{1-8}$$

式中，C_0 为样品中分析物的初始浓度；C_f^∞、C_h^∞ 和 C_s^∞ 分别是平衡时纤维涂层、顶空和样品中分析物的浓度；V_f、V_h 和 V_s 分别是纤维涂层、顶空和样品的体积。如果目标物在涂层与气相间的分配系数定义为 $K_{fh}=C_f^\infty/C_h^\infty$，在气相与样品基质间分配系数定义为 $K_{hs}=C_h^\infty/C_s^\infty$，那么涂层上的萃取量 $n=C_f^\infty V_f^\infty$ 可以如下表示：

$$n=\frac{K_{fh}K_{hs}C_0V_sV_f}{K_{fh}K_{hs}V_f+K_{hs}V_h+V_s} \tag{1-9}$$

而且

$$K_{fs}=K_{fh}K_{hs}=K_{fg}K_{gs} \tag{1-10}$$

因为目标物在涂层/顶空之间的分配系数 K_{fh} 可以用涂层/气体的分配系数 K_{fg} 来近似。如果忽略顶空气体湿度，K_{hs} 可以用气体/样品基质之间的分配系数 K_{gs} 来近似。那么式（1-9）可以被改为：

$$n=\frac{K_{fs}C_0V_sV_f}{K_{fs}V_f+K_{hs}V_h+V_s} \tag{1-11}$$

从公式（1-11）可以看出，当萃取达到平衡时，涂层所萃取的分析物的量与涂层纤维在体系中的位置无关。如果涂层、顶空和样品体积恒定，将萃取头置于顶空或者直接插入样品中都可以。

动力学理论：动力学中的萃取速率一直是固相微萃取的瓶颈。通过研究萃取动力学可以知道提高萃取速率的方法。固相微萃取的动力学理论是基于以下假设：分析物与瓶壁、萃取头的石英纤维没有相互作用，热膨胀、溶胀和分析物之间的相互作用可以忽略不计。

对于直接萃取方式，液态聚合物涂层（如 PDMS）直接萃取均相水溶液中的目标物。

理论上在理想搅拌样品中，萃取要达到平衡需要经过很长时间，实际上萃取量的变化小于实验误差（通常为 5%）时，可以认为达到平衡。所以平衡时间通常定义为涂层萃取 95% 平衡萃取量所用的时间（t_e），可用下式表示：

$$t_e=t_{95\%}=\frac{(b-a)^2}{2D_f} \tag{1-12}$$

该方程可以估算实际体系中涂层萃取达到平衡时所需的最短时间，代入合适的数据比如分析物在涂层中的扩散系数（D_f）和涂层的厚度（$b-a$）。

在实际搅拌过程中，搅拌速率往往达不到理想情况，流体与萃取涂层之间有一定的边界层。与涂层接触的部分处于静止状态，与涂层距离越远，流体的运动逐渐加快，直到与样品主体搅拌速率相当。为建立传质模型，萃取涂层周围液体流速的梯度递减和分子的对流可简化成一个没有对流的界面层和剩下的搅拌区域。

通常来说，边界层的厚度由搅拌的条件和溶液黏度决定，但是这里的边界层厚度是由样品对流/搅拌速率和分析物的扩散系数决定。在同样的萃取条件下，分析物不同，边界层的厚度也不同。也就是说边界层是一个接近萃取相的区域，在此区域中，分析物的迁移主要取决于扩散现象而不是对流。分析物的流量在边界层外是由对流决定，在边界层内是由扩散决定。

在实际搅拌过程中，萃取达到平衡的时间可用下式表示：

$$t_e=t_{95\%}=3\frac{\delta K_{fs}(b-a)}{2D_s} \tag{1-13}$$

式中，$(b-a)$ 是涂层的厚度；D_s 是分析物在样品基质中的扩散系数；K_{fs} 是分析物在萃取涂层和样品溶液中的分配系数。

1.2.3.3 固相微萃取类型

整个固相微萃取装置的关键部分是萃取头。近年来，随着科学研究的发展，固相微萃取已有管内固相微萃取、纤维针式固相微萃取、搅拌棒吸附萃取和膜萃取等多种形式出现。

（1）纤维针式固相微萃取。Arthur 和 Pawliszyn 于 1990 年介绍了固相微萃取聚二甲基硅氧烷（polydimethylsiloxane，PDMS）涂层制备的新方法，即纤维针式固相微萃取（Fiber-SPME），代替开放管状柱内存在的 PDMS 层，将 PDMS 层涂覆到注射器状装置的针的外侧。针可以直接插入样品中并进入分析仪器进行热解吸。以熔融石英纤维为基体支持物，在其表面涂覆不同性质的吸附材料，再将纤维头安装在 SPME 手柄上，通过直接浸入或顶空方式对待测物进行萃取。Fiber-SPME 装置如图 1-7 所示，结构类似于微量注射器，主要由手柄和萃取头（纤维头）两部分组成，纤维头是一根涂覆一定厚度固定相的熔融石英纤维，接在不锈钢丝上，外套中空不锈钢针头（保护纤维头不易被折断），纤维头可在针管内伸缩，针头可刺穿采样装置的密封隔垫和色谱进样垫。采样时，针头刺穿样品瓶的隔垫，通过推动推杆纤维浸入样品溶液或置于样品的上部空间，样品中的组分通过传质、扩散效应达到吸附平衡，将纤维收回针管，将针管从样品瓶中退出，转移到气相色谱进样口进行热脱附或使用溶剂对其解吸。Fiber-SPME 操作较为简便，只需按动手柄；二是快速；平衡时间通常大约为 10～30min，在大多数情况下，平衡时间足够快；三是对溶剂需求量很小甚至没有，可以大大节约成本，而且每个萃取头可以反复使用 50 次以上（最多达到 200 次）；四是无毒害，由于萃取和解吸过程需求的有机溶剂很少或者不用有机溶剂，使分析检测工作者的工作环境得到改善，同时使实验过程排出的有毒废液降低至最小量。虽然 Fiber-SPME 是一种简单而快速的技术，但其适用性受到少量的限制，注射器针头上的 PDMS 涂层通常小于0.5mL，这导致较低的提取效率，并且要求使用非常灵敏和选择性的检测器。

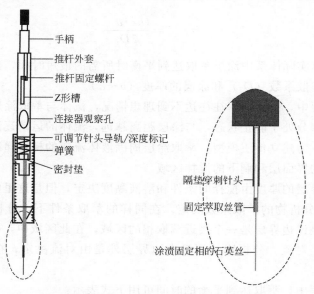

图 1-7 纤维针式固相微萃取装置示意图

（2）管内固相微萃取。1997 年 Eisert 和 Pawliszyn 提出动态管内固相微萃取（In-tube SPME），是将萃取固定相涂覆在石英毛细管的内表面上（一般为交联键合），也可以用毛细管分析柱来代替石英毛细管，整个萃取柱柱长约为 $30 \sim 50cm$，体积在 $1\mu L$ 左右。In-tube SPME 技术一般有两种解吸方式。一种方式是热解吸：用注射器将样品溶液注入毛细管柱，萃取平衡后将水吹出，然后用石英压封接头将萃取柱与分析柱连接，放入气相色谱仪器炉箱中热解吸，这种方法不适于用作日常分析；另一种方式是溶剂解吸：将溶液用氮气以极缓慢的流速吹入毛细管萃取柱中，再将水吹出萃取柱，用适量溶剂注入萃取柱中解吸，收集解吸溶液用气相色谱进行分析。In-tube SPME 可通过增加键合在管壁的萃取相的厚度或增加毛细管长度和内径，获得大于 Fiber-SPME 萃取相体积 10 倍以上，使富集倍数大大提高。除此之外，In-tube SPME 具有更大的比表面积，可缩短达到萃取平衡所需时间，萃取相在毛细管内部也使得 In-tube SPME 使用寿命更长。由于现有毛细管内壁键合的萃取相种类很多，可根据分析物的性质来选择合适的萃取柱。

In-tube SPME 中使用的毛细管柱按照固定相在毛细管中的存在形式可以分为开管柱、填充柱和整体柱，如图 1-8 所示。开管柱是指在一段熔融石英毛细管内表面涂覆合适的固定相涂层用于萃取，如图 1-8（a）所示，与纤维针式固相微萃取相比具有更大的比表面积，更快的传质效率。填充柱分为纤维填充和吸附颗粒填充，如图 1-8（b）和图 1-8（c）所示。填充型 In-tube SPME 最大的优点是填料来源广泛，吸附剂颗粒填充柱与 SPE 类似，是在一段毛细管柱内填充微球颗粒，通过更换不同填充颗粒对不同类型的分析物进行萃取。但是填充柱不耐高压且易堵塞，对分析物洁净度要求较高。纤维填充柱是将数百根高聚物丝状材料纵向填充到聚四氟乙烯毛细管柱中，然后涂上一层高聚物形成萃取介质。纤维填充柱与颗粒填充的萃取装置相比柱子的渗透性有所改善，堵塞问题也有所缓解，除此之外丝状物表面涂覆的聚合物材料也增加其萃取性能。整体柱型 SPME 萃取柱如图 1-8（d）所示，是由单体、交联剂、致孔剂以及引发剂的混合溶液通过原位聚合而制成的棒状材料。整体柱型 SPME 萃取相的主要特点是具有双连续结构和双孔分布，其双连续结构由相互交联的基质骨架和彼此连通的穿透孔组成，而双孔分布是指整体柱中存在微米级的穿透孔和纳米级骨架孔。这些结构使得整体柱型 SPME 具有优良的萃取特性，在样品预处理领域得到广泛应用。与开管柱相比，萃取相体积大大增加，提高了萃取容量。相比于填充柱，整体柱中特有的穿透孔为样品流动提供了大孔通道，以对流传质取代缓慢的扩散传质，使传质阻力明显减小。整体柱具有更好的渗透性、更低的反压，可以采用更高的上样及解吸流速，并能迅速达到平衡，有利于实现高通量样品的萃取分析。在更高的流速下完成萃取工作。

管内固相微萃取克服了常规纤维针式固相微萃取萃取头易折断、低吸附量、萃取平衡时间长以及固定相涂层易流失等问题，除此之外 In-tube SPME 具有更大的萃取表面积，可以实现小型化、自动化，高通量性能，在线联用分析仪器和有机溶剂使用少，是未来最具发展潜力的固相微萃取形式。

（3）搅拌棒吸附萃取。搅拌棒吸附萃取（stir bar sorptive extraction，SBSE）是 1999 年由荷兰学者 Baltussen 和 Sandra 提出的一种无萃取溶剂与高度富集的样品前处理技术。SBSE 的原理是以聚二甲基硅氧烷（polydimethylsiloxane，PDMS）为固定相，固定相在棒的外层，如图 1-9 所示。萃取时将表面涂有萃取剂的磁性搅拌棒置于样品溶液中，直接与样品接触，样品基质中的目标分析物被 PDMS 固定相吸附，再使用合适的溶剂将分析物从固定相上解吸下来，再经液相色谱或质谱进行后续分析。图 1-9 为 SBSE 的搅拌棒示意图，

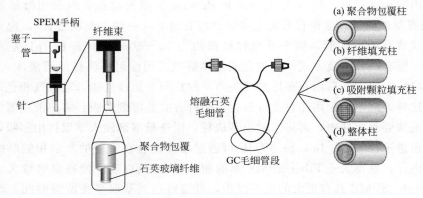

图 1-8　不同形式的管内固相微萃取萃取柱

SBSE 的搅拌棒长度一般为 1～4cm，PDMS 涂层的厚度一般为 0.3～1mm，可推算搅拌棒上 PDMS 涂层的总体积大概为 55～220μL。测定时，搅拌棒被浸于样品中对目标分析物进行吸附萃取，当达到吸附平衡后，如图 1-10 所示，进入热脱附装置解吸后进行 GC 分析，即完成整个提取、分离及测定过程。与纤维和管内两种萃取形式相比，搅拌棒吸附的萃取相涂层量是纤维针式固相微萃取的 50～250 倍，SBSE 具有更高的萃取容量，因此具有很高的富集效率，样品的检出限比传统 Fiber-SPME 下降 1～2 个数量级，适用于复杂样品中痕量组分的分析。SBSE 不仅集萃取、浓缩、解吸、进样于一体，萃取时搅拌棒在搅拌的同时完成对待测组分中目标分析物的萃取和富集，可消除 SPME 中搅拌磁子对目标分析物的竞争吸附，减少了待测组分的损失。但由于 SBSE 萃取相体积相对较大，萃取分析物的解吸较困难，除此之外，在萃取过程中搅拌棒易与样品瓶底部直接接触，导致萃取涂层因摩擦而损失，影响萃取效果的重现性和涂层寿命。

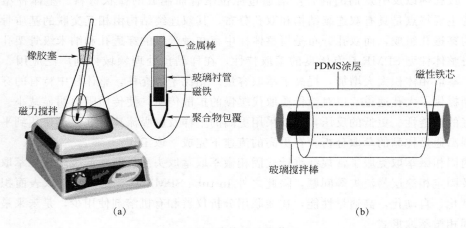

图 1-9　搅拌棒吸附萃取

　　由于 SBSE 中 PDMS 的量与 Fiber-SPME 相比增加了高达 500 倍的灵敏度，可以在 30～60min 的搅拌时间内达到萃取要求。此外，由于不需要搅拌棒的干燥，挥发性化合物也可以方便地处理。涂层的降解峰可以通过使用质谱检测容易地被鉴定为硅氧烷分解产物，获得的检测限在低至甚至亚 ng/L 或 ng/kg 范围内。通常经过 100 次提取后，PDMS 涂覆的搅拌棒显示不变质。SBSE 可以作为常用技术的快速而灵敏的替代方法，如 Fiber-SPME、固相萃

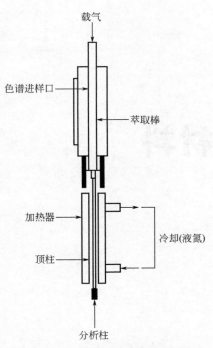

图 1-10　SBSE 热脱附解吸装置示意图

取和吹扫捕集。SBSE 已被用于分析其他含水样品中的挥发性和半挥发性分析物，如饮料、生物液体、食品等。

参考文献

[1] 李攻科，胡玉玲 . 样品前处理仪器与装置 . 北京：化学工业出版社，2007.

[2] Chen Y，Guo Z，Wang X，et al. J Chromatogr A，2008，1184（1-2）：191.

[3] Belardi R P，Pawliszyn J B. Water Qual，1989，24（1）：179.

[4] Arthur C L，Pawliszyn J. Anal Chem，1990，62（19）：2145.

[5] Eisert R，Pawliszyn J. Anal Chem，1997，69（16）：3140.

[6] Baltussen E，Sandra P，David F，et al. J Microcolumn Sep，1999，11（10）：737.

第2章
磁性纳米材料

2.1 纳米材料的发展简史

纳米技术被公认为是 21 世纪最具有前途的高新技术之一，纳米是一量度单位，1 纳米（nm）等于 10^{-9} m。1nm 相当于头发丝直径的十万分之一。纳米材料是指在三维空间中至少有一维处于纳米尺度范围内（1～100nm）的材料。包括金属、非金属、有机、无机和生物等多种粉末材料。从材料的维度上可区分为：零维的原子团簇（几十个原子的聚集体）和纳米微粒、一维调制的纳米线、二维调制的纳米膜（涂层）以及三维调制的纳米相材料。简单地说，纳米材料是指用晶粒尺寸为纳米级的微小颗粒制成的各种材料，其大小应不超过100nm，通常情况下应不超过 10nm。

纳米科技发展的一个重要里程碑可以追溯到 1959 年，美国物理学家、诺贝尔奖获得者 Feynman 举行了题为 *There is a plenty of room at the bottom* 的著名演讲。Feynman 提出了许多超前的设想，如果人们可以在更小尺度上制备并控制材料的性质，将会打开一个崭新的世界。更为重要的是，他提出要实现微型化应采用蒸发的方法和需要更好的电子显微镜。1962 年日本物理学家 Kubo（久堡）及其合作者对金属超细微粒进行研究，提出了著名的久堡理论。1969 年 Esaki（江畸）和 Tus（朱肇祥）提出了超晶格的概念。1972 年，张立刚等人利用分子束外延技术生长出 100 多个周期的 AlGaAs/GaAs 的超晶格材料，江畸由此获得 1973 年的诺贝尔物理学奖。

20 世纪 80～90 年代是纳米材料和科技迅猛发展的年代，1984 年，德国教授 Glriter 利用惰性气体凝聚的方法制备出纳米颗粒，从理论及性能上全面研究了相关材料的试样，提出了纳米晶材料的概念，成为纳米材料的创始者。1987 年，美国 Siegel 等人用同样的方法制备了纳米陶瓷 TiO_2 多晶材料。1980 年以后，原子力显微镜（AFM）、扫描电镜（STM）的出现和应用，使人们能观察、移动和重新排列原子，为纳米材料的发展提供了强有力的工具。

1990 年世界上第一次纳米科学技术会议在美国的巴尔召开，会议正式提出纳米概念，如纳米材料学、纳米电子学、纳米生物学等，并正式出版了纳米类的学术期刊，如《纳米技术》《纳米结构材料》以及《纳米生物材料》等，从此纳米材料和纳米科学蓬勃发展形成全球的"纳米热"。

纳米科技是一种由单个原子、分子制造物质的科学技术，它是以纳米科学为理念基础，进行制造新材料、新器件、研究新工艺的方法。纳米科技大致涉及以下七个分支：纳米科学、纳米电子学、纳米生物学、纳米物理学、纳米化学、纳米机械学（制造工艺学）、纳米加工及表征。其中，每一门类都是跨学科的边缘学科，不是某一学科的延伸或单一项工艺的革新，而是许多基础理论、专业工程理论与当代尖端高新技术的结晶。随着各种显微镜的出现，人们开始对纳米材料进行更加深入的探究，从众多国家通过各种方式操纵单个原子书写出不同的字符；到现在，各式各样的纳米材料纷纷被制备出，并在光学、热学、磁学、生物医学等众多的领域中发挥着自己独特的价值。纳米技术主要以物理、化学等微观研究理论为基础，以现代高精密检测仪器和先进的分析技术为手段，是一个原理深奥、科技顶尖和内容极广的多学科群。具有特殊结构与性能的纳米固体中的原子排列，既不同于长程有序的晶体，也不同于长程无序、短程有序的气体或固体结构，而是一种介于固体和分子间的亚稳中间态物质。因此，有人把纳米材料称为晶态与非晶态之外的第三种晶体材料。

由于具有高的比表面积和独特的光、电或吸附等性能，纳米材料在催化、传感、生物医药等领域有很多的应用报道。但是，由于纳米材料粒径很小，使用后难以分离回收，容易对机体、环境造成危害或二次污染。而磁性纳米材料不仅具有纳米材料特有的小尺寸效应、表面效应等优点，还具有不同于常规材料的超顺磁性，能够在外加磁场的辅助下轻易地实现分离回收，避免了材料的浪费以及可能造成的危害和污染。因此，磁性纳米颗粒及其复合材料在催化、生物分离、靶向给药、磁共振成像和分析化学等领域具有广阔的应用前景。

2.2 纳米材料的物理性质

纳米材料的性能是由尺寸所决定的，所以纳米材料具有很强的尺寸效应。纳米材料的特殊结构使它产生出六大效应：量子尺寸效应、小尺寸效应、表面与界面效应、库仑堵塞与量子隧穿、宏观量子隧道效应以及介电限域效应，从而具有传统材料不具备的物理化学特性。

2.2.1 量子尺寸效应

当粒子尺寸下降到某一值时，金属费米能级附近的电子能级由准连续变为离散能级的现象和纳米半导体微粒存在不连续的最高被占据分子轨道和最低未被占据分子轨道能级、能隙变宽现象称为量子尺寸效应。能带理论表明，金属费米能级附近电子能级一般是连续的，这一点只有在高温或宏观尺寸下才成立。对于只有有限个导电电子的超微粒子来说，低温能级是离散的，即能级间距发生分裂。当能级间距大于热能、磁能、静磁能、静电能、光子能量或超导态的凝聚能时，这时必须要考虑量子尺寸效应，这会导致纳米微粒的磁、光、声、电以及超导电性与宏观特性有着显著的不同。

2.2.2 小尺寸效应

由于颗粒尺寸变小所引起宏观物理性质发生变化的效应称为小尺寸效应。即当纳米材料晶体尺寸和光波波长、磁交换长度、磁畴壁宽度、传导电子的德布罗意波长、超导态相干长度或透射深度等物理特征性尺寸相当或比它们更小时，原有晶体周期性边界条件被破坏如果是非晶态纳米微粒，其颗粒表面的附近原子密度减小，从而导致声、光、电、磁、热、力学等特性呈现新的小尺寸效应。例如，光吸收显著增加，并产生吸收峰的等离子共振频移；磁有序态向无序态、超导相向正常相的转变；声子谱发生改变等。

纳米粒子的这些小尺寸效应为实用技术开拓了新领域。例如纳米尺度强磁性颗粒（Fe-Co合金，氧化铁等），当颗粒尺寸为单畴临界尺寸时，具有很高的矫顽力，可制成磁性车票、磁性信用卡、磁性钥匙等。纳米粒的熔点低于块体金属，例如，2nm的金颗粒熔点为600K，随着粒径增加，熔点迅速上升，块状金为1337K，纳米金粉熔点可降到373K，此特性为粉末冶金工业提供了新工艺。

2.2.3 表面与界面效应

表面与界面效应指纳米粒表面原子数与总原子数之比随粒子粒径的减小而大幅度增加，从而导致纳米粒子性质发生重大变化的现象。纳米材料的尺寸较小，表面原子占总体体积的比例大，这种特点使纳米材料有非常大的表面能。同时随着尺寸的减小，纳米材料存在着表面的原子数及所占比例迅速增大。纳米微粒尺寸小，表面能高，位于表面的原子占相当大的比例。例如，粒径为10nm时，比表面积为90m^2/g，粒径为5nm时，比表面积为180m^2/g，粒径下降为2nm时，比表面积为450m^2/g。这样高的比表面积使处于表面的原子数越来越多，原子络合不足以及高的表面能，从而使这些表面原子具有高的活性，极不稳定。例如，金属的纳米粒子在空气中会燃烧，这些表面原子一遇到其他原子很快结合使其稳定化，这就是活性的原因。这种表面原子的活性不但会引起纳米粒子表面原子运输和构型变化，同时也会引起表面电子自旋构象和电子能谱发生变化。

2.2.4 库仑堵塞与量子隧穿

库仑堵塞效应是 20 世纪 80 年代介观领域所发现的极其重要的物理现象之一。当体系的尺度进入到纳米级（一般金属粒子为几个纳米，半导体粒子为几十个纳米）时，体系的电荷是"量子化"的，即充电和放电过程是不连续的，充入一个电子所需的能量 E_c 为 $e^2/(2C)$，e 为一个电子的电荷，C 为小体系的电容。体系越小，C 越小，能量 E_c 就越大，我们把这个能量称为库仑堵塞能。换句话说，库仑堵塞能是前一个电子对后一个电子的库仑排斥能，这就导致对一个小体系进行放电时，电子不能集体传输。通常把小体系这种单电子运输行为称为库仑堵塞效应。如果两个量子点通过一个"结"连接起来，一个量子点上的单个电子穿过势垒到另一个量子点上的行为称为量子隧穿。为了使单电子从一个量子点隧穿到另一个量子点，在一个量子点上所加的电压（$V/2$）必须克服 E_c，即 $V>e^2/C$。通常，库仑堵塞和量子隧穿都是在低温情况下观察到的，观察到的条件是 $e^2/(2C)>KBT$，据估计，如果量子点的尺寸为 1nm 左右，可以在室温下观察到上述效应；当量子点尺寸在十几纳米范围时，观察上述效应必须在液氮温度下。原因很容易理解，体系的尺寸越小，电容 C 越小，$e^2/(2C)$ 越大，这就允许我们在较高温度下进行观察。利用库仑堵塞和量子隧穿效应可以设计下一代的纳米结构器件，如单电子晶体管和量子开关等。

由于库仑堵塞效应的存在，电流随电压的上升不再是直线上升，而是在 $I\text{-}V$ 曲线上呈现锯齿形状的台阶。

2.2.5 介电限域效应

介电限域是纳米微粒分散在异质介质中由于界面引起的体系介电增强的现象，主要来源于微粒表面和内部局域场的增强。当介质的折射率与微粒的折射率相差很大时，会产生折射率边界，这就导致微粒表面和内部场强比入射场强明显增加，这种局域场的增强称为介电限域。一般来说，过渡族金属氧化物和半导体微粒都可能产生介电限域效应。

2.2.6 光学性能

纳米粒的一个重要的标志是尺寸与物理的特征量相差不多，例如，当纳米粒的粒径与超导相干波长相当时，小颗粒的量子尺寸效应十分显著。与此同时，大的比表面积使处于表面态的原子、电子的行为有很大差别，甚至使纳米粒具有同材质的宏观大块物体所不具备的新的光学特性。主要表现为以下几方面。

（1）宽频带强吸收。不同的块状金属具有不同的颜色，这表明它们对可见光范围内各种颜色（波长）的反射和吸收能力不同，而当尺寸减小到纳米级时，各种金属纳米粒几乎都呈黑色，它们对可见光的反射率极低，例如铂纳米粒的反射率为 1%，金纳米粒的反射率小于 10%。这种对可见光的低反射率和强吸收率导致粒子变黑。

纳米 SiC 及 Al_2O_3 粉对红外线有一个宽频强吸收谱。这是由于纳米粒大的比表面积导致了平均络合数的下降，不饱和键和悬键（指正常络合数未得到满足时的一种成键状态）增多，与常规大块材料不同，没有一个单一的、择优的键振动模，而存在一个较宽的键振动模的分布，在红外光场作用下它们对红外吸收的频率也就存在一个较宽的分布，这就导致了纳米粒红外吸收带的宽化。

许多纳米粒，例如 O、F 和 TiO_2 等，对紫外线有强吸收作用，而亚微米级的 TiO_2 对紫外线几乎不吸收。这些纳米氧化物对紫外线的吸收主要来源于它们的半导体性质，即在紫外线照射下，电子被激发由禁带向导带跃迁引起的紫外线吸收。

（2）蓝移和红移现象。与大块材料相比，纳米粒的吸收带普遍存在"红移"现象，即吸收带移向长波方向。对纳米粒吸收带"蓝移"的解释有几种说法，归纳起来有两个方面。一是量子尺寸效应，由于颗粒尺寸下降，能隙变宽，这就导致光吸收带移向短波方向。Ball 对这种蓝移现象给出了普适性解释：已被电子占据分子轨道能级与未被电子占据分子轨道能级之间的宽度（能隙）随颗粒直径的减小而增大，这是产生蓝移的根本原因。这种解释对半导体和绝缘体都适用。另一种是表面效应，由于纳米粒很小，大的表面张力使晶格畸变，晶格常数变小。对纳米氧化物和氮化物小粒子研究表明，第一近邻和第二近邻的距离变短，键长的缩短导致纳米粒键本征振动频率增大，结果使红外线吸收带移向了高波数。

在一些情况下，粒子减小至纳米级时，可以观察到光吸收带对粗晶材料呈现"红移"现象，即吸收带移向长波长。例如 200～1400nm 波长范围，单晶 NiO 呈现 7 个光吸收带，它们峰位分别为 3.52eV、3.25eV、2.95eV、2.75eV、2.15eV、1.95eV 及 1.13eV，纳米 NiO（粒径在 54～84nm 范围）不呈现 3.52eV 的吸收带，其他 7 个光吸收带峰位分别为 3.30eV、2.93eV、2.78eV、2.25eV、1.92eV、1.72eV 及 1.07eV，很明显，前 4 个吸收带相对单晶的吸收带发生蓝移，后 3 个光吸收带发生红移。这是因为光吸收带的位置由影响峰位的蓝移因素和红移因素共同作用的结果，如果前者的影响大于后者，吸收带蓝移；反之，吸收带红移。随着粒径有减小，量子尺寸效应会导致吸收带的蓝移，但是粒径减小的同时，颗粒内部的内应力会增加，这种内应力的增加会导致能带结构的变化，电子波函数重叠加大，结果带隙、能级间距变窄，这就导致电子从低能级向高能级及半导体电子由禁带到导带跃迁引起的光吸收带发生红移。纳米 NiO 出现的光吸收带红移是由于粒子减小时红移因素大于蓝移因素所致。

（3）磁光效应。在磁性物质，如顺磁性、铁磁性、反铁磁性和亚铁磁性物质的内部，具有原子或离子磁矩。这些具有固定磁矩的物质在外加磁场作用下，电磁特性（如磁导率、介电常数、磁化强度、磁畴结构、磁化方向等）会发生变化，使光波在其内部的传输特性，如偏振面、相位和色散特性也随之发生变化。光通过磁场或磁矩作用下的物质时，磁性物质与光波相互作用所产生的新的各种光学各向异性现象称为磁光效应。从唯象性角度说，磁光效应是光从具有介电常数和磁导率的铁磁体透过或反射后，光的偏振状态发生变化的现象。光从铁磁体透过或从磁体表面反射后其偏振状态发生变化，这是由于光场 E 和磁场 H 与铁磁体的自发磁化强度 M 之间的相互作用使光的电磁波发生变化。自从在 1845 年由法拉第发现法拉第磁光效应后，人们又陆续发现了克尔效应、科顿-穆顿效应及塞漫效应等磁光效应。下面对不同磁光效应及其作用作简要介绍。

① 法拉第磁光效应。法拉第磁光效应是光与原子磁矩相互作用而产生的现象，当一些透明磁带物质（如石榴石）透过直线偏光时，若同时施加与入射光平行的磁场 H，透射光将在其偏振面上旋转一定的角度射出，如图 2-1 所示，称此现象为法拉第磁光效应。

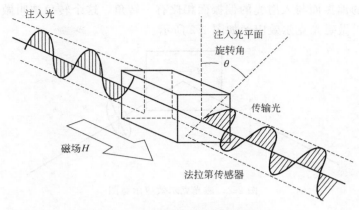

注入光

注入光平面
旋转角
θ

传输光

磁场 H

法拉第传感器

图 2-1　法拉第磁光效应原理图

对于顺磁介质和反磁介质，磁场不很强时，光振动面的法拉第旋转角 θ_F 与光在磁光介质中通过的路程 l、外加磁场强度在光传播方向的分量 H 成正比：

$$\theta_F = V_d H l \tag{2-1}$$

式中，V_d 为费尔德（Verdet）常数。

对于不同磁光介质，振动面旋转方向也有所不同。习惯上规定：振动面旋转绕向与磁场方向满足右手螺旋关系的称为右旋介质，其 $V_d > 0$；反向旋转的称为左旋介质，其 $V_d < 0$。对给定的物质，光振动面的旋转方向仅由磁场 H 的方向决定，这与光的传播方向无关。这是法拉第磁光效应与固定旋光物质旋光效应的重要区别，利用这一特点，可使光在介质中往返数次而使旋转角度加大。

为了反映磁光材料的综合磁光性能，引入磁光优值 F 的概念，F 是磁光旋转角与吸收系数的比值。

$$F = \theta_F / \alpha \tag{2-2}$$

式中，θ_F 为法拉第旋转角；α 为磁光材料光吸收系数。

磁光优值 F 是表征磁光性能的重要参数，如果 F 小，则没有使用价值，因此实际使用时要求材料具有较高的法拉第旋转角。此外，法拉第效应只有当光束能通过材料时才有意义，因此材料对光的吸收应尽可能小，吸收特性用光的吸收系数 α 来表示。

法拉第效应的产生机理是：当平面偏振光在磁光介质中通过时，偏振光总可以分解为左旋和右旋两个圆偏振光，无外磁场时，介质对这两种圆偏振光具有相同的折射率和传播速度，通过距离 l 的介质后，对每种圆偏振光引起了相同的相位移，因此透过介质叠加后的振动面不发生偏转；当有外加磁场存在时，由于磁场与物质的相互作用，改变了物质的光特性，这时介质对右旋和左旋圆偏振光表现出不同的折射率和传播速度。二者在介质中通过同样的距离后引起了不同的相位移，叠加后的振动面相对于入射光的振动面发生了旋转。

所有的透明物质都具有法拉第效应，不过已知的法拉第旋转系数较大的磁光介质主要是稀土石榴石系物质。目前磁光材料在光通信、磁光器件等方面的研究、开发及应用都相当活跃。利用磁光材料的法拉第磁光效应，已经成功制备了磁光调制器、磁光隔离器、磁光开关、磁光环行器等器件。

② 磁光克尔效应。当一束单色线偏振光照射在磁光介质薄膜表面时，部分光线将发生

透射，透射光线的偏振面与入射光的偏振面相比有一转角，这个转角被叫做磁光法拉第转角（θ_F），这种效应叫做磁光克尔效应，如图 2-2 所示。

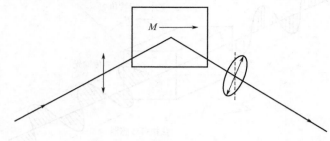

图 2-2　磁光克尔效应示意图

　　按照磁场相对于入射面的配置状态不同，磁光克尔效应可以分为三种，即极向克尔效应、纵向克尔效应和横向克尔效应，如图 2-3 所示。图 2-3（a）极向克尔效应，即磁化强度与介质表面垂直时发生的克尔效应，通常情况下，极向克尔信号的强度随光的入射角的减小而增大，在 0° 入射角时（垂直入射）达到最大。图 2-3（b）纵向克尔效应，即磁化强度既平行于介质表面又平行于光线的入射面时的克尔效应。纵向克尔效应的强度一般随光的入射角的减小而减小，在 0° 入射角时为零。通常情况下，纵向克尔信号中无论是克尔旋转角还是克尔椭偏率都要比极向克尔信号小一个数量级。这个原因使纵向克尔效应的探测远比极向克尔效应困难。但对于很多薄膜样品来说，易磁轴往往平行于样品表面，因而只有在纵向克尔效应配置下样品的磁化强度才容易达到饱和。因此，纵向克尔效应对于薄膜样品的磁性研究来说是十分重要的。图 2-3（c）横向克尔效应，即磁化强度与介质表面平行时发生的克尔效应，极向和纵向克尔磁光效应的磁致旋光都正比于磁化强度，一般极向的效应最强，纵向次之，横向则无明显的磁致旋光。

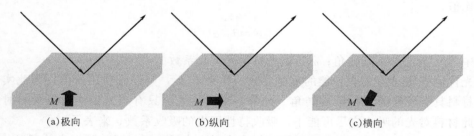

(a)极向　　　　　　(b)纵向　　　　　　(c)横向

图 2-3　磁光克尔效应三种测量模式示意图

　　磁光克尔效应可以分解为左、右圆偏振光的线偏振光，当在不透明的磁性物质表面发射时，由于发射率和相位变化对于左、右圆偏振光是不同的，因而发射光的偏振面发生旋转，并且发射光成为椭圆偏振光。磁光克尔效应的最重要应用是观察铁磁体的磁畴。不同的磁畴有不同的自发磁化方向，引起反射光振动面的不同旋转，通过偏振片观察反射光时，将观察到与各磁畴对应的明暗不同的区域。

　　③ 塞曼效应。1896 年，塞曼利用一凹形罗兰光栅观察处于强磁场中的钠火焰光谱时，发现光谱线在磁场中发生了分裂，这就是塞曼效应，即当光源在足够强的磁场中时，所发射的光线谱分裂成几条，条数随着能级的差别而不同，且分裂后的谱线成分都是偏振的。塞曼效应是 19 世纪末至 20 世纪初实验物理学中最重要的成就之一，是继 1845 年法拉第发现

"法拉第效应"和1875年克尔发现"克尔效应"之后，物理学家发现的磁场对光有影响的第三个实例。它从实验角度为光的电磁理论提供了一个重要的证据；同时，塞曼效应也证实了电子论在理解光谱和原子结构方面的正确性，大大拓宽了这方面的实验研究领域。从实用的角度来看，塞曼效应已经应用于原子吸收分光光度计等领域。

④ 磁致线双折射效应。当光以不同于磁场的方向通过磁场中的磁光介质时，也会出现像单轴晶体那样的双折射现象，称为磁致线双折射效应。磁致线双折射效应又包括科顿-穆顿效应和瓦格特效应。1907年科顿和穆顿首先在液体中发现：光在透明介质中传播时，如在垂直于光的传播方向上加一外磁场，则介质表现出单轴晶体的性质，光轴沿磁场方向，主折射率之差正比于磁感应强度的平方。瓦格特在气体中也发现了同样的效应，称为瓦格特效应，它比前者要弱得多。磁致线双折射在磁光介质材料的光学研究中经常遇到，构成介质的分子具有各向性，即具有永久磁矩。在不加磁场时各分子的排列杂乱无章，使得介质在宏观上表现为各向同性，而在加上足够强的外磁场时，分子磁矩受到了力的作用，各分子对外磁场有了一定的取向，从而使介质在宏观上表现为各向异性。通常把铁磁和亚铁磁介质中的磁致线双折射称为科顿-穆顿效应，反铁磁介质中的磁致线双折射称为瓦格特效应。

在磁光效应发现后的一百多年中，由于科学技术水平的限制，磁光效应并未获得真正的应用。直到20世纪60年代，由于激光和光电子技术的发展，才使得磁光效应的研究方向向应用领域发展，出现了新型的光信号功能器件——磁光器件。目前，磁光材料及器件已经在激光、光电子学、光通信、光纤传感、光计算机、光信息存储及激光陀螺等领域得到广泛应用，相关的研究及开发日益受到人们重视。

2.2.7 其他物理特性

纳米材料除具有上述的物理特性外，还具有热、磁等特性。纳米粒的熔点、开始烧结温度和晶化温度均比常规粉体低得多。由于颗粒小，纳米粒的表面能高、表面原子数多，这些表面原子近邻络合不全，活性大以及体积远小于大块材料，原生纳米粒熔化时所需得的内能小得多，这就使得纳米粒熔点急剧下降。所谓烧结温度是指把粉末先用高压压制成型，然后在低于熔点的温度下使这些粉末互相结合成块，密度接近常规材料的最低加热温度。纳米材料尺寸小，表面能高，压制成块后的界面具有高能量，在烧结中高的界面能成为原子运动的驱动力，有利于界面中的孔洞收缩、空位团的湮没，因此，在较低的温度下烧结就能达到密化的目的，即烧结温度降低。非晶纳米粒的晶化温度低于常规粉体。传统非晶Si_3N_4在1793K晶化成α相，纳米非晶Si_3N_4微粒在1673K加热4h全部转变成α相，纳米粒开始长大，温度随粒径的减小而降低。

纳米粒的磁学性能主要包括饱和磁化强度、超顺磁性、矫顽力、磁化率、居里温度。

2.3 纳米材料的化学性质

2.3.1 吸附

纳米粒因其巨大的比表面和表面原子络合不足，与相同材质的大块材料相比，有较强的吸附性。吸附是相接触的不同相之间产生的结合现象。吸附可分成两类：一是物理吸附，吸附剂与吸附相之间是以范德华力之类的物理力结合；二是化学吸附，吸附剂与吸附相之间是以化学键强结合。纳米粒的吸附性与被吸附物质的性质、溶剂的性质以及溶液的性质有关。电解质和非电解质溶液以及溶液的 pH 值等都对纳米粒的吸附产生强烈的影响。不同种类的纳米粒吸附性质也有很大差别。

2.3.2 分散与团聚

（1）分散。在纳米粒制备过程中，如何收集是一个关键问题，纳米粒表面的活性使它们很容易发生团聚，从而形成带有若干弱连接界面的尺寸较大的团聚体，这给纳米粒的收集带来很大的困难。为了解决这一问题，无论是用物理方法还是用化学方法制备纳米粒，经常采用分散在溶液中进行收集。尺寸较大的粒子容易沉降下来。当粒径达纳米级，由于布朗运动等因素阻止它们沉淀而形成一种悬浮液。这种分散物系又称作胶体物系，纳米粒称为胶体。即使在这种情况下，由于小微粒之间的库仑力或范德华力，团聚现象仍可能发生。如果团聚一旦发生，通常用超声波振荡将团聚体打碎。其原理是超声波振荡破坏了团聚体中小微粒之间的库仑力或范德华力，从而使小颗粒分散于分散剂中。为了防止颗粒的团聚，可通过表面物理或化学改性，来提高纳米粒的可分散性。

（2）团聚。悬浮在溶液中的微粒普遍受到范德华力作用而很容易发生团聚，而由于吸附在小颗粒表面形成的具有移动电位梯度的双电层又有克服范德华力阻止团聚的作用，因此，悬浮液中纳米粒是否发生团聚主要由这两个因素来决定。当范德华力的吸引作用大于双电层之间的排斥作用时，纳米粒就发生团聚。在讨论团聚时必须考虑悬浮体中的电介质的浓度和溶液中离子的化学价。引起微粒团聚的最小电介质浓度反比于溶液中离子的化学价的六次方，与纳米粒的种类无关。

2.4 磁性纳米材料

根据物质的磁性，磁性材料大致可分为：永久（硬磁）材料、软磁材料、半硬磁材料、旋磁材料、矩磁材料和压磁材料等。根据其结构大小可以分为 3 大类型：一是磁性微粒材料、磁性流体、磁性药物载体、磁传感器和微波材料等；二是微晶磁性材料，包括微晶永磁材料、软磁材料等；三是磁性结构材料，包括人工结构如磁性薄膜、颗粒膜等以及天然结构材料如钙钛矿型化合物。物质的磁性可以分为弱磁性（包括抗磁性、顺磁性、反铁磁性），强磁性（包括铁磁性、亚铁磁性）。但是，只有强磁性物质才能发生自发磁化现象。自发磁化现象是由邻近原子间电子的静电交换作用引起的。为了使静电交换作用产生的交换能最小，磁性材料中的磁性原子或者离子必须有序排列，这就导致了磁畴的产生。所谓磁畴，就是指磁性材料内部的一个个小区域，每个区域内部包含大量原子或离子，这些原子或离子的磁矩平行或者反平行排列。各种磁性材料单个磁畴中磁矩的排列方式如图 2-4 所示：顺磁性物质的原子或离子磁矩是无序排列的，不存在自发磁化现象；铁磁性材料的原子或离子磁矩全部平行排列，具有较高的磁化率（大约在 $10^3 \sim 10^6$ 数量级）；亚铁磁性材料中存在磁矩排列方向相反的两种原子或离子，但是磁矩并没有完全抵消，仍然存在净磁矩，使亚铁磁性材料也具有自发磁化的现象，但是比铁磁性材料的自发磁化能力弱，其磁化率大约在 $10^0 \sim 10^3$ 数量级；反铁磁性材料磁畴中的磁矩与亚铁磁性材料的类似，也存在方向相反的两种磁矩，但是两者相互抵消，不存在净磁矩，所以没有自发磁化现象。另外，由于自发磁化现象发生在磁畴内部，而宏观强磁性材料包含多个磁畴，各个磁畴内磁化矢量的取向是随机的，所以强磁性材料在未加外磁场的情况下不显示磁性。

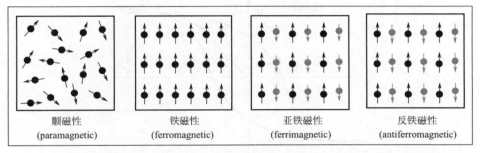

图 2-4　顺磁性、铁磁性、亚铁磁性以及反铁磁性材料的磁矩排列示意图

2.4.1　磁滞回线

　　磁性材料在足够强的磁场（称为饱和磁化场 H_s）作用下被饱和磁化以后，使这一正向磁场强度降为零，材料的磁化强度便会从 M_s 降到 M_r，显然，磁化强度的变化落后于磁场强度的变化，这种现象称为磁滞。M_r 称为剩余磁化强度，简称剩磁。若要使 M_r 变为零，必须对材料施加一反向磁场 H_{ci} 或 MH_c，该磁学量称为内禀矫顽力。若将反向磁场逐步增大到 $-H_s$，则材料又将达到饱和磁化。将反向磁场降为零，并继续使磁场强度沿正向增加到 H_s，磁化强度将经过 $-M_r$、H_{ci} 到达 M_s，于是，在 M-H 图上将形成一条封闭曲线，因为磁化强度的变化始终落后于磁场强度的变化，所以这样的封闭曲线称为 M-H 磁滞回线。相应地，如果磁场强度经历一周期变化，即 $H_s \rightarrow 0 \rightarrow H_c \rightarrow H_s \rightarrow H_c \rightarrow H_s$，磁感应强度 B 的变化在 B-H 图上也会构成一条封闭回线，称为 B-H 磁滞回线。在这种磁滞回线上，材料经饱和磁化后因撤去磁场所保留的磁感应强度称为剩余磁感应强度，也简称剩磁 B_r。使 B_r 降为零所需要施加的反向磁场称为矫顽力，用 BH_c 表示。超顺磁性纳米材料的磁滞回线有两个重要的特点：一是如果以磁化强度 M 为纵坐标，以外加磁场强度 H 为横坐标作图，在外加磁场的作用下测得得到的磁滞回线可相互重合，与原点呈轴对称，表现出可逆的磁化过程；二是剩余磁化强度（M_r）和矫顽力（H_c）都几乎为零，没有磁滞现象。但是超顺磁性具有强烈的尺寸和温度效应，判断材料是否处于顺磁状态，需要知道材料的尺寸与温度，因此对于磁性纳米颗粒而言，有两个物理量非常重要：一是超顺磁性的临界直径 D_c，如果温度保持恒定，则只有颗粒尺寸 $D<$ 临界直径 D_c 才有可能呈现超顺磁性；二是阻塞温度（blocking temperature）T_b，当温度 $T>T_b$，颗粒呈现超顺磁性。磁滞回线如图 2-5。

2.4.2　矫顽力

　　矫顽力（coercive force）是指磁性材料在饱和磁化后，当外磁场退回到零时其磁感应强度 B 并不退到零，只有在原磁化场相反方向加上一定大小的磁场才能使磁感应强度退回到零，该磁场称为矫顽磁场，又称矫顽力。在超顺磁临界尺寸以上，纳米颗粒的矫顽力随尺寸减小往往呈现增大的趋势。如 Fe 的纳米颗粒，其尺寸越小，矫顽力快速增加，但其饱和磁化强度却是减小的。这是因为磁性纳米颗粒的尺寸越小，颗粒内部的磁畴结构逐渐变为单畴，使得转动阻力增大，同时矫顽力增大。当纳米颗粒的尺寸减小到某一值，矫顽力达到最大。如果颗粒尺寸进一步减小，其矫顽力就会慢慢变小，当颗粒尺寸小于超顺磁临界尺寸时，矫顽力趋近于零，如图 2-6 所示。

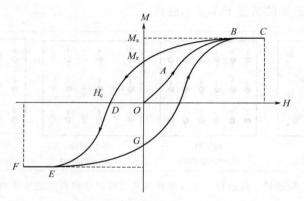

图 2-5　磁性物质的磁滞回线

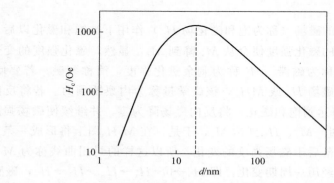

图 2-6　Ni 纳米颗粒的矫顽力 H_c 与粒径 d 的关系曲线

1Oe＝79.5775A/m，下同

矫顽力的大小表示材料被磁化的难易程度，有的很小，如铁镍合金的 H_c 只有 2A/m；有的很大，如 NdFeB 永磁的 H_c 可达 8×10A/m。因此，常要用它来对磁性材料进行分类。H_c 大于 3×10A/m 属永磁材料，小于 1×10A/m 的属软磁材料，介乎其中的属半永磁材料。

内禀矫顽力是永磁材料的一个重要的物理参量，是表征永磁材料抵抗外部反向磁场或其他退磁效应，以保持其原始磁化状态能力的一个主要指标。

2.4.3　居里温度

居里温度 T_c，即磁性转变点或者居里点，是指材料可以发生二级相变的转变温度，也可以说是在顺磁体和铁磁体之间转变的温度。它与颗粒内部的原子构型和间距相关，并与交换积分 A 呈正比，可以按照以下公式计算 T_c：

$$V(K_1 + M_s H) = 25 k_B T_c \qquad (2\text{-}3)$$

式中，V 为粒子体积；K_1 为室温有效磁各向异性常数。

由于纳米颗粒的尺寸减小使得磁性能发生变化，导致 T_c 明显降低。例如块状的镍的居里温度是 631K，纳米 Ni 颗粒的尺寸为 85nm 时，从其磁化率和温度的关系曲线上观察出 T_c 在 623K 左右，而当纳米 Ni 颗粒的尺寸为 9nm 时，其 T_c 降低到 573K。因此可定性地得出，纳米颗粒的尺寸的减小，T_c 点降低。这是由于纳米颗粒尺寸减小，原子间距小使得 J_o

减小，从而 T_c 随粒径减小而下降。

2.4.4　超顺磁性

超顺磁性（superparamagnetism）是指颗粒小于临界尺寸时具有单畴结构的铁磁物质，在温度低于居里温度且高于转变温度（block Temperature）时表现为顺磁性特点，但在外磁场作用下其顺磁性磁化率远高于一般顺磁材料的磁化率，称为超顺磁性。临界尺寸与温度、材料有关，铁磁性转变成超顺磁性的温度常记为 T_B，称为转变温度。超顺磁性随磁场的变化关系不存在磁滞现象，这与一般顺磁性相同。但在整个颗粒内存在自发磁化，即各原子磁矩的取向基本一致，只是整体磁矩的取向因受热运动的作用而随时在变化。超顺磁性的宏观表现为：在有外加磁场的作用时，磁性纳米材料表现出磁性并很容易地聚集到磁铁周围；在撤去外加磁场作用时，磁性纳米材料不表现出磁性。

2.4.5　磁化率

磁化率，表征磁介质属性的物理量。如果将每个纳米颗粒内部的电子当做一个整体，那么它们的数目非奇即偶。纳米材料磁性能的温度特点与电子数目的奇偶性有很大关系。当颗粒内部的电子数为非偶数时，磁性关系适用于居里-外斯定律，$\chi = C/(T - T_c)$，式中，C 为居里常数；T 为材料的温度；T_c 为材料居里温度。当颗粒内电子数为偶数时，其磁化率 $\chi \propto k_B T$，并服从 d^2 规律。它们在高的磁场下表现为超顺磁性。

20 世纪 80 年代随着纳米科技的发展，磁学与纳米技术结合诞生了一种新型纳米材料——磁性纳米材料，即尺寸限度在 1～100nm 的准零维超细微粉、一维超细纤维（丝）或二维超薄膜或由它们组成的固态或液态的磁性材料。由于具有高的比表面积和独特的光、电或吸附等性能，纳米材料在催化、传感、生物医药等领域有很多的应用报道。但是，由于纳米材料粒径很小，使用后难以分离回收，容易对机体、环境造成危害或二次污染。而磁性纳米材料不仅具有纳米材料特有的小尺寸效应、表面效应等优点，还具有不同于常规材料的超顺磁性，能够在外加磁场的辅助下轻易地实现分离回收，避免了材料的浪费以及可能造成的危害和污染。因此，磁性纳米颗粒及其复合材料在催化、生物分离、靶向给药、磁共振成像和分析化学等领域具有广阔的应用前景。所谓超顺磁性即当纳米粒子的尺寸达到一个临界值时，每个粒子均为一个单独的磁畴，此时粒子中电子的热运动动能超过了电子自旋取向能，外场产生的磁取向力太小而使磁矩呈无规则排列，导致其磁化性质与原子的顺磁性相似的现象。具有超顺磁性的磁性纳米材料，在磁场作用下能迅速被磁化，当去掉外磁场后无剩磁。

2.5　纳米材料的制备方法

纳米材料的制备方法很多，依据制备原理分为物理法（蒸发冷凝法、机械粉碎法、离子注入法、激光聚焦原子沉积法）、化学物理法（等离子体法、激光加热蒸气法、电解法、γ射线辐射法和超声微波辐射法）和化学法，其中化学法依据物料状态又分为固相法（固相物质热分解法和物理粉碎法）、液相法（沉淀法、溶胶-凝胶法、水热合成法、溶剂热法、模板法和微乳液法）和气相法（真空蒸发冷凝法、高压气体雾化法、高频感应加热法、溅射法）。表 2-1 为三种方法的简单介绍：

表 2-1 纳米材料的制备方法

制备原理	物料状态	制备方法	基本原理	基本特点
化学法 自下而上(down-top)的合成策略；即从原子、分子出发组装纳米材料，通过调节反应物浓度、表面活性剂种类等制备不同形貌的纳米材料； 优点：纳米粒子的形貌和粒径可控； 缺点：尚处于实验室阶段，无法大规模生产	固相法 即反应物和产物都为固相，所得固体粒子既可以相同，也可以不同	固相物质热分解	利用金属化合物的热分解	易固结，成本较高
		物理粉碎法	用介质和物料相互研磨和冲击，通过机械粉碎、电火花爆炸等法制备纳米微粒	粒径难以小于100nm，一般需加助磨剂或超声波粉碎
	气相法 即反应物质为气相或转化为气相后，通过一定机制制备纳米材料； 基本原理：通过升华、蒸发、分解等手段转化为过饱和的气态，冷凝结晶长出晶体	真空蒸发冷凝法	在低压的氢、氮等气体中加热金属，使其蒸发后形成纳米粒子	适合制备低熔点、成分单一的物质；缺点：不利于制备金属氧化物、氮化物等高熔点物质
		高压气体雾化法	利用高压气体雾化器，将氢气、氮气高速射入熔融材料液体，使其被破碎成极细粒子射流，急剧骤冷后得到纳米粒子	优点：所得粒子粒度分布窄； 缺点：产率低，惰性气体成本高，产品形貌差，易变形或破损
		高频感应加热法	高频感应线圈作为热源，在低压惰性气体环境中，通过蒸发坩埚内物质与惰性气体原子碰撞冷凝得到纳米材料	优点：纯度高，粒度分布窄； 缺点：成本较高，不适于蒸发高沸点金属
		溅射法	利用高速离子轰击靶材固体表面，使其与表面原子交换动量，表面原子因此离开固体并沉积在基底表面	工艺比较成熟的方法； 优点：工艺简单、成本低、晶粒易控制； 缺点：存在微裂纹，只能制备二维纳米材料

制备原理	物料状态	制备方法	基本原理	基本特点
化学法 自下而上(down-top)的合成策略；即从原子、分子出发组装纳米材料，通过调节反应物浓度、表面活性剂种类等制备不同形貌的纳米材料； 优点：纳米粒子的形貌和粒径可控； 缺点：尚处于实验室阶段，无法大规模生产	液相法 即通过化学溶液作媒介，传递能量制备纳米材料； 液相生长法要求有合适的溶剂，此法得到的晶体应力小、均匀性良好，大都具有完整的多面体外形，分为水热法或溶剂热法、微乳液法、模板法、电化学或高温有机体系反应等	沉淀法	混合反应物质成溶液，通过加入沉淀剂获得纳米粒子的前驱物，再干燥或煅烧得到产物	优点：操作简单，可制备单分散的纳米颗粒； 缺点：耗时太长，结晶性较差
		溶胶-凝胶法	控制反应前驱物的水解条件首先制得溶胶，经热处理获得纳米粒子	优点：颗粒均一、分散性好、易实现高纯化、应用广、反应周期短； 缺点：制备成本高，需要高温煅烧
		水热合成法	在水热条件下加速粒子反应，促进水解反应	产物的晶面发育完整，形貌与生长条件密切相关
		溶剂热法	乙醇、乙二胺等溶剂在高的温度和压力条件下，可以溶解绝大多数物质，获得一些常规条件下无法得到的亚稳相纳米粒子	优点：能耗低、团聚少、颗粒形状及粒度可控； 缺点：产率较低，尺寸和形貌的均一度有待提高
		模板法	利用模板提供的纳米级微反应器作为成核场所，限制了生成物的生长方向	常用模板：有序孔洞阵列氧化铝模板、无序孔洞高分子模板、多孔硅模板及金属模板等
		微乳液法	将互不相溶的油相、水相在表面活性剂作用下形成稳定的微乳液，用于制备纳米材料	优点：条件温和，过程简单，粒径和形貌可控； 缺点：乳化剂含量较高

制备原理	物料状态	制备方法	基本原理	基本特点
物理法 即自上而下(top-down)的合成策略,简单的物理转化过程; 优点:产量大,可产业化推广; 缺点:粒度均一性差		蒸发冷凝法	用真空蒸发、激光加热、电弧高频感应等方法,蒸发原料后骤冷使之高饱和度而快速成核,制备纳米超微粉	优点:可制备高质量的产品; 缺点:技术、设备要求较高
		机械粉碎法	用研磨方式将物料直接加工成超微粉	优点:操作简单,可放大生产; 缺点:产品污染严重,难以实现粒径的控制
		离子注入法	混合不相溶元素,经高温退火,偏析注入元素	通过控制衬底的深度,来控制粒径
物理化学法 即通过物理、化学相结合方法,应用特殊的技术制备纳米粒子的方法		等离子体法	用等离子体将金属等粉末熔融、蒸发和冷凝以制成纳米粒子	用于制备高纯、均匀、粒径小的氧化物、氮化物、碳化物系列,金属系列和金属合金系列纳米粒子
		激光加热蒸气法	利用激光快速加热反应,瞬间完成气体反应的纳米成核、长大和终止	优点:反应迅速,粒度均匀可控; 缺点:成本较高
		电解法	包括水溶液和熔盐电解两种	用于制备纯金属、电负性大超微颗粒
		γ射线辐射法	用高能射线辐射浓度较高的金属盐溶液制备纳米粒子	工艺简单,制备周期短,粒度易控制,产率较高
		超声微波辐射法	利用超声、微波协同辐射反应前驱物制备纳米粒子	粒径分布窄、分散均匀、加快反应速率

参考文献

[1] Cornell R M, Schwertmann U. The iron oxides structure, properties, reactions, occurrence and uses. VCH: Weinheim, 1996.

[2] Leslie-Pelecky D L, Rieke R D. Chem Mater, 1996, 8 (8): 1770.

[3] 洪若瑜. 磁性纳米粒和磁性流体:制备和应用. 北京:化学工业出版社, 2008.

第3章

磁性纳米材料的制备

随着磁性纳米材料的广泛应用，越来越多的研究开始致力于磁性纳米材料的发展，探索磁性纳米材料内在性质。由于磁性纳米材料的成分决定了其在实际应用中的相容性和适用性，磁性纳米粒子的制备方法也是研究者们的研究重点，常见的磁性纳米材料绝大多数是人工合成，主要包括铁、钴、镍的金属氧化物及其复合物，最常用的磁性纳米材料是 Fe_3O_4，其制备方法简单、粒度可控、成本低、易表面改性，且具有良好的生物相容性，因此成为化学、生物、材料等领域的研究热点。Fe_3O_4 制备方法主要分为物理方法和化学方法，物理法如真空冷凝法、机械球磨法、物理粉碎法等，这些方法操作简便，但制备的粒子尺寸难以控制在纳米级，且存在制备过程耗时长、能耗大、易引入杂质等缺点。化学法包括共沉淀法、溶胶-凝胶法、微乳液法、水热法等，与物理法相比，化学法反应条件较为温和，反应机理较为直接，所合成 Fe_3O_4 在粒径、形态控制和合成量上更有优势，因此化学法制备磁性 Fe_3O_4 纳米材料的应用更为广泛，以下针对几种常用的化学法进行简单介绍。

3.1　化学共沉淀法

化学共沉淀法是利用化学反应将溶液中的金属离子在碱性条件下共同沉淀后得到所需的产物。如图 3-1 所示，一般操作方法如下：准确称取一定量的 $FeCl_2$（或 $FeSO_4$）、$FeCl_3$（$Fe^{3+}/Fe^{2+}=2/1$）溶于水中配制成一定浓度的溶液，在强力搅拌下加入氨水或氢氧化钠溶液，通过调节溶液的 pH 值（$8\sim14$）、反应温度（室温至 $90℃$）、反应时间和搅拌速度等来控制磁性纳米颗粒的粒径，相应的化学反应方程式如下：

$$Fe^{2+} + 2OH^- \longrightarrow Fe(OH)_2$$

$$Fe^{3+} + 3OH^- \longrightarrow Fe(OH)_3$$

$$Fe(OH)_2 + 2Fe(OH)_3 \longrightarrow Fe_3O_4 + 4H_2O$$

总的反应：

$$Fe^{2+} + 2Fe^{3+} + 8OH^- \longrightarrow Fe_3O_4 + 4H_2O$$

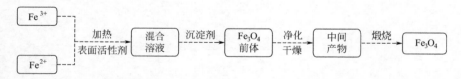

图 3-1　共沉淀法制备 Fe_3O_4 纳米粒子流程示意图

从反应式来看，反应物的摩尔比为 $Fe^{3+}/Fe^{2+}=2/1$ 时可以得到磁性 Fe_3O_4 颗粒，但是在制备过程中 Fe^{2+} 容易被氧化，因此实际操作时 Fe^{3+}/Fe^{2+} 的摩尔比一般小于 $2/1$。该方法制备的磁性纳米颗粒的尺寸、形貌及组成主要取决于铁盐类型（氯化物、硫酸盐或硝酸盐）、Fe^{3+}/Fe^{2+} 摩尔比、反应温度、pH 值、碱的类型，此外也受搅拌速度、介质的离子强度、加料次序、氮气鼓泡速度等的影响。

Massart 首次报道了通过共沉淀法制备 Fe_3O_4MNPs 的方法。他使用 $FeCl_3$ 和 $FeCl_2$ 作为铁源，通过加入 NaOH 溶液控制反应条件为碱性，得到了平均粒径为 8nm 的 Fe_3O_4MNPs。Andris 等报道了一种以 $FeCl_2$ 为单一铁源、NaOH 为沉淀剂，在反应过程中无需加入任何其他的有机溶剂及模板分子而成功制备出 Fe_3O_4 MNPs 的方法。实验结果表明：在室温下反应 5h，可以制得粒径介于 30～80nm 的 Fe_3O_4 MNPs，通过提高反应温度以及调整反应物的物料比可以得到尺寸为 200nm 且呈片状结构的 Fe_3O_4 晶体（如图 3-2 所示）。

(a) 室温下反应5h   (b) 60℃下反应5h

图 3-2   共沉淀法制备 Fe_3O_4 MNPs 的 SEM 图

Jiang 等通过使用多巴胺作为一种形状的模板剂，用化学共沉淀法在室温下合成了磁性 Fe_3O_4 纳米线。Fe_3O_4 纳米线负载贵金属（Pd 或 Pt）不仅具有稳定的水分散性，还对 $NaBH_4$ 使硝基酚和硝基苯酚在水中的加氢反应具有优异的催化活性。此外，磁性异质结构的纳米催化剂显示出良好的分散性，至少可使用 5 个周期的重用性。而 Pd/Fe_3O_4 纳米线也可以作为在含水条件下的铃木反应的有效催化剂。Ghosh 等采用化学共沉淀法，把摩尔比为 1∶1 的 10mL 的 $FeSO_4 \cdot 7H_2O$ 和 20mL 的 $FeCl_3 \cdot 6H_2O$ 溶液混合，以氨水作为沉淀剂，搅拌反应 24h 后，除去多余的 NH_3，洗涤产物至溶液为中性，就得到磁性 Fe_3O_4 纳米粒子。此外，Ghosh 等还用油酸（OA）和聚乙二醇（PEG）对制得的磁性 Fe_3O_4 纳米粒子进行了表面改性，最后得到表面覆有油酸和 PEG 的 Fe_3O_4 纳米粒子。Wang 等通过改进的一步共沉淀法合成了尺寸均匀、粒径小的 Fe_3O_4 纳米粒子。所制备的 Fe_3O_4 纳米颗粒不仅具有好的磁学性能、在生物环境中的长期稳定性，而且在细胞活力和溶血试验中具有良好的生物相容性。在体外和体内成像实验中，2.2nm 的 Fe_3O_4 纳米粒子表现出极大的增强性，可长期地循环使用及具有较低的毒性，使这些超小尺寸的 Fe_3O_4 纳米粒子有可能作为 T-1 和 T-2 的双重造影应用在临床中。Xia 等以 $FeSO_4$ 和 $Fe_2(SO_4)_3$ 为原料，用三乙醇胺作为络合体的铁前体，使用新型复杂共沉淀路线制备出三乙醇胺包覆 Fe_3O_4 的纳米晶体。该 Fe_3O_4 纳米颗粒具有很高的饱和磁化强度、良好的溶剂分散性，并对于重金属如 Cr(Ⅵ) 等具有良好的吸附性。制备 Fe_3O_4 纳米颗粒的工艺流程见图 3-3。

共沉淀法可以很方便地制备粒径约为 10nm 的磁性纳米颗粒，但是碱浓度的不均匀性容易导致粒径分布较宽，最大的难题还是如何制得分散的磁性纳米颗粒，使其不团聚。为此许多研究者在制备过程中或者颗粒生成后加入表面活性剂等有机化合物来包覆磁性纳米颗粒，以对共沉淀法进行改进，减小团聚。通过添加有机化合物作为稳定剂或还原剂可以改善磁性纳米颗粒的单分散性，其机理有两个方面：一方面，金属离子的螯合会阻碍成核，由于成核

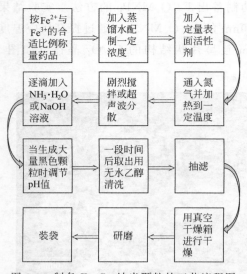

图 3-3　制备 Fe_3O_4 纳米颗粒的工艺流程图

数量少，体系主要由晶核生长控制，导致形成较大的颗粒；另一方面，吸附在晶核表面的有机物也可以抑制晶核生长，有利于粒径均一颗粒的形成。研究表明，油酸是 Fe_3O_4 最好的稳定剂和分散剂。

共沉淀法是制备磁性纳米颗粒最简单常用的方法。这种方法反应时间短、操作简单、所用溶剂主要为水，成本低且产量高，容易控制产物的成分并且易于实现工业化生产。但不均匀的沉淀过程容易造成纳米颗粒间的团聚；且合成的纳米颗粒粒径分布较宽；产物一般为胶体，收集和洗涤较困难；一些离子不易除去。因此，对传统化学共沉淀法进行改进是研究的主要方向之一。

3.2　溶胶-凝胶法

溶胶-凝胶法就是用含高化学活性组分的化合物作前驱体，在液相下将这些原料均匀混合，并进行水解、缩合化学反应，在溶液中形成稳定的透明溶胶体系，溶胶经陈化胶粒间缓慢聚合，形成三维网络结构的凝胶，凝胶网络间充满了失去流动性的溶剂，形成凝胶。凝胶经过干燥、烧结固化制备出分子乃至纳米亚结构的材料。

3.2.1　基本原理

溶胶是指固体或胶体粒子均匀分散在溶液之中，固体粒子尺寸在 1nm 左右，含有 $10^3 \sim 10^9$ 个原子，比表面积大，胶体粒子受到布朗运动的作用可以稳定持久地悬浮在液相之中。此外，粒子的表面电荷引起的双电荷层使固体粒子更加均匀地分布在溶液之中。

溶胶-凝胶法是以无机聚合反应为基础，以金属醇盐或无机金属盐作前驱体，用水作为水解剂，有机醇为溶剂来制备高分子化合物。在溶液中前驱物进行水解、缩合反应，形成凝胶。传统的溶胶-凝胶体系中，反应物通常是金属醇盐，通过醇盐缩水而得到溶胶。但由于稀土金属的醇盐易水解、成本高等问题，限制了溶胶-凝胶法在更多领域应用。因此在很多领域中应用较多的是络合溶胶-凝胶法。该法在制备前驱液时添加络合剂，通过可溶性络合物的形成减少前驱液中的自由离子，控制一系列实验条件，移去溶剂后得到凝胶，最后再通过分解的方法除去有机络合体而得到粉体颗粒。

溶胶-凝胶过程具体包括以下两个反应过程：

（1）水解反应是把阴离子取代成羟基，诱发综合反应，形成链状或网状交联的聚合物，金属盐类水解：

$$ML + nH_2O \longrightarrow M(OH_2)_n^{z+} + L^{z-}$$

$$M(OH_2)_n^{z+} \longrightarrow M(OH)(OH_2)_{n-1}^{(z-1)+} + H^+$$

（2）缩聚反应是把 OR 或 L 和 OH 交换，转换成氧化态：

$$M—OH + M—OH \longrightarrow M—O—M + H_2O$$

$$M—OR + M—OH \longrightarrow M—O—M + ROH$$

聚合程度决定于原颗粒的大小，而聚合速度决定于水解速率。如果水解反应速率大于缩聚反应速率，能够促进凝胶的形成。但在许多情况下，水解反应速率比缩聚反应速率快得太多，往往形成沉淀而无法形成稳定的均匀凝胶。要成功合成稳定的凝胶，关键在于降低络合物的水解速率，配制在 pH 值增大条件下也足够稳定的前驱液。金属离子络合的目的是控制水分子在去离子反应中的水解速率，尽量减慢水解反应速率使缩聚反应完全。

3.2.2　影响因素

影响水解、缩聚反应的因素有前驱物的浓度和性质、溶液的 pH 值、反应温度和时间、溶剂、添加剂、水等。

3.2.2.1　溶剂的影响

溶剂在溶胶-凝胶反应过程中主要起分散作用，首先为了保证前驱体的充分溶解，需保证一定量的溶剂，但如果一种溶剂的浓度过高，会使表面形成的双电层变薄，排斥能降低，制备的粉体团聚现象严重。在保证 pH 值、温度等条件不变的情况下随溶剂量的增加，形成有溶胶的透明度提高，但黏度降低，同时，陈化形成凝胶的时间延长。凝胶的形成是溶胶中单体的交联聚合完成的，但聚合需要单体粒子接触距离较小时才易进行。当溶胶浓度降低时，在单位体积中粒子数目减少，同时粒子自由度提高，减小了撞碰的机会，减缓了聚合速度，同时由于蒸发溶剂量大，延长了挥发时间，凝胶时间也延长，形成的凝胶之间空隙较大，且网络骨架结合力小、强度低，在干燥过程中由于外力或内应力作用其空间结构易遭到破坏，其中的溶剂重新释放。因而选择一个合适的浓度有利于缩短凝胶的时间，提高凝胶的均匀性，避免溶胶的不稳定，减少反应时间等。

3.2.2.2　反应温度的影响

反应温度主要影响水解与成胶的速度，当反应温度较低时，不利于盐类水解的发生，金属离子的水解速度降低，溶剂挥发速度减慢，因而导致成胶时间过长，胶粒由于某种原因长时间作用导致不断团聚长大。当反应温度过高时，溶液中水解反应速率过快，且导致挥发组分的挥发速度提高，分子聚合反应速度也加快，成胶的时间就会大大缩短，由于缩聚产物碰撞过于频繁，形成的溶胶就越不稳定，制备出的颗粒尺寸变大且分布范围会增加，同时金属离子水解不够充分，过快的聚合可能会降低不同离子混合的均匀性。因此选择合适的反应温度有利于改善溶胶-凝胶的反应并缩短制备工艺周期。

3.2.2.3　凝胶干燥温度的影响

陈化形成凝胶后，水解和缩聚反应还在不断进行，通过一定温度干燥除去水分或其他液体，才能完成或停止水解，形成干凝胶。凝胶干燥速度主要影响水分的蒸发速度，因此决定了凝胶的干燥时间。湿凝胶在一定温度下干燥，胶体形成的骨架之间的水的毛细管力会对最终粉体形态产生明显影响，由于毛细管力拉近相邻颗粒的距离，导致在干燥结束时产生桥接作用导致粉体团聚的产生，特别是这种粉体团聚结合力较强，因此较难除去。当干燥温度提高后，干燥时间会明显缩短，因此提高粉体制备效率，但同时由于水的桥接作用导致煅烧后颗粒尺寸逐渐增大。当温度在适当温度范围时，干燥的颗粒粒度变化较小。当温度太高时，粒度变化就较大。原因在于温度过高，其中的溶剂挥发太快，导致凝胶收缩剧烈，很易形成硬团聚，导致成品的烧结性能降低。

3.2.2.4　pH值的影响

溶液pH值对溶胶和凝胶水解起催化作用，选用一定碱调节pH值，在不同pH值条件下会对制备的粉体有一定影响，当pH值较高时，盐类的水解速度较低，而聚合速度较大，且易于沉淀，粉体粒径易粗化；随着pH值的减小，金属离子水解速度快，聚合度较小，凝胶粒子小；但pH值过低，溶液酸度过高，金属离子络合物的稳定性下降。

3.2.2.5　前驱物质的影响

不同的前驱物所含金属离子不同，在相同温度、相同pH值的情况下的水解速度与程度就会不同，从而影响离子的络合，进而影响到溶胶、凝胶的性质。

3.2.2.6　络合剂的影响

不同的络合剂，所含羧基的数目与键的结合力强弱就会不同。例如柠檬酸和草酸，从结构上分析，草酸含有2个酸性较强的羧基，与金属离子结合反应较缓慢，因此金属离子水解充分，草酸与金属离子结合生成分散的晶核，可以制成较小的物质前驱体。而柠檬酸有3个羧基，且存在三级电离，在不同pH时与金属的络合能力有一定区别，与金属盐络合速度较快，新生成的晶核较少，晶核长大速度较快，因此前驱体尺寸较大。草酸单位分子量小于柠檬酸，空间结构也较简单，而柠檬酸的三维空间结构提高了凝胶稳定性，反而有利于胶体粒子的分散。

3.2.3　粉体制备技术路线

见图3-4。

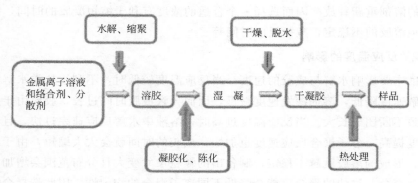

图3-4　粉体制备技术路线

采用金属络合溶胶-凝胶法一般步骤如下：

（1）制备均相溶液，保证溶胶-凝胶过程中水解反应在分子平均的水平上进行，往金属盐溶液中加入的络合剂对水解速率、缩聚速率、溶胶-凝胶在陈化过程中的结构演变都有重要影响。金属络合的一个重要目的是防止络合水分子在去质子反应中的快速水解。为保证前期溶液均匀，在配制过程中必须进行搅拌。

（2）制备溶胶。反应过程中水解反应和缩聚反应是导致均相溶液转变为溶胶的根本原因。制备溶胶过程中确定适当的起始浓度（加水量）、pH值等都是制备高质量溶胶的前提。

此外，分散的添加剂的添加也影响着粉体的形貌和团聚情况。

（3）溶胶凝胶化。溶胶由于溶剂的蒸发和缩聚反应的进行而逐渐失去流动性，形成半固态凝胶。在此过程中，凝胶陈化时间可对粉体性能产生一定影响。

（4）对干燥后的凝胶进行热处理。在热处理过程中，有机物被去除。由于凝胶中的气孔，粉体不易产生硬团聚。热处理温度和保温时间对粉体显微结构的影响至关重要。

3.3　微乳液法

微乳液是由水、油（通常是烃类化合物）、表面活性剂和助表面活性剂组成的各向同性、热力学稳定的均一体系。两种互不相溶的溶剂（通常为油和水）会在表面活性剂的作用下形成澄清透明的微乳液。这种方法一般是将铁盐和碱液分别配制成稳定的微乳液，然后将含有反应物的两份微乳液混合，由于水滴的碰撞、结合及交换引起化学反应，最终反应物在其中反应生成固相沉淀，加入有机溶剂，如丙酮或乙醇，然后过滤或离心即可分离得到产物。根据分散相和连续相的不同，微乳液法可分为两种，即油包水型（W/O 型）和水包油型（O/W 型）。W/O 型微乳液可以认为是一种反胶束溶液，包含有水增溶在胶束内芯的反胶束，亦可以认为微细水滴包有一层界面膜。O/W 型微乳液亦可以认为是另一种胶束溶液，含有正常胶束而油增溶在胶束内芯或认为微细油滴包有一层界面膜分散在水中。图 3-5 显示了W/O 与 O/W 型微乳液体系。

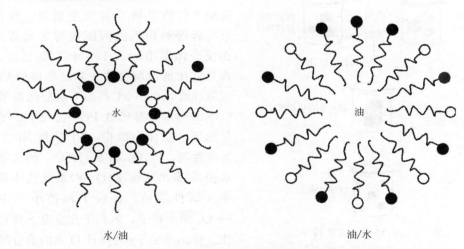

图 3-5　W/O 与 O/W 型微乳液体系

微乳液形成的主要条件是油水界面张力低于 10^{-2} mN/m（超低界面张力），此时可发生自乳化现象。除了表面活性剂外，还要加入增溶剂或助表面活性剂，调节表面活性剂的亲水亲油性，使分散相达到分子水平分散。表面活性剂和助表面活性剂等通过界面扩散，均匀分配在油相及水相之间，从而使界面张力进一步降低。影响微乳液结构的主要因素是油相的化学结构，水相、表面活性剂和助表面活性剂的组成。当表面活性剂量大，并有极性醇、胺作为助乳化剂存在时，可以获得分散相小于 $0.1\mu m$ 的微乳液。提高微乳液稳定性的其他条件是：界面黏度要小，表面活性剂具有较好的化学稳定性，不受盐类及高温影响等。离子型表面活性剂稳定的 W/O 微乳液体系的稳定性受表面活性剂与助表面活性剂的比例控制。对非离子表面活性剂稳定的体系，助乳化剂的性质及温度是控制因素。

由于反应空间限制在微乳液滴这一"微型反应器"内部,反应成核、晶核生长等过程受到微反应器的限制,可以有效地避免纳米颗粒间的进一步团聚。该方法还可以通过控制表面活性剂用量和水相含量来调整粒径大小。表面活性剂一方面可以阻止纳米颗粒团聚和进一步生长,从而有效控制颗粒尺寸;另一方面也改善了纳米颗粒的可溶解性或分散性。表面活性剂的类型及极性基团的大小对液滴形状有重要影响,这也为制备不同形貌的纳米颗粒提供了可能。微乳液法具有以下明显的特点:①粒径分布较窄并且可以控制;②选择不同的表面活性剂修饰微粒子表面,可获得特殊性质的纳米微粒,并显著地改善其光学、催化及电流变等性质;③粒子间不易聚结,稳定性好。但是,该方法的主要缺点是需要大量的有机溶剂,产量较低,难于工业化生产。

Shah 等研究了烃类的胶束溶液后认为,被增溶分子与表面活性剂分子之比很少超过 2,而微乳液体系分散相对表面活性剂分子之比常超过 100,微乳液制备过程大都需加入助乳化剂(即助表面活性剂)。其中 W/O 型微乳液被广泛用于制备 Fe_3O_4 纳米颗粒。宋丽贤应用双乳液混合法,以 AEO9 为表面活性剂、环己烷为油相,正丁醇做助溶剂,与 Fe^{2+}、Fe^{3+} 和 NaOH 水溶液形成 W/O 微乳液。在 N_2 保护下,快速搅拌向微乳液结构的混合溶液滴加 NaOH,调节 pH 值,可制备纯度高、单分散、饱和磁化强度为 $66A \cdot m^2/kg$、平均粒径为 24nm 的超顺磁纳米 Fe_3O_4;赵增宝等以十二烷基苯磺酸钠做表面活性剂、甲苯做油相,将 Fe^{2+} 和 Fe^{3+} 与表面活性剂、油相混合,在强烈搅拌下形成微乳液,缓慢滴加 NaOH,调节 pH,再加入乙醇,制得黑色纳米 Fe_3O_4,该反应下的微乳液容易发生团聚,粒径较大。杜雪岩等利用乙酰丙酮铁与多元醇还原法,在反应体系中加入 1,2-十二烷-乙醇、乙醇,再与乳化剂油酸、油胺和二苄醚强烈搅拌形成微乳液,在 200℃高温下反应制得平均粒径 6.0nm 的亲油基磁性 Fe_3O_4。Zhou 等利用少量的环己烷作为油相,NP-5 和 NP-9 作为表面活性剂,Fe_3O_4 和 $Fe(NO_3)_3$ 的水溶液作为水相,制备出水包油(O/W)微乳液体系。之后加入碱性溶液,合成了粒径小于 10nm 的 Fe_3O_4 纳米粒子,该粒子在室温下具有超顺磁性。Woo 等将 $FeCl_3 \cdot 6H_2O$ 水溶液分散于以油酸作为表面活性剂的苄醚中,形成油包水型

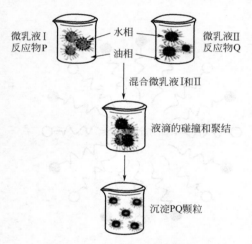

微乳液I
反应物P

水相
油相

微乳液II
反应物Q

混合微乳液I和II

液滴的碰撞和聚结

沉淀PQ颗粒

图 3-6 W/O 微乳液法制备
磁性纳米材料技术路线

微乳液。然后,加入丙烯作为质子消耗剂,得到 Fe_2O_3 凝胶。Fe_2O_3 凝胶通过在 1,2,3,4-四氢化萘中加热得到最终的 Fe_2O_3 纳米棒,其长径比主要是由水/油酸的摩尔比决定。Fe_2O_3 的晶相可以通过改变反应温度、结晶条件等来控制。W/O 微乳液法制备磁性纳米材料技术路线见图 3-6。

微乳液法制备的磁性微粒表面包覆了表面活性剂,可以有效地阻碍粒子间的团聚,因此粒子有较好的分散性和分布窄的粒径宽度;粒子表面用不同的表面活性剂修饰,可得到性能不同的纳米微粒。该方法试验装置简单、反应温度低、操作容易,所得磁性纳米颗粒粒径分布较窄、形貌可控、分散性好。但是产率低,结晶度和磁响应性等方面还有待提高,难以得到高纯度的产物,不易实现工业化,制备过程需要使用大量有机溶剂,环境污染严重。

3.4 水热或溶剂热法

水热法是在特制的密闭反应容器中，以水为主要介质，通过加热创造一个高温高压的反应环境，在水溶液或水蒸气中进行化学反应的一种方法。由于水热合成经历了一个高温高压的长时间过程，因而所得产物一般具有理想的晶型，并且具有较高的磁响应性，另外有些掺杂的杂质在高温下溶解分离后，也有利于提高产物纯度。水热法主要有以下优点：①采用中温液相控制，能量损耗相对较低；②所需原料相对廉价易得，产率以及纯度高、结晶度好，并且形貌和尺寸可控；③在水热过程中，通过调节反应的温度、压力、时间、pH 值、前驱体种类等因素，可以有效地实现对晶体颗粒的控制；④水热过程在密闭的容器中进行，减少了对环境造成的污染，可以实现对反应气氛的调控。正是由于水热法具有以上优点，使得水热法被广泛地应用于纳米材料的制备。但是，水热法也有其局限性，只适用于在水热条件下稳定的金属氧化物和少数硫化物的制备和处理，而不适用于易水解的化合物的制备。杨华等通过水热法将 Fe^{2+} 和 Fe^{3+} 氯化物溶液混合溶解，在水浴滴加 NaOH 调节 pH，反应得到的前驱产物在水热反应釜中继续反应制得平均粒径 35nm、饱和磁化强度 $80A \cdot m^2/kg$ 的水基纳米 Fe_3O_4 磁流体；刘鹏等通过溶剂热法，以乙二醇为溶剂，在 200℃高温反应釜反应磁分离得到单分散纳米级、高亲水性、饱和磁化强度 88.47emu/g 磁性 Fe_3O_4。苏雅拉等以无水乙醇为溶剂，将 $Fe(NO_3)_3$ 与尿素结合成尿素铁，在高压反应釜中，在 200℃制得饱和磁化强度 $57A \cdot m^2/kg$、最大孔径 5.3nm、孔容 $0.3cm^3/g$、比表面积 $120cm^2/g$ 的介孔结构超顺磁纳米 Fe_3O_4。2005 年，清华大学李亚东的课题组提出了一种"液相-固相-溶液 (LSS)"界面相转移-相分离机理合成单分散性纳米微球的方法，将水热合成技术成功应用于新型纳米粒子的合成。该方法的反应机理如图 3-7 所示，在合成单分散的金属或金属氧化物过程中巧妙地使用了多组分的反应混合物，包括乙二醇、醋酸钠和聚乙二醇，其中乙二醇作为高沸点还原剂；醋酸钠作为静电稳定剂，可有效防止粒子团聚；聚乙二醇作为表面活性剂，协助醋酸钠防止粒子团聚。合成中所采用醇-水混合溶剂作为反应媒介，无机盐和长链两性表面活性剂在搅拌作用下被剪切分割形成无数微小的"溶液相-固相"、"溶液相-液相"、"液相-固相"界面，最终形成了反应的分散体系。体系中的金属离子会在"溶液相-固相"与"液相-固相"界面处转移并发生共沉淀反应、氧化还原等化学反应。虽然此反应机制迄今尚不完全清楚，但这种多组分方法是目前制备所需功能化 MNPs 材料的最强有力的手段。

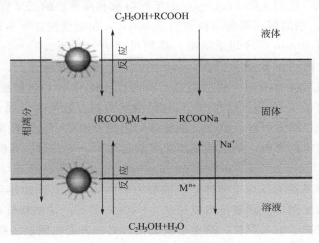

图 3-7　液相-固相-溶液 (LSS) 相转移合成方法示意图

溶剂热法是在水热法的基础上发展起来的，它与水热反应的不同之处在于使用有机溶剂代替水。因此，该方法可以弥补水热法存在的缺陷，用于合成易水解的化合物。在溶剂热反应中，一种或几种前驱体溶解在非水溶剂中，通过加热，反应物开始变得比较活泼，随后发生反应，产物缓慢生成。该过程相对简单而且易于控制，并且在密闭体系中可以有效地防止有毒物质的挥发，有利于制备对空气敏感的产物。另外，在溶剂热体系中，产物的晶形、尺寸也能够很好地控制。所以，溶剂热法在离子交换剂、新功能材料及亚稳态材料的合成方面具有广阔的应用前景。

水热法和溶剂热法制备的 Fe_3O_4 纳米晶具有原料易得、产物纯度高、分散性好、晶粒发育完整、颗粒形貌和大小可控等优点。但是由于溶剂热法要求使用耐高温和耐高压设备且反应时间较长，产率较低，因而在工艺放大时会增加一定难度。

3.5　热分解法

热分解法是通过在高沸点有机溶剂中加热分解有机金属化合物来制备纳米材料的方法，最早用于制备强荧光效率、形貌可控的 II-VI 族半导体纳米颗粒。受非水介质中热分解合成高质量半导体纳米晶体和金属纳米颗粒的启发，类似的方法被引入到磁性纳米颗粒的合成中。具体过程是在高沸点溶剂及表面活性剂中，将有机金属前驱体高温热解得到磁性纳米颗粒。常见的有机金属前驱体有以下几种：金属乙酰丙酮化合物 $[M^{n+}(acac)_n]$($M=Fe,Mn,Co,Ni,Cr;n=2$ 或 $3,acac=$ 乙酰丙酮)[如 $Fe(acac)_3$]、金属亚硝基苯胺化合物 $M^{x+}(Cup)_x$($Cup=N$-亚硝基苯胺)[如 $Fe(Cup)_3$]、金属羰基化合物 [如 $Fe(CO)_5$]、金属油酸盐。常用的表面活性剂包括脂肪酸、油酸、油胺和十六烷基胺。初始反应物包括有机金属化合物、表面活性剂，溶剂的比例是控制磁性纳米颗粒尺寸和形貌的主要决定因素。反应温度和时间以及老化过程对精确控制尺寸和形貌也是至关重要的。

目前，可以采用两种不同途径来制备磁性纳米颗粒：一是热分解金属为零价态的羰基金属前驱体，然后用空气氧化，或者在升温条件下用氧化剂氧化；二是在没有还原剂的条件下分解阳离子金属有机前驱体。Rockenberger 等率先将这一方法应用于制备油溶性的 γ-Fe_2O_3 磁性纳米粒子的合成，他们先将 $Fe(Cup)_3$ 的辛胺溶液和高沸点的三辛胺溶剂分别在 $60℃$ 和 $110℃$ 通入氮气除氧，然后将三辛胺溶液加热至 $300℃$，在剧烈搅拌下迅速注入 $Fe(Cup)_3$ 的辛胺溶液，加热回流 30min 后冷却至室温，得到尺寸为 (10 ± 1.5) nm 的 γ-Fe_2O_3 磁性纳米颗粒。Sun 等以乙酰丙酮铁盐为铁源，1,2-十六烷二元醇为还原剂，油酸、油胺为稳定剂，高沸点的苯醚或苄醚为溶剂，成功制备了不同尺寸的球形 Fe_3O_4 磁性纳米颗粒。他们采用类似的方法还制备了 $CoFe_2O_4$ 和 $MnFe_2O_4$ 纳米颗粒。近年来金属油酸盐（如油酸铁）被用来制备单分散磁性纳米颗粒。其中，油酸盐的阳离子浓度，包括氢离子、钠和钾离子等都会影响磁性纳米颗粒的形貌，油酸铁热解法可制得球形、立方形、双锥形等形貌的单分散磁性纳米颗粒。

Hyeon 等以五羰基铁为反应前驱体，以油酸为表面活性剂，在加热到 $100℃$ 时，通过控制五羰基铁和油酸的比例，分别制备出粒径从 $4\sim20$nm 不等的油酸修饰的 Fe_3O_4 纳米颗粒。油酸的修饰一方面保护了纳米颗粒，避免了其氧化，另一方面也限制了颗粒的生长。由于五羰基铁的生物毒性较强，长期接触会对人体造成伤害，随着发展，廉价、毒性较低的油酸铁逐渐取代了五羰基铁，成为高温热分解法中较为常用的前驱体。使用油酸铁作为前驱体制备

磁性 Fe_3O_4 纳米颗粒主要分为两个过程: ①将高效、无毒的氯化铁和油酸钠作为原料, 在一定温度下反应生成油酸铁和氯化钠; ②以油酸铁为前驱体, 高温热分解, 经过成核和生长最终制得磁性 Fe_3O_4 纳米颗粒。Park 等以氯化铁和油酸钠制得油酸铁和氯化钠的混合物, 将混合物加入高沸点溶剂中, 缓慢加热到 $300℃$ 制得粒径约 12nm 的磁性 Fe_3O_4 纳米颗粒。产品总量为 40g, 因而可实现批量制备, 如图 3-8 所示。

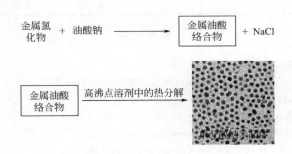

图 3-8　以油酸铁为前驱体高温热分解制备得到磁性
Fe_3O_4 纳米颗粒流程图

相比于油酸铁两步反应, 金属乙酰丙酮络合物仅需一步反应便可制得磁性 Fe_3O_4 纳米颗粒, 能够制备尺寸分布窄、分散性良好的磁性 Fe_3O_4 纳米粒子, 在制备超顺磁性纳米颗粒的粒度、粒径分布、结晶度及产物的组成控制等方面具有明显的优势。一方面由于采用较高的反应温度, 提高了纳米粒子的结晶度, 并且通过温度严格控制纳米晶体成核及核生长过程; 另一方面由于采用了有机相反应体系, 避免了与 Fe^{3+} 有极强络合能力的水参与反应。该法制备的缺点主要在于前驱体的成本比较高, 反应需要的温度也比较高, 操作复杂, 而且制备的纳米粒子仅仅易溶于非极性溶剂中, 应用范围也受到很大的限制。

热分解方法制备复合磁性纳米粒子具有反应步骤简单、设备易得、产物粒径可控、成本低等优点。但是, 热分解法同时存在很明显的缺点: ①大量使用有机溶剂, 对人身、环境危害较大; ②产物粒径受温度影响严重, 若想得到粒径分布较窄的产物, 应使纳米粒子的成核过程同时发生, 这就需要尽量避免升温过程中产生的升温梯度, 而在工业生产中, 这一因素很难控制, 大大限制了该方法在大规模生产上的应用; ③合成效率低。

总之, 不同的制备方法可以制备不同粒径及表面特性的磁性纳米颗粒, 上述几种常见制备方法的比较见表 3-1。其中, 化学共沉淀法最为简单, 反应温度较低, 而且省时、产率高、成本低, 最容易大规模工业化生产。但是, 产品质量较差, 形貌及尺寸不可控。该方法适用于对磁性质要求不高的领域, 如催化剂载体、磁流体等。热分解法产品质量好, 尺寸及形貌非常规则, 同时产率高, 可以实现大规模生产。但是, 该方法相对成本较高, 反应条件苛刻, 合成的纳米粒子一般较小 (<25nm)。该方法适用于需要对磁性质精确控制的应用领域, 如磁记录材料、生物医药等。水热法 (溶剂热法) 同样可以得到晶形比较完整、形貌尺寸可控的磁性纳米粒子, 而且相比于热分解法更容易合成尺寸相对较大的纳米粒子。但是, 该方法对设备要求较高, 需要高温高压, 产率中等。微乳液法存在很多优点, 例如, 颗粒形貌尺寸可控等。但是, 该方法产率过低, 不适合大规模生产。综上所述, 合成磁性纳米粒子的方法已经非常成熟。虽然, 这些方法各有优缺点。但是, 人们可以根据实际需要选择不同的方法合成出目标产物。

表 3-1 磁性 Fe_3O_4 纳米粒子制备方法比较

制备方法	溶剂	反应温度	反应时间	形貌	粒径分布	合成条件
化学共沉淀法	水相	20~80℃	短	差	宽	简单、条件易控制
水热法	水/乙醇相	220~300℃	长	非常好	非常窄	复杂、高压
微乳液法	油相	20~50℃	长	好	窄	复杂、条件易控制
溶胶-凝胶法	水相	20~220℃	长	好	窄	复杂
热分解法	油相	100~320℃	长	非常好	非常窄	较简单、惰性气体

参考文献

[1] Massart R. IEEE Trans Magn，1981，17（2）：1247.

[2] Reddy L H，Arias J L，Nicolas J N，et al. Chem Rev，2012，112（11）：5818.

[3] Jiang Y J，Li G Z，Li X D，et al. J Mater Chem A，2014，2：4779.

[4] Ghosh R，Pradhan L，Devi Y P，et al. J Mater Chem，2011，21：13388.

[5] Wang G G，Zhang X J，Skallberg A，et al. Nanoscale，2014，6：2953.

[6] Xia T，Wang J P，Wu C L，et al. Cryst Eng Comm，2012，14：5741.

[7] Shah D O. Macro-and Microemulsions. Washington：American Chemical Socity，1985.

[8] 宋丽贤，卢忠远，廖其龙. 功能材料，2005，36（11）：1762.

[9] 赵增宝，刘福田，耿明鑫，等. 济南大学学报（自然科学版），2010，24（1）：17.

[10] 李芳，杜雪岩，杨瑞成，等. 高等学校化学学报，2011，32（8）：1688.

[11] Zhou Z H，Wang J，Liu X，et al. J Mater Chem，2001，11：1704.

[12] Woo K，Lee H J，Ahn J P，et al. Adv Mater，2003，15（20）：1761.

[13] 杨华，黄可龙，刘素琴，等. 磁性材料及器件，2003，34（2）：4.

[14] 刘鹏. 高磁响应单分散 Fe_3O_4 磁性微球制备及相关性能研究. 上海：东华大学，2003.

[15] 苏雅拉，赵艳梅，斯琴塔娜，等. 内蒙古师范大学学报（自然科学汉文版），2011，40（1）：54.

[16] Kovalenko M Y，Bodnarchuk M I，Lechner R T，et al. J Am Chem Soc，2007，129（1）：6352.

[17] Sun S H，Zeng H，Robinson D B，et al. J Am Chem Soc，2004，126（1）：273.

[18] Park J，Joo J，Kwon S G，et al. Angew Chem Int Ed，2007，46（25）：4630.

[19] Park J，An K，Hwang Y，et al. Nat Mater，2004，3（12）：891.

第4章

磁性纳米材料的
功能化

磁性纳米粒子（magnetic nanoparticles，MNPs）由于具备独特的物理和化学性质，已被广泛用在材料、生物、医学、环境、化工等领域，但是在实际应用当中，磁性纳米粒子必须满足特定的性能要求，例如对粒径大小的要求，在分散系中具有良好的分散性，具有和其他生物分子偶联的位点、基团等。在众多磁性纳米材料吸附剂中，Fe_3O_4 纳米粒子因其廉价与低毒性的优势而最为常用，然而裸露的 Fe_3O_4 纳米粒子由于粒径很小，比表面积较大，具有较高的比表面能，为了减少表面能量，再加上微粒间偶极-偶极作用的存在，使得纳米粒子具有很强的聚集倾向，导致纳米粒子尺寸不均一，极大地限制了纳米特性和实际应用。如被用作磁性固相萃取技术的样品预处理过程的吸附剂时，MNPs 在富集过程中可被直接分散于样品溶液中，并在外加磁场的作用下方便地分离收集，因此能够加大吸附剂与分析物之间的接触面积，克服传统 SPE 的缺陷，进而加强提取效率。例如，Fe_3O_4 纳米粒子在水溶液中容易聚集或吸附在容器壁上，从而增加了实验操作的难度。为了达到高效分析的目的和改善纯 Fe_3O_4 吸附剂的缺陷，设计一种针对目标样品和分析物的功能化修饰的磁性纳米材料十分重要。因此，要赋予 Fe_3O_4 磁性纳米粒子良好的性能，提高磁性纳米粒子的分散性和稳定性，并在保证其磁性强度的前提下赋予其表面一定的功能基团，扩展它的实际应用，就必须在表面进行功能化修饰。

4.1 硅修饰的四氧化三铁磁性纳米材料

在众多可被用来修饰 Fe_3O_4 纳米粒子的无机材料中，应用最为广泛的就是 SiO_2，主要是因为其具有以下优点：①在 Fe_3O_4 表面包裹 SiO_2 后，Fe_3O_4 粒子之间的磁偶极子相互作用可以较大程度地被 SiO_2 壳层屏蔽掉，使粒子具有良好的分散稳定性、水溶性。SiO_2 具有抗分解能力，因此赋予了粒子较好的化学稳定性。②SiO_2 表面存在丰富的羟基，硅羟基极易通过各种不同的硅烷偶联剂进行修饰，带上一些功能基团以便制备出可生物偶联的纳米粒子，因此具有良好的生物相容性，有利于 $Fe_3O_4@SiO_2$ 复合纳米粒子进一步生物功能化。

4.1.1 核-壳硅修饰的四氧化三铁磁性纳米材料

4.1.1.1 Stöber 法

一般地，水溶性磁性 Fe_3O_4 纳米粒子可采用 Stöber 法简单快速地制备出磁性 $Fe_3O_4@SiO_2$ 复合纳米粒子。在 Stöber 法中 TEOS 水解形成初级粒子后，在合适的时间（20min）立即将磁性纳米粒子加入反应体系中，SiO_2 初级粒子可与 Fe_3O_4 纳米粒子快速聚集，抑制了磁性纳米粒子之间的磁偶极作用，从而使 $Fe_3O_4@SiO_2$ 容易形成规则结构的粒子，并可以通过改变 Fe_3O_4 的加入量调控复合粒子中磁核含量的多少。合成过程如图 4-1 所示，图 4-2 为采用 Stöber 法制备磁性 $Fe_3O_4@SiO_2$ 纳米粒子的原理示意图。

首先，将磁性 Fe_3O_4 纳米粒子为核分散在水/醇的混合体系中，在氨水存在的碱性条件下，通过正硅酸四乙酯（TEOS）水解，水解生成的硅酸单体在单个磁颗粒或者聚集体表面异相成核并不断缩聚形成 SiO_2 的壳层。正硅酸四乙酯发生水解和缩合反应生成 SiO_2 纳米粒子的反应动力学方程为：

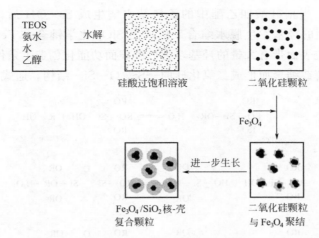

图 4-1　Stöber 法 SiO$_2$ 粒子成核的机制及 Fe$_3$O$_4$@SiO$_2$ 的合成过程

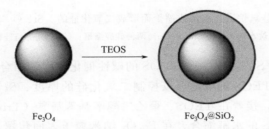

图 4-2　Stöber 法制备磁性 Fe$_3$O$_4$@SiO$_2$ 纳米粒子原理示意图

$$\overset{|}{\underset{|}{-}}Si-OR + H_2O + NH_3 \rightleftharpoons \overset{|}{\underset{|}{-}}Si-O^- + ROH + NH_4^+ \tag{1}$$

$$\overset{|}{\underset{|}{-}}Si-O^- + \overset{|}{\underset{|}{-}}Si-OR + NH_4^+ \rightleftharpoons \overset{|}{\underset{|}{-}}Si-O-Si\overset{|}{\underset{|}{-}} + ROH + NH_3 \tag{2}$$

R: H或C$_2$H$_5$

正硅酸四乙酯作为硅源，每个 Si 原子周围都有四个乙氧基（—OC$_2$H$_5$），在氨水催化下，溶液中存在亲核试剂 OH—，生成大量硅酸分子。随着硅酸分子间脱水或脱醇生成 Si—O—Si 缩合物，在其浓度达到过饱和后，突然聚集形成初级二氧化硅粒子，初级二氧化硅粒子的尺寸一般认为是 5～10nm，其再进一步生长成较为稳定的粒子后，可溶性的硅酸分子或缩合物在其表面不断反应控制生长，最终长成二氧化硅纳米粒子。粒子尺寸的影响因素主要是体系中电解质浓度及 pH 值，而 Stöber 法二氧化硅体系中电解质浓度及 pH 值又与氨水浓度相关，所以调控氨水浓度可以调节 Stöber 法二氧化硅的粒径尺寸。这主要是因为单分散二氧化硅纳米粒子的形成过程实际上是水解、成核、颗粒生长三者之间复杂的竞争过程。在反应体系中，氨水作为催化剂直接影响 TEOS 水解，加大氨水的量会造成初期所成核稳定性下降，使其发生聚集，形成新的稳定状态，此时体系中晶核的数目减少了。而在 TEOS 总量不变的情况下，二氧化硅纳米粒子的粒径由反应体系中成核的数目决定，成核数目越少，最终粒子和粒径就会变大。亲核试剂 OH—进攻正硅酸四乙酯中的 Si 核，从而导致 Si 核带负电，并且正硅酸四乙酯中的电子云向乙氧基一端迁移，致使 Si—O 键被削弱，进而断裂发生水解反应，当正硅酸四乙酯中的乙氧基水解生成 Si—OH 后，Si—OH 会与磁性 Fe_3O_4 纳米粒子表面的羟基发生脱水缩合反应，使 SiO_2 化学键合在 Fe_3O_4 纳米粒子表面，并且形成的纳米颗粒表面带有大量的羟基，为后续表面功能化创造了条件。

硅氧烷通过水解或缩聚而形成二氧化硅的—Si—O—Si—结构，通式如图 4-3 所示。

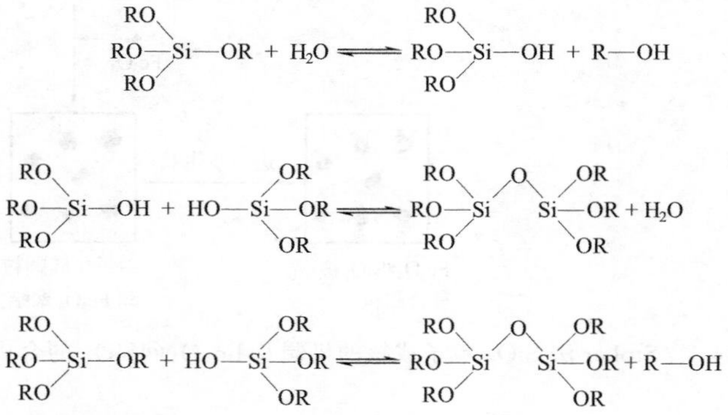

$$\underset{\substack{RO}}{\overset{\substack{RO}}{RO{-}Si{-}OR}} + H_2O \Longrightarrow \underset{\substack{RO}}{\overset{\substack{RO}}{RO{-}Si{-}OH}} + R{-}OH \tag{1}$$

$$\underset{\substack{RO}}{\overset{\substack{RO}}{RO{-}Si{-}OH}} + \underset{\substack{OR}}{\overset{\substack{OR}}{HO{-}Si{-}OR}} \Longrightarrow \underset{\substack{RO}}{\overset{\substack{RO}}{RO{-}Si}}{-}O{-}\underset{\substack{OR}}{\overset{\substack{OR}}{Si{-}OR}} + H_2O \tag{2a}$$

$$\underset{\substack{RO}}{\overset{\substack{RO}}{RO{-}Si{-}OR}} + \underset{\substack{OR}}{\overset{\substack{OR}}{HO{-}Si{-}OR}} \Longrightarrow \underset{\substack{RO}}{\overset{\substack{RO}}{RO{-}Si}}{-}O{-}\underset{\substack{OR}}{\overset{\substack{OR}}{Si{-}OR}} + R{-}OH \tag{2b}$$

图 4-3　硅氧烷通过水解或缩聚而形成二氧化硅的—Si—O—Si—结构
(1) 硅氧烷水解为硅醇和醇；(2a) 两种硅醇缩聚；(2b) 硅醇与硅氧烷缩聚

Kang 等利用经典的 Stöber 方法（TEOS 的碱性催化水解和缩合）制备了二氧化硅包覆的磁性纳米颗粒，改变 TEOS 的浓度可以控制二氧化硅的厚度、磁性和粒径。Shao 等人首先合成 Fe_3O_4 纳米粒子，接着在 TEOS、聚乙二醇辛基苯基醚（TritonX-100）、己醇和氨水的混合液中，利用 TEOS 的水解缩合，在 Fe_3O_4 纳米粒子表面包覆上一层 SiO_2，得到具有核壳机构的 $Fe_3O_4@SiO_2$ 磁性纳米粒子，并探究了氨水、TEOS 的用量对磁性微球粒径、壳厚度的影响。在实际操作中，具有核壳结构的 $Fe_3O_4@SiO_2$ 磁性纳米粒子具有非常广泛的应用。常见的表面修饰根据所用材料的类别一般分为有机小分子修饰、有机高分子修饰和无机材料修饰。Ren 等制备了 EDTA 修饰的壳聚糖磁性纳米粒子 $Fe_3O_4@SiO_2@CS{-}EDTA$（EDCMS），通过包裹在二氧化硅表面的壳聚糖上的氨基与 EDTA 中的羧基通过静电作用结合，然后再加入交联剂，通过化学方法嫁接修饰上 EDTA。该材料显示出对铜离子吸附的优越选择性，吸附量明显 $[Pd(\text{Ⅱ})、Cd(\text{Ⅱ})]$，另外其在酸性条件下仍然展现了较强的吸附作用。EDCMS 在重复使用 12 次以后依然具有较好的吸附效果。

Feng 等提出了一种新型的离子交换型吸附剂用于人全血中 DNA 的提取，而吸附剂的基质就是 Fe_3O_4 纳米粒子，其中为了引入环氧基团，经过硅烷偶联反应，将 GPTMS 成功接在了 Fe_3O_4 纳米粒子的表面。最后得到的磁性纳米粒子粒径均一，GPTMS 的修饰率也非常高，在 DNA 提取方面有很大的应用前景。Zhang 等用氯化铁通过高温热分解生成 Fe_3O_4 纳米粒子，利用硅烷化反应在 Fe_3O_4 纳米粒子表面涂上一层 TEOS，紧接着将 CTAB 接到外层形成第二层，再利用硅烷化反应在 CTAB 表面涂上另一层 TEOS，然后将 Si 基修饰过的罗丹明 6G 连接到纳米粒子上面，研究发现该纳米粒子可检测亚硝酸根离子。

4.1.1.2　反相微乳液法

纳米粒子在有机溶剂中通过高温热解法制备得到，若有很长的烷烃链，是疏水性的，需要分散在非极性有机溶剂中，但在水和极性溶剂中不能分散。由于纳米粒子在乙醇中分散的限制性，而经典的 Stöber 法是在极性的乙醇溶液中进行的，使得直接对纳米粒子进行包裹 SiO_2 难以实现。采用反相微乳液法可以解决这个难题，纳米粒子可以分散在油相中，而

TEOS 的水解和缩合反应发生场所在 W/O 反相微乳液中很小的水相液滴，这两相被表面活性剂所稳定。反相微乳液法制备 $Fe_3O_4@SiO_2$ 复合粒子的过程如图 4-4。

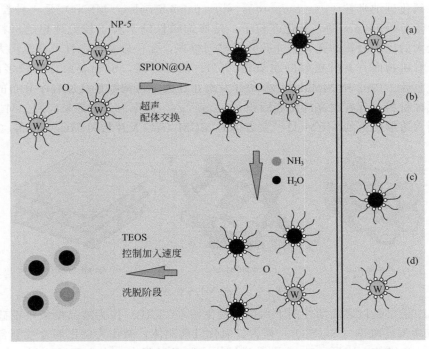

图 4-4 反相微乳液法形成单核的 $Fe_3O_4@SiO_2$ 复合粒子的过程示意图

采用反相微乳液法用二氧化硅包覆磁性 Fe_3O_4 纳米粒子制备核壳结构的复合纳米材料时，一般先采用热分解羧基前驱体法制备出能够稳定分散在油相中的磁性 Fe_3O_4 纳米粒子，再在其表面引入双亲性的表面活性剂络合体，使磁性 Fe_3O_4 纳米粒子能够稳定地转移到水核中，从而形成含有磁性 Fe_3O_4 纳米粒子的水核，TEOS 的水解、沉积和 SiO_2 包覆过程就是在该水核中进行，由于水核的限制作用和表面活性剂的包覆，能够有效控制 SiO_2 壳层的均匀性和产物的团聚，保证产物具有优异的核壳结构特征和分散性。例如，将水、Triton X-100、正丁醇、环己烷配制成油包水的反向微乳液后，加入磁性 Fe_3O_4 纳米粒子，加入催化剂氨水，最后加入硅源 TEOS，可制备出高质量的单分散磁性 $Fe_3O_4@SiO_2$ 复合纳米粒子。Ding 等人深入研究了采用反相微乳液法包覆 Fe_3O_4 制备磁性 $Fe_3O_4@SiO_2$ 纳米粒子的机理。研究结果表明，当磁性 Fe_3O_4 纳米粒子的数目与水核的数目相当时，磁性 Fe_3O_4 纳米粒子的粒径对 SiO_2 壳层的厚度有影响，并且小的水核适合包覆薄的 SiO_2，要包覆厚的 SiO_2，则大的水核是必不可少的。此外，为了包覆厚的 SiO_2，又要避免生产无核的 SiO_2，可以通过少量多次分步滴加 TEOS 的方法来实现。Stjerndahl 等人也采用反相微乳液法来制备超顺磁性 $Fe_3O_4@SiO_2$ 纳米粒子，有所不同的是该研究小组研究的是如何通过反相微乳液来调控 SiO_2 包覆磁性 Fe_3O_4 纳米粒子的数目。首先，绘制了水/Triton、正己醇/环己烷的"伪三相图"，然后通过反相微乳液体系的改变来调控磁性 $Fe_3O_4@SiO_2$ 复合纳米粒子的粒径和磁核 Fe_3O_4 的数目。采用这样的方法可以在 100nm 的磁性 $Fe_3O_4@SiO_2$ 纳米粒子里装满 Fe_3O_4 纳米粒子，也可以在 30nm 的磁性 $Fe_3O_4@SiO_2$ 纳米粒子里装载一个或几个 Fe_3O_4 纳米粒子。

4.1.2　磁性介孔二氧化硅纳米粒子

　　介孔二氧化硅纳米粒子（mesoporous silica nanoparticles，MSNs）是一种粒径为10～600nm、孔径为2～50nm的二氧化硅粒子，是修饰磁性纳米粒子较为理想的材料，这是由于其具有较大的比表面积和孔容，介孔孔道排列整齐，孔径分布均一且可调范围大，结构稳定，相对于有机物而言具有更好的耐氧化、pH、高温性能，由于表面含有较多的硅羟基，很容易进行改性。1992年Mobil Oil公司开发出孔径大小可调控且孔道有序分布的M41S系介孔二氧化硅材料，具有很高的比表面积（$700m^2/g$），并作为分子筛来应用。M41S系列材料主要包括六边形孔道的MCM-41、立方体的MCM-48以及片状的MCM-50等（图4-5）。

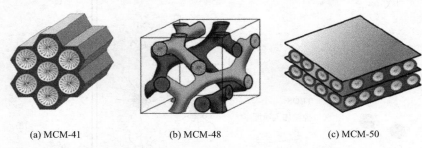

(a) MCM-41　　　　　　　　(b) MCM-48　　　　　　　　(c) MCM-50

图4-5　介孔M41S代表物

　　MCM-41最早是以表面活性剂十六烷基溴化铵（CTAB）作为液晶模板，正硅酸四乙酯（TEOS）或者偏硅酸钠（Na_2SiO_3）作为二氧化硅前驱体，碱作为催化剂合成制备的。它具有较为统一的二维的六边形 $p6m$ 介孔孔道结构。制备过程中，当表面活性剂CTAB浓度高于临界胶束浓度时，CTAB就会自组装形成胶束，而在胶束的极性端，SiO_2 前驱体分子会在表面凝结形成二氧化硅。除去表面活性剂后，就得到了MCM-41型介孔二氧化硅纳米粒子。其表面积高达 $700m^2/g$，孔道尺寸介于1.6～10nm之间。

　　根据目前的研究发现，大致可以将这类磁性二氧化硅纳米的结构分为三类，包括：核-壳型（介孔二氧化硅包裹在纳米四氧化三铁外面）；氧化铁纳米晶体嵌入介孔二氧化硅；铃铛型（氧化铁作为内核，二氧化硅作为外壳），见表4-1。

表 4-1　磁性介孔二氧化硅纳米的结构分类示意图

结构	代表性物质	代表性结构
核-壳型结构	$Fe_3O_4@nSiO_2@mSiO_2$ 微球	
	$Fe_3O_4@mSiO_2$ 微球（单核）	$Fe_3O_4@nSiO_2@mSiO_2$　　　$Fe_3O_4@mSiO_2$
	$Fe_3O_4@mSiO_2$ 微球（多核）	
嵌入型结构	Fe_xO_y-BSA-15 米粒状颗粒	
	Fe_xO_y-MCM-41 微球	
	Fe_xO_y-BSA-16	Fe_3O_4-$mSiO_2$
	$Fe_3O_4/Fe_2O_3@mSiO_2$ 微球/纳米管	
	$Fe_3O_4@FMSMs$ 微球	

结构	代表性物质	代表性结构
铃铛型结构	$Fe_3O_4/Fe_2O_3@mSiO_2$ 椭球	
	$Fe_3O_4/Fe_2O_3@mSiO_2$ 椭球（双介孔壳）	
	$Fe_3O_4/Fe_2O_3@mSiO_2$ 球（模板法）	I II III
	$Fe_3O_4/Fe_2O_3@mSiO_2$ 球（刻蚀法）	$Fe_3O_4@mSiO_2$ $Fe_3O_4@m_1SiO_2@m_2SiO_2$ $Fe_3O_4@mSiO_2$

介孔的尺寸和排列方向主要是由表面活性剂的性质决定的。通过调整二氧化硅前体和表面活性剂摩尔比、pH，加入共溶剂或有机膨润剂，以及加入有机硅氧烷前驱体形成共沉淀，介孔二氧化硅纳米粒子粒径大小可以自由控制，其形貌也可以控制为球、杆、蠕虫状等。例如，当叔辛基苯基醚（Tritorr X-100）和溴代十六烷基三甲铵（CTAB）共同作为表面活性剂，分别使用偏硅酸钠和 TEOS 作为 SiO_2 前驱体时，制备得到的 MCM-41 型纳米粒子具有不同的比表面积和孔道尺寸。当利用 Na_2SiO_3 作为 SiO_2 前驱体时，制备的 SiO_2 纳米粒子具有更大的孔径（3.3nm）以及比表面积（1379m^2/g）。而使用 TEOS 制备的纳米粒子孔径为 2.8nm，比表面积为 848m^2/g。这种现象主要是因为无机盐能够增加表面活性剂胶束的数量，进而增加了 MCM-41 的孔径。另外，Huang 等报道，通过调节 CTAB 和 NaOH 的摩尔比，可以控制 MCM-41 的棒状 MCM-41 和球状 MCM-41 的比例。因此，调整尺寸、长宽比、孔径和几何形状其中一个参数（图 4-6），而保证其他参数不发生变化，可以研究单一条件对二氧化硅的应用产生的影响。

嵌入型磁性二氧化硅纳米粒子是在溶胶-凝胶过程中加入磁性纳米粒子（图 4-7），Fe_3O_4 纳米粒子首先通过静电作用与 CTAB 模板结合起来，然后通过 SiO_2 前驱体的水解，SiO_2 就会通过组装将磁性纳米粒子包裹在介孔 SiO_2 的孔道内。

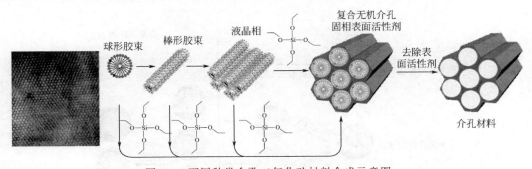

图 4-6 不同种类介孔二氧化硅材料合成示意图

由于铃铛型介孔二氧化硅纳米粒子的中空结构以及孔道结构，使得这类材料具有较低的密度以及很大的比表面积、更小的密度，因此具有优越的吸附性能，在生物、医学、环境领域具有广阔前景。例如，Shi 等人制备了一系列单层或者双层介孔外壳的铃铛型 Fe_3O_4/$Fe_2O_3@mSiO_2$。他们发现此类铃铛型的磁性 SiO_2 的饱和磁化强度值为 35.7emu/g，显著高于核壳结构的磁性 SiO_2 纳米粒子（28.8emu/g）。另外，铃铛型二氧化硅的比表面积和孔体积分别为 435m^2/g 和 0.58cm^3/g，也显著高于普通磁性纳米粒子。

中空介孔 SiO_2 一般是以双模板法合成的，即用一种硬质的模板形成中空结构，一种软

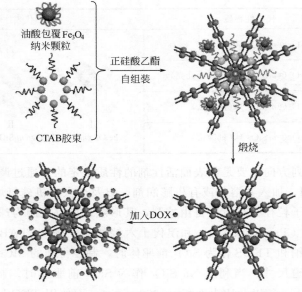

图 4-7　嵌入型磁性二氧化硅纳米粒子制备示意图

质的模板形成外壳中的介孔孔道。通过溶胶-凝胶过程在软质模板上形成的 SiO_2 基质包裹在内核模板上，然后通过煅烧或者溶剂蒸馏的方法除去模板即得到中空介孔 SiO_2 纳米粒子。对于铃铛型 SiO_2，则需要通过多步在内核纳米粒子上包裹一层可以除去的中间模板层。显然，这种方法非常烦琐且费用较高，也比较难以合成尺寸较小、结构复杂的纳米粒子。也有一些报道利用一些另外的方法合成中空/铃铛型纳米 SiO_2 粒子。这些方法大致可以分为三类：软模板法（soft templating method）、选择性刻蚀法（selective etching strategy）以及自模板法（self-templating method）（图 4-8）。

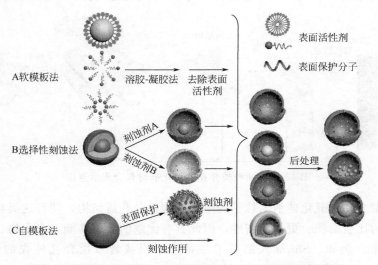

图 4-8　不同方法合成中空/铃铛型纳米二氧化硅粒子示意图

　　另一种比较常用的介孔二氧化硅纳米粒子类型为 SBA-15，它的孔道结构为二维的六边形 $p6mm$。1998 年，SBA-15 型 SiO_2 首次在酸性介质中以两亲性聚合物聚环氧乙烷-聚环氧丙烷-聚环氧乙烷三嵌段共聚物（P123）为模板合成。通常来讲，SBA-15 比 MCM-41 的孔道壁更薄，具有孔径（5～30nm）更大、孔壁更厚、稳定性更高、有微孔连接介孔孔道形成三维连通的特点。

软模板法是利用两种或者多种表面活性剂作为复合模板剂，进而形成介孔外壳以及中空内核；选择性刻蚀法是在有机硅烷前驱体的基础上实施的，由于纯二氧化硅框架和混合有机-无机网络结构不同，这就会导致它们在不同的蚀刻剂、特殊的温度和 pH 值条件下具有不同的稳定性。可以利用这一特点选择性刻蚀实心纳米颗粒内部的某一层，从而形成中空或者铃铛型的介孔二氧化硅纳米粒子。在选择性刻蚀法中，需要精心设计多层的核壳实心纳米粒子，进而得到中空或者铃铛型的介孔二氧化硅纳米颗粒。

研究发现不用引入外加模板剂就可以合成中空介孔 SiO_2 的方法，即称为自模板法。碱处理过后的阳离子聚电解质［聚（二甲基二烯丙基氯化铵）（PDDA）］预涂的介孔 SiO_2 微球可以将纳米粒子转化为空心结构。其机理是羟基离子穿过 PDDA 层到达硅球，在氨的作用下可以生成溶解性的硅酸盐低聚物。这种具有负电荷的低聚物移动到带正电荷的 PDDA 层然后沉积，交联形成连续的 SiO_2-PDDA 复合壳体。另外，PVP 也被用于制备介孔 SiO_2（图4-9），Yin 等发现在 $NaBH_4$ 的作用下，实心的纳米粒子先变成了铃铛型进而转化成中空结构。

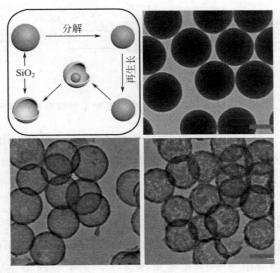

图 4-9　中空介孔二氧化硅 TEM 照片

$Fe_3O_4@SiO_2$ 核壳介孔纳米材料的制备过程如图 4-10 所示，Fe_3O_4 磁性纳米颗粒为核心，介孔 SiO_2 纳米材料为壳层。首先对 Fe_3O_4 磁性纳米颗粒进行分散处理，使用表面活性剂修饰 Fe_3O_4 磁性纳米颗粒，增加颗粒之间的静电作用力，同时使用物理方法超声分散处理，让整个 Fe_3O_4 磁性纳米颗粒完全分散。然后在碱性环境水溶液体系下以 TEOS 为硅源，以 $C_{18}TMS$ 作为模板剂，以分散良好的 Fe_3O_4 磁性纳米颗粒为核进行生长，控制温度和搅拌速度，最终使 SiO_2 包覆在 Fe_3O_4 磁性纳米颗粒表面形成球形 SiO_2 壳层，制备出磁性 $Fe_3O_4@SiO_2$ 核壳介孔纳米材料。

整个 $Fe_3O_4@SiO_2$ 核壳介孔纳米材料的制备是一个溶胶-凝胶反应，其 SiO_2 壳层的生长的化学反应如图 4-11 所示，分为两个阶段：

第一阶段是在碱性条件下（加入适量氨水）TEOS 水解生成 $Si(OC_2H_5)_{4-n}O_n^{n-}$，随后

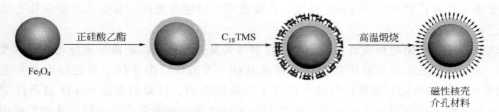

图 4-10 基于 $C_{18}TMS$ 的 $Fe_3O_4@SiO_2$ 核壳材料制备过程示意图

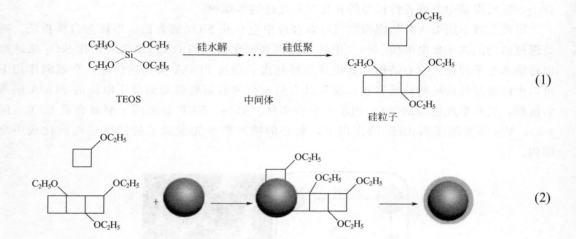

图 4-11 磁性 $Fe_3O_4@SiO_2$：核壳介孔纳米材料形成机理示意图

继续反应，$Si(OC_2H_5)_{4-n}O_n^{n-}$ 寡聚形成 D4R（double4-ring 结构）和 n-D4R 寡聚体。由于这些寡聚体在 TEOS 刚刚加入时就开始生成，而且 SiO_2 单体的浓度（饱和极限浓度 0.2mol/mL）也远小于溶液中的 TEOS 浓度，所以这些寡聚体先和 Fe_3O_4 磁性纳米颗粒反应。

第二阶段是 SiO_2 在 Fe_3O_4 磁性纳米颗粒表面的生长。其生长方式包括单体 SiO_2 在 Fe_3O_4 磁性纳米颗粒表面沉积和 n-IMR 寡聚体在 Fe_3O_4 磁性纳米颗粒表面的聚集生长。Fe_3O_4 磁性纳米颗粒在溶液中与 n-D4R 寡聚体碰撞，克服表面势垒后聚集在一起。由于前文所说的溶液中单体 SiO_2 浓度远低于 n-D4R 寡聚体，所以整个壳层的形成是以 n-D4R 寡聚体在 Fe_3O_4 磁性纳米颗粒表面的聚集生长为主，单体 SiO_2 在 Fe_3O_4 磁性纳米颗粒表面沉积为辅。

Feng 等合成了包埋式的磁性 Fe_3O_4 纳米颗粒-介孔二氧化硅复合材料。磁性纳米颗粒经二氧化硅包覆后，其表面的羟基很容易继续与其他硅烷试剂进行偶合反应，得到表面修饰烷基、氨基、羧基等基团的磁性复合材料（图 4-12）。

4.1.3 有机-无机杂化磁性二氧化硅纳米复合材料

将介孔材料扩展合成介孔复合材料是科学研究的趋势，而核-壳介孔微球材料作为一种重要的复合材料受到了研究者的广泛关注。这类材料结合了内核材料和壳层材料的功能，因此在某些要求复合功能的应用方面具有研究价值。

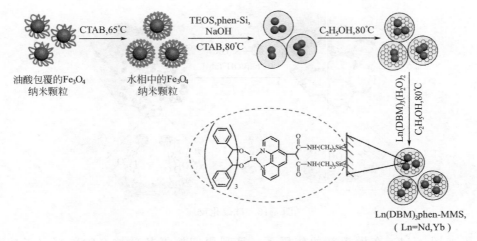

图 4-12　合成 Ln(DBM)₃phen-MMS(Ln＝Nd,Yb)纳米微球示意图

根据有机部分的不同，合成有机-无机杂化硅基介孔材料的方法主要有三种：①将有机硅烷试剂通过与在已合成的无机硅球表面及孔道中硅烷基的化学反应，在表面引入有机功能基团（接枝法）；②有机硅源 $(R'O)_3$—Si—R（R' 为甲基或乙基，R 为烷基或芳基）无机硅源正硅酸甲酯/正硅酸乙酯共同缩聚成球，在硅胶微球骨架和表面引入有机功能基团（共缩聚法）；③使用桥联有机硅烷$(R'O)_3$—Si—$(RO)_3$（R' 为甲基或乙基，R 为桥联的有机基团）直接在模板剂下合成介孔材料，最终使有机基团存在于介孔材料的孔壁中（桥键型有机-无机杂化介孔材料）。

可将基于二氧化硅制备的有机-无机杂化材料分为表面结合型与桥键型两大类。表面结合型氧化硅基有机-无机杂化材料中的有机部分常常是通过后嫁接法和共缩聚法两种方式将有机部分引入到二氧化硅表面。桥键型二氧化硅基有机-无机介孔杂化材料被称作 PMOs（periodic mesoporous organosilicas）。以介孔氧化硅基有机-无机杂化材料为例分别叙述三种方法。

4.1.3.1　接枝法

在制备的无机硅胶材料表面，通过有机硅氧烷 $(R'O)_3SiR$、氯硅烷（$ClSiR_3$）、硅胺烷（$HNSiR_3$）等与二氧化硅表面的硅醇基团（—Si—OH）发生硅烷化反应（图 4-13）。原则上来说，只要改变烷基 R 的种类，可实现不同功能团的修饰，功能化的有机基团就可以是很多种。接枝法的优点是有机基团功能化后的二氧化硅基底结构不会被破坏、不会发生变化。而且可以在修饰不同种类的有机官能团后再在有机基团的基础上继续接枝改性。但是采用该方法并不能在二氧化硅表面均匀地修饰有机基团。这种嫁接法的优势在于不会改变介孔的孔道结构。缺点是首先在孔道入口键合上的有机功能基团会阻碍有机硅烷试剂进入孔道内部进行反应，结果会导致键合量较低，并且孔道内功能基团分布不均一，极端情况下，键合的功能基团可能会阻塞孔道。此种方法是商品化硅胶填料基本的制备方法，但操作过程复杂、费时，并且需要在无水的条件下进行键合反应，另外，接枝法通常使用毒性较大的有机溶剂，例如甲苯、吡啶等，会给环境带来一定程度的污染。

4.1.3.2　共缩聚法

共缩聚法是另一种制备有机-无机杂化介孔材料的重要方法（又称作一步法），该方法的

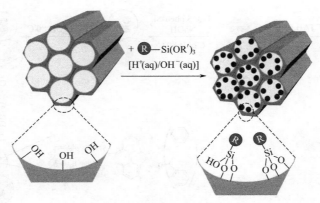

图 4-13　硅烷化反应

制备过程如图 4-14，在模板剂的作用下，是利用四烷氧基硅烷（RO)$_4$Si（正硅酸乙酯 TEOS 或正硅酸甲酯 TMOS）和三烷氧基硅烷[(R'O)$_3$—Si—R]发生共同水解缩聚形成孔道内含有有机功能基团的有机-无机杂化材料，所用的模板剂与一般合成纯介孔氧化硅材料（MCM、SBA）的模板剂相同。这种方法的优点是：有机官能团均匀地分布于孔道内，且不会阻塞孔道。该方法避免了接枝法的缺点，操作简单，可以通过一种或多种硅源共缩聚的方法，制备含有一种或多种有机官能团的杂化介孔硅胶材料。缺点是：随着反应中有机硅烷比例的增加，介孔结构的有序性下降，如果有机功能化基团的比例超过 30%，则很难得到有序的介孔材料，且过多的有机功能基团会占据孔道，使材料的孔径、孔容、比表面积减小。为了保护有机官能团，采用共缩聚法制备的有机-无机杂化材料只能用溶剂萃取法，而不能用煅烧法除去模板剂。Burkett 等在 1996 年首次使用共缩聚法制备出杂化材料苯基和辛基功能化的 MCM-41。通常在结构导向剂存在下，通过 (RO)$_4$Si 和 (R'O)$_3$SiR 的共缩聚反应制备出介孔氧化硅基有机-无机杂化材料，例如 MCM 和 SBA 系列材料。共缩聚法只需要一步合成，简化了材料的制备过程。另外，该方法制备的杂化材料有机部分分布均匀。但是当有机基团引入量过大时，材料的结构会被破坏。而且共缩聚法受到反应酸碱性的影响，可使用的有机基团种类也很有限。因此采用共缩聚法时需要选择较合适的有机硅氧烷前驱体，这也使得共缩聚法使用受限。

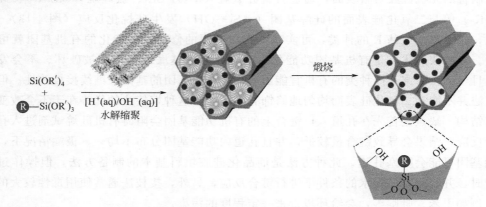

图 4-14　共缩聚反应制备出介孔氧化硅基

4.1.3.3　桥键型有机-无机杂化硅基介孔材料

桥键型有机-无机杂化硅基介孔材料（periodic mesoporous organosilicas，PMOs）的合成是利用桥联有机硅烷试剂[(R'O)$_3$—Si—(R'O)$_3$]在模板剂作用下水解、缩聚形成的介孔材料，图4-15是桥键型有机-无机杂化介孔硅材料合成过程示意图。有机官能团通过两个共

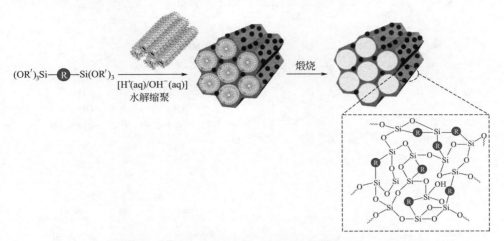

图 4-15　结构导向剂或表面活性剂便可制备出有序介孔氧化硅

价键均匀地分布于硅基材料的三维结构的孔壁内，不会阻塞孔道，占据孔容，而且该类材料具有更高的机械稳定性、化学稳定性和水热稳定性。研究最早的最广泛的桥键型介孔材料是孔壁中含有乙烷桥键的有序介化有机硅材料，该材料研究近年来已经得到了长足的发展。由于在桥键型有机-无机杂化硅基介孔材料的合成中，可采用100%的双硅酯[(R'O)$_3$—Si—(R'O)$_3$]作为硅源，合成有机-无机介孔材料的独特性都来源于桥联型硅烷试剂的有机基团，因此可以通过改变有机基团来调节介孔材料的热稳定性、亲水性、化学稳定性、折射率、介电常数等参数。桥键型杂化介孔材料开辟了在分子层面设计和控制材料表面性能的方法，使介孔材料的合成从以往的孔道化学扩展到了孔壁化学。桥键型杂化材料的最大特点是其有机官能团部分通过与二氧化硅基底形成共价键而直接融入材料的三维结构中。这一类材料包括多孔气凝胶或干凝胶，它们的比表面积可以高达1800m^2/g，同时还具有稳定的热力学性质，但是这一类材料的孔径分布不均匀而且孔道混乱。同样利用这种桥接的方法，在反应中加入结构导向剂或表面活性剂便可制备出有序介孔氧化硅基有机-无机杂化材料（PMOs）。这种材料拥有高度有序的骨架结构、均匀分布的孔道系统、均一的孔径、较大的比表面积以及稳定的水热和机械特性。PMOs被视作最具有发展和应用前景的氧化硅基有机-无机杂化材料，在催化、吸附、电子等许多行业具有广泛应用。但是该材料要求孔道内壁要具有刚性，所以桥接的有机基团受到很大的限制。图4-16列举了一些常用的用于合成PMOs的硅源前体物。

在上述介绍的氧化硅基有机-无机杂化材料中，后嫁接法制备的杂化材料应用报道最多，如在制备的中空介孔SiO$_2$表面修饰有机官能团，在这些官能团上再继续嫁接上具有特定功能的有机分子或聚合物以达到各种需求的应用目的。

4.1.4　核-壳结构磁性介孔氧化硅颗粒的制备机理

磁性介孔氧化硅（magnetic mesoporous silica，M-MSNs）复合颗粒结构中，介孔氧化

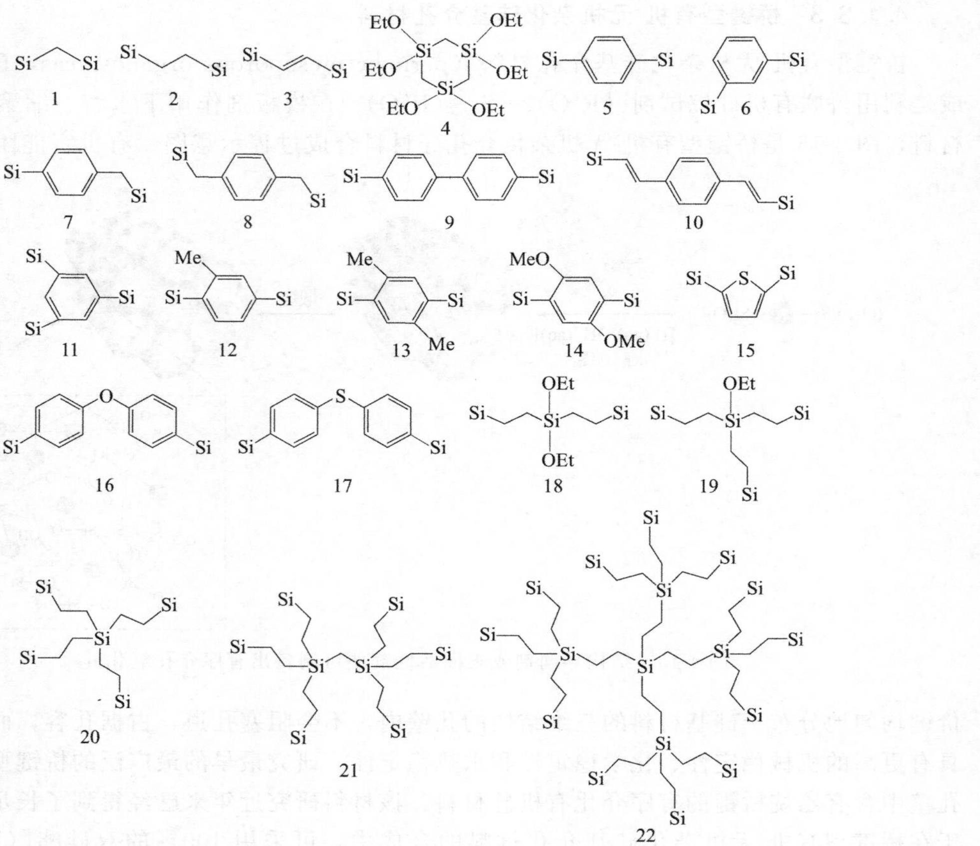

图 4-16　一些常用的用于合成 PMOs 的硅源前体物

硅包覆的磁性纳米晶和三明治结构的磁性介孔氧化硅纳米球及微球经过近几年的发展，已经成为这一材料体系最容易可控制备、最受关注和广泛应用的两类复合材料。这两类材料的差别，从核的角度讲，是一个用单分散的疏水修饰磁性纳米颗粒，一个用粒径比较大的亲水磁性聚集体球；从制备工艺的角度讲，前者可以通过表面活性剂修饰或者氧化硅包覆的手段诱导有机-无机复合胶束在其表面的聚集和生长；后者则只能通过预包覆一层氧化硅来得到三明治结构的复合形貌。制备工艺的差别来自核性质的不同，但是实现介孔包覆所需的中间步骤在原理上却是相似的，即要通过在磁核表面修饰或者包覆的方法使其具有和有机-无机自组装类似的组元（带负电的氧化硅和带正电的表面活性剂），从而增强磁核表面与自组装体之间的亲和性或者相互作用。由于表面活性剂的加入，这样的包覆氧化硅壳层的方法，也被称为表面活性剂介导的溶胶-凝胶包覆方法（surfactant mediated sol-gel coating approach），其主要过程包括以下几个步骤：

（1）自组装诱发期。首先，硅源分子（TEOS，TMOS 等）如正硅酸乙酯（TEOS）在醇/水体系中的水解和缩聚反应是亲核取代机理，包括三个步骤：亲核加成、质子转移和质子化基团的消除——醇的生成。其水解速度是很慢的，往往需要在酸或碱性催化剂的作用下加速反应的进行，一般在酸性环境中，TEOS 的水解反应速率高于缩聚反应的速率，因此在反应初期倾向于生成线性结构的 SiO_2 分子；而碱性环境易导致较快的缩聚反应速率，这有利于 SiO_2 网络结构的生成。TEOS 在碱催化条件下水解为亲核反应机理。水解过程中，

—OH基直接进攻 Si 原子并置换—OR 基团；考虑到被取代基的位阻效应及硅原子周围电子云密度对水解反应的较大影响，硅原子周围的烷氧基越少，—OH 基团的置换就越容易进行；因此对于 TEOS 分子来说，其第一个—OH 基团置换速率较慢，而后随着 Si 原子周围电子云密度逐渐降低，—OH 基团的置换越来越快，最后趋于形成单体硅酸溶液。这些单体之间通过扩散而快速聚合成单链交联的 SiO₂ 颗粒状结构。TEOS 水解缩合形成带大量负电荷的低聚物硅源，这些硅源通过离子交换和强静电作用吸附表面活性剂并降低其极性头的表面电荷密度和相互之间的排斥作用，通过其进一步的缩合协同促进表面活性剂自组装成胶束。随着胶束外吸附的硅源数目的增加，其极性头之间的排斥作用进一步降低从而更加有利于胶束的聚集，诱导形状从球形向柱形变化。同时，胶束外的硅源之间相互作用促进这些有机-无机复合胶束聚集形成表面活性剂-氧化硅复合初级粒子。这一步是颗粒自组装的前期过程，跟没有核或者种子的普通介孔氧化硅合成体系一样，有序的介孔结构并未形成。

（2）表面沉积期。第一步所形成的初级粒子可以进一步通过自组装生长，当其大小达到无法稳定在液相中稳定分散的临界尺寸或者说其表面电荷配对/屏蔽达到使其不能继续稳定的临界条件时，初级粒子从溶液中析出并自己生长或者在其他表面上生长。由于反应体系中磁性颗粒的加入，核和硅源、表面活性剂之间的相互作用导致自组装复合胶束、硅源、表面活性剂、初级粒子等不需要等到初级粒子成核就可以同时自发地向磁性颗粒（或者氧化硅保护的磁性颗粒）表面沉积，并很快形成一个初步的包覆结构。

磁核的存在，使其可以作为复合颗粒的种子发生作用，移去了普通介孔材料所必需的成核过程。作为主要结构构成模块的初级粒子，其沉积的时间取决于磁核表面和自组装体之间相互作用的强弱。显而易见，实现均匀稳定的包覆，此步骤非常关键，它决定了介孔结构在颗粒表面异相成核，也就是有机-无机复合结构在磁核表面优先沉积能否发生。这个优先包覆的过程和磁核表面的性质直接相关，性质主要是指表面和模板剂以及硅源之间的亲和性。对于表面络合体/CTAB 双层修饰的电荷密度很高的磁性纳米颗粒，初级粒子在早前还比较小的时候就在颗粒表面通过静电作用沉积，或者说整个氧化硅/CTAB 自组装过程在很大程度上都是在颗粒表面进行的［如图 4-17(b)所示］。当磁核变为较大尺寸的氧化硅包覆的纳米颗粒或者纳米球时，粒径的变大和氧化硅中间层的存在，必然导致核表面电荷密度下降和与有机-无机自组装体之间作用的减弱，从而大部分初级粒子的合成需要在溶液相中完成然后再在核表面沉积［如图 4-17(a)所示］。

另外，不管初级粒子沉积的前后，表面活性剂、硅源和磁核的相互作用是贯穿整个合成过程的。随后，随着硅源水解缩聚、自组装的继续进行，反应液中残留的有机-无机复合物种继续在颗粒表面形成胶束导向的介孔结构。此外，自己沉积出液相的初级粒子，也发生通过 Oswald 熟化过程消失并再次自组装到正在生长过程中的复合颗粒表面。此时得到的结构内部柔性较强，孔道排布还比较无序。

（3）结构稳定期。第二步过程进行到后期，硅源之间的缩聚进一步加强，胶束自组装作用也相应加强。原来缩合程度不高的柔性复合结构被固定下来，同时胶束取向和排布也朝向热力学能量最低的状态转变，即孔道从无序到有序（短程或者长程有序）结构化。在此结构化过程中，磁核有可能作为有序介孔材料内的杂质，不断地远离有序结构演化的前沿而从颗粒中心转移到边缘。当然，如果初期的自组装较为迅速，使壳层硅结构很快固定下来，结构化就很难再导致有序程度的提高或者颗粒形貌的变化，最终得到颗粒居于中心的短程有序的核-壳介孔结构。除生长速度这一动力学因素外，还有包括温度、磁核大小、磁核和自组装体生长前沿面之间相互作用的强弱等在内的热力学、动力学因素限制结构和形貌的演变。

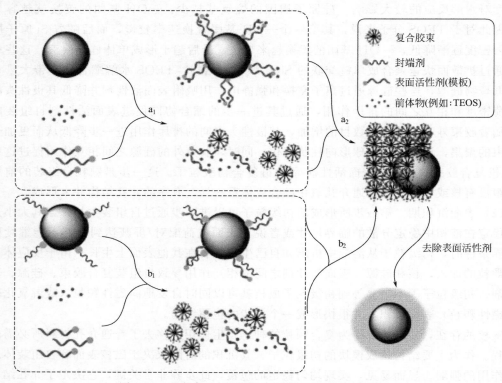

图 4-17　以亲水（a）或者疏水性（b）MNPs 为核，
通过表面活性剂介导的包覆制备磁性介孔复合材料示意图

和一般介孔氧化硅合成相比，核-壳 MSNs 制备过程中一个显著的不同是诱导介孔包覆的核。核的存在可能改变有机-无机自组装的进程和一般规律，同时有机-无机自组装又可以影响核-壳结构的内部形貌。因此，合成体系中核颗粒、硅源、模板剂这三元之间的相互作用规律研究，是更有效地控制核-壳形貌和介孔结构的前提。

（1）Wiesner 等用跟踪不同时间点颗粒形貌的手段，研究了 CTAB 稳定的磁性纳米颗粒表面生长介孔壳层的动力学过程，以更加详细地阐释合成机理并指导颗粒的可控合成。他们的研究发现，磁核诱导的种子生长和没有种子的介孔合成体系相比，存在明显的不同：①磁核诱导产生的磁性介孔纳米颗粒从反应初期开始就粒径较小，且粒径分布很窄，磁核分布于复合颗粒中心位置，生长速度明显加快，证明磁核起到了非常显著的种子作用；②复合颗粒后期结构化提高孔道有序度的过程较为缓慢，且颗粒出现从中央位置向边缘迁移的进程，这说明磁核的存在像杂质一样妨碍介孔结构从无序到有序的转变；③即使存在部分异相成核的介孔初级粒子聚集体，在这种种子生长过程中初级粒子又可以很快通过类似于 Oswald 熟化的过程被消耗并重新组装生长在复合颗粒外围。

（2）Yu 等于 2007 年首次报道了在实心氧化硅微球的表面用不同碳链长度的阳离子表面活性剂 $[C_nH_{2n+1}N(CH_3)_3Br, n=12,14,16,18]$ 为模板生长均匀 28~61nm 厚介孔壳层，为有氧化硅外表面的微球（如磁性微球）包覆介孔壳层提供了研究基础。他们发现，在碱性的醇/水混合溶液中得到的介孔壳层的孔道取向垂直于外表面，这和后来在制备类似结构的磁性介孔氧化硅微球的结果非常一致。这种优先取向的原因，可能是由于硅/表面活性剂胶束相和醇/水混合溶剂的界面上，极性和非极性物种的吸引力相等。从热力学角度考虑，微球表面氧化硅/CTAB复合体排布成介孔的朝外的取向可以使体系的表面能显著降低。需要注意的是，和纳米尺度的小磁颗粒相比，这些氧化硅包覆微球或者纳米球的表面能较低。而有机-无机自组装形成的初级粒子表面能高，反应性强，在强极性的水溶液中它们的偶极常数大，因而很容易自己聚集在溶液相中成核。这些报道的磁性介孔微球中都采用了乙醇作为共溶剂，其关键作用就是降低体系的极性和表面张力，从而使初级粒子能够均匀稳定地在核表面沉积生长，得到热力学有利的复合结构。

（3）如果说氧化硅保护层内的磁核尺寸降低到纳米尺度，也就是说用氧化硅包覆的磁性纳米颗粒去实现溶胶-凝胶法介孔包覆，其情况又显著不同于磁性纳米微球。在这种情况下，小尺度的纳米核本身和初级粒子一样，都具有很高的表面能和反应性，因此很容易和体系中的其他物种聚集以降低表面能。Nooney等系统研究了氧化硅包覆金纳米颗粒（15～20nm）为核的情况下，CTAB表面活性剂浓度、溶剂和硅源对自组装、颗粒形貌和结构的影响，得出以下基本规律：

① 当CTAB浓度较高时，单个壳层中包覆的颗粒个数（cluster number）减小，从而达到单核包覆形貌，表明CTAB在核颗粒和溶液中氧化硅低聚物间竞争分配。一般来说，少量的CTAB表面活性剂加入氧化硅纳米颗粒中时，活性剂分子吸附在颗粒表面，然后以碳链间范德华力的形式导致颗粒絮凝。同时，CTAB以类似于盐的作用使颗粒双电层失稳，所以，太低的CTAB浓度会导致核聚集数增加。如果CTAB/Si比例相对较高时，初级粒子较多而且分散性和反应性很高，其组装速度远大于种子颗粒之间的絮凝速度，种子颗粒之间的絮凝速度低于种子颗粒与CTAB/氧化硅初级粒子之间的反应速率，最终使核聚集数减小。进一步增大CTAB/Si比例时，CTAB/氧化硅初级粒子中氧化硅低聚物较小而CTAB聚集体较大，导致介孔组装时不稳定，使种子颗粒部分团聚。在更高的CTAB浓度下，初级粒子自成核大量发生，形成许多自成核介孔氧化硅纳米颗粒。

② 和非均相溶剂体系相比，均相溶剂下得到的介孔孔道排列不是特别整齐。醇作为共溶剂时，体系的极性和介电常数降低，胶束的CMC增大，胶束聚集数减小，长度和直径变短。相同浓度下溶液中胶束数目减小，增加了胶束长程堆积时的缺陷概率，如图4-18所示。

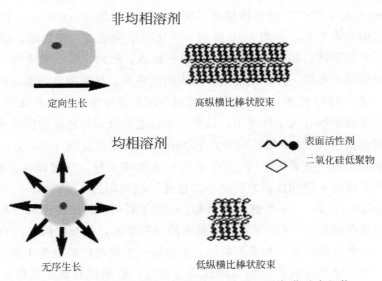

图4-18 溶剂环境（均相、非均相）对CTAB/氧化硅自组装
复合柱状胶束的长径比以及壳层介孔生长方向的影响

当醇的量增加至一定程度时，表面活性剂模板空间延伸程度变弱，介孔结构从有序变为无序。同时，高缺陷比和各向同性自组装也导致了球形包覆形貌的产生。

③ 当硅源从 TMOS 变为 TEOS、TPOS（四丙氧基硅烷）时，硅源水解速度变慢，氧化硅低聚物的初始浓度降低，从而使其在种子表面碰撞和自组装的概率增大而减少自成核形成的颗粒。最终，复合颗粒内部有核的颗粒比例提高。

4.2 碳修饰的磁性纳米材料

碳是自然界中存在最广泛的元素之一，存在于空气、土壤、海洋和生物体，甚至在宇宙中的每一个角落都有它的身影。可以组成多种形貌和性质完全不同的物质，如金刚石、炭、石墨等，这是因为碳原子具有独特的 sp、sp^2、sp^3 三种杂化形式，不同的杂化形式给碳元素构建丰富多彩的碳质材料世界提供了可能。除了自然界中天然存在的碳，人们也在不断地制备各种类型的碳材料，如碳纳米管、石墨烯、石墨炔等，不同形式的碳纳米材料以及碳包覆磁性粒子的纳米材料也引起了研究者的广泛兴趣，与其他稳定磁性纳米材料（MNPs）的原料相比，碳纳米材料表现出了更高的化学稳定性、热力学稳定性、酸碱稳定性以及良好的生物相容性等。由于碳纳米材料可以在很小的空间禁锢磁性颗粒，避免了外界环境对它们的影响，解决了 MNPs 在空气中不能稳定存在的问题；另外由于碳包覆层的存在，有望提高 MNPs 的功能化修饰反应性以及与生物体之间的相容性。

4.2.1 石墨烯修饰的磁性纳米材料

4.2.1.1 石墨烯简介

石墨烯（graphene，G）是碳的一种同素异形体，由碳六元环组成的二维（2D）周期蜂窝状点阵结构，它可以翘曲成零维（0D）的富勒烯（fullerene），卷成一维（1D）的碳纳米管（carbon nano-tube，CNT）或者堆垛成三维（3D）的石墨（graphite），因此石墨烯是构成其他石墨材料的基本单元，如图 4-19 所示。从化学结构来说，富勒烯、碳纳米管和石墨烯这几种碳的同素异形体，都是由 sp^2 杂化碳原子组成，然而，在石墨烯的出现之前，没有任何一种材料能够像石墨烯一样，同时具有惊人的迁移率、显著的室温霍尔效应、稳定的狄拉克电子结构、媲美 ITO 的透光性、超高的机械强度和热导率等诱人的性质。

石墨烯每个碳原子都有四个价电子，其中三个价电子分别与相邻的碳原子以 sp^2 杂化轨道形成共价键相连接，其 C—C 键长约为 0.142nm，键合能也极强（345kJ/mol），从而形成牢固的蜂窝状平面结构，而第四个价 2p 电子则形成离域 π 键，其可以在晶格中自由流动。而层与层之间依靠离域 π 键和较弱的范德华力连接，层间距为 0.3354nm，与单层石墨烯的厚度相当（0.335nm）。自 2004 年被发现以来，引起了科研人员的高度关注和研究兴趣。石墨烯中最基本的化学键是 C═C，苯环是其基本的结构单元，但与此同时，石墨烯还具有一个重要的性质——含有边界基团和平面缺陷，最后这一重要的性质也就体现了石墨烯的重要化学性质，可以为化学反应提供反应吸附位点。首先，石墨烯具备非常稳定的基本结构骨架，常规的化学方法通常很难破坏它的苯环结构；另外，石墨烯具有大的比表面积（2630m^2/g），大的共轭体系，很强的疏水性，易于进行功能化修饰，很好的耐酸、耐碱、

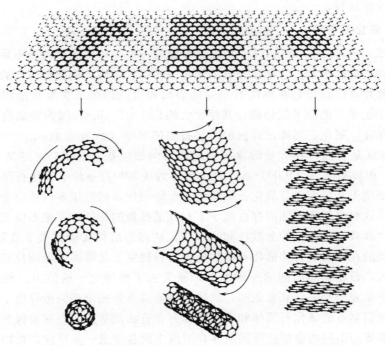

图 4-19　石墨烯与 0D 富勒烯、1D 碳纳米管和 3D 石墨的关系

耐热性能和化学稳定性，亦可与有机分子产生强的 π-π 相互作用，因此石墨烯能够与种类众多的亲电试剂如卡宾试剂或氧化剂发生反应，一般情况下，石墨烯主骨架需要在反应条件相对剧烈时才会参与反应，因此，石墨烯上具有较高反应活性的部分更多地集中在它的缺陷和边界官能团上。

由于其特殊的物理性质，独特的结构，如很高的电导性，良好的热稳定性，以及优异的机械强度，在电子元件、电容器、燃料电池、太阳能电池、生物技术等领域展现出广泛的应用前景。其中，石墨烯在污水处理中的应用是最有可能实现产业化的石墨烯技术之一。主要原因有：①石墨烯具备巨大的比表面积，其对污染物的有效吸附表面相比较碳纳米管的甚至还要高，这是由于污染物在扩散的过程中很难扩散进入碳纳米管的内表面；②相比起传统的吸附剂，石墨烯吸附材料对污染物的吸附有着更快速的吸附动力学；③孔状结构的石墨烯吸附材料可以更有利于污染物的扩散，进而更好地促进吸附过程的发生；④石墨烯吸附材料可以同时处理多种污染物。近年来，已有大量研究关于石墨烯吸附材料处理重金属、染料、小分子有机污染物等。

此外，石墨烯还可以衍生出许多基于其本身改性而得到的新型材料，主要有氧化石墨烯（GO）、还原氧化石墨烯（RGO）、功能化石墨烯、石墨烯基复合材料等，它们在环境领域的应用主要集中在吸附和催化两个方面。石墨烯巨大的比表面积、表面大量的大 π 键、片层之间的范德华力、氢键等特征赋予了石墨烯较强的吸附能力；优秀的电子转移效率使石墨烯可作为一种出色的半导体材料；此外，石墨烯在与其他物质结合时，展现出了较强的催化性能。目前最多的是利用石墨烯氧化物——氧化石墨烯（GO），对其表面上的含氧官能团羧基（—COOH）、羟基（—OH）等进行各种改性修饰，形成新的具备优良吸附特性的氧化石墨烯功能化改性材料。

4.2.1.2　氧化石墨烯

氧化石墨烯（graphene oxide，GO）可以看成是一种简单功能化的石墨烯，是石墨粉末经化学氧化及剥离后的产物。它存在与石墨烯相似的层状结构，也拥有巨大的比表面积。单个氧化石墨烯薄片可以看作是在单层石墨烯的表面和边缘修饰了含氧官能团，其结构如图4-20所示。由于是单一的原子层结构，其厚度大约是 1～1.4nm，因为表面有含氧官能团以及吸附分子的存在，氧化石墨烯比理想的单层石墨烯要厚（约为 0.34nm）。与石墨烯相比，GO 最主要的特征是表面存在大量的含氧官能团，例如羟基（—OH）、羰基（C=O）、环氧基（—O—）和羧基（—COOH）等，其中大多数羧基和羟基位于氧化石墨的边缘处，而羰基和环氧基则位于其层面内。氧化石墨烯与石墨烯相比，虽然很多性质完全一致，但其也有各自的特点。这些含氧官能团的存在赋予了 GO 某些新的特征，一是 GO 无论是在水中还是在有机溶剂中都具有了更好的分散性和亲水性，从而为后续实验提供了良好的反应条件；二是含氧官能团的存在为制备功能化石墨烯复合材料提供了足够多的反应位点。同时由于这些官能团的介入，石墨烯层面间的 π 键断裂，便失去了传导电子的能力。然而在实际情况中，石墨烯并不是完全丧失含氧官能团，氧化石墨烯也不是完全丧失传导电子的能力，在大多数情况下，我们制备的氧化石墨烯和石墨烯都会含有功能基团，同时也保留一定的导电能力。将氧化石墨烯与不同的金属盐等前驱体在溶液中混合并进一步反应，可以成功合成不同种类的石墨烯基金属氧化物纳米复合材料。石墨烯表面的金属氧化物纳米颗粒可防止石墨烯的团聚，并进一步增大复合材料的比表面积。金属氧化物纳米粒子在石墨烯表面原位生长，石墨烯片层作为支撑材料，使得纳米颗粒具有很好的分散性。石墨烯表面的官能团和缺陷成为金属氧化物纳米颗粒成核和长大的位点。石墨烯和金属氧化物纳米颗粒的结合增强了吸附剂材料的寿命，增强了复合材料的机械强度和耐用度。制备复合材料的常用方法有溶剂热、水热、化学共沉淀、化学还原沉淀、高温分解和微波辐射等方法。

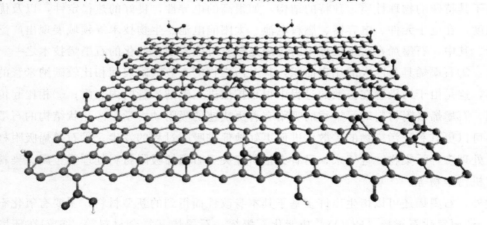

图 4-20　氧化石墨烯的分子结构图

4.2.1.3　石墨烯的功能化

石墨烯整体是一个稳定的六元环结构，呈现出较强的惰性化学性质，对石墨烯的应用产生了极大的制约。但是，研究表明石墨烯主体结构的边缘位置和表面缺陷处呈现出了较高的化学活性，可以通过化学氧化的方法得到具有较强反应活性的 GO。利用 GO 表面的

—COOH、—OH、—O—、C═O 等活性基团进行功能化，能够得到具有不同功能的石墨烯复合材料。石墨烯的功能化方式主要可以分为以下三种：纳米粒子功能化、有机分子共价键功能化、有机分子非共价键功能化。

（1）纳米粒子功能化。独特的二维平面片层结构和巨大的比表面积使石墨烯成了一种潜在的负载无机纳米粒子的理想载体。Fotouhi 等首先自行合成氧化石墨烯（GO），然后采用化学共沉淀法合成磁性石墨烯（Fe_3O_4/GO），再分别加入一定量的噻吩和吲哚与磁性石墨烯进行共聚合反应，即可得到噻吩-吲哚功能化的磁性石墨烯共聚物（MGO@PIT）。该磁性石墨烯共聚物可以有效吸附牛奶中羟苯酯类，用甲醇将所吸附的羟苯酯类洗脱后，再加入微量的 1-正辛醇作为提取溶剂，4000r/min 离心 5min，收集上层有机相，即可进样检测。如图 4-21 所示，磁性辅助固相分散（MA-MSPD）结合分散液-液微萃取（DLLME）可以有效用于牛奶样品中羟苯酯类的提取、富集和检测。

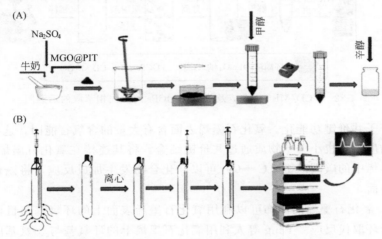

图 4-21　MA-MSPD 联合 DLLME 的萃取示意图

Noorbakhsh 等参考相关文献合成氧化石墨烯（GO），干燥的 GO 与水合肼在 80℃油浴反应 12h 得到还原型氧化石墨烯（RGO）；将一定量的 RGO 滴加到玻璃碳电极（GC）上，室温下干燥 2h 得到 GC/RGO，相比 G 和 GO 会在短时间内导致电极失活，而 GC/RGO 电极却对胰岛素氧化电流显示出良好的稳定性。在最佳试验条件下，胰岛素浓度在 4～640nmol/L 范围内对 GC/RGO 电极电流响应值应出现良好的线性关系，检测限为 350pmol/L，可用于人血清中微量胰岛素的定量检测。

He 等购买商业化的磁性石墨烯材料（Nanoinnova Technologies）用于吸附和富集鸡肉、鸡蛋和牛奶等动物源食品中残留的 7 种氟喹诺酮类抗生素，并联合高效液相色谱-二极管阵列检测器（HPLC-DAD）对磁固相萃取条件如石墨烯的用量、样品 pH、提取时间和洗脱溶剂等优化，建议了一种高吸附能力（＞6800ng/g）和高富集能力（68～79 倍）的检测方法，7 种氟喹诺酮类抗生素的检测限在 0.05～0.3ng/g，加标回收率在 82.4%～108.5%。因此利用磁性石墨烯的磁固相萃取方法结合高效液相色谱仪被证实能简单、快速、方便和可靠地定性和定量检测动物源食品中残留的氟喹诺酮。

Mahpishanian 等采用简单、绿色的一步水热法合成 β-环糊精/氧化铁氧化石墨烯复合材料（β-CD/MRGO），这种材料是利用 β-环糊精作为功能单体通过络合尺寸和键合作用力（如疏水作用、范德华力、氢键和静电作用等）可以特异性地识别 OCPs。如图 4-22 所示，在涡旋辅助磁固相萃取条件下，仅需3min即可完成有效吸附，结合气相色谱-电子捕获检测器（GC-ECD）建立了检测蜂蜜中的16种有机氯杀虫剂（OCPs）的分析方法，该方法具有良好的线性关系，灵敏度高，前处理简单，特异的选择性和良好的回收率，可以用于蜂蜜样品中OCPs的痕量检测。

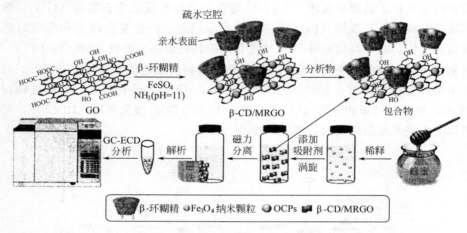

图 4-22　β-CD/MRGO 合成及蜂蜜中 OCPs 的磁固相萃取的示意图

（2）有机分子共价键功能化。氧化石墨烯表面含有大量的含氧官能团，这些含氧官能团能够与高分子物质或有机小分子物质通过共价键结合，将其连接在氧化石墨烯表面或边缘。此外，氧化石墨烯中的碳碳双键（C═C）可以和化合物发生加成反应，将该化合物引入到氧化石墨烯的表面。

① 环氧基。氧化石墨烯的修饰可以利用氧化石墨烯表面上的环氧基与目标化合物上的氨基进行亲核开环取代反应。Yang 等人利用氧化石墨烯上的环氧基与3-氨基丙基三乙氧基硅烷（APTS）上的氨基进行反应，成功地制备了具有良好性能的功能化氧化石墨烯。Wang 课题组成员将十八胺上的氨基与氧化石墨烯上的环氧基发生亲核开环取代反应，制备得到了分散性良好的氨基功能化氧化石墨烯。

② 碳碳双键。氧化石墨烯上的碳碳双键（C═C）能够与叠氮化合物通过加成反应完成修饰，在反应发生前，需对叠氮化合物进行预处理，活化其活性位点，再将叠氮化合物通过加成反应嫁接到氧化石墨烯表面。Tour 等人研究了将氧化石墨烯与芳香叠氮盐发生加成反应，成功地制备出功能化的氧化石墨烯。

③ 氨基。氧化石墨烯改性可以利用氧化石墨烯上的羟基与目标化合物上的氨基（—NH₂）发生反应，从而将化合物固定在氧化石墨烯表面，达到修饰氧化石墨烯的目的。Ruoff 等人将目标化合物异氰酸酯与氧化石墨烯上的羟基发生缩合反应，从而达到引入有机小分子的目的，并进一步进行还原，最终得到能够均匀分散在有机溶剂 N,N-二甲基甲酰胺（DMF）中的产物。

④ 羧基。氧化石墨烯表面含有大量的羧基（—COOH）官能团，具有良好的反应活性，可以与其他基团（如—OH、—NH₂ 等）发生反应，通常在反应过程中会加入缩水剂（DHS 和 EDC）加快反应进行。而 Salavagione 课题组利用聚乙烯醇上的羟基与氧化石墨烯表面的羧基发生酯化反应，成功地制备出了修饰性氧化石墨烯。

⑤ 聚合物功能化。除了小分子外，聚合物同样可以作为改性剂对石墨烯进行功能化，

它可以在较低功能化程度上引入长的聚合物链而改变氧化石墨烯的结构和性质。Lee 等以 2-溴-2-甲基丙酰溴（BMPB）为 ATRP 引发剂，在氧化石墨烯的表面引发苯乙烯、甲基丙烯酸甲酯和丙烯酸丁酯的反应，使得 BMPB 中的酰基溴与氧化石墨烯表面的羟基发生类酯化反应，如图 4-23 所示。Salavagione 等利用 GO 边缘的羧基，将聚乙烯醇通过酯化反应接枝到 GO 上，再对 GO 进行还原，制备得到了具有水溶性的改性石墨烯。Shen 等采用共聚的方法制备了聚苯乙烯-聚丙烯酰胺（PS-PAM）嵌段共聚物改性的石墨烯，具体制备过程如图 4-24 所示。由于聚苯乙烯和聚丙烯酰胺分别在非极性溶剂和极性溶剂中具有较好的溶解性，使得该石墨烯能溶解于水和二甲苯中。该方法改善了石墨烯的溶解性，扩宽了石墨烯在聚合物复合材料领域的应用前景。李宁等以六亚甲基二异氰酸酯为偶联剂，与 GO 中的羧基或羟基反应，形成酰胺键或氨基甲酸酯键活化 GO，然后与双亲性分子吐温 80 中的羟基反应，获得了双亲性改性石墨烯。这种改性石墨烯在水、氯仿和乙烷等溶剂中均可稳定分散。

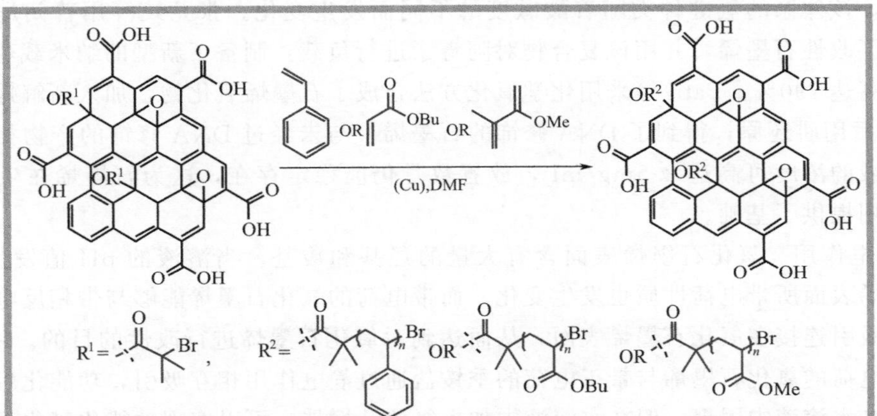

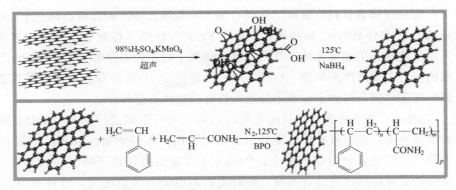

图 4-23　苯乙烯与氧化石墨烯的聚合反应

图 4-24　聚苯乙烯-聚丙烯酰胺功能化氧化石墨烯的制备

（3）有机分子非共价键功能化。利用非共价键对石墨烯功能化，不仅能保持石墨烯本身的结构性质，还可以改善石墨烯的溶解性。氧化石墨烯的非共价键功能化，一般包括 π-π 键功能化、氢键功能化、静电作用、疏水作用以及离子键将高分子或小分子物质嫁接到氧化石墨烯表面。

① π-π 键功能化。氧化石墨烯本身的高度共轭体系，易于与同样具有 π-π 共轭结构或者

含有芳香结构的小分子和聚合物发生较强的 π-π 相互作用，从而对氧化石墨烯表面进行修饰。Xu 等人将氧化石墨烯与聚苯胺上的苯环通过 π-π 键作用嫁接到氧化石墨烯表面，因为磺酸官能团具有良好的亲水性，使得功能化物质在水溶液中表现出良好的分散性。Xu 等用 3,4-乙烯二氧基噻吩单体与磺化的石墨烯溶液进行原位聚合，制备出石墨烯改性复合材料。该复合材料不但具有较好的溶解性，还显示出优异的导电性、较高的透光性和较好的热稳定性。

② 氢键功能化。氢键在共价键中是结合力比较强的一种。考虑到石墨烯的氧化物，其表面具备丰富的活性基团，如羧基、羟基和环氧基等，这些基团通常较易于和其他物质之间产生相互作用，即氢键作用，所以根据这一性质，可以利用氢键作用来对氧化石墨烯进行功能化作用。氢键功能化后的石墨烯一方面使得石墨烯的溶解性得到了提高，另一方面也实现了有机分子在石墨烯表面上的负载。Yang 等利用氢键作用将抗肿瘤药物盐酸阿霉素负载到石墨烯上，该体系的氢键种类随着酸碱度的不同而发生变化。张龙姣等用普朗尼克 FP127 制备得到了改性石墨烯，并用该复合物对阿霉素进行负载，制备了新型的纳米载药体系，生物载药量高达 290%。Patil 等采用化学氧化方法合成了石墨烯氧化物，加入新解螺旋的单链 DNA，然后用肼还原，得到了 DNA 修饰的石墨烯。与未经过 DNA 修饰的产物相比，该复合物水溶液的浓度可高达 2.5mg/mL，放置数月仍能稳定存在，这为石墨烯在生物领域的进一步应用提供了基础。

③ 静电作用。氧化石墨烯表面含有大量的羟基和羧基，当溶液的 pH 值发生变化时，氧化石墨烯表面所带电荷性质也发生变化。而带电荷的氧化石墨烯能够与带相反电荷的物质通过经典吸引连接在氧化石墨烯表面，从而达到对氧化石墨烯进行改性的目的。Liang 等人利用带负电荷的氧化石墨烯与带正电荷的季铵盐通过静电作用相互吸引，功能化后的氧化石墨烯容易在水溶液中团聚，但在水溶液中加入氯仿并搅拌，可以实现功能化氧化石墨烯从水相向有机相的转移。

④ 疏水作用。氧化石墨烯可通过物质表面的疏水性官能团形成共轭平面，同时发生疏水相互作用。常用的修饰材料有表面活性剂，如含有烷基官能团的表面活性剂十二烷基苯磺酸钠、聚环氧乙烷-聚环氧丙烷-聚环氧乙烷等。Yang 等将两亲性聚合电解质（木质素磺酸钠）作为表面活性剂，用硼氢化钠还原 GO 溶液得到了稳定的石墨烯分散液。Zhu 等采用十二烷基硫酸钠作为表面活性剂处理 GO，再用水合肼还原 1h 后冷却，再用芳基重氮盐反应对其进行磺化处理，制备得到了在水中分散性较好的改性石墨烯。

⑤ 离子功能化。离子功能化指利用带电荷的离子对石墨烯进行非共价键修饰的一种方法。石墨烯不带电荷，在溶液中的石墨烯由于堆积作用而容易团聚。然而，经离子修饰后，石墨烯带电荷，可以稳定分散在溶液中。Penicaud 课题组将钾原子插层到石墨中，石墨中的钾原子失去电子并将其传递给石墨烯，使石墨得到电子而带负电荷，这种石墨经剥离后，能够稳定分散在极性溶剂中，可以对分散的石墨烯进一步功能化，拓展其应用范围。该方法的优点是未添加表面活性剂及其他分散剂，仅仅依靠钾离子与石墨烯上羧基负离子之间的相互作用，使石墨烯稳定地分散到极性溶剂中。

4.2.1.4 磁性石墨烯基铁氧化物复合材料

磁性 Fe_3O_4 纳米颗粒由于其具有独特的磁性，可以利用一种合适的外加磁场就能简单、快速地从样品中分离出来，使其广泛应用于生物和环境领域。将磁性 Fe_3O_4 纳米粒子引入氧化石墨烯不仅可以解决吸附剂的分离和回收问题，而且由于磁性纳米粒子具有大的比表面积，还可以提高吸附剂对污染物的吸附量。

铁磁性石墨烯材料的制备方法主要分为原位生长法（溶液沉积法、高温热解法、水/溶剂热法、气相沉积法、溶胶-凝胶法、模板法等）和非原位生长法（共价连接和非共价连接）。

（1）原位生长法。原位生长法是指 Fe_3O_4 在石墨烯片层表面生长，这个方法的优势是合成过程中不需要加入表面修饰材料或分子连接剂，从而简化了实验过程，并且减弱了添加物对复合材料性能的影响。方法使得制备 Fe_3O_4 的各种方法（特别是水/溶剂热法）都能得到相应的应用，这使得原位生长法成为应用最广泛、最常用也是最方便的方法。图 4-25 为原位合成磁性石墨烯复合物的过程示意图，首先氧化石墨烯表面吸附 Fe^{3+} 粒子，然后在高温碱性条件下 Fe^{3+} 部分氧化表面生成 Fe_3O_4 纳米颗粒。Yang 等利用 Fe^{3+} 和 Fe^{2+} 在碱性条件下在石墨烯表面共沉淀生成纳米粒子的方法，得到了超顺磁性的石墨烯复合材料。Chen 课题组采用静电自组装的方法合成了核-壳结构的 Fe_3O_4/GO 磁性纳米材料，选用牛血清蛋白为蛋白原，研究了 Fe_3O_4/GO 对蛋白原的吸附性能，结果表明 Fe_3O_4/GO 对蛋白质不仅具有大的吸附量，而且吸附速度很快，与传统的吸附材料例如聚合物及硅材料相比，核-壳 Fe_3O_4/GO 纳米材料对蛋白的吸附性能更好，这表明这类复合材料在医学、生物分离领域有巨大的应用潜能。Metin 等人合成了 Fe_3O_4/GO，并用 Fe_3O_4/GO 修饰玻璃碳做传感器来检测苯基丙氨酸，实验结果表明被修饰过的玻璃碳材料对苯基丙氨酸有较高的灵敏度和较低的检出限度。杨永刚等人以 $FeSO_4$、$FeCl_3$、$NH_3 \cdot H_2O$ 和 GO 为原料，通过共沉淀的方法合成了 Fe_3O_4/GO 磁性纳米粒子，该材料对乙酰半胱氨酸有很好的灵敏度。

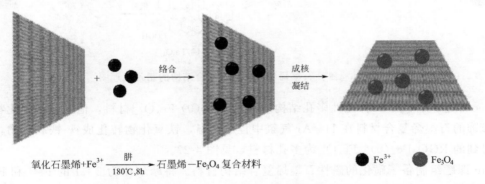

氧化石墨烯+Fe^{3+} $\xrightarrow[180℃,8h]{肼}$ 石墨烯—Fe_3O_4复合材料   ● Fe^{3+} ● Fe_3O_4

图 4-25　合成 Graphene - Fe_3O_4 纳米复合物示意

Liu 课题组采用一步水热法合成了层状超顺磁性氧化铁/石墨烯复合材料，并可通过改变反应时间和初始混合溶剂的比率来控制 Fe_3O_4 纳米晶体的大小。Ye 课题组通过乙酰丙酮合铁与氧化石墨烯在 1-甲基-2-吡咯烷酮中高温反应一步合成氧化石墨烯磁性纳米复合材料，即磁性 Fe_3O_4 和 γ-Fe_2O_3 复合在氧化石墨烯片层表面。Kyzas 等人采用共沉淀方法以 $FeCl_3 \cdot 6H_2O$ 和 $FeCl_2 \cdot 4H_2O$ 为铁源，充分溶解后在氮气环境下逐滴加入石墨烯氧化物胶体溶液中。充分搅拌，加入 28% 的氨水合成磁性 RGO-Fe_3O_4 石墨烯复合材料。Yu 课题组将超声剥离后的氧化石墨烯在聚苯乙烯磺酸钠（PSS）中用水合肼还原得到 PSS 包裹的石墨烯片，然后将该石墨烯片与乙酸丙酮合铁[$Fe(acac)_3$]反应，最后将反应物在多羟基化合物中加热分解，得到磁性功能化还原石墨烯复合材料。研究表明，可通过控制石墨烯片上的纳米粒子大小和覆盖率，从而调节磁性大小。Yu课题组进一步深入研究发现，将一定量的$FeSO_4$溶液迅速加入2mg/mL的GO悬浊液中，用氨水调节溶液的pH在3～8范围内。然后将反应杯放入90℃油浴中反应6h后，生成水凝胶，进一步冷冻干燥形成气溶胶。由于溶液的pH不同，可分别生成RGO-FeOOH和RGO-Fe_3O_4复合水凝胶（图4-26）。Chandra等人用共沉淀法合成了RGO-Fe_3O_4复合材料。将一定量的氧化石墨烯溶解在水中，通过控制$FeCl_3$：$FeCl_2$为2：1缓慢加入氧化石墨烯的悬浊液中。往溶液中滴加氨水使溶液pH10。溶液温度升高到90℃后加入水合肼还原，分离后在70℃真空中干燥，获得可磁性分离的RGO-Fe_3O_4复合结构材料。Guo课题组采用一步热解法合成了核-双壳层纳米颗粒修饰的磁性石墨烯复合材料，他们将石墨烯溶解在二甲基甲酰胺（DMF）溶液中，加入$Fe(CO)_5$后将溶液煮沸后回流4h，磁性分离后，形成核-壳结构铁修饰的石墨烯材料。将上述材料在H_2/Ar气氛中加热至500℃，即可获得核-双壳层磁性纳米颗粒修饰的石墨烯复合结构材料。

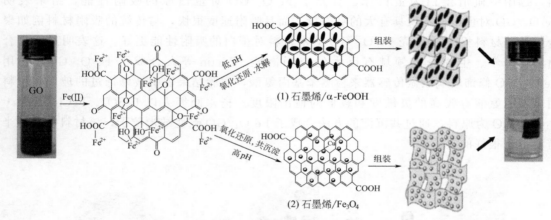

图 4-26　磁性石墨烯水凝胶纳米复合结构的制备机理图

Lee课题组合成了一种磁性多孔结构的[RGO-Fe(0)-Fe_3O_4]材料，他们将铁氧化物纳米颗粒修饰的石墨烯复合材料在H_2/Ar气氛中程序升温，铁氧化物转化成铁-铁氧化物，最后制备得到的RGO-Fe（0）-Fe_3O_4为多孔材料，见图4-27。

Liu课题组制备了磺化的磁性石墨烯复合结构材料。将摩尔比为2：1的Fe^{3+}和Fe^{2+}与GO溶液混合后加入氨水形成RGO-Fe_3O_4，将RGO-Fe_3O_4在冰水浴中与对氨基苯磺酸的芳基重氮盐反应4h，即形成磺化磁性石墨烯复合结构材料。Fan课题组制备了磁性GO-Fe_3O_4复合材料，Fe_3O_4的表面用硅酸四乙酯和三乙氧基硅烷修饰后，表面连接的活性氨基团缠绕在Fe_3O_4表面，形成有机物修饰的磁性GO-Fe_3O_4复合纳米结构。Luo课题组制备了环糊精修饰的磁性石墨烯材料。首先将粒径为10nm左右的Fe_3O_4磁性颗粒、β-环糊精混合，然后将一定量的戊二醛溶液与上述溶液混合，最后加入GO胶体溶液，剧烈搅拌后水浴加热一定时间，即可获得磁性环糊精修饰的铁氧化物/氧化石墨烯复合材料，详细制备步骤如图4-28。

Wang课题组采用化学法制备了粒径为10～15nm的磁性Fe_3O_4微球，并进一步合成了多孔的Fe_3O_4中空微球修饰的石墨烯氧化物复合材料，用3-氨基丙基三甲氧基修饰的Fe_3O_4

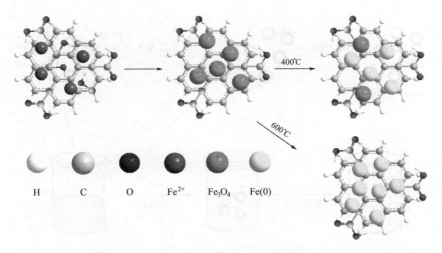

H　　C　　O　　Fe²⁺　　Fe₃O₄　　Fe(0)

图 4-27　多孔 RGO-Fe(0)-Fe₃O₄ 和 RGO-Fe(0)纳米复合材料形成示意图

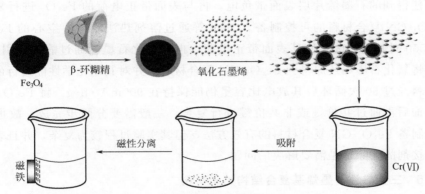

图 4-28　β-环糊精修饰的 GO-Fe₃O₄ 的制备
及外磁场存在下用于 Cr(Ⅵ)的去除

中空微球与氧化石墨烯进行组装，形成磁性的多孔中空微球 GO-Fe₃O₄ 复合结构材料，由于铁氧化物材料的多孔性，使复合材料具备更好的吸附性能（图 4-29）。Wang 课题组采用溶剂热法一步合成了磁性 GO-Fe₃O₄ 复合材料。将 GO 在乙二醇溶液中超声分散 1h，将一定量的 FeCl₃ 加入其中继续超声 10min，然后加入一定量的醋酸钠剧烈搅拌 20min，最后将上述溶液加入反应釜中，在 200℃下反应 8h 后分离，制备出磁性 GO-Fe₃O₄ 复合材料。Deng 课题组也采用一步溶剂热法合成了 RGO-Fe₃O₄ 磁性纳米复合材料并用于水中重金属的去除。

（2）非原位生长法。非原位生长法需要提前制备 Fe₃O₄ 颗粒，再通过共价键或非共价键（包括 π-π 堆叠、静电吸引等）的作用使其与石墨烯片层进行连接。在这个方法中，Fe₃O₄ 或石墨烯，或者两者都需要进行改性。与原位生长法相比，非原位生长法制备的复合材料 Fe₃O₄ 在石墨烯表面的分布更为均匀，Fe₃O₄ 颗粒的粒径也更为均一。张燚等对制备的 Fe₃O₄ 颗粒进行改性使其表面带羧基，对氧化石墨烯进行改性使其表面带氨基，两者之间通过酰胺键进行键合，在共价键的作用下使得复合材料稳定存在，并且通过控制两者的比例得到比例可控的 Fe₃O₄-GN 复合材料。Sun 等通过在氧化石墨烯的还原过程中加入十二烷

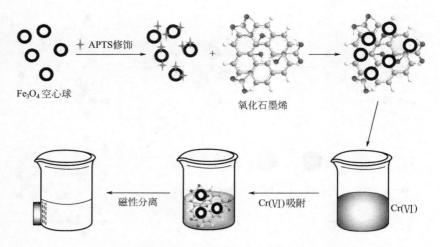

图 4-29　Fe_3O_4 中空微球修饰的石墨烯氧化物复合材料用于 Cr（Ⅵ）的去除

基苯磺酸钠使得到的石墨烯片层表面带负电，再与表面带正电荷的 Fe_3O_4 进行复合，同样实现了 Fe_3O_4-GN 复合材料的可控制备。Chen 等通过溶剂热法制备了空心的 Fe_3O_4 颗粒，然后用 KH550 对其进行改性使其表面带正电荷，再与氧化石墨烯通过静电吸引进行结合，再用水合肼将氧化石墨烯还原得到 Fe_3O_4-GN 复合材料，并对其电化学性能进行研究，结果表明电极材料经过 50 次循环后其放电比容量仍能保持在 900mA·h/g。将 Fe_3O_4 或石墨烯进行表面修饰后再通过共价键或非共价键进行复合，一般需要分两步完成，故也称为两步法，这也是制备 Fe_3O_4-GN 复合材料的有效方法，但其实验过程较为复杂，并且表面修饰材料、分子连接剂的去除也是需要解决的问题。

4.2.1.5　三元磁性石墨烯基复合结构纳米材料

随着对石墨烯基二元复合材料的研究不断深入，及其所表现出的优于石墨烯的一些物理性能，研究者们又进一步把目光投向了石墨烯基三元复合材料的制备与性能研究，以期进一步优化石墨烯复合材料的性能，拓展其应用领域。

由于石墨烯片层间具有很强的范德华力，容易发生团聚或堆积，很难分散于水和常见有机溶剂中，所以若以石墨烯为原料制备复合材料，需要在前期通过超声振荡或添加表面活性剂的方式使石墨烯充分地分散开，从而形成均匀的悬浮液参与反应。氧化石墨烯，因氧化后，其含氧官能团增多而使性质较石墨烯更加活泼，长久以来被视为亲水性物质，其在水中具有优越的分散性更有利于形成悬浮液。一些研究者直接采用氧化石墨烯作为原料，在制备复合材料的同时，通过还原反应将氧化石墨烯还原成还原氧化石墨烯（RGO），从而得到石墨烯三元复合材料。

石墨烯三元复合材料的制备方法大体分为两类：一步法和两步法。

（1）一步法。一步法，就是各物质通过一步就复合成三元复合材料的方法。一步法大致分为水热合成法、溶胶-凝胶法、溶剂热法、沉淀法、盐调控法、氧化还原法、脉冲电沉积法等。其中常见的有水热合成法、溶胶-凝胶法、溶剂热法。一步法的优点是合成过程便捷，操作简易。

① 水热合成法。水热合成法是指在温度为 100～10000℃、压力为 1MPa～1GPa 条件下

利用水溶液中物质化学反应所进行合成的方法。水热合成法的优点是所得产物纯度高，分散性好，粒度易控制。缺点是设备要求高，技术难度大。

Wang 等采用简便的一步水热法合成了 $Fe_3O_4/SnO_2/RGO$ 三元复合材料。在复合材料中，由于 Fe_3O_4 和 SnO_2 纳米晶同时成核和生长的空间限制效应，使得 Fe_3O_4 和 SnO_2 纳米颗粒均匀地负载在 RGO 纳米片上而不发生聚集。

② 溶胶-凝胶法。溶胶-凝胶法就是将含高化学活性组分的化合物经过溶液、溶胶、凝胶而固化，再经热处理而成的氧化物或其他化合物固体的方法。溶胶-凝胶法的优点是均匀性好，容易均匀微量地掺入微量元素。缺点是原料价格昂贵，过程耗时太长，烧结性差。

肖力光等采用溶胶-凝胶与负压负载法结合，以硝酸锌为前驱物，无水乙醇为溶剂，聚乙二醇为分散剂，硅藻土为载体，制备硅藻土/纳米氧化锌，并与 Hummers 法制得的氧化石墨烯进行复合，得到硅藻土/纳米氧化锌/氧化石墨烯复合光催化材料。

③ 溶剂热法。溶剂热法是水热合成法的发展，它与水热合成法的不同之处在于所使用的溶剂为有机溶剂而不是水。在溶剂热反应中，通过把一种或几种前驱体溶解在非水溶剂，在液相或超临界条件下，反应物分散在溶液中并且变得比较活泼，反应发生，产物缓慢生成。优点是过程简单，易于控制，但是有些有机溶剂为有毒物质。

Liu 等采用简便的溶剂热法成功制备了新型光催化剂 $Bi_2S_3/TiO_2/RGO$ 复合材料。在此过程中，TiO_2 与 Bi_2S_3 偶联生成 Bi_2S_3 敏化 TiO_2 纳米颗粒，氧化石墨烯（GO）还原为还原型氧化石墨烯（RGO），其均匀地被大量的 Bi_2S_3 和 TiO_2 覆盖。

④ 其他制备方法。除上述方法外，还有研究者通过沉淀法、一锅法、盐调控法、氧化还原法等一步法制备出石墨烯三元复合材料。罗春平等以氧化石墨烯（GO）、钯（Pd）纳米粒子、Fe_2O_3 纳米粒子等为主要原料，通过盐调控法一步合成了 $GO/Pd/Fe_2O_3$ 复合材料。

（2）两步法。两步合成法则是先将石墨烯与其中一种组分进行合成，获得石墨烯基二元复合材料，再将另一组分添加到二元复合物中，从而制备出石墨烯基三元复合材料。两步合成法在制备过程中易于对每一组分的形貌、粒径大小等进行控制，从而得到理想的三元材料。

Chen 等通过两步法制备了 $RGO/Fe_3O_4/PANI$ 三元复合材料，首先以 GO、Fe_3O_4 为原料，采用化学还原法得到 RGO/Fe_3O_4 二元复合物，继而通过原位聚合法将聚苯胺附着在二元复合物上得到三元复合材料。Luo 课题组采用两步共沉淀法合成了磁性 $RGO-Fe_3O_4-MnO_2$ 纳米结构材料，该材料结合了 MnO_2 的吸收性能、Fe_3O_4 的磁性和 RGO 高比表面积，是一种高性能的复合材料（图 4-30）。Nandi 等人将 $0.5mol/L$ 的六水硫酸铁（Ⅲ）铵和 $0.1mol/L$ 的四水氯化锰（Ⅱ）混合（体积比＝1∶1）加入 GO 分散液中持续搅拌 $0.5h$，然后将含 $0.1mol/L$ 的碳酸铵溶液缓慢加入，维持搅拌将 pH 调节到 9.0，过滤并用 50%乙醇洗涤，真空干燥后重新分散并用水合肼（99%）在 95℃下进行还原即可得到 GO-磁性锰掺入铁（Ⅲ）氧化物（IMBO）纳米复合结构材料。

4.2.1.6 磁性石墨烯基复合物的应用

在废水处理领域中，吸附剂的性质非常重要，一般要求具备吸附能力好、机械强度高、化学性质稳定、环境友好、易于回收利用等性质。

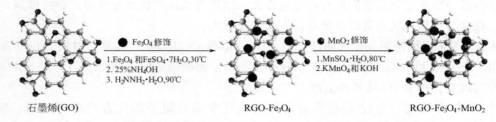

图 4-30　两步共沉淀法制备 RGO-Fe₃O₄-MnO₂ 三元复合纳米结构材料流程图

（1）磁性 GO（RGO-Fe₃O₄）纳米复合材料对水体中金属离子吸附。重金属是水中重要的污染物，对植物、动物、人类具有很强的毒性。重金属离子包含：Hg、Pb、Ag、Cu、Cd、Cr、As、Zn、Ni、Co 和 Mn。大多数金属离子都是以阳离子形式存在，如 Hg、Pb、Ag、Cu、Cd、Zn、Ni、Co 和 Mn 等，但是一些重金属是以阴离子的形式存在的，比如 Cr（Ⅵ）以 CrO_4^{2-}、$Cr_2O_7^{2-}$ 形式存在，As（V）一般以 $H_2AsO_4^-$、$HAsO_4^{2-}$ 形式存在，在水中具有很强的毒性。由于金属离子不能被生物处理和化学法处理，当前吸附是相对有效的去除重金属离子的方法。由于氧化石墨烯以及改性氧化石墨烯表面具有较大的表面积和高表面化学活性，在重金属离子去除中具有潜在的应用价值。磁性石墨烯基复合物兼具纳米材料和石墨烯材料大比表面积、活性位点多的优点，是良好的吸附材料，可用于水体中污染物的吸附去除。

砷是最毒的元素之一，在水体中主要以砷酸根、亚砷酸根的形式存在，一般情况下无机砷的毒性高于有机砷，三价砷的毒性高于五价砷。研究者采用磁性 RGO-Fe₃O₄ 纳米复合材料进行了水体中砷污染物的去除研究。Chandra 等人合成的 RGO-Fe₃O₄ 复合材料，10nm 左右的 Fe₃O₄ 纳米粒子负载在 RGO 片层上，对 As（Ⅲ）和 As（V）有很好的结合力（总砷去除率可达 99.9%），且常温下能够通过磁场分离。研究了 pH 对吸附效率的影响，由于吸附机理主要是磁性石墨烯复合材料与带负电荷的砷酸根、亚砷酸根之间的静电作用，当 pH 小于等电点时，RGO-M 带正电荷，吸附更多的 As（V）阴离子；当 pH 升高大于等电点，RGO-M 正电荷降低，由于 As（Ⅲ）的吸附导致阴离子增加。这表明，与 As（V）的吸附机理不同，As（Ⅲ）吸附到 RGO-M 表面是由于络合反应。Wang 课题组采用共沉淀方法制备了磁性 MGO 复合材料，并应用于水体中 As（V）的去除研究，最大吸附容量可达 80.1mg/g，发现溶液中化学参数的变化对砷的去除具有重要的决定作用。Luo 等人采用两步沉淀法合成的磁性 Fe₃O₄-RGO-MnO₂ 复合纳米材料，并应用于处理 As（Ⅲ）和 As（V），异相材料之间的协同作用增强材料的去除效率，并可以通过外加磁场分离，且吸附后离子在 pH 2～10 之间都能保持稳定。Guo 课题组还用热解方法制备了外壳层为 RGO-（Si-S-O）-Fe₂O₃ 磁性材料，可快速去除水体中的铬，在 5min 内将水体中的铬全部去除。Yu 课题组合成的 3D 交联网状的大块石墨烯/金属氧化物水凝胶，铁以 α-FeOOH 纳米棒和磁性 Fe₃O₄ 纳米颗粒形式存在，该材料对水体中的 Pb^{2+} 和 Cr（Ⅵ）具有较高的吸附容量。石墨烯 α-FeOOH 水凝胶具有较高的吸附容量，可能是由金属羟基氧化物与重金属离子之间的静电作用、离子交换和表面络合效应的协同作用的结果。此外，石墨烯表面的氧与重金属离子之间也具有一定的结合作用。Li 等研究了磁性-环糊精-壳聚糖氧化石墨烯（CCGO）去除水中 Cr（Ⅵ）的吸附性能。结果表明 CCGO 含有较高的比表面积、丰富的羟基和氨基以及磁性 Fe₃O₄，并且 CCGO 对 Cr（Ⅵ）的吸附等温线符合 Langmuir 模型，在低 pH 值条件下对 Cr（Ⅵ）具有非常高的吸附能力。Wang 课题组用磁性 GO-Fe$_3$O$_4$ 纳米复合结构材料去除水体中的 Co^{2+}，Pb^{2+} 以及 Cu(Ⅱ)，并进一步拓展研究了将水热合成的多孔 Fe$_3$O$_4$ 空心微球修饰的 GO 用于 Cr(Ⅵ)污染物的去除。Xian 课题组合成了聚丙烯酸修饰的磁性石墨烯复合材料（PAA-GO-Fe$_3$O$_4$），可用于去除 Cu^{2+}，Cd^{2+} 和 Pb^{2+} 且方便循环回收利用，重复使用 5 次后，对水体中的重金属离子的去除率仍高达 85％。Luo 课题组用磁性 RGO-Fe$_3$O$_4$-MnO$_2$ 三元纳米复合材料用于水中 As(Ⅲ)和 As(Ⅴ)的吸收。该三元复合材料耦合了 3 种组分的优点，对于开发高性能石墨烯基复合材料应用于水污染控制领域开辟了新范围。表 4-2 总结了部分磁性 GO（RGO）-Fe 纳米复合材料的制备方法及水体中金属离子的去除。

表 4-2　磁性 GO（RGO）-Fe 纳米复合材料去除水体中金属离子

吸附剂	重金属	吸附剂量/(g/L)	金属浓度/(mg/L)	pH	吸附时间/h	吸附量/(mg/g)	脱除率/％
乙二醇-GO	Pb(Ⅱ)	—	100	2～6	48	146	—
聚苯乙烯-MGO	As(Ⅲ),As(Ⅴ)	0.1	700	7		As(Ⅲ):104,As(Ⅴ):68	
海藻酸钠/IO/GO	Cr(Ⅳ)	5			24	—	8～90
MGO	As(Ⅴ),As(Ⅲ)	0.1～0.5	10～100	6～7	0.5～2		99
GO-SH&GO-N	Cu(Ⅱ)	0.05	40	7	0～48	GO-SH:99,GO-N:103	95
Fe$_3$O$_4$/GO/DCTA	Cu(Ⅱ)		0.001	8	24	74.05	
GO/2-PTSC	Hg(Ⅱ)	4～12	20	5	0.05	302	86.09
MCGO	Pb(Ⅱ)	0.1	—	5	0.67	79.8	
PAMAM-GO	Se(Ⅵ)	0.2		6	24	77.9	
改性 GO/壳聚糖	Cr(Ⅵ)			2		86.17	
GO-DPA	Pb(Ⅱ),Cd(Ⅱ),Ni(Ⅱ),Cu(Ⅱ)	0.008	20		0.67	Pb(Ⅱ):369.79,Cd(Ⅱ):257.20,Ni(Ⅱ):180.89,Cu(Ⅱ):358.82	
AMGO	Cr(Ⅵ)	0.2			12	123.4	
ACGO	As(Ⅲ),As(Ⅴ)	0.003	1.0	4～11	0.25	As(Ⅲ):77.5,As(Ⅴ):45.7	As(Ⅲ):95,As(Ⅴ):100
TET-MRGO	Cu(Ⅱ)			6		209.1	—
黄酸盐磁性-GO	Hg(Ⅱ)		20	7	3	118.55	97.5
EDTA-磁性-GO	Pb(Ⅱ),Hg(Ⅱ),Cu(Ⅱ)	0.05～0.1	100	4.2	3	Pb(Ⅱ):508.4,Hg(Ⅱ):268.4,Cu(Ⅱ):301.2	Pb(Ⅱ):5.5,Hg(Ⅱ):94.9,Cu(Ⅱ):95.7
NH$_2$-GO	U(Ⅳ)	0.02	80	5.5		215.2	
NH$_2$-磁性-GO	Cr(Ⅳ),Pb(Ⅱ),Hg(Ⅱ),Cd(Ⅱ),Ni(Ⅱ)	5	5	6～7,Cr(Ⅳ):1～3.5	—	Cr(Ⅳ):27.95,Pb(Ⅱ):27.83,Hg(Ⅱ):23.03,Cd(Ⅱ):22.07,Ni(Ⅱ):17.29	Cr(Ⅳ):17.29,Pb(Ⅱ):27.95,Hg(Ⅱ):23.03,Cd(Ⅱ):27.83,Ni(Ⅱ):22.07
沸石-GO	As(Ⅴ)	2	0.1		2	50	—

吸附剂	重金属	吸附剂量/(g/L)	金属浓度/(mg/L)	pH	吸附时间/h	吸附量/(mg/g)	脱除率/%
壳聚糖/GO	Hg(Ⅱ)	1	0～500	6	24	397	96
EDTA-GO	Cu(Ⅱ),Pb(Ⅱ)	1	0～100	5,3	1.5	Cu(Ⅱ):108.7,Pb(Ⅱ):454.6	90
壳聚糖-磁性 GO	Hg(Ⅱ)	0.6	—	7	5	361	88
聚苯胺-RGO	Hg(Ⅱ)	2	1000	4	2.4	1000	94

(2) 磁性 GO(RGO)-Fe_3O_4 纳米复合材料对水体中有机污染物的吸附。有关铁磁性石墨烯材料应用于水中有机污染物的相关研究很多。如采用液相还原方法、水热合成方法及水解和氧化还原制备了 RGO-Fe, RGO-Fe_3O_4, GO-Fe_3O_4 等磁性石墨烯基氧化物纳米复合材料，并用于去除水体中染料（MB、品红、孔雀石绿-罗丹明、刚果红等）、多环芳烃、汽油等有机污染物，这是由于石墨烯基复合材料具有大比表面积和吸附容量。

有机污染物的吸附去除主要是通过石墨烯片层之间的物理吸附从溶液中分离出来，研究表明磁性石墨烯复合材料对有机污染物具有很好的去除能力。Liu 课题组合成了磁性石墨烯-Fe_3O_4@碳（GFC）复合材料，由于石墨烯薄片基底的存在，可有效防止 Fe_3O_4 的聚成，极大提高了复合材料的分散性能。Fe_3O_4 表面碳涂层对其在酸性条件下起到了保护作用，增大了复合材料的比表面积，有利于去除水中的有机染料（如 MB 等）。不管是水环境还是中低酸环境下，经 5 次吸附、1 次解吸后，该复合材料对有机染料的去除率仍可高达 75% 以上，有望作为未来经济的环境友好材料用于污水净化。Fan 课题组制备的磁性 GO-Fe_3O_4 复合纳米结构对 MB 和孔雀石绿表现出良好的吸附性能。Wang 课题组报道了用磁性氧化石墨烯快速去除有机染料，品红。结果表明，10min 以内，96% 的染料被吸附去除。高效的去除效用是因为石墨烯与染料分子之间存在着两种作用方式：①染料分子芳环骨架与石墨烯六元环之间的范德华力；②染料中 π - π 键与石墨烯中非定域的 π 电子之间的相互作用。Wang 课题组在研究磁性(GO)RGO-Fe_3O_4 对水体中的多环芳烃类物质的去除中发现，还原石墨烯氧化物复合材料对多环芳烃类污染物的去除能力要优于铁氧化物石墨烯复合材料，这是由于还原石墨烯复合材料中的非定域的 π-电子与多环芳烃类物质具有更强的作用。同时，Lu 课题组采用溶剂热方法制备的 MRGO 复合材料，对 RhB（91%）和孔雀石绿（94%）具有优异的去除效率。对于这些体系，影响复合材料性能的关键参数为 Fe_3O_4 在复合材料中的负载量和溶液的 pH。当 Fe_3O_4 负载量超出一定范围，将引起吸附性能下降，为了评价磁性石墨烯复合结构材料的实际应用可能性，研究了磁性复合材料对含染料和其他污染物的实际废水的污染物去除，结果表明对去离子水和工业废水中的染料具有相同的去除效率。Luo 课题组将合成的壳聚糖修饰的磁性石墨烯复合材料用于吸附水体中的甲基蓝。去除机理是修饰在磁性石墨烯复合材料表面的壳聚糖的氨基酸基团与 GO 之间发生静电吸附，该吸附作用与溶液中的 pH 和离子强度有关。磁性 RGO-Fe_3O_4 石墨烯复合材料可用于有机染料和品红的吸附去除，在 30min 可去除 99.5% 的碱性副品红。石墨烯-磁性 $CoFe_2O_4$ 复合结构材料对甲基橙也有良好的吸附效能，研究表明，吸附容量可达到 71.54mg/g。对磁性石墨烯纳米复合材料磁固相萃取农药残留、药物残留、内分泌干扰物质及污染物进行了总结，如表 4-3 所示。

表 4-3 基于磁性石墨烯纳米复合磁固相萃取农药残留、药物残留、内分泌干扰物质及污染物

材料	分析物	基质	检测方法	LOD	回收率/%
3D-G-Fe$_3$O$_4$	有机磷农药	果汁	GC-NPD	1.2~5.1ng/L	86.6~107.5
Fe$_3$O$_4$@G-TEOS-MTMOS	有机磷农药	水	GC-μECD	1.4~23.7pg/mL	83~105
Fe$_3$O$_4$@G-CNPrTEOS	有机磷农药	牛奶	GC-μECD	0.01~0.6ng/mL	82~94
Fe$_3$O$_4$@SiO$_2$@GO-PEA	有机磷农药	果汁、蔬菜及水	GC-NPD	0.02~0.1μg/L	90.4~108.0
Fe$_3$O$_4$@G	水胺硫磷	苹果、大米、水、豇豆、甘蓝	GC-NPD	0.0044ng/mL	81.00~108.51
Fe$_3$O$_4$@SiO$_2$-G	有机氯农药	橙汁	GC/MS	0.01~0.05ng/mL	73.8~105.4
Fe$_3$O$_4$@G	有机氯农药	西红柿	在线 GPC-GC-MS/MS	0.01275~3.150ng/g	64~126
Fe$_3$O$_4$@SiO$_2$-G	有机氯农药	水	GC-μECD	0.12~0.28pg/mL	80.8~106.3
RGO/Fe$_3$O$_4$@Au	有机氯农药	水	GC-MS	0.4~4.1ng/L	69~114
RGO/Fe$_3$O$_4$	氨基甲酸酯农药	水	HPLC-DAD	0.02~0.04ng/mL	87.0~97.3
Fe$_3$O$_4$@SiO$_2$-G	氨基甲酸酯农药	黄瓜及梨	HPLC-UV	0.08~0.2ng/g	93.1~103.2
Fe$_3$O$_4$@SiO$_2$-G	拟除虫菊酯类农药	橙子及生菜	GC-MS	0.01~0.02ng/g	90.0~103.7
Fe$_3$O$_4$@G	三唑类杀菌剂	蔬菜样品	GC-MS	0.01~0.10ng/g	84.4~108.2
Fe$_3$O$_4$@G	三嗪类除草剂	水样	HPLC-DAD	0.025~0.040ng/mL	89.0~96.2
Fe$_3$O$_4$@SiO$_2$-G	农药	西红柿及油菜	GC-MS	0.005~0.030ng/g	83.2~110.3
mSiO$_2$@Fe$_3$O$_4$-G	农药	水样	HPLC-UV	0.525~3.30g/L	77.5~113.6
Fe$_3$O$_4$@G	酰亚胺杀菌剂	水样及果汁	GC-ECD	1.0~7.0ng/L	79.2~102.4
Fe$_3$O$_4$@G	三唑类杀菌剂	水样	HPLC-UV	0.005~0.01ng/mL	86~102
Fe$_3$O$_4$@PEI-RGO	苯氧基酸除草剂	大米	HPLC-DAD	0.67℃~2ng/g	87.4~102.5
Fe$_3$O$_4$@G	磺胺类药	牛奶	CE	1.2~5.1ng/L	62.7~104.8
Fe$_3$O$_4$@G	磺胺类药	废水	HPLC-DAD	0.43~0.57ng/mL	89.1~101.7
Fe$_3$O$_4$@GO	磺胺类药	水样	HPLC-DAD	0.05~0.10mg/mL	67.4~119.9
CoFe$_2$O$_4$-G	磺胺类药	牛奶	HPLC-UV	1.16~1.59μg/L	62.0~104.3
Fe$_3$O$_4$@G	氟喹诺酮类	食品	HPLC-DAD	0.05~0.3ng/g	82.4~108.5
M-G/CNTs	土霉素	污水	HPLC-FLD	3.6ng/mL	95.5~112.5
Fe$_3$O$_4$@GO-ILs	先锋霉素族抗生素	尿液	HPLC-UV	0.6~1.9ng/mL	84.3~101.7
GO/Fe$_3$O$_4$@PABT	萘普生、双氯芬酸、布洛芬	尿液	HPLC-DAD	0.03~0.1ng/mL	85.5~90.5
β-CD/GO/Fe$_3$O$_4$	吉非贝齐	血浆及废水	荧光光度法	3pg/L	96.0~104.0
Fe$_3$O$_4$@GO-ILs	氟西汀	尿液及水样	荧光光度法	0.21mg/L	95.3~100.6
磁性 GO-PANI	抗抑郁药	尿液及水样	HPLC-UV	0.4~1.1ng/mL	80.2~119.8
Fe$_3$O$_4$@G	邻苯二甲酸酯	水样	GC-MS	0.01~0.056μg/L	88~110
G/Fe$_3$O$_4$@mSiO$_2$-C$_{18}$	邻苯二甲酸酯	水样	GC-MS	0.1~10μg/L	42.5~98.2
G/Fe$_3$O$_4$@PDA	邻苯二甲酸酯	水样	GC-MS	0.05~5μg/L	43~96.5
3D-G-Fe$_3$O$_4$	邻苯二甲酸酯	果汁	HPLC-DAD	0.04~0.13ng/mL	87.0~97.8
G/Fe$_3$O$_4$@PDA@Zr-MOF	双酚类物质	水样	HPLC-UV	0.1~1μg/L	64.8~92.8
RGO-Fe$_3$O$_4$	双酚 A	水样	HPLC-UV	0.01μg/L	84.8~104.9
TET/GO	酚类环境雌激素	水样	HPLC-UV	0.15~1.5ng/L	88.5~105.6
(3GD)/ZnFe$_2$O$_4$	双酚类似物	水样	HPLC-DAD	0.05~0.18ng/mL	95.1~103.8
磁性二维-三维 G	内分泌干扰酚类	水样	HPLC-FLD	0.02~10.25pg/mL	88.8~108.8
辛基改性磁性 G	香味过敏原、麝香	水样	GC-MS	0.29~3.2ng/L	83~105
Fe$_3$O$_4$@SiO$_2$-G	多环芳烃	水样	HPLC-FLD	0.5~5.0ng/L	83.2~108.2
G/Fe$_3$O$_4$@PT	多环芳烃	水样	GC-FID	0.009~0.02μg/L	83~107
m-G/CNF	多环芳烃	水样	GC-FID	0.004~0.03ng/mL	95.5~99.9

材料	分析物	基质	检测方法	LOD	回收率/%
Fe₃O₄@G@CTAB	多环芳烃	海水	GC-MS	$0.009\sim0.018\mu g/L$	$79.01\sim99.67$
Fe₃O₄@G	多环芳烃	水样	GC-MS/MS	$0.03\sim0.12ng/L$	$84.9\sim108.5$
Fe₃O₄@GO	多环芳烃	水样	HPLC-UV	$0.09\sim0.19ng/mL$	$76.8\sim103.2$
Fe₃O₄@GO	多环芳烃	尿液	HPLC-MS	$0.01\sim0.15ng/mL$	$98.3\sim125.3$
MCFG	多环芳烃	水样	GC-MS	$0.2\sim1.8\mu g/L$	$67.5\sim106.9$
GOPA@Fe₃O₄	多环芳烃	植物油	HPLC-DAD/UV	$0.06\sim0.15ng/g$	$85.6\sim102.3$
Fe₃O₄@G	苏丹红	食物	HPLC-UV	$3\sim6\mu g/kg$	$89.6\sim108$
Fe₃O₄@G	黄曲霉毒素	食品	HPLC-UV	$0.025\sim0.075ng/g$	$64.38\sim122.21$
Fe₃O₄@SiO₂@G@PIL	防腐剂	食用油	GC-MS	$0.82\sim6.64\mu g/kg$	$81.7\sim118.3$
Fe₃O₄@G	溴系阻燃剂	水样	HPLC-UV	$0.1\sim0.5\mu g/L$	$85.0\sim105.0$
Fe₃O₄/GO	黄酮类	茶叶、葡萄酒、尿液	HPLC-UV	$0.2\sim0.5ng/L$	$82.0\sim101.4$

注：G 表示石墨烯。m-G 表示磁化石墨烯。

4.2.2 碳纳米管修饰的磁性纳米材料

4.2.2.1 碳纳米管性能

碳纳米管（carbon nanotubes，CNTs）是管状体，石墨烯片层卷曲而成。与石墨烯具有一定的相似性质。直径范围较为广泛，在几纳米到几十纳米之间。但是碳纳米管的管长较长，因此其长径比较大。碳纳米管结构稳定性强的主要原因是其具有六边形蜂窝状结构构成了的碳纳米管骨架。这种结构是碳原子经过 sp^2 杂化后的结果，sp^2 杂化会生成高度离域化的 π 电子，π 电子间依靠碳-碳 σ 键结合。因此，碳纳米管具有极佳的电子性能，依靠共轭大 π 键，电子被高速传递。碳纳米管曲率的形成，与碳原子的杂化方式密切相关。sp^3 杂化会导致碳纳米管弯曲，从而形成曲率。sp^3 杂化也会导致少量的五边形和七边形被掺杂在碳纳米管的结构中，进而在张力的作用下，会导致碳纳米管表面凸凹不平。因此，碳纳米管不是表面均一、笔直的管状体，会产生局部凹凸的现象。

碳纳米管具有一维量子独特结构，片层由六边形排列的碳原子不断延伸构成圆管，所以根据同轴石墨烯片层数可分为单壁碳纳米管（SWCNTs）和多壁碳纳米管（MWCNTs），如图 4-31 所示，其直径一般为 $2\sim20nm$，管壁厚度几纳米，长度可达数微米。碳纳米管管壁层数不尽相同，由于单壁碳纳米管仅有一层石墨烯片层，因此其缺陷较少，表面均一性强。而且相比于多壁碳纳米管，其管径较小，一般在 $1\sim6nm$ 之间，最小直径仅约为 $0.5nm$。不似单壁碳纳米管的简单结构，多壁碳纳米管微观结构较为复杂。多个单层的同心管被套叠在一起形成多壁碳纳米管，毗邻层间距离固定。其层数范围在两层到几十层之间不等，层间距约为 $0.34nm$，近似于石墨层间距。多壁碳纳米管的形成较为复杂，其陷阱中心高概率地出现在毗邻层间。利用此中心可以捕获各种缺陷。因此，管壁上会存在小洞似的缺陷。双壁碳纳米管是多壁碳纳米管的一种特殊的形式，是两层石墨烯片以一定角度螺旋卷曲而成。但其结构特性反而更类似于单壁碳纳米管。双壁碳纳米管内外层管间距随螺旋角角度不同而发生变化。管间距值通常在 $0.33\sim0.42nm$ 范围内，管间距较大，进而电子能带结构与多壁碳纳米管不尽相同。

碳纳米管最为突出的特性主要有以下几点：

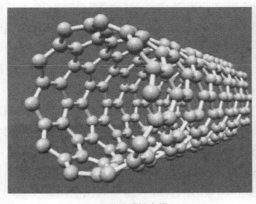
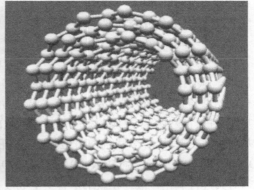

(a) 单壁碳纳米管　　　　　　　　(b) 多壁碳纳米管

图 4-31　碳纳米管

（1）力学和机电性质。碳纳米管具有超过 100GPa 的拉伸强度、超过 1TPa 的杨氏模具、金属-绝缘体转变现象以及显著的电子学应变响应性等都与其 δ-π 再杂化结构直接相关。

（2）电学性质。沿管周方向的电子限域使得无缺陷的金属性或半导体性碳纳米管具有量子化电导，而七元环和五元环的存在会产生定域电子态。

（3）热学和热电性质。继承了石墨优异的热学特性，拥有最高的热导率，能够在低温下表现出量子效应。

（4）光学和光电子性质。直接带隙和一维能带结构使其在波长 300～3000nm 范围内是理想的光学材料。

（5）化学和电化学性质。碳纳米管的 δ-π 再杂化结构和高比表面积使其利于通过分子吸附、掺杂以及电荷转移，实现电子学性质的调控。

（6）磁学和电磁性质。磁场等外界环境影响可引发碳纳米管电子环绕轨道的量子振荡和金属-绝缘体转变等诸多有趣现象。

4.2.2.2　碳纳米管改性

由于碳纳米管具有众多优异性能，因此它已经成为许多改性材料的首选添加剂。碳纳米管可作为改性聚合物材料的纳米填料，将其与聚合物进行复合，从而得到高性能或多功能的聚合材料。但是碳纳米管在水和有机溶剂中的分散性很差，极易发生团聚的缺点，不仅极大地妨碍了其分子水平的研究及应用，而且也很难将其纳入生物体系，从而大大限制了碳纳米管的应用领域。因此，为了增强碳纳米管的可分散性以及与基体的结合强度，需要对其进行功能化的修饰与改性。功能化改性后的碳纳米管不仅改善了其亲水性能，而且仍然保留着碳纳米管的某些特殊功能，从而得到高性能的复合材料。一般情况下，根据碳纳米管与功能性修饰基团间是否存在共价键作用，将碳纳米管的改性方法分为两类：共价键改性和非共价键改性。

（1）共价键改性。高纯的理想无缺陷的碳纳米管视为含有共轭大 π 体系由单一碳元素构成的高分子。其管壁是由通过 sp^2 杂化的碳原子形成的大 π 共轭体系使加成反应可在基面碳原子上发生，形成共价化学修饰。但碳纳米管在制备和纯化过程中会产生很多缺陷，并不是非常理想的六边形碳环结构，在生长过程中，还可能存在五边形和七边形。然而，五边形碳环使之产生正曲率，七边形碳环产生负曲率，导致碳纳米管弯曲或者说形成了 Stone-Wales

缺陷，当该缺陷由一对五边形和一对七边形组成时，也称为 7-5-5-7 缺陷。除上述生长缺陷外，纯化过程中也会导致碳纳米管形成缺陷。目前为止，最常用的纯化方法是将其在强酸中回流，导致 C—C 键被破坏，sp² 杂化碳原子转化为 sp³ 杂化，碳纳米管的端口打开，管长变短，侧壁上形成空洞，与此同时，—COOH 或 —OH 等含氧基团也会被引入到缺陷的位置。然而，碳纳米管中存在的上述种种的缺陷恰恰是对其进行共价键修饰的基础。

目前，共价键修饰碳纳米管的反应主要分为羧基的衍生反应和直接加成反应两类。将碳纳米管羧基化是进行羧基衍生反应的第一步，羧基化的方法主要有化学试剂氧化法、电化学氧化法和自由基加成法。其中化学试剂氧化法最为常用，其反应原理类似于碳纳米管的纯化，利用 HNO_3、HNO_3/H_2SO_4 等强酸或 $KMnO_4/H_2SO_4$，H_2O_2/H_2SO_4，$K_2Cr_2O_7/H_2SO_4$，OsO_4 等强氧化剂对其进行氧化，最终在碳纳米管上生成羧基和少量的酮、醇和酯等氧化基团。在强的氧化条件下，碳纳米管的端口可以被打开，同时在碳纳米管的表面增加了缺陷和含氧官能团，这有利于进行其他的化学修饰，如酰胺化、酯化等，反应示意图如图 4-32 所示。

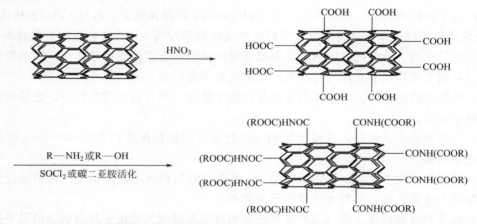

(a) 碳纳米管经氧化后，大量羧基基团可以用于后续连接亲水性分子或其他功能分子

(b) 碳纳米管与叠氮化物的光化学反应

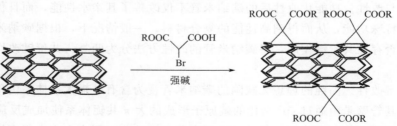

(c) 碳纳米管与碳烯化合物的宾格尔反应

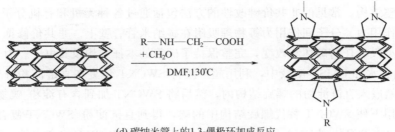

(d) 碳纳米管上的1,3-偶极环加成反应

图 4-32 碳纳米管的共价功能化修饰方法示意图

电化学氧化法是将碳纳米管固定在电极材料上，在加压的条件下，用氢氧化钠溶液对其进行处理。该方法主要用于生物传感器中碳纳米管的氧化。此外，碳纳米管的侧壁还可以发生自由基加成反应，从而引入—COOH。然而，羧基之间存在氢键作用，也会导致碳纳米管的聚集，其溶解性和分散性仍不理想。为此，需要对碳纳米管表面的—COOH进一步衍生，从而破坏它们之间的氢键作用。Sun 等利用带亲脂基团和亲水基团的树枝单元（dendrons）修饰含酰基氯的碳纳米管，提高了其在水、烃类物质、极性有机溶剂和弱极性溶剂中碳纳米管的溶解度。Chen 等在酰化反应条件下利用十八烷基胺、4-十四烷基苯胺和苯胺修饰碳纳米管，实验表明，较长的烷基链有助于其在有机溶剂中的溶解。直接加成反应是活化的功能化基团直接与碳纳米管中的碳原子相互作用，通常在碳纳米管侧壁的缺陷位上发生。常见的直接加成反应通常有自由基加成反应、氟化反应、氢化反应、1,3-偶极环加成反应等。这些反应有一个共同的特点：都是碳纳米管与高活性的中间体反应，从而使得 sp^2 杂化的碳原子变为 sp^3 杂化，破坏了碳纳米管中的大 π 键，导致其导电性降低，但是通过直接加成反应可以得到高溶解度和高分散性的碳纳米管单体。不仅如此，对碳纳米管进行选择性功能化，还可以实现碳纳米管金属与半导体的分离。Pantarotto 等利用氨基功能化修饰的纳米管，通过功能化的碳纳米管与 DNA 间的作用，实现了 DNA 在细胞间的运输，这体现出了由直接加成反应修饰的碳纳米管在药物传输领域有着潜在的应用。

羧基的衍生反应基本上保持了碳纳米管独特的一维电子结构的完整性，利用—COOH 与—NH_2 的相互作用，可以将生物分子固定在碳纳米管的表面，从而促进了生物分子/CNTs 复合材料在生物技术领域的应用。直接加成反应虽然在一定程度上破坏了碳纳米管的电子结构，导致某些特殊性能的丧失，但是可以得到分散性良好的碳纳米管（溶解度为50mg/mL）。通过改变碳原子的 sp^2 构型或者破坏管外的 π 电子共轭体系的共价键修饰方法，可以实现修饰基团与碳纳米管之间的共价键合。虽然对共价键修饰碳纳米管的电子结构具有一定的破坏性，但由于不同的应用场合对碳纳米管的要求不同，而共价修饰恰好提供了更好的操作弹性，因此得到了广泛的研究。

（2）非共价键改性。共价修饰不仅能基本保证纳米碳管骨架的完整性，而且能够显著增加其在溶剂中的溶解度。然而由于使 sp^2 杂化碳转化为 sp^3 杂化的衍生化修饰，容易改变纳米碳管的内在物理性质，最显著的影响是碳纳米管的固有电导率基本上被破坏了，因此必须发展能完整保留碳纳米管性质的功能化方法——非共价修饰。

具有片层结构的石墨构成了碳纳米管的侧壁，并且碳原子以 sp^2 杂化，从而形成了高度离域的 π 电子体系。非共价键改性就是通过含有 π 电子的化合物与碳纳米管表面高度离域化的 π

电子体系通过 π-π 非共价键作用结合，从而得到了亲水性的碳纳米管，这种修饰方式不会破坏碳纳米管的完整结构。常见的非共价键改性的方法包括通过各种无机和有机分子 π-π 堆叠、疏水作用、静电作用力、分子间作用力等物理吸附在碳纳米管管壁上。非共价修饰方法对管壁结构及碳原子构型没有任何破坏和改变，完整保持了碳管的本征结构及其电子、力学性能。Li 等和 Kim 等分别在水和 DMSO 溶液中，利用超声波将 SWCNT 包裹在直链淀粉分子的螺旋结构中，Star 等将碘嵌入直链淀粉的螺旋结构内，然后将 SWCNT 加到含有淀粉-碘复合物的水中，在超声波的作用下使 SWCNT 替代螺旋结构中的碘，得到直链淀粉/SWCNT 复合物。类似的，Zheng 等将 SWCNT 组装到 DNA 的双螺旋结构中用来提高 SWCNT 的亲水性。除此以外，还有一种表面沉积交联法也属于碳纳米管的非共价键改性，通过调节 pH 值来改变壳聚糖在酸性溶液中的溶解性，使其在碳纳米管表面沉积，最后用戊二醛使壳聚糖与碳纳米管交联。交联能使壳聚糖分子有序地排列，壳聚糖将碳纳米管包裹之后也可以降低其团聚。非共价键改性的优点在于，碳纳米管没有经过酸化处理，仍可以保持完整的结构。

除了上述的 π-π 作用的方式外，离子间的静电相互作用也是实现非共价键功能化的有效方式，例如，聚电解质和碳纳米管可以通过静电作用实现非共价键功能化。这种方式功能化后的碳纳米管表面带有正或负电荷，从而可以形成丰富多样的碳纳米管基杂化材料。Yan 等人将带有正电荷的聚苯胺纳米纤维的水溶液与氧化的多壁碳纳米管的水溶液进行混合（图 4-33），首次成功合成一种均匀的多壁碳纳米管/聚苯胺（PANI）的纳米复合材料。通过拉曼光谱和红外光谱的表征，证明了聚苯胺纳米纤维中的 C—N$^+$ 物种和氧化碳纳米管中的 COO$^-$ 物种发生了强的静电相互作用。此外，根据静电作用的这种非共价键官能化方式，结合聚电解质层层组装技术还能够形成多涂层的碳纳米管复合材料。

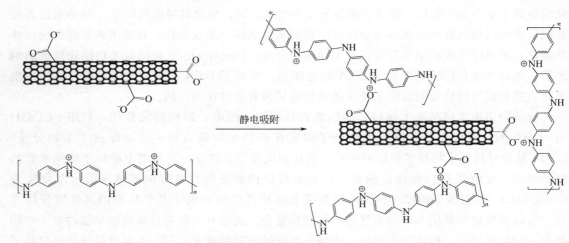

图 4-33　带负电荷的多壁碳纳米管与带正电荷的
聚苯胺分子的静电吸附的简易示意图

Jia 等人将带羧基的芘作为水溶性磁性碳纳米管的联结器，合成方法如图 4-34 所示。在另一个利用静电引力的合成方法中，在碳纳米管的表面连接羧基，通过强酸如硝酸、硫酸氧化生成羧基；或通过化学反应在表面产生其他不同功能团；氧化铁通过静电引力非共价键连接于碳纳米管表面。

包覆型碳纳米管基复合材料也是一种非共价键改性的方式。它是通过化学电镀、模板电

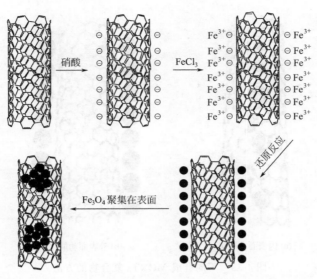

图 4-34　外表面管功能化连接碳纳米管复合物制备，文献引用

化学沉积等方法在碳纳米管的管壁上包覆不同种类的物质，从而获得具有优良性能的碳纳米管基复合材料。在碳纳米管的管壁上包覆金属，可以改善其导电性、润滑性、耐腐蚀性等物理性能，从而常被用作导电材料。还有的把金属氧化物和碳纳米管复合，从而获得拥有金属氧化物优秀性能的复合材料，可作为电极材料（SnO，ZnO），半导体材料（TiO_2，ZnO，Cu_2O），磁记录材料（Fe_2O_3，Fe_3O_4），光催化剂（Cu_2O，ZnO，CeO_2）和荧光材料（Eu_2O_3）等。在过去的数十年间，非共价功能化修饰碳纳米管已得到长足发展，已成功实现了聚合物包覆、表面活性剂、小芳香分子、大环共轭体系、生物分子功能化等。

4.2.2.3　磁性纳米材料填充碳纳米管

磁性碳纳米管（MCNTs）合成包括：两步法合成，第一步合成磁性纳米粒子（MNPs），第二步磁性碳纳米管（MCNTs）合成。第二步合成主要包括两个步骤，一方面涉及磁性纳米粒子内嵌于碳纳米管功能化封装［见图 4-35（a）］，另一方面涉及磁性纳米粒子外表面管功能化连接［见图 4-35（b）］。

内嵌碳碳纳米管复合物制备包括：将合成好的磁性纳米粒子填充于碳纳米管的空腔中，碳纳米管的内径必须大于磁性纳米粒子，于是，这种制备方法受限于开口末端大孔径的碳纳米管。这种方法于 2005 年首次被 Korneva 报道，该方法用商用磁流体（含 10nm Fe_3O_4 纳米粒子）嵌入空腔为 300nm 碳纳米管，包括以下几个步骤：①在氧化铝模板的孔隙中用化学气相沉积法（为了获得碳纳米管开口端）合成 CNT；②通过磁辅助毛细管法将含 Fe_3O_4 的磁流体悬浮液填入碳纳米管；③将碳纳米管从氧化铝模板中分离；④干燥携带液仅使磁性纳粒子留于碳纳米管中。

碳纳米管的一维空腔是其重要的结构特征之一，将磁性纳米材料填充到空腔中，由于外层碳纳米管壁的包覆作用，内层的填充物可以稳定存在，可以免于氧化和腐蚀。同时填充磁性纳米材料后磁性材料调制碳纳米管的带隙，从而改变碳纳米管的电子结构，使碳纳米管具有金属性、超导性或磁性等行为。吕瑞涛、郝亮等对一系列的填充方法进行了系统的评述，将填充方法归纳为一步法和两步法两大类。

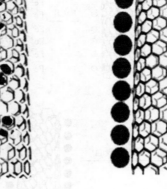

(a) 内表面功能化   (b) 外表面功能化

图 4-35 不同合成 MCNTs 复合物的方法

(1) 一步法制备磁性纳米材料填充碳纳米管。一步法填充碳纳米管目前主要通过化学气相沉积法（CVD）来实现。Fang 等通过电子回旋共振微波等离子化学气相沉积法在硅基底上制得钴填充碳纳米管膜。在不同等离子力为 200W，300W，400W 和 500W 下研究了碳纳米管膜的晶型，结构和电性能，结果显示当等离子力高于 200W 后，表面竖直纳米管密度下降，当用 300W 等离子力时，金属填充碳纳米管变得笔直并且统一，钴填充碳纳米管生长在 300W 和 400W 有气流流出，在外加电压 30V 和 40V 表征显示复合物添加到碳纳米管内部。Hayashi 等研究了铁磁体钴纳米棒在纳米管中的生长及其磁性能，他们通过微波等离子气相沉积法得到了钴纳米棒填充多壁碳纳米管，多壁碳纳米管直径在 100～110nm 之间，TEM 得到 Co/Pd 多段纳米棒和 Co 纳米棒填充在多壁碳纳米管中，EDS 表征金属复合物填充在多壁碳纳米管，高分辨 TEM 观察到面-中心-立方 Co 填充在多壁碳纳米管中得到的磁感应部分是（1.2±0.1）T，小于预测的饱和磁化强度 Co 的 1.7T。Cheng 等通过化学气相沉积法在 800℃ 条件下，用过量的二茂铁作为催化剂前驱体及碳源来制备铁填充碳纳米管并研究了磁性能，观测发现碳纳米管长度均长 $10\mu m$，其外径范围为 20～100nm，内径为 10～30nm，内部空穴填充着 Fe 纳米线，并且 Fe 填充碳纳米管的平均矫顽力在 257.05G（$1G=10^{-4}T$，下同）。Costa 等研究了二茂铁、乙酰二茂铁及亚硝酸铁分别作为铁的前驱体通过化学气相沉积法得到单步原位填充（包埋）不同结构的碳纳米管，分别得 Fe 填充碳纳米管、Fe 填充纳米胶束和未被填充的碳纳米管。

Gui 等通过化学气相沉积法得到了 Fe 填充的薄壁碳纳米管，过程中二氯苯为碳源，二茂铁溶液为铁源，研究发现含氯的前驱体更容易获得薄壁的碳纳米管，这是因为在长碳管的过程中产生的 HCl 包裹着碳纳米管管壁。经过热重分析发现 Fe 填充碳纳米管的填充率可由 H_2 的流量来控制。Gui 等还通过后退火、磁分离等后处理方法来提升 Fe 纳米线的填充率和磁性能，并且分别研究了 Fe 填充碳纳米管、退火 Fe 填充碳纳米管和多壁碳纳米管的吸波性能及磁性能。Mahanandia 等通过 CVD 热分解技术制备得到似水晶的碳纳米带和单晶 Fe 填充的碳纳米管，其中以四氢呋喃为碳源，二茂铁为催化前体，分解温度为 950℃，分析结果显示碳纳米管中填充的 Fe 为 α-Fe，磁性能研究显示 300K 下矫顽力为 1037Oe（$1Oe=79.5775A/m$，下同），10K 下矫顽力为 2023Oe，这是由于小尺寸的单晶单相 α-Fe，磁性单晶性的各向异性和局部态的铁磁体行为出现在碳纳米带边缘。Muller 等以二茂铁为催化剂通过催化化学气相沉积法制备得到铁填充碳纳米管，1015～1200K 条件下热降解二茂铁并且铁催化剂纳米结构在氧化硅基底上，最佳的铁填充碳管生长条件确立在 1100K，从纳米结构来看相对生长速率可以决定，碳分散活化能计算得到在 0.4～0.5eV，而且对在不同气体预处理后在基底上的铁颗粒的尺寸也进行了研究。Shi 等通过改变铁填充纳米管中包裹铁纳米颗粒的各向异性来调节填充碳管的矫顽力，通过包裹铁纳米管颗粒的各向异性来调节铁填充碳纳米管的矫顽力已有所研究，用二茂铁为催化剂高温分解乙炔来制备四组铁填充碳纳米管样品有着不同的铁纳米颗粒纵横比，当铁纳米颗粒的纵横比从 1.6 到 6.0 时，铁填充碳纳米管的矫顽力在室温下从 300Oe 增长到 800Oe，说明改变包裹铁纳米粒子的各向异性可以改变铁填充碳纳米管的矫顽力。Bhatia 等通过化学气相沉积法只用二茂铁合成铁填充多壁碳纳米管，多壁碳纳米管生长在不同的温度：980℃和 800℃两种温度下，透射电镜显示铁纳米颗粒包裹在多壁碳纳米管是球形和棒状，但是发现在不同温度下填充铁的量不同。铁及其氧化物，还有铁合金也常作为铁填充碳纳米管的催化剂和铁源，如 Costa 等用了两种不同的碳源（环己烷和乙醇），及 Fe：MgO 不同比例的 Fe/MgO 作为催化剂通过化学气相沉积法制备了铁填充的多壁碳纳米管，并对不同产物进行研究发现，环己烷为碳源时，在不同比例催化剂下的多壁碳纳米管产量均比乙醇高，但乙醇为碳源时，产物中金属含量高于环己烷，含量最高的产物在催化剂 Fe：MgO 为 1：1 下得到，同时会出现 Fe 填充多壁碳纳米管和 Fe 多壁碳纳米胞。Sengupta 等研究了化学气相沉积法制备铁部分填充碳纳米管的生长温度，研究了生长温度对铁填充的碳纳米管的生长行为的影响，化学气相沉积法以丙烷为碳源，生长温度在 650～950℃之间，铁作为催化材料，硅作为催化剂载体，随着生长温度的升高，纳米管的平均直径也有所增加，但是密度下降，在不同温度下都有部分铁填充在纳米管中，其最佳的铁填充碳纳米管温度是 850℃。Xu 等通过原位催化降解苯以 Fe_2O_3/NiO 为催化剂制备了包裹于 CNTs 中的高稳定性的 Fe-Ni 合金纳米颗粒。制备得到的复合物是一种在空气中稳定存在的软磁体，其饱和磁化强度受 Fe-Ni 合金含量及苯分解温度的影响。Zhang 等合成了 Fe-Co 合金纳米颗粒填充在碳纳米管内壁的复合物，并对其进行了表征分析，分析显示颗粒单独且均一地分布在管道内，最后研究了复合物对 NH_3 分解产 H_2 的催化作用，他们发现 Fe-Co 合金中 Co 有催化性能，而 Fe 有助于 Co 在高温催化过程中的稳定性。

Lv 等合成并研究了铁磁体纳米线填充的碳纳米管的场发射性吸波性能。他们通过原位法以含氯元素的苯比如三氯苯作为碳前体合成铁磁体纳米线填充的开口薄壁碳纳米管。Zhu 等以 $FeCl_3$ 为催化剂前体通过流体化学气相沉积法原位合成铁填充碳纳米管。通过化学气相沉积法大比例原位合成铁填充碳纳米管，其中以无水 $FeCl_3$ 作为流动催化前体，乙烯为碳源，$FeCl_3$ 是一个好的而且便宜的催化前体，相比较传统的二茂铁催化剂，在纯度和填充率上都较好。对于 Ni 填充碳纳米管也有报道如 Zou 等，他们以 CH_4 为碳源、Ni/Al_2O_3 为催化剂，通过化学气相沉积法得到 Ni 纳米线填充的多壁碳纳米管，并研究了吸波、复合介电常数及渗透性等特性，随着 Ni 纳米线在碳纳米管中含量的增加，其电容率和复合介电常数也增加，Ni 纳米线填充碳纳米管石蜡混合物的反射损失在 6.4～11GHz 处低于 −10dB（90%吸收），最小值出现在 8GHz 处，数值为 −23.1dB，其吸波性能是由于电解质和磁性损失引起的，并且吸收峰随 Ni 的增加向低频移动。Narayanan 等以乙炔为碳源，在氩气为载气、650℃下通过模板辅助化学气相沉积法合成 MWCNTs，得到的多壁碳纳米管最大内径为 150nm，得到的多壁碳纳米管在 $NiSO_4 \cdot 6H_2O$ 的硼酸溶液中通过电化学沉积得到 Ni 填充的多壁碳纳米管，与 Ni 纳米线和多壁碳纳米管相比，Ni 填充的多壁碳纳米管的真实和虚拟电容率发生提升，这是由于界面机型的提升、涡电流的降低和多壁碳纳米管的缺陷引起的，并且在 S 波段的微波吸收非常有效。Li 等研究了以 CH_4 为碳源、Ni/Al_2O_3 为催化剂、在氩气气氛下、600℃ 化学气相沉积法得到 Ni 填充碳纳米管，检测结果发现在碳纳米管内部包裹着的 Ni 纳米线有很好的单晶 fee 结构，并推测了其反应机理。Goh 等报道了一种通常的内填充方法，采用大内径碳纳米管为原料，六水合硫酸亚铁铵、水合肼、氨水等为反应物，在碱性反应环境和搅拌条件下，根据毛细原理和水热反应，在碳纳米管内腔中原位生成四氧化三铁磁性粒子；Liu 等报道了另外的内填充方法，通过选取铁的前驱体物质如硬脂酸铁等，先将铁的前驱体溶液浸润到碳纳米管内腔中，在加热条件下使得前驱体物质在碳纳米管内腔中热分解，在内部生成四氧化三铁磁性粒子。

一步法可直接制备磁性填充碳纳米管复合材料，工艺较也为简单，尤其是化学气相沉积法应用较为广泛，得到的复合材料填充物与碳纳米管可以有机结合。但其得到的填充碳纳米管复合材料的磁性材料填充量不可控，并且会出现较多的金属碳化物的缺点也尤为明显。

（2）两步法制备磁性纳米材料填充碳纳米管。两步法与一步法制备过程截然不同，首先需要制备碳纳米管，然后对碳纳米管进行处理，使其尖端打开使磁性纳米材料填充物进入空腔内，得到磁性填充碳纳米管复合材料。两步法主要有毛细填充法和溶液化学法。如 Lin 等通过简单的化学溶液法制备了钴填充碳纳米管复合物，他们将原始碳纳米管经过纯化，放入含有硝酸钴溶液的圆底烧瓶中，在水浴 70℃ 下回流 12h，离心后将剩余部分在 60℃ 下干燥数天，再在氮气气氛下 480℃ 煅烧 5h 得到金属氧化物，再在氢气气氛下 500℃ 还原为金属。得到的钴填充碳纳米管，其复合物 3mm 厚度的 RL（反射损耗）最大处为 −39.32dB。Yi 等将多壁碳纳米管分散在 $Co(NO_3)_2 \cdot 9H_2O$ 溶液中通过化学还原法得到了面心立方结构的 Co 纳米颗粒填充的多壁碳纳米管，Co 纳米颗粒的尺寸范围在 5~20nm，50%（质量分数）的混合粉末其反射损失随着厚度的增加向低频偏移，其峰值也由 4.2dB 达到 10.1dB。Zhao 等在 $CoSO_4$ 溶液中添加酸处理过的碳纳米管通过湿化学法制备钴填充的碳纳米管，通过研究发现钴填充的碳纳米管复合物的复介电常数和介电损耗因子的数值与碳纳米管相似，钴填充碳纳米管环氧树脂混合物的吸波最大值在 12.2GHz 处，数值为 −21.84dB。与碳纳米管的吸收峰相比，填充 Co 后峰值向高频发生移动。Zhao 等在 1100~1200℃ 下通过催化降解苯得到了碳纳米管，将得到的碳纳米管在 68% 硝酸中处理 24h，在 $FeSO_4$ 溶液中通过湿化学法得到 Fe 纳米颗粒填充的碳纳米管，得到的 Fe 填充的碳纳米管与环氧树脂的混合物的反射损失在 11.8~14.7GHz 是低于 −10dB，其最小值出现在 13.2GHz 处，为 −31.71dB。Hang 等通过用硝酸铁填充碳纳米管然后再在氩气中加热得到 Fe_2O_3 填充碳纳米管材料，并将其作为铁-空气电池的负极。他们发现其形态、颗粒尺寸、氧化铁的填充量均与硝酸铁的量有关，当 Fe∶C 质量分数为 1%∶17% 时，大量的铁氧化物颗粒固定在纳米管内部，其颗粒尺寸小于 Fe∶C 为 1%∶8% 时的颗粒尺寸。除溶液化学法外，Xu 等通过反微乳液技术制备 $\gamma\text{-}Fe_2O_3\text{-}MWCNTs$，在 950℃ H_2 气氛下处理 $\gamma\text{-}Fe_2O_3\text{-}MWCNTs$ 得到 $Fe/Fe_3C\text{-}MWCNTs$，并研究了两种物质的磁性能及电磁性能，他们发现两种 MWCNTs 均填充及表面修饰了 $\gamma\text{-}Fe_2O_3$ 和 Fe/Fe_3C，其 $Fe/Fe_3C\text{-}MWCNTs$ 的各向异性场很强，在 2~18GHz 之间其反射损失也要好于 $\gamma\text{-}Fe_2O_3\text{-}MWCNTs$，这是由于 $Fe/Fe_3C\text{-}MWCNTs$ 磁损失的提升和较好的阻抗匹配特性并非是电损耗引起的。Jin 基于毛细管力改变合成方法，多壁碳纳米管被超声分散于硝酸铁溶液中，通过毛细作用，磁流体自发穿透进入碳纳米管，多余的水被移出，剩下材料在 H_2 流、560℃还原得到 M-CNT，如图 4-36。合成的最后一步包括一个两步反应在碳纳米管表面生成羧基（M-CNT-COOH），为了使材料易溶于水。

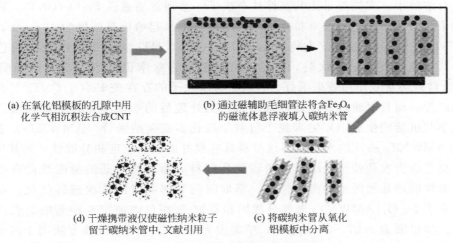

(a) 在氧化铝模板的孔隙中用
化学气相沉积法合成CNT

(b) 通过磁辅助毛细管法将含 Fe_3O_4
的磁流体悬浮液填入碳纳米管

(d) 干燥携带液仅使磁性纳米粒子
留于碳纳米管中, 文献引用

(c) 将碳纳米管从氧化
铝模板中分离

图 4-36　内嵌碳纳米管功能化制备

两步法与一步法相比，工艺较为复杂，其填充量同样可控性不强。

4.2.2.4　碳纳米管负载磁性纳米材料

碳纳米管具有大的比表面积，所以可以将磁性纳米材料包覆负载在碳纳米管表面，这也是研究者采用较多的一种制备碳纳米管磁性复合材料的方式。

（1）溶剂热法。在密闭的容器里，一定温度（100～1000℃）与一定压强（1～1000MPa）下，以有机溶剂作为反应介质，利用溶液中物质化学反应所进行的合成。邓景衡等以乙酰丙酮铁 $[Fe(acac)_3]$ 为铁源，水/乙二醇混合溶剂作为还原剂，碳纳米管（CNTs）为纳米四氧化三铁的分散载体，采用溶剂热法原位合成 CNTs 稳定化纳米 Fe_3O_4，用稳定化纳米 Fe_3O_4 催化双氧水降解酸性橙 Ⅱ（AO Ⅱ）染料，研究其催化活性。结果表明，混合溶剂中水的含量能影响 Fe_3O_4 在碳纳米管外表面分散的均匀性，室温磁性测量结果显示，分散在 CNTs 上的 Fe_3O_4 表现出超顺磁性，用 CNTs 稳定化的纳米 Fe_3O_4 降解 AO Ⅱ 显示出很高的催化活性。岳文丽等采用溶剂热法制备了磁性多壁碳纳米管（MWCNTs@Fe_3O_4），用聚乙烯亚胺（PEI）进行表面修饰，得到 MWCNTs@Fe_3O_4/PEI。对吸附剂进行表征，研究pH、离子强度和天然有机物对水中铬（Ⅵ）的吸附及吸附剂的循环再生能力。结果表明，最佳吸附 pH＝3，吸附过程符合准二级动力学模型和 Langmuir 等温吸附模型，离子强度抑制Cr（Ⅵ）的吸附；腐殖酸对 Cr（Ⅵ）的吸附影响不大。在 6 次吸附-解吸后，吸附剂仍有良好的吸附性能。Zhang 等利用一次性溶剂热法将 $ZnLa_{0.02}Fe_{1.98}O_4$ 与多壁碳纳米管复合并且探讨复合材料对甲基橙的吸附性能和机理，结果表明多壁碳纳米管复合材料的饱和磁化强度达到61emu/g，复合材料对甲基蓝的吸附量在 30min 时达到 81mg/g。YaTang 等利用原位溶剂热法，以乙二醇作为溶剂，合成了 $Co_{1-x}Ni_xFe_2O_4$/MWCNTs 纳米复合物，所制备的纳米颗粒的粒径在 50～60nm 间。YingChen 等以乙二醇为溶剂用溶剂热法制备了 MWCNTs/$Co_{1-x}Zn_xFe_2O_4$ 磁性纳米复合材料。该方法纯度不够高，产率较低，并且在尺寸和形貌上不尽如人意。

（2）共沉淀法。共沉淀法即为在含有数种金属离子的混合液中，添加合适的沉淀剂，经沉淀反应，制备前驱体沉淀物，再进一步把沉淀脱水或者热分解，最终得到相应的粉体颗粒。在用此法合成磁性纳米颗粒/碳纳米管复合材料时，要首先将纯化后的碳纳米管分散到混合溶液中。宋筱等采用共沉淀法合成了一系列新型磁性 $Fe_3O_4/CNTs$，将其作为光催化剂来光催化降解刚果红染料废水。当刚果红染料起始质量浓度为 10mg/L，用量为 0.2g/L，3%的 H_2O_2 0.2mL，光照 50min 后，$Fe_3O_4/CNTs$ 对刚果红溶液的脱色率达到 97.0%。当催化剂使用第 4 次时，对刚果红溶液的去除率仍可达 87%，这表明 $Fe_3O_4/CNTs$ 复合材料的重复使用效果很好。Fe_3O_4 纳米粒子的存在使 $Fe_3O_4/CNTs$ 复合材料具有较强的磁性，而且可通过外加磁场将该材料从处理后的水体中快速分离回收。姚伟宣等通过化学共沉淀法使 Fe_3O_4 纳米粒子负载于酸化多壁碳纳米管（AMWNTs）表面，得到 $Fe_3O_4/AMWNTs$ 磁性纳米材料。该材料具有很好的磁响应度和分散性，将其用于富集痕量拟除虫菊酯类农药残留，结果证明该复合材料对菊酯类农药的吸附性能良好。通过对影响萃取性能的几种因素如离子强度、萃取时间和解吸时间依次进行优化，在最优条件下，建立了 $Fe_3O_4/AMWNTs$ 磁性分散固相萃取-气相色谱测定 6 种菊酯类农药残留的分析方法。检出限为 $0.07\sim0.20\mu g/L$，精密度为 3.8%~8.1%，该方法用于河水、鱼塘水和两种市售蜂蜜中菊酯类农药的残留分析，回收率高于 78.4%。薛文凤等采用化学共沉淀法制备得到了铁氧体/碳纳米管磁性复合材料，分别使用 XRD 和 SEM 对制备的样品进行了表征，并将该样品用于了人工模拟染料污水亚甲基蓝溶液当中，考察所制备吸附剂的吸附性能。结果表明，通过化学共沉淀法能成功地将铁氧体负载到碳纳米管上，而且其颗粒为纳米颗粒。同时通过吸附亚甲基蓝的测试，100mL 浓度为 10mg/L 亚甲基蓝溶液当中，吸附剂的最佳用量为 25mg，最佳的初始溶液浓度 pH=7，在此条件下最佳的吸附去除亚甲基蓝的效率为 96.12%。

（3）水热法。水热法即 MWNTs 经浓硝酸和浓硫酸混合液氧化处理后，表面产生许多含氧基团，如—OH 和—COOH，此时 Fe^{2+} 与 OH^- 在碳纳米管表面生成 $Fe(OH)_2$ 沉淀，水热条件下，$Fe(OH)_2$ 在碳纳米管表面被氧化成 Fe_3O_4 纳米晶体。李树军采用水热法将四氧化三铁均匀负载到碳纳米管的表面，然后将氨基和硫醇基包覆到磁性碳纳米管的表面；通过对复合材料表征分析得到四氧化三铁均匀负载到碳纳米管表面，氨基和硫醇基包覆于磁性碳纳米管的表面。通过对水中铅离子、锌离子和苯酚的静态吸附实验，研究了 N_2H_4-SH-Fe_3O_4/O-MWCNTs 复合材料对金属离子和苯酚的吸附性能，同时研究了 pH 值、吸附时间、温度对静态吸附过程的影响。结果表明，pH 为 6 时，复合材料对铅离子和锌离子的最大吸附容量可达到 199.6mg/g 和 179.2mg/g，对苯酚的最大吸附量可达到 56.2mg/g。仍在 pH 为 6 的情况下，研究了不同吸附时间对铅离子、锌离子和苯酚吸附容量的影响，实验表明在 30min 时吸附达到平衡，平衡吸附量分别为 196mg/g、170mg/g 和 37mg/g。通过热力学研究得到，碳纳米管复合材料对金属离子和苯酚的吸附属于自发的吸热过程；研究还对吸附过程进行了动力学研究，结果表明，碳纳米管复合材料对金属离子和苯酚的吸附符合二级动力学速率方程；根据吸附等温线显示吸附过程符合 Freundlich 模型，吸附属于连续的多分子层吸附；通过溢出实验和再生实验，表明复合材料具有很好的稳定性和重复利用性。实验技术路线如图 4-37。

（4）溶胶-凝胶法。溶胶-凝胶法（Sol-Gel法）即为将具有很大化学活性成分的化合物（金属醇盐、无机物）当前驱体，然后在液相把这些原料混合均匀形成低黏度的溶液，经过水解反应与失水缩聚或失醇缩聚反应，会形成透明的且稳定的溶胶体系，最终经过溶

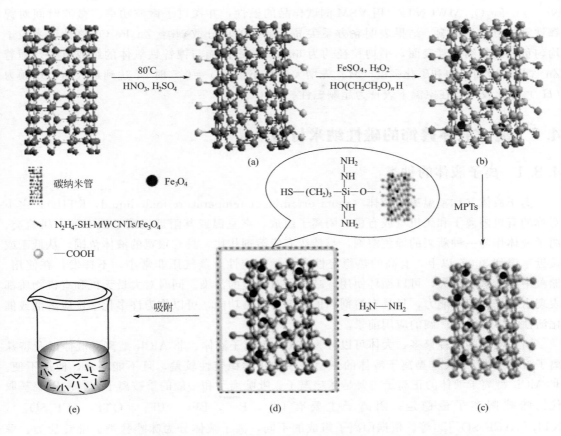

图 4-37 (a) 负载羧基和羟基的多壁碳纳米管; (b) 负载四氧化三铁纳米粒子的多壁碳纳米管;
(c) 包覆硫醇基的磁性多壁碳纳米管; (d) 包覆硫醇基和氨基的磁性多壁碳纳米管复合材料;
(e) 磁性碳纳米管复合材料对铅离子、锌离子和苯酚的静态吸附试验

胶陈化会形成凝胶,将其进行干燥、烧结固化,凝胶可制备出纳米级铁氧体微粉。龚璇等以碳纳米管为基体,利用溶胶-凝胶法在碳纳米管表面包覆了钡铁氧体,测量了其静磁性能和电磁参数,并分析了样品反射特性,结果表明所制备的碳纳米管基钡铁氧体复合材料具有良好的静磁性能和吸波性能。溶胶-凝胶法所需时间较长,粉体团聚,且成本高。

(5) 多元醇法。多元醇法是指以多元醇为反应介质,在高温高压的条件下,让金属盐或者有机金属化合物在碳纳米管的外表面发生水解反应,形成一层晶体颗粒。徐玲等利用多元醇法制备了单分散 Fe_3O_4 纳米粒子修饰多壁碳纳米管(MCNT)的磁性复合材料,研究发现,通过调控 Fe_3O_4 前驱体与 MCNT 载体的质量比,可以很好地控制沉积的磁性纳米粒子大小,以碳纳米管磁性复合材料为载体,采用多元醇法成功制备了 Pd 负载量为 3.0%(质量分数)的 Pd/Fe_3O_4-MCNT 磁性催化剂,磁性质测试表明碳纳米管磁性复合材料在负载 Pd 前后都具有良好的超顺磁性。以肉桂醛加氢为探针反应研究了 Pd/Fe_3O_4-MCNT 的催化性能,结果表明该催化剂表现出良好的催化加氢性能。在外加磁场下催化剂能与液相反应体系高效分离,循环使用 4 次后,催化性能没有明显下降,显示了良好的循环利用性能。张宁等以多壁碳纳米管(MWCNTs)为模板,三乙二醇(TREG)为溶剂,采用微波多元醇法制备 MWCNTs 负载组成可控的 $Ni_{1-x}Zn_xFe_2O_4$($x = 0.4$、0.5、0.6)纳米复合材料

$Ni_{1-x}Zn_xFe_2O_4/MWCNTs$。用 VSM 测试样品的磁性，并探讨了微波功率、微波时间对镍锌铁氧体负载的影响。结果表明立方系尖晶石结构的单分散 $Ni_{1-x}Zn_xFe_2O_4$ 磁性纳米粒子均匀负载在碳纳米管表面，平均粒径约为 6nm；其磁性能与镍锌铁氧体的组成有关，随着 Zn 含量的增加，饱和磁化强度（M）先增大后减小，当 $x=0.5$ 时 M 达到最大值。矫顽力（H_c）都比较小，在室温下表现为超顺磁性。

4.3 离子液体修饰的磁性纳米材料

4.3.1 离子液体的种类

离子液体又称室温离子液体（room or ambient temperature ionic liquid，RTIL），由不对称的有机阳离子和无机（或有机）阴离子组成，在室温或其附近温度呈液态的有机盐类。离子液体作为一种新兴的绿色溶剂，与传统有机溶剂相比，具有很宽的液体范围，从低于或接近室温到 300℃ 以上，有高的热稳定性和化学稳定性，蒸气压非常小，不挥发，在使用、储藏中不会蒸发散失，可以循环使用，减少了对环境的污染。同时对大量无机和有机物质都表现出良好的溶解能力，且具有溶剂和催化剂的双重功能，可以作为许多化学反应溶剂或催化活性载体，具有广阔的应用前景。

离子液体的品种繁多，大体可以分为 $AlCl_3$ 型离子液体、非 $AlCl_3$ 型离子液体以及特殊离子液体 3 类。$AlCl_3$ 型离子液体的热稳定性和化学稳定性较差，且不能遇水，使用不便。非 $AlCl_3$ 型离子液体的正离子主要是咪唑离子、吡啶离子和一般的季铵离子，其中以烷基取代的咪唑阳离子最稳定；阴离子主要有 Cl^-，Br^-，BF_4^-，PF_6^-，OTf^-（$CF_3SO_3^-$），NTf_2^-[$N(CF_3SO_2)_2^-$]等。根据阳离子组成的不同，离子液体分为咪唑盐类、吡啶盐类、季铵盐类、季𬭩盐类等。根据离子液体在水中的溶解性，又可将离子液体分为亲水性离子液体（如［Emim］Cl、［Bmim］Br、［Emim］［BF_4］等）和疏水性离子液体（如［Bmim］［PF_6］、［BPy］［PF_6］、［Bmim］［NTf_2］等）。特殊离子液体是针对某些特殊需要而设计的离子液体。其中以非 $AlCl_3$ 型离子液体在样品前处理中得到广泛应用。侯丽玮等总结了离子液体的磁性富集技术及其在分析化学中的应用进展，表 4-4 为目前已用于磁性样品富集技术的离子液体及其名称。

表 4-4　磁性固相萃取中所用的离子液体

离子液体	离子液体名称	离子液体	离子液体名称
［C_6mim］［PF_6］	1-甲基-3-己基咪唑六氟磷酸盐	［C_8mim］［PF_6］	1-甲基-3-辛基咪唑六氟磷酸盐
［C_8mim］Br	1-甲基-3-辛基咪唑溴盐	［Abim］Cl	氯化-1-（3-氨丙基）-3-丁基咪唑
［C_3mim］［PF_6］	1-甲基-3-丙基咪唑六氟磷酸盐	［$MTOA^+$］Cl^-	甲基三辛基氯化铵
［C_3him］［PF_6］	1-己基-3-丙基咪唑六氟磷酸盐	［C_6mim］Br	溴化-1-甲基-3-十六烷基咪唑
［Vhim］Br	溴化-1-己基-3-乙烯基咪唑	［C_6mim］［NTf_2］	1-甲基-3-己基咪唑三氟甲基磺酰亚胺
［C_{18}mim］Br	1-甲基-3-十八烷基咪唑溴盐	［C_4mim］［PF_6］	1-甲基-3-丁基咪唑六氟磷酸盐

4.3.2 离子液体修饰磁性纳米粒子

依靠范德华作用力、共价键、库仑力等，以化学键合或吸物理吸附的方式将离子液体固定于纳米材料上，在纳米材料表面形成离子液体的分子层或者液膜，利用纳米材料的超大比表面积，可以增加离子液体的有效接触面积，有效提高离子液体在催化、分离等过程中的效率，降低离子液体用量，同时磁性纳米粒子的引入可以有效避免离子液体的损失，加上更快捷的回收利用，使得离子液体与磁性纳米粒子的结合变得顺理成章，不仅拓宽了彼此适用范围，还能降低成本。

（1）物理包覆型。物理包覆的材料，由于是靠两者自聚集而成的，故其结合不稳定，离子液体容易从磁核上剥落下来。He 等将溴化 1-甲基-3-十六烷基咪唑（$[C_{16}mim]Br$）离子液体简单包覆到二氧化硅包覆四氧化三铁（$Fe_3O_4@SiO_2$）纳米粒子上作为萃取材料用于尿液中黄酮类物质的萃取，木犀草素、槲皮素和山柰的检测限分别为 0.10ng/mL、0.50ng/mL 和 0.20ng/mL，回收率在 90.1%～97.6% 之间。离子液体物理包覆 $Fe_3O_4@SiO_2$ 的应用已经较为广泛，有报道在其中添加甲基橙纳米颗粒后用于环境水样中多环芳烃的萃取，离子液体 $[C_{18}mim]$ Br 中长碳链和甲基橙纳米颗粒的苯环可以通过疏水作用和 π-π 作用为相关污染物提供较好的吸附场所。也有报道通过替换离子液体的种类，将之应用于农药利谷隆的萃取分析。

Ding 等用微修法将氧化石墨烯（GO）和磁性壳聚糖（MC）纳米颗粒结合，之后再将溶有羟基官能化离子液体的甲醇滴入前者当中，辅以超声处理，最后得到 MC-GO-IL。所制得的材料结合了官能化离子液体、氧化石墨烯和磁性壳聚糖三者的优势，在胰蛋白酶等蛋白质的萃取中得到了较好的应用。还有人将这种类型的材料应用于废水中二价镉的去除，MC-GO-IL 和 Cr(Ⅵ)中的羟基和氨基的强烈分子间氢键可以作为金属离子的结合位点，研究发现该材料对二价镉的最大吸附容量为 145.35mg/g，由于可回收利用，可以预见在大规模合成及工业化之后，该材料是清理污水中重金属离子的较佳选择。

（2）化学键合型。离子液体物理包覆到磁性纳米材料表面，容易被洗脱下来，限制了磁性材料的重复利用，将离子液体通过共价键化学键合到磁性材料上可以增强材料的稳定性，减少洗脱过程的损失。

离子液体化学键合功能化磁性纳米粒子的制备过程分 3 步：

① Fe_3O_4 磁性纳米粒子的制备：可以采用共沉淀法或溶剂热法合成。

② $Fe_3O_4@SiO_2$ 复合材料的制备：二氧化硅化学稳定性好，能进行多种表面修饰。

③ 离子液体功能化的磁性纳米粒子的制备。制备方式有两种，一种是在复合材料 $Fe_3O_4@SiO_2$ 的表面通过化学反应制备离子液体从而得到离子液体功能化的磁性纳米粒子材料。Qui 等以氯化甲基咪唑修饰的磁性纳米粒子为例对其制备过程进行说明：将步骤②获得的一定量 $Fe_3O_4@SiO_2$ 溶于稀盐酸中以活化表面的硅醇基团；将活化好的磁性纳米粒子用水洗至 pH 中性，将烘干的磁性纳米粒子分散于含有（3-氯丙基）三甲氧基硅烷和三乙胺的干燥甲苯气氛中回流后，继续分散于含有 N-甲基咪唑的干燥甲苯中回流；将获得的氯化甲基咪唑修饰的磁性纳米粒子经溶剂洗涤、烘干后备用。另一种是将商品化的离子液体与磁性纳米粒子超声或搅拌复合，使二者通过静电作用等非化学键构成离子液体功能化的磁性纳米粒子，以 1-甲基-3-己基咪唑六氟磷酸（$[C_6mim][PF_6]$）修饰的磁性纳米粒子为例说明其制备过程：将$[C_6mim][PF_6]$溶于丙酮，并与 Fe_3O_4 磁性纳米粒子充分混合，使挥发性物质蒸发；将获得的$[C_6mim][PF_6]$修饰的磁性纳米粒子用二氯甲烷和超纯水洗涤、烘干备用。其中第一种方法的制备过程较复杂，但该方法将离子液体通过化学键固定在磁性纳米粒子材料上，使得其不易被洗脱剂洗脱；第二种方法的制备过程简便易行。

Luo 等人研究了离子液体修饰磁性多壁碳纳米管，碳纳米管是碳材料的一种，由于缺乏活性位点，对它进行改性相对比较困难，作者选取了羧化磁性碳纳米管，进而从羧基着手，先将其转化为带有—COCl 的功能化磁性多壁碳纳米管，再通过取代反应接上咪唑型离子液体。将其用于水中芳氧丙酸酯类除草剂和其代谢产物的萃取，得到了较好的线性范围、回收率和较低的检出限，吸附机理研究结果表明离子液体修饰磁性多壁碳纳米管与目标分析物存在阴离子交互、极性、π-π 共轭作用。Galán-Cano 等人通过亲核取代反应合成了 Fe_3O_4@SiO_2@mim-Cl，通过硅烷偶联剂使 Fe_3O_4@SiO_2 带上可供取代的活性位点，进而用 N-甲基咪唑离子液体亲核取代制备得到聚合离子液体修饰的磁性纳米材料，将其用于水样中多环芳烃类物质的磁性固相萃取过程中，然后气质分析，该磁性材料显示出较强的富集能力，而且可与质谱联用。该作者还通过将 Fe_3O_4@SiO_2@mim-Cl 分散到六氟磷酸钾（KPF_6）中，通过阴离子交换制得 Fe_3O_4@SiO_2@mim-PF_6，PF_6^- 相对于 Cl^- 来说是疏水的。

Liu 等人也是在 Fe_3O_4@SiO_2 的基础上，通过 1,6-二异氰酰基己烷连接二氧化硅包覆四氧化三铁的表面羟基和手性离子液体，并将其应用于直接分离 5 种手性氨基酸。

离子液体还可以通过聚合的方式键合到磁性纳米材料上，聚合离子液体有如下几个优点：与传统离子液体相比，聚合离子液体增大了吸附面积，且活性位点更丰富；通过改变咪唑离子液体的阴离子类型，可改变离子液体的溶解性；在特定的溶剂中，某些离子液体存在温敏效应，通过探寻温敏型离子液体，可以将其嫁接到磁性材料上。Zheng 等人通过将 1-乙烯基-3-己基咪唑系离子液体和乙烯基改性的磁性纳米粒子共聚合成新的吸附剂，先通过共沉淀法合成 Fe_3O_4 纳米粒子，再将正硅酸乙酯水解后包覆二氧化硅，最重要的是接下来两步，即将乙烯基三乙氧基硅烷接到 Fe_3O_4@SiO_2 来得到可供聚合的乙烯基，最后通过 AIBI 引发剂促使 Fe_3O_4@SiO_2@VTES 与同样带有双键的离子液体聚合，再经水洗、醇洗就制得了聚合离子液体包覆的磁性纳米材料，并第一次将其用于茶饮料的有机磷农药的萃取，萃取过程简单快速，并且材料稳定。也有报道过先将离子液体与（3-氯丙基）三甲氧基硅烷发生取代反应，再通过自聚合形成聚合离子液体，最后再通过微波加热结合 Fe_3O_4@SiO_2，制得 Fe_3O_4@SiO_2@PIL。文献作者还通过阴离子交换得到了疏水性聚合离子液体包覆的磁性纳米材料，具体方法就是将 Fe_3O_4@SiO_2@PIL 与 KPF_6 加入乙腈中微波加热 2h，所得材料适用于水果和蔬菜中农药的萃取分析。但是 Bi 等人认为 SiO_2 包覆对于目标分析物的萃取是没有用的，纯粹消耗时间而已，所以他们先直接将 3-巯丙基三甲氧基硅烷包覆在激活了的 Fe_3O_4 上，最后同样用 AIBI 引发剂引发聚合反应，该方法较大程度简化了离子液体单体在 Fe_3O_4 表面的聚合，所制得材料适用于水中酚类物质的萃取，对水中其他污染物的萃取也有很大潜能。

聚合离子液体（polymeric ionic liquids，PILs）是由离子液体单体经过聚合反应得到的聚合物，兼具离子液体和聚合物的特性，使用寿命长。Absalan 等合成了二元纳米磁性聚合离子液体材料用以典型偶氮染料如活性红 120（RR-120）和 4-（2-吡啶偶氮）间苯二酚（PAR）的吸附去除剂。在最佳吸附条件下，磁性聚合离子液体对两者的吸附去除率达到 98%，对 RR-120 的最大吸附容量为 166.67mg/g，对 PAR 的最大吸附容量为 49.26mg/g。两个吸附过程是吸热过程，磁性聚合离子液体通过混合的氯化钠-丙酮溶液进行解吸，从而使得吸附剂重复使用。Agrigento 等用二氯化二乙烯基咪唑盐与超顺磁性氧化铁颗粒进行自由基聚合反应，直接合成包覆于高度交联的咪唑盐磁性粒子。这种磁性聚合离子液体具有一些潜在的应用，如环氧丙烷与丙烯酯的催化转化、有机催化剂的支撑剂、去钯清除剂材料等。Zheng 等报道了一种新型吸附剂即聚合离子液体固定化磁性纳米粒子复合材料的制备，它能够从茶饮料中提取和富集有机磷农药。新的聚合（离子液体）固定化的磁性纳米颗粒（PILMNPs）的合成，是通过 1-乙烯基-3-己基咪唑离子液体和乙烯改性的磁性颗粒共聚合而得，被用作磁性固相萃取（MSPE）的吸附剂相。通过提取和富集 4 种有机磷农药（对硫磷，倍硫磷，辛硫磷，双硫磷）进行测试分析其萃取效率。对吸附剂用量、吸附时间、解吸溶剂和时间、离子强度进行了研究。该方法拥有良好的线性关系，最低检出限为 $0.01\mu g/L$，富集系数从 84 到 161，回收率为 $81.4\%\sim112.6\%$，相对标准偏差为 $4.5\%\sim11.3\%$。PIL-MNPs 吸附剂可以重复使用 20 次，提取效率无显著变化。Jiang 等在油-水界面用脂肪酶共价固定在离子液体修饰的磁性纳米粒子对酯水解进行了研究。离子液体与纳米 Fe_3O_4 粒子表面通过共价键结合，制得了直径为 $10\sim15nm$ 的磁性载体。离子液体作为偶联剂，使得脂肪酶共价固定在 Fe_3O_4 纳米颗粒上。离子液体改性的磁性纳米粒子能更好地催化油-水界面脂肪酶的水解，它比天然对应物具有更高的催化活性。Pouijavadi 等开发了一种新颖的可收回的磁氧化催化剂的制备方法，其中磁性粒子被包埋在钨酸官能化的聚合（离子液体）中，使用过氧化氢作为氧化剂，多种基材，包括醇、硫化物和烯烃选择性地被氧化。该催化剂很容易回收再利用并且在相同条件下使用 10 次也没有使其催化活性降低。

4.3.3　离子液体功能化的磁性纳米粒子在磁固相萃取中的应用

离子液体磁性吸附剂的发展主要有两个方面：一方面，混合型吸附剂通过性能互补实现多类物质的萃取分离；另一方面，在分子识别基础上发展具有高选择性、生物相容性的吸附剂材料。离子液体与磁性固相萃取吸附剂相结合，实现优势互补，扩大了应用范围，提高了萃取分离的效率。

Zhu 等开发了一种新型的 α-甲基吡啶修饰的 β-环糊精超大分子材料，不仅保留了环糊精分子骨架的疏水性空腔，而且修饰的官能团可以提高萃取性能，IL 功能化的环糊精聚合物附着在磁性材料的表面，进一步提高了磁性材料的吸附能力，用于磁性固相萃取水中的 Mn（Ⅱ）/Mn（Ⅶ），表现出良好的萃取性能。Yamini 等用 3-氯丙基三甲氧基硅烷修饰 SiO_2 包覆的磁核，再用 N-甲基咪唑六氟磷酸盐修饰，合成的磁性材料用作吸附剂萃取水中的百草枯，表现出良好的分散稳定性和吸附性。

Galán-Cano 等制备了 $Fe_3O_4@SiO_2@[C_3mim][PF_6]$ 磁性纳米粒子，将其作为磁固相萃取的吸附剂进行水中 13 种多环芳烃（PAHs）的富集。实验中将磁性纳米粒子加入 100mL 水样中，超声、搅拌后，用磁铁收集磁性纳米粒子并干燥，然后用己烷洗脱。在优化条件下，采用气相色谱-质谱联用法对水样中的 13 种多环芳烃进行测定，得到该方法的检出限为 $0.04\sim1.11\mu g/L$，相对标准偏差（RSD）为 $4.0\%\sim8.9\%$，对实际水样的加标回收率为 $75\%\sim102\%$，富集因子为 $49\sim158$。方法的检出限、精密度以及准确度与已有的磁固相萃取方法相当。该方法将离子液体通过共价键固定于磁性纳米粒子表面，避免了萃取和洗脱过程的损失。且经过温和清洗后，$Fe_3O_4@SiO_2@[C_3mim][PF_6]$ 磁性纳米粒子可重复利用。

He 等制备了 $Fe_3O_4@SiO_2@[C_3him][PF_6]$ 磁性纳米粒子吸附剂，并对水中的 5 种磺酰脲类除草剂进行磁固相萃取后，HPLC-UV 测定。在优化条件下 5 种除草剂的检出限为 $0.053\sim0.091\mu g/L$，RSD（$n=5$）为 $5.5\%\sim0.1\%$。对实际水样的加标回收率为 $77.8\%\sim104.4\%$。该方法相比于已有的磁固相萃取法，其检出限低、有机溶剂用量少（1.8mL）、富集倍数高（$1155\sim1380$）、萃取时间短（5min），因而是一种快速、简便、环境友好的技术。

Zheng 等首次将聚合离子液体固定化的磁性材料用于磁固相萃取。他们将溴化-1-乙烯基-3-己基咪唑与乙烯基修饰的 $Fe_3O_4@SiO_2$ 磁性纳米粒子经过共聚反应得到 $Fe_3O_4@SiO_2$ @PIL 磁性纳米粒子，并用于茶叶中 4 种有机磷农药的富集，采用高效液相色谱法进行测定。该磁性纳米粒子重复利用 20 次后，萃取效率仅下降 10%，并且由于该磁性纳米粒子具有巨大的比表面积且能在水样中均匀分散，使得该方法的萃取时间大大缩短，萃取效率高，灵敏度高。

Liu 等首次将 $Fe_3O_4@SiO_2$ 磁性纳米粒子、离子液体[C_{18}mim]Br 与甲基橙（MO）进行自组装，得到 $Fe_3O_4@SiO_2$@IL@MO 磁性纳米粒子作为吸附材料对水样中的多环芳烃进行萃取，用高效液相色谱法进行测定。在最佳萃取条件下，该方法对 5 种多环芳烃的检出限为 0.1~2ng/L，在实际水样中的加标回收率为 80.4%~104.0%，RSD 为 2.3%~4.9%。$Fe_3O_4@SiO_2$@IL@MO 磁性纳米粒子对有机物的吸附是通过 MO 上的苯环与有机物的 π-π 作用以及 IL 上的长碳链与有机物的疏水作用来完成的。与传统的 SPE 相比，该方法萃取能力强，富集倍数高，简便快速。另外，$Fe_3O_4@SiO_2$ 磁性纳米粒子重复利用 10 次后，吸附能力无明显下降。

Peng 等报道了离子液体磁固相萃取富集，HPLC 检测水体中四螨嗪、溴虫腈的研究。Fe_3O_4 磁性纳米粒子作为吸附剂载体通过自组装形成 $Fe_3O_4@[C_8mim][PF_6]$磁性纳米粒子，将 90mg $Fe_3O_4@[C_8mim][PF_6]$ 磁性纳米粒子加入 10mL 水样中，超声、涡旋振荡。用磁铁收集 $Fe_3O_4@[C_8mim][PF_6]$并干燥后，乙腈洗脱并定容，取 $10\mu L$ 进高效液相色谱仪分析。方法的检出限为 0.4~0.5ng/mL，RSD（$n=6$）为 2.6%~2.9%，对河水样品的加标回收率为 81.1%~112%。该方法与离子液体参与的其他萃取方法相比，离子液体用量减少，且 Fe_3O_4 磁性纳米粒子可以重复利用，方法的灵敏度高、重现性好。

Chen 等将 $Fe_3O_4@SiO_2$ 磁性纳米粒子与 [C_8mim][PF_6] 进行自组装得到磁性富集材料，对水样和食品中的利谷隆进行富集，紫外光谱法测定。该方法的检出限为 5.0ng/mL，RSD（$n=3$）为 2.8%，实际样品的加标回收率为 95.0%~101.0%。他们还对碳链长度不同的 3 种磁性纳米材料 $Fe_3O_4@SiO_2@[C_4mim][PF_6]$，$Fe_3O_4@SiO_2@[C_6mim][PF_6]$ 及 $Fe_3O_4@SiO_2@[C_8mim][PF_6]$的萃取能力进行比较，结果表明，萃取效率随碳链长度的增加而提高。其原因在于，碳链长度的增加能使离子液体与萃取物之间的疏水作用增强。与已有报道相比，该方法的萃取过程更快速、高效、经济。此外，$Fe_3O_4@SiO_2$ 在重复利用 10 次后，吸附能力无明显下降，表明自组装过程未影响 $Fe_3O_4@SiO_2$ 的稳定性。

为了同时测定水样中酯类和酸类两类物质，Luo 等先将离子液体氯化 1-(3-氨丙基)-3-丁基咪唑([Abim]Cl)通过化学反应固定于多壁碳纳米管上，再经过自组装与磁性纳米粒子结合形成磁性复合材料（m-IL-MWCNT）后，用于水样中芳氧基丙酸酯类除草剂及其酸性代谢产物的同时富集，最后经高效液相色谱法测定。结果表明，该方法快速、灵敏。作者还对 m-MWCNT 和 m-IL-MWCNT 的富集能力进行了对比，发现离子液体的加入可为多壁碳纳米管引入离子交换基团，从而改变多壁碳纳米管的极性，使其可与离子型分析物进行作用，进一步拓宽了多壁碳纳米管应用的极性范围。

Cui 等采用磁固相萃取法富集，电感耦合等离子体发射光谱法（ICP-OES）检测人体头发及尿液中的铜、镉、锌含量。以制备的 $Fe_3O_4@Si\text{-}OH@$ [$MTOA^+$] Cl^- 磁性纳米粒子作为磁固相萃取吸附剂。取 8mL 样品与 $Fe_3O_4@Si\text{-}OH@$ [$MTOA^+$] Cl^- 磁性纳米粒子混合，用磁铁将磁性纳米粒子与样品分离后，用 HNO_3 洗脱，洗脱液进行后续分析。对铜、镉、锌的检出限为 $0.33~0.56\mu g/L$，RSD（$n=7$）为 3.7%~4.9%。对实际样品中 3 种金属的加标回收率为 89.1%～120%。该方法的吸附剂制备过程简单，整个萃取过程未使用有机溶剂和螯合剂，灵敏度高，基质影响小。

Shemirani 等建立了一种基于磁固相萃取富集、火焰原子吸收光谱法测定水样和牛奶中镉和铅含量的方法。样品中加入 1-（2-吡啶偶氮）-2-萘酚（PAN）作为螯合剂，与镉和铅形成螯合物，以 $Fe_3O_4@SiO_2@[C_6mim][PF_6]$ 磁性纳米粒子为吸附剂对螯合物进行富集，浓 HNO_3 洗脱，洗脱液用原子吸收光谱法测定，得 Cd（Ⅱ），Pb（Ⅱ）的检出限分别为 0.122μg/L 和 1.61μg/L，水样加标回收率为 96.2%～104%，富集倍数均为 200 倍。$[C_6mim][PF_6]$ 对 Cd（Ⅱ）、Pb（Ⅱ）的最大吸附量分别为 9.8mg/g 和 10.5mg/g。

4.3.4　混合半胶束磁固相萃取

研究发现带有长碳链的离子液体能在水溶液中形成胶束结构。离子液体在磁性纳米粒子表面的吸附等温线可分为 3 个阶段：①离子液体通过静电作用在磁性纳米粒子表面进行单层吸附，形成半胶束状态；②离子液体在磁性纳米粒子表面单层吸附饱和后，通过碳链之间的疏水作用进行双层吸附，形成半胶束/胶束状态（混合半胶束状态）；③磁性纳米粒子表面被离子液体占满后，离子液体开始在水溶液中形成胶团。研究者可通过磁性纳米粒子的电动电位变化判断离子液体在其表面的存在状态。

Zhang 等使用带有混合半胶束结构的 $Fe_3O_4@[C_{16}mim]Br$ 作为吸附剂用于水样中多环芳烃的预富集，该方法制备 $Fe_3O_4@[C_{16}mim]Br$ 的过程较为简单，Fe_3O_4 磁性纳米粒子无需二氧化硅包覆，直接将 Fe_3O_4 磁性纳米粒子与离子液体 $[C_{16}mim]Br$ 加入 pH10.0 的水样中超声混合后，离子液体上咪唑基与多环芳烃的苯环之间存在 π-π 作用而产生吸附作用。用含有 1%醋酸的乙腈洗脱后用高效液相色谱-荧光检测器进行检测，对 3 种多环芳烃的检出限为 0.33～8.33ng/L，RSD 均低于 6.9%，富集倍数为 600 倍。在实际水样和土壤样品中 3 种多环芳烃的加标回收率为 73%～105%。作者还对 $[C_{16}mim]Br$、十六烷基三甲基溴化铵（CTAB）复合磁性纳米粒子的磁固相萃取能力进行了比较，发现 $[C_{16}mim]Br$ 的萃取回收率最高。

Cheng 等同样采用 $Fe_3O_4@[C_{16}mim]Br$ 作为富集材料，对水样中的两种氯酚类物质进行混合半胶束固相萃取，与高效液相色谱法联用进行分离测定，得两种氯酚类化合物的检出限分别为 0.12μg/L 和 0.13μg/L，RSD 分别为 6.2%，5.9%，在实际水样的加标回收率为 74%～90%。

Dong 等采用混合半胶束磁固相萃取与 HPLC-DAD 联用建立了一种同时测定水中邻苯二酚、双酚 A、2,4-二氯苯酚、1,3,5-三氯代苯和丙烯腈的方法。利用 $[C_8mim]Br$ 与 Fe_3O_4 磁性纳米粒子形成混合半胶束状态进行有机物富集，得到 5 种化合物的线性范围为 0.001～100.0μg/mL，检出限为 0.01～0.07μg/L，加标回收率为 90%～111%，RSD 为 2.1%～13.5%。

Xiao 等首次将磁性碳纳米管（MCNTs）与离子液体结合形成混合半胶束后用于尿样中 3 种含苯环的黄酮类物质的萃取，HPLC-UV 法检测。将 $MCNTs@SiO_2$ 与 $[C_{16}mim]Br$ 混合超声使 $[C_8mim]Br$ 吸附于 $MCNTs@SiO_2NPs$ 表面形成混合半胶束，加入样品，超声，平衡，磁铁分离磁性纳米粒子，用含有 1%醋酸的甲醇洗脱，洗脱液进液相色谱仪分析。3 种化合物的检出限为 0.20～0.75ng/mL，实际样品的加标回收率为 97.7%～107.5%，RSD 为 3.4%～5.0%，富集倍数为 200。作者还对 $[C_{16}mim]Br-MCNTs@SiO_2$ 与

$[C_{16}mim]Br\text{-}Fe_3O_4@SiO_2$ 的吸附能力进行了对比，由于 $[C_{16}mim]Br\text{-}MCNTs@SiO_2$ 与分析物之间除了存在离子液体与分析物的疏水作用外，还存在碳纳米管与分析物的 $\pi\text{-}\pi$ 相互作用，这使得 $[C_{16}mim]Br\text{-}MCNTs@SiO_2$ 磁性纳米粒子的萃取能力比 $[C_{16}mim]Br\text{-}Fe_3O_4@SiO_2$ 磁性纳米粒子高，这也是选择磁性碳纳米管作为载体的原因。实验证明 $MCNTs@SiO_2$ 可重复利用 5 次而其回收率无明显下降。Yang 等研究合成了以 1-甲基-3-辛基咪唑六氟磷酸盐（$[C_8mim][PF_6]$）包覆的 Fe_3O_4 磁性纳米材料，分散阴离子表面活性剂十二烷基苯磺酸钠形成混合胶束，用于牛奶包装袋中 4 种邻苯二甲酸酯的测定，线性范围在 $10\sim1000ng/mL$，检测限在 $1.42\sim3.57ng/mL$，相对标准偏差（RSD）在 $1.84\%\sim3.56\%$（$n=5$），加标回收率在 $89.8\%\sim99.7\%$。

混合半胶束磁固相萃取与磁固相萃取相比，省去了预先将离子液体包覆于磁性纳米粒子表面所需的时间；由于使用了长碳链的离子液体，吸附材料与目标物之间的疏水作用增强，对于疏水性有机污染物的萃取回收率更高。另外，离子液体与磁性纳米粒子的用量比例需加以控制，以保证离子液体在磁性纳米粒子表面以混合半胶束形式存在。

4.3.5　离子液体参与的双磁微萃取

双磁微萃取（DMME）是将分散液-液微萃取（DLLME）与分散固相微萃取（D-μ-SPE）相结合。在此技术中，首先将萃取剂与样品混合，借助涡旋振荡或超声等辅助手段加速萃取剂分散，对目标物进行萃取，即 DLLME 过程。之后，将磁性纳米粒子加入前一过程的混合物中，对萃取剂进行吸附，然后借助磁性纳米粒子的磁性和载体作用，用磁铁将萃取剂和目标物与样品溶液分离，即 μ-MSPE 过程。DMME 萃取技术中的萃取剂既可以是辛醇等有机溶剂，也可采用离子液体。目前在相关离子液体-双磁微萃取富集技术的文献中对此技术的命名尚未统一，如磁回收-离子液体-分散液-液微萃（MR-IL-DLLME）、离子液体-磁分散固相微萃取、离子液体-超声辅助-双磁微萃取（IL-UA-DMME）、涡旋辅助磁性-离子液体-分散液-液微萃取（VAM-IL-DLLME）等，但实际的萃取过程及富集原理基本一致。Zhang 等采用离子液体 $[C_6mim][PF_6]$ 为萃取剂，双磁微萃取法用于环境水体中 5 种苯甲酰脲杀虫剂的富集，即将 $[C_6mim][PF_6]$ 与乙腈迅速注入 $10mL$ 水样中，超声，加入 Fe_3O_4 磁性纳米粒子，搅拌。用磁铁将磁性纳米粒子与样品分离，加入乙腈洗脱并超声，洗脱液进液相色谱仪检测。方法的检出限为 $0.05\sim0.15\mu g/L$，RSD 为 $1.37\%\sim4.84\%$，加标回收率为 $79.7\%\sim91.7\%$。该方法使用磁分离取代传统的 DLLME 离心分离，高效、省时、省力。该课题组还将 $[C_6mim]NTf_2$ 作为萃取剂、球形钡铁氧体（S-BaFe）磁性纳米粒子作为吸附剂载体对蜂蜜中的拟除虫菊酯进行双磁微萃取研究。方法的检出限为 $0.03\sim0.05\mu g/L$，对实际蜂蜜样品进行加标，其回收率为 $86.7\%\sim98.2\%$。2013 年，该课题组进一步将离子液体参与的双磁微萃取过程用于果汁样品中杀螨剂的测定，通过采用 $[C_6mim]NTf_2$ 为萃取剂、S-BaFe 作为吸附剂载体与 HPLC 联用进行果汁中杀螨剂的测定。优化条件下，检出限为 $0.05\sim0.53ng/mL$，3 种实际样品的加标回收率为 $85.1\%\sim99.6\%$，RSD 均小于 5.3%。最近，该课题组还首次将磁性 β-环糊精功能化的凹凸碳棒（M-β-CD/ATP）用于样品前处理过程，通过将 M-β-CD/ATP 作吸附剂，$[C_6mim]NTf_2$ 作萃取剂，乙腈作分散剂对水中的 4 种杀菌剂进行双磁微萃取，以 HPLC-UV 进行测定。在优化条件下，4 种杀菌剂的检出限为 $0.02\sim0.04\mu g/L$，RSD 为 $2.96\%\sim4.16\%$，对实际水样的加标回收率为 $81\%\sim109\%$。该方法兼具 IL-DLLME 和磁分散固相微萃取的优点，因而萃取过程省时、高效。Soylak 课题组采用 $[C_4mim][PF_6]$ 双磁微萃取法富集环境样品中的二价铅，用火焰原子吸收光谱法测定。该方法在萃取过程中加入吡咯烷二硫代氨基甲酸铵（APDC）作为螯合剂，与二价铅离子形成螯合物以便被萃取。将 $15mL$ Pb（Ⅱ）溶液、APDC、磷酸（调节 pH3.0）

加入试管中，注入离子液体[C₄mim][PF₆]萃取Pb-APDC复合物，搅拌；向混合物中加入 Fe_3O_4，搅拌，用磁铁收集磁性纳米粒子，浓硝酸洗脱，洗脱液待测。得到该方法的检出限 $0.57\mu g/L$，RSD（$n=10$）小于7.5%，对实际样品（水样、植物样品、人体头发样品）的加标回收率为97%～101%，富集倍数为160倍。干扰实验结果表明，绝大多数金属对Pb（Ⅱ）的检测无干扰。该方法与已有方法相比，富集倍数与灵敏度更高，且无需使用有毒的有机溶剂，无基质干扰，萃取过程时间短（仅需2.5min）。该课题组同年又对环境和生物样品中的镉进行富集，并采用火焰原子吸收光谱法进行测定。以4-（2-噻唑偶氮）间二苯酚为螯合剂与镉（Ⅱ）发生螯合反应后，以生成物镉-4-（2-噻唑偶氮）间二苯酚作为被萃取物质，[C₄mim][PF₆]为萃取剂，Fe_3O_4为吸附剂进行双磁微萃取，浓HNO_3为洗脱剂，得到Cd（Ⅱ）的检出限为$0.40\mu g/L$，线性范围为$10～500\mu g/L$，富集倍数为100，RSD（$n=6$）为4.29%，加标回收率为97.5%～101%。与其他分析方法相比，该方法的检出限低、富集倍数高、操作时间短。

目前已报道的基于离子液体的磁性富集技术在应用形式上多种多样，表4-5总结了目前基于离子液体的磁性富集技术的应用研究。但不论哪种形式，基于离子液体的磁性富集技术都兼具了离子液体和磁固相萃取的优点。这使得前处理过程中有机溶剂用量减少，磁分离技术取代传统的离心操作后大大缩短了分离时间，减少了复杂仪器的使用，简化了前处理过程，从而使目标物的分离富集更快捷、高效、环保。

表 4-5　基于离子液体的磁性富集技术应用

离子液体	分析物	基质	前处理技术	检测方法	LOD
[C₃mim][PF₆]	多环芳烃	水样	IL-MSPE	GC-MS	$0.04～1.11\mu g/L$
[C₃him][PF₆]	磺酰脲类除草剂	水样	IL-MSPE	HPLC-UV	$0.053～0.091\mu g/L$
[Vhim]Br	有机磷农药	茶叶	IL-MSPE	LC-UV	$0.01\mu g/L$
[C₄mim][PF₆]	磺胺间甲氧嘧啶，磺胺氯吡嗪	尿液	IL-MSPE	HPLC-UV	$0.0019～0.12\mu g/L$
[C₁₈mim]Br	多环芳烃	水样	IL-MSPE	HPLC-FLD	$0.1～2ng/L$
[C₈mim][PF₆]	四螨嗪、溴虫腈	水样	IL-MSPE	HPLC-VWD	$0.4～0.5\mu g/L$
[C₈mim][PF₆]	利谷隆	水样和食品样品	IL-MSPE	UV	$5.0ng/mL$
[Abim]Cl	芳氧基丙酸酯类及其酸性代谢产物	水样	IL-MSPE	HPLC-DAD	$2.8～14.3\mu g/L$
[MTOA⁺]Cl⁻	Cu，Cd，Zn	头发、尿液	IL-MSPE	ICP-OES	$0.54\mu g/L$，$0.33\mu g/L$，$0.56\mu g/L$
[C₆mim][PF₆]	Cd，Pb	水样、牛奶	混合胶束MSPE	FAAS	$0.122\mu g/L$，$1.61\mu g/L$
[C₆mim][PF₆]	三嗪类除草剂	水果	DLLME-MSPE	HPLC-UV	$0.29～0.88\mu g/L$
[C₄mim][PF₆]	Pb	水，植物，头发	IL-MSPE	FAAS	$1.9\mu g/L$
[C₇mim][PF₆]	硝基苯	环境水样	IL-MSPE	HPLC-DAD	$1.35～4.57\mu g/L$
[C₈mim]Br	有机污染物	水样	HPLC-DAD	HPLC-DAD	$0.01～0.07\mu g/L$
[C₁₆mim]Br	多环芳烃	水样、土壤	混合半胶束MSPE	HPLC-FLD	$0.33～8.33ng/L$
[C₁₆mim]Br	氯酚	水样	混合半胶束MSPE	HPLC-UV	$0.12\mu g/L$，$0.13\mu g/L$
[C₁₆mim]Br	黄酮类物质	尿液	混合半胶束MSPE	HPLC-UV	$0.20～0.75\mu g/L$
[C₆mim][PF₆]	苯甲酰脲杀虫剂	水样	双磁微萃取DMME	HPLC-VWD	$0.05～0.15\mu g/L$
[C₆mim]NTf₂	杀螨剂	果汁	双磁微萃取DMME	HPLC-VWD	$0.05～0.53\mu g/L$
[C₄mim][PF₆]	Cd（Ⅱ）	果汁	双磁微萃取DMME	FAAS	$0.40\mu g/L$
[C₆mim]NTf₂	杀菌剂	水样	双磁微萃取DMME	HPLC-UV	$0.02～0.04\mu g/L$
[C₆mim]NTf₂	拟除虫菊酯	蜂蜜	双磁微萃取DMME	HPLC-VWD	$0.05～0.05\mu g/L$
[C₄mim][PF₆]	Pb（Ⅱ）	水样和生物样品	双磁微萃取DMME	FAAS	$0.57\mu g/L$

4.4 磁性分子印迹材料

4.4.1 分子印迹技术简介

分子印迹技术（molecular imprinting technique，MIT）模拟抗原-抗体的识别机理，合成具有固定孔穴大小和形状以及有一定排列顺序的功能基团的聚合物，它能对模板分子体现出特殊选择性和良好的识别能力。分子印迹聚合物（molecularly imprinted polymers，MIPs）可以通过模板分子、功能单体、交联剂在一定条件下共聚获得，具有强度大、成本低、抗有机溶剂和极端 pH 能力强、选择性高等优点。如图 4-38 所示分子印迹过程一般包括三个步骤：

（1）在适当的溶剂中，功能单体与模板分子通过共价键或非共价键相互作用形成有序排列的复合物；

（2）选择合适的交联剂，引发聚合得到网状聚合物；

（3）选择合适的洗脱剂洗脱模板分子，在 MIPs 中留下与模板分子形状、大小和作用基团排列相匹配的印迹位点。由于印迹位点的存在，使得 MIPs 能够选择性识别目标分子。

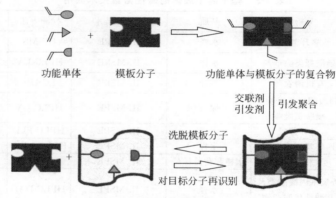

功能单体　　模板分子　　功能单体与模板分子的复合物

交联剂　　引发聚合
引发剂

洗脱模板分子

对目标分子再识别

图 4-38　分子印迹过程示意图

印迹分子与适当的功能单体通过非共价键、共价键或络合体（L）/金属（M）等方式发生相互作用。印迹分子与功能单体通过不同的作用方式形成不同类型的印迹分子-功能单体复合物（IC）：①通过氢键或范德华相互作用；②通过静电或离子相互作用；③通过共价相互作用；④通过半共价相互作用；⑤通过络合体-金属相互络合作用。

分子印迹技术之所以吸引了科研工作者的研究兴趣，主要是分子印迹材料相比于传统的固体吸附材料有三大显著特点：第一，预定性，即可以根据需要，选择相应的模板分子、功能单体制备不同的分子印迹材料。第二，识别性，即制备的分子印迹材料可以专一地识别模板分子及其结构类似物。分子印迹材料的三维空穴不仅与模板分子在空间形状和大小方面完全匹配，而且空穴的内腔表面基团与模板分子所含基团高度互补。第三，实用性，即相比于天然的生物识别系统，采用化学方法制备的分子印迹材料具有制备简单、成本低廉、可以重复利用、机械和化学稳定性好等优点。由于分子印迹材料具有以上优点，目前已广泛地应用在色谱分析、固相萃取、膜分离、仿生传感器等领域。

4.4.2 分子印迹技术的原理与技术分类

根据模板分子与功能单体之间的作用方式不同，分子印迹技术被分为如下几类：共价法、非共价法、半共价法和金属络合法等几类。

共价印迹法又称预组装法（pre-organization），是模板分子和功能单体之间通过共价键相互连接，为了保证残留的功能单体仅存在于印迹空腔中。共价印迹法的优点主要体现在功能基团与模板分子能够准确地匹配，形成的印迹聚合物对模板分子具有专一的识别能力和选择性，不存在功能单体过量的现象，减低了印迹聚合物中非特异性的识别作用。同时，共价法也存在不足之处。首先，模板分子与功能单体需要发生烦琐的化学反应形成预聚物，因此吸附和解吸过程非常耗时；其次，较多的功能基团、较强的共价键作用力导致形成印迹聚合物在洗脱和识别过程中解离和结合速度过慢，难以达到热力学平衡，不符合作为萃取材料对吸附速度的要求，严重地限制了其发展和应用。由于共价键的较大稳定性，共价印迹位点产生得更均匀。目前共价法发展的连接方式除了硼酸酯连接法外，常用的能进行可逆共价连接的有席夫碱和乙缩醛/缩酮。

非共价印迹法又称自组装法（self-assembling method），最早由 Mosbach 等人发展起来的。主要设计思路是：功能单体与模板分子之间通过非共价键相互作用形成预聚物，再经过交联共聚形成印迹聚合物。模板分子与功能单体之间的氢键、静电作用、偶极-偶极、π-π作用、离子作用、金属螯合、电荷转移、疏水作用及范德华力都属于非共价键相互作用，由于非共价键作用力较弱，聚合物与模板分子的结合和解吸过程较快，此法制备的材料适合于色谱固定相和膜分离介质的制备。非共价法的不足之处主要是，功能单体的过量导致了结合位点的非均一性。为了克服这个缺点，增强印迹聚合物的选择识别能力，在预聚过程中氢键还可以和其他作用力产生相互协同作用，形成多重作用位点。该方法的主要优点包括：制备步骤简单；吸附解离平衡速度快；模板分子容易去除且在聚合体系中也能形成具有选择性作用位点的孔穴，分子识别过程接近于天然识别系统。目前大部分 MIP 的制备采用的就是非共价印迹法，已成为 MIT 的主要研究对象。

半共价印迹法由 Sellergren 和 Andersson 提出，并在 1999 年 Whitecomne 课题组中得到进一步研究发展。该方法结合共价和非共价印迹法的优势。首先，模板分子和功能单体之间通过共价法，而形成的作用位点对模板分子的识别却属于非共价作用，即模板分子与功能单体通过共价键结合形成预聚物，再加入交联剂、引发剂等制备高度交联的刚性的高分子聚合物，水解去除模板分子后在聚合体系中形成的三维孔穴可以通过非共价作用与分析基质中的模板分子结合。Whitecomne 提出的"牺牲空间法"克服了半共价法去除模板难、识别时结合位点空间位阻大等缺点，以吡啶为模板分子，甲基丙烯酸为功能单体，通过对非共价法和牺牲空间法的比较分析可知，印迹聚合物对吡啶的吸附能力优于其他小分子（含一个 N 原子）杂环芳香化合物，吸附容量可达（57 ± 2）mmol/g 且符合 Langmuir 模型，属于均一性良好的单分子层吸附。Chang 等采用溶胶-凝胶法以溴化十六烷基三甲基铵为模板分子，3-（三乙氧基甲硅烷基）丙基异氰酸酯为功能单体，介孔硅为载体制备的印迹聚合物能够在 30s 内快速达到吸附平衡。半共价法也称为"牺牲空间法"，是将共价法和非共价法结合起来的制备方法。而金属螯合是利用金属离子与生物或药物分子的螯合作用，实现对金属离子的高度选择性吸附。

金属络合印迹法又称螯合作用，早在 1976 年 Nishide 等以 4-乙烯基吡啶为功能单体，

EDMA 为交联剂成功制备了对 Cu^{2+}、Fe^{3+}、Co^{2+}、Zn^{2+}、Ni^{2+} 和 Hg^{2+} 等重金属离子具有特异性选择能力的印迹聚合物。在金属离子的分子印迹体系中，模板分子（离子）的不饱和轨道与功能单体（络合体）上杂原子的孤电子对杂化而成。与非共价键作用相比，金属离子与络合体之间的螯合作用更稳定，可以通过改变体系条件控制络合键的结合和断裂速度，使其能够迅速达到吸附平衡。金属络合印迹法的主要优点有：一方面，金属离子本身作为模板分子实现自身印迹，Zhai 等以 $2,2'$-联吡啶与 4-乙烯基吡啶为复合络合体，聚偏氟乙烯膜为支撑膜，聚合出了对 Zn^{2+} 具有特异识别能力的分子印迹膜；另一方面，金属离子与传统的功能单体相结合，使其与模板分子形成相对稳定并具有高度专一的结合位点，实现分子印迹聚合物对生物大分子的识别，Hu 等以迪美唑为模板分子，甲基三甲氧基硅烷、3-氨基丙基三乙氧基硅烷和 Al^{3+} 为功能单体，采用溶胶-凝胶法制备了一种新型核-壳式纳米吸附剂，并将其应用在食品的分析检测，回收率可达 $90.33\%\sim106.20\%$。

4.4.3 分子印迹材料的制备

在分子印迹材料的制备过程中，模板分子、功能单体、交联剂、引发剂、溶剂的种类以及引发方法都会影响分子印迹材料的性能。需要根据目标分析物的性质，选择合适的反应物及聚合条件来实现最佳的识别。聚合反应通常是在引发剂的作用下，通过热引发或辐射引发聚合。

（1）模板分子。模板分子需要满足以下要求：

① 分子结构中包含的官能团不会影响聚合反应；

② 聚合反应中，模板分子具有足够的化学稳定性；

③ 最重要的是，模板分子结构中包含能与功能单体相互作用的官能团。

（2）功能单体。功能单体结构单元中通常包括两部分基团：识别基团和聚合基团。因此，合格的功能单体应该同时具备与模板分子有较强的相互作用及较好的聚合能力。常见的功能单体如图 4-39 所示。其中，应用最为广泛的功能单体当属甲基丙烯酸（MAA）。Zhang 等通过实验解释了 MAA 成为分子印迹通用型功能单体的原因，并揭示了 MAA 的二聚效应对于提升分子印迹选择性的重要作用。

（3）交联剂。在聚合反应过程中，交联剂的作用是填补功能单体与模板分子周围的空间，以形成规整的聚合物网络。交联剂的种类与聚合反应交联度都会显著影响分子印迹聚合物的选择性与结合能力。当交联度较低时，制备的聚合物网格过于疏松，难以形成稳定的印迹位点。适当提高交联度后，聚合物壳层的机械强度增加，足以形成稳定的结合位点并减少聚合物的溶胀现象。然而，当交联度过大时，聚合物刚性与疏水性增加，不利于目标分子进入结合位点，同时会增加非特异性吸附。目前常用的交联剂如图 4-40 所示。

（4）引发剂。构建分子印迹聚合物的聚合反应多数是自由基聚合反应，而自由基聚合反应可以通过热引发或光引发。常用的引发剂具有过氧基团或偶氮基团，例如过硫酸铵、过硫酸钾、偶氮二异丁腈、偶氮二异庚腈等等。常见的引发剂如图 4-41 所示。其中偶氮二异丁腈（AIBN）是最常用的自由基引发剂，其分解温度在 $50\sim70$℃。自由基聚合中为了维持自由基的活性与寿命，除氧一般是个必需的步骤。除氧可通过抽真空或者鼓入氮气、氩气来实现。

（5）溶剂/致孔剂。在聚合反应过程中，溶剂/致孔剂通常用来溶解试剂，同时在聚合物网格中产生多孔结构。溶剂/致孔剂的极化度会显著影响功能单体和模板分子之间的相互作

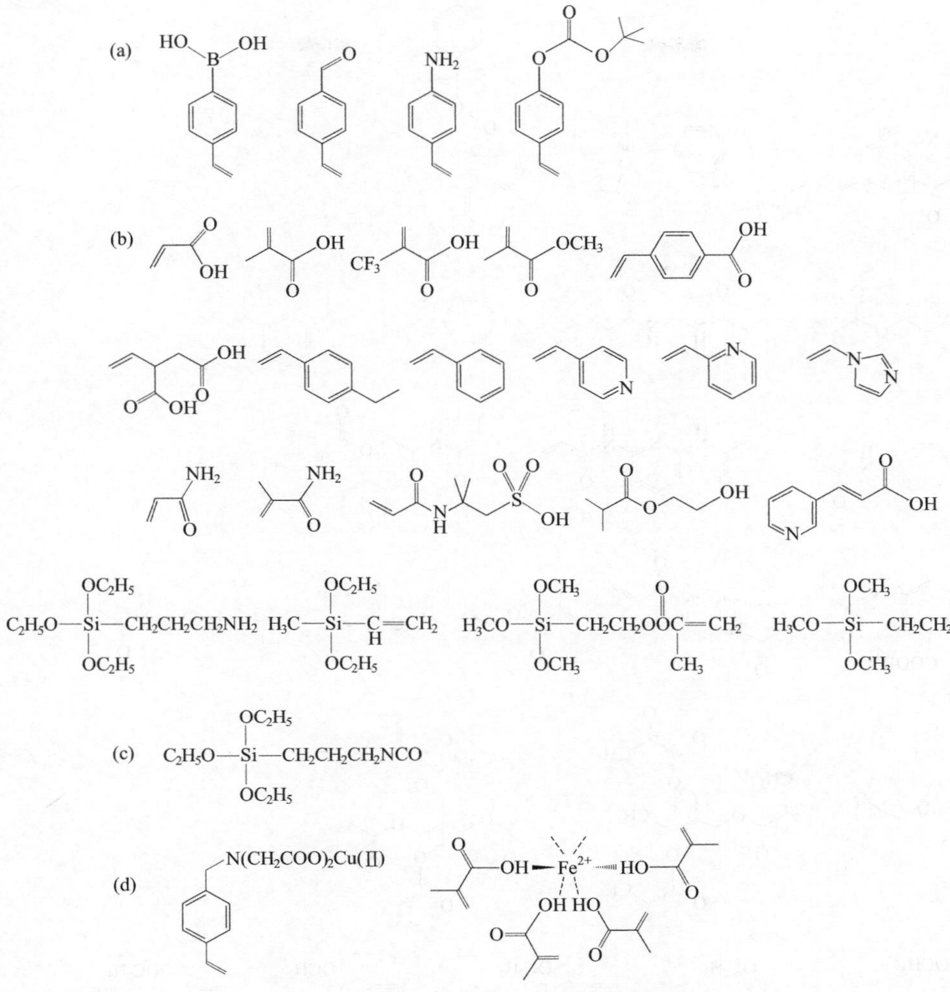

图 4-39　常见的功能单体

用，因此会影响分子印迹聚合物的吸附过程，尤其是在非共价印迹法中。常见的溶剂/致孔剂包括甲醇、乙腈、甲苯、四氢呋喃、二氯乙烷、氯仿和 N,N-二甲基甲酰胺等。近年来，室温离子液体（RTILs）以其独特的化学和物理性质而逐渐应用于分子印迹中。离子液体的蒸气压非常小，因此能够有效降低聚合物的收缩，并加快合成速率，提升选择性。

4.4.3.1　本体聚合法

本体聚合法（bulk polymerization）属于包埋法，是制备分子印迹聚合物最简便的方法。其制备过程主要包括将模板分子、功能单体、交联剂和引发剂溶于溶剂中，通过热引发或者光引发自由基聚合反应，聚合反应完成后，将模板分子洗脱，制备得到块状聚合物，再将其粉碎、研磨、过筛，得到所需粒径的分子印迹聚合物，具体制备过程如图 4-42。虽然由于模板分子被包埋在聚合物内部，导致模板洗脱不彻底、传质速率慢、聚合物形貌不规整等问题，但是该方法简便易行，可大规模制备聚合物。这种制备方法简单、容易操作，但后续需要复杂的处理步骤，且在研磨过程中会损失、破坏材料，造成产率低、材料形状不规则和影响吸附效果等不良后果。

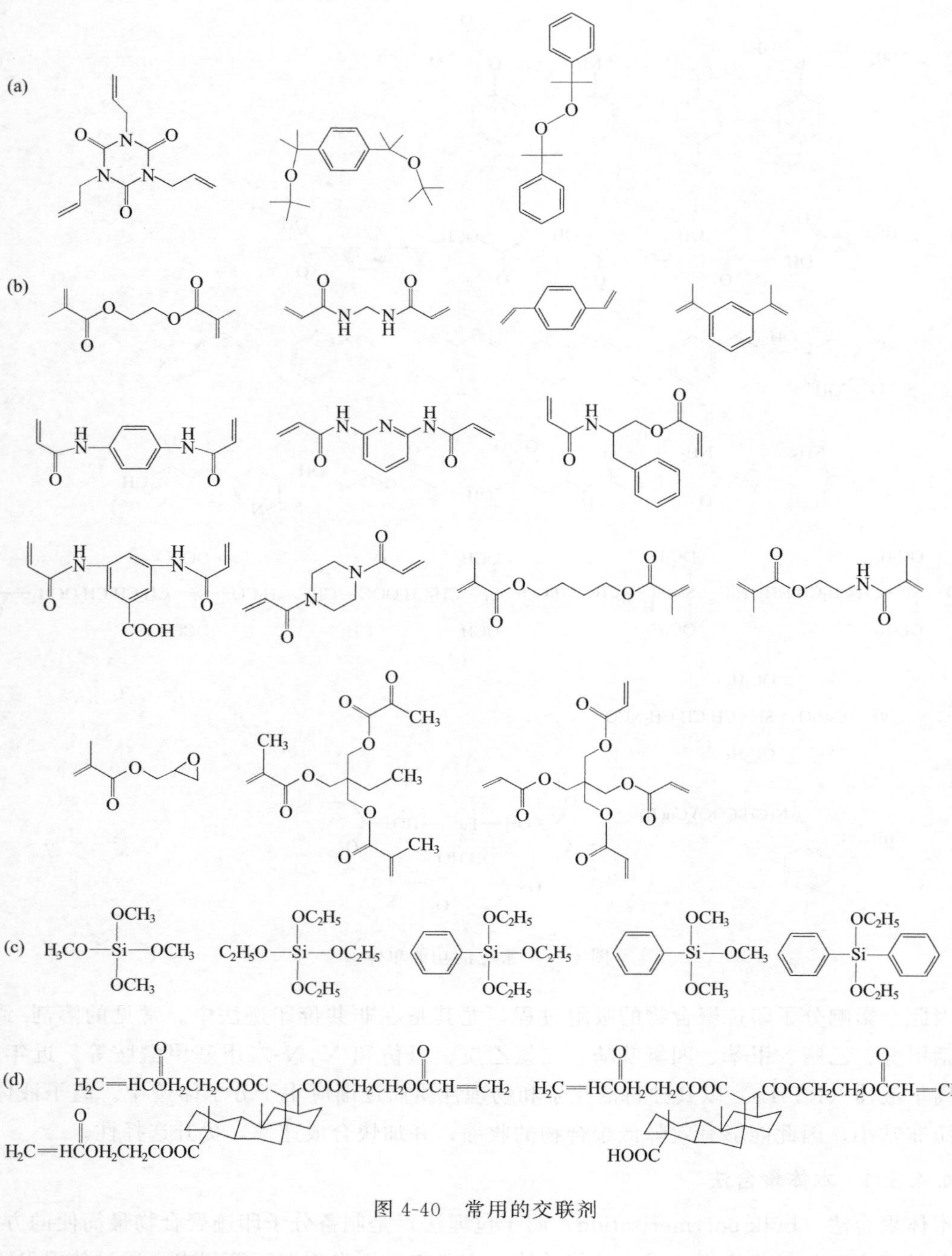

图 4-40　常用的交联剂

4.4.3.2　悬浮聚合法

悬浮聚合法（suspension polymerization）是将模板分子、功能单体、交联剂溶解于有机溶剂中，然后将混合溶液加入溶有稳定剂的水相或者其他强极性溶剂中形成悬浊液滴，最后在均匀搅拌的条件下引发聚合，如图 4-43。在此体系中，分散质在水流的剪切力和吸附于表面的分散剂的保护作用下成为颗粒均匀的液滴，然后由疏水性引发剂引发单体聚合，从而获得粒径较为均一的球形分子印迹聚合物，微球粒径大约在 $10 \sim 100 \mu m$。该方法制备过

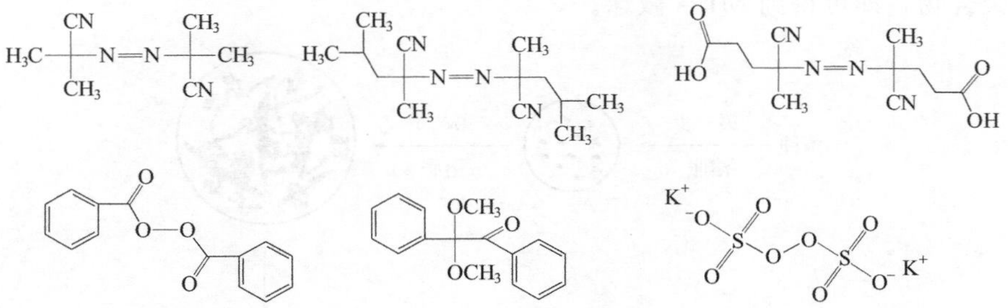

图 4-41　常见的引发剂

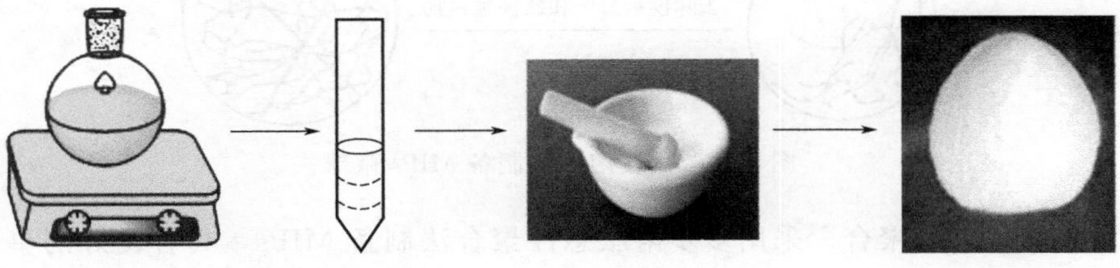

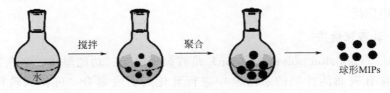

聚合　　　　　离心　　　　　研磨　　　　　过筛

图 4-42　本体聚合制备示意图

程简单，周期短，不需要烦琐的后续处理，由于悬浮法可制 MIP 的粒径大小可应用于作为 HPLC 和 SPE 填料。此类技术可以通过调控反应的搅拌速率和有机相-水相的比例来达到控制微球粒径的目的。由于在制备过程中使用的分散剂通常是水或者强极性溶剂，会对以氢键为作用力的印迹材料有干扰，影响功能单体和模板分子的识别。为了克服水或高极性溶剂的干扰，Mosabach 研究小组采用全氟化碳为分散剂，用表面活性剂（全氟代高聚物）为稳定剂，取代传统的有机相-水相，得到粒径在 $5\sim50\mu m$ 的 MIPs 微球。同时他们把该 MIPs 用于 α-天冬氨酰苯丙氨酸甲酯产物的提纯中，得到了很好的识别效果。但全氟烃易燃且价格昂贵，因此该项制备技术并不适用于工业生产。在悬浮聚合反应体系中，由于水的极性过强会削弱模板分子与功能单体之间的氢键作用，阻碍识别性孔穴的形成，影响最大吸附容量和印迹效果，因此该方法成功率较低。根据反应步骤的不同，悬浮聚合可分为多步溶胀悬浮聚合和种子溶胀悬浮聚合两类。

水　　　搅拌　　　　　聚合　　　　　　　球形MIPs

图 4-43　悬浮聚合法示意图

（1）多步溶胀悬浮聚合。1994 年，Haginaka 小组首次用两步溶胀法制备了 MIPs 微球，过程如图 4-44。第一步先通过乳液聚合制备单分散的聚苯乙烯纳米粒子（50~500nm），以此作为下一步溶胀的种子；第二步将种子粒子分散到功能单体、交联剂、致孔剂及稳定剂的混合溶液中进行二次溶胀；加入模板分子后引发聚合反应，产物为球形聚合物；除去模板分子及线性聚合物，即可得到 MIPs 微球。

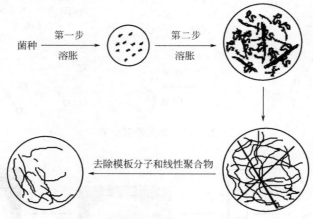

图 4-44　两步溶胀法制备 MIPs 微球

（2）种子溶胀悬浮聚合。采用多步溶胀悬浮聚合法制备 MIPs，具有良好的单分散性和分子识别性，但是此方法制备烦琐，周期长。成国祥等人采用种子悬浮聚合方法，以粒径为 1μm 的聚苯乙烯微球为种子粒子、三羟甲基丙烷丙烯酸酯为交联剂、甲基丙烯酸和丙烯酰胺为功能单体、L-苯丙氨酸和 L-酪氨酸为模板分子，制备了粒径均一且分散性良好的 MIPs，对模板分子显示了一定的选择性。

两种聚合方法都是在水溶液中进行的，制备的聚合物可以用于极性环境中，满足了实际应用的要求。

4.4.3.3　沉淀聚合法

沉淀聚合法（precipitation polymerization）又称为非均相溶液聚合法，即在反应前将模板分子、功能单体、交联剂和引发剂按一定比例溶于分散剂中，通过热或是光引发聚合，所得的聚合物在溶剂中达到饱和产生沉淀，所制备的印迹聚合粒度均匀且较小，微球粒径大约在 0.2～2μm。此种制备方法不需要额外加入表面活性剂或稳定剂，并且产物表面不会黏附大量的表面活性剂，大大地减少了非特异性吸附的存在。采用沉淀聚合法可以制得尺寸更均匀的 MIPs 微球，这是因为在浓度较低的反应溶液中，聚合物的链增长过程不会发生重叠团聚，随着聚合物逐步形成，MIPs 微球就会从溶液中沉淀出来。此外，产物微球通常是纳米级别，比表面积比较大。该方法操作简单，颗粒均匀，不需要研磨，对目标分子有很好的识别能力，应用广泛。

4.4.3.4　乳液聚合法

乳液聚合法（emulsion polymerization）是将模板分子、功能单体、交联剂溶解于有机溶剂后，加入含有表面活性剂的水溶液中进行乳化后引发聚合，可得到粒径比较均一的 MIPs。聚合物粒径在 50～500nm 之间，但是由于表面活性剂的使用，导致产物纯化困难，限制了乳液聚合的应用。以乳液聚合法制备 MIPs，不仅产物的产率高且单分散性良好，但是受 O/W 型微乳液体系或 W/O 微乳液体系中表面活性剂的影响较大。通过多步骤溶胀法（又称种子聚合法）可制备粒径可控的球形 MIPs，以该法制备的 MIPs 颗粒尺寸和形状相对更均匀，也非常适合于色谱应用。然而，多步法也存在耗时等缺点，并且聚合过程中使用的水相悬浮液也可能干扰印迹过程并导致 MIPs 的识别性能较差。相比于本体聚合，沉淀聚合需要的有机溶剂用量更大，反应条件也更苛刻，这主要是因为聚合溶剂的极性、聚合温度和搅拌速度等因素对聚合物粒径的影响较大。该方法的显著优点是比表面积大，制备的微球单分散性好，粒径分布范围窄，由于聚合反应在水相中发生，可印迹水溶性分子。

4.4.3.5 原位聚合法

原位聚合法（in situ polymerization）是将反应单体或是预聚物全部加入分散相中进行交联聚合，是一种通过改变聚合物在分散相中溶解/分散过程来控制聚合物形貌的方法。在分子印迹技术中主要应用其来制备整体柱和印迹膜，方法是把反应体系（模板分子、功能单体、交联剂、引发剂、制孔剂、溶剂）按比例装入色谱柱内或者倾倒在两块基板之间，进行交联聚合，最终得到连续的分子印迹整体柱或分子印迹膜，如图 4-45 所示。该方法的主要优点是制备方法简单，合成的印迹聚合物连续均一，无烦琐的后处理步骤，分离效果好。

原位聚合法也被称为整体柱法，指在色谱柱上或者管内直接制备 MIPs 固定相的方法。原位聚合法有以下特点：①在柱内直接形成固定相，免除了填装柱子的步骤，也提高了产品利用率；②可通过调节致孔剂的组成控制微孔尺寸进而改善分离效率和提高柱子渗透性；③不具有在电场中可移动的带电粒子；④柱子使用寿命长；⑤通过共价键的作用，聚合物整体牢牢地结合在毛细管内壁，不会因为压力和电泳运动轻易从柱上脱落。Matsu 等人首次在不锈钢管中直接制备了连续棒状的 MIPs，并将其应用在色谱分离领域。制备的分子印迹聚合物色谱柱具有一定的选择性，而柱效和分离度却不高。Lin 等在内径为 4.6mm 的不锈钢柱中以甲基三甲氧基硅烷为前驱体，经溶胶-凝胶过程制得大孔硅胶柱，然后对柱子功能基化后，将模板分子 BSA 或 LYZ，功能单体 AM 和引发剂 APS 组成的预聚合溶液以 0.05mL/min 的流速通过硅胶柱，经聚合制备得到分子印迹复合硅胶整体柱，柱子的分离性能和柱效率都很高，展现出了良好的色谱性能。

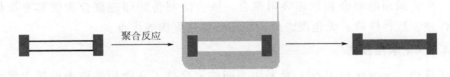

图 4-45　原位聚合法示意图

4.4.4　表面分子印迹技术

传统的制备方法可得到球形的 MIPs，识别位点分布不均，除一部分在孔壁上外，大都包埋在聚合物的内部，因此洗脱困难，内部扩散阻力的存在还会使得模板分子与印迹位点之间的再结合变得困难，再结合速率慢，效率低，影响分子印迹聚合物的吸附容量，同时残留在聚合物内部的模板分子会慢慢脱附，造成模板渗漏的问题，给实际样品中的痕量检测带来极大的干扰和误差；聚合得到的高度交联的聚合物往往要经过粉碎研磨，导致颗粒形状不规则且粒径分布较广；色谱性能和极性稳定性能较差。在这种背景下，表面分子印迹技术应运而生。通过表面分子印迹技术得到的表面分子印迹聚合物（surface molecularly imprinted polymers，SMIPs），是采用一定的措施把大部分结合位点局限在固相基质材料的表面或接近其表面上，来提高模板分子的洗脱效率和材料对待测物的结合速率，如图 4-46 所示。因此具有以下优点：①底物分子能够更容易地接近识别位点，降低了两者之间的结合能；②模板分子更容易洗脱，减少了洗脱时间；③减小了传质阻力，改善了传质效率；④通过载体基质可以获得粒径较为均一且大小形状可控的印迹聚合物；⑤提高了印迹聚合物的机械性能和热稳定性能。由于表面分子印迹技术解决了分子印迹材料的部分问题、拓宽了应用范围，其工艺和技术手段发展迅速。根据印迹位点的不同，表面分子印迹技术主要分为两种：印迹位点处于载体表面薄层中和严格处于材料的表面两种。表面分子印迹材料按照制备方法的不同，可以分为三大类：牺牲载体法、聚合加膜法和化学接枝法。

生物载体　聚合　删除模板　重新绑定模板

图 4-46　表面分子印迹示意图

4.4.4.1　牺牲载体法

牺牲载体法（sacrifice carrier method）被称为真正意义的表面印迹，这种方法的思路是将印迹的分子即模板分子连接到某一载体基质的表面，模板分子和基质之间的连接可以通过物理作用或者形成化学键的方式，然后将载体基质置于聚合体系中进行聚合反应，接下来使用合适的化学溶剂将载体基质（牺牲材料）溶蚀掉，将模板分子从印迹孔穴中洗脱完全，于是制备得到在表面留有结合位点的表面分子印迹材料。

4.4.4.2　聚合加膜法

聚合加膜法（aggregation and membrane method）是指直接在固相基质表面形成分子印迹聚合物膜。厚度比较薄（常在 100nm）时，由于结合位点非常接近膜的表面，使得分子的迁移和结合速率加快，减少包埋现象。常用的固相载体有玻璃电极、铂电极和二氧化硅等，聚合方法常采用电聚合和物理吸附聚合。该方法制备的印迹聚合物膜具有操作比较简单、通用性强、选择性高、无包埋、分析物质迁移速度快等优点。

4.4.4.3　化学接枝法

化学接枝法（carrier method）是采用不同的聚合技术在固相基质表面接上聚合物，再通过洗脱模板分子使载体外层或表面上留有识别位点。接枝聚合在分子印迹领域发展得尤为快速。已发展出各种分子印迹膜和核-壳分子印迹。在核-壳分子印迹中常用的载体为新型纳米颗粒。而常被用作核层颗粒的物质有 SiO_2 微球、磁性 Fe_3O_4 微球、壳聚糖、纳米 TiO_2、聚苯乙烯微球、量子点等。这些颗粒作为"核"载体，添加交联剂和引发剂，在核粒子表面引发聚合，就能在"核"的表面形成一层具有选择性的分子印迹壳。通过这种方法可以得到粒径大小比较均匀的核-壳印迹微球，得到的核－壳印迹聚合物的"核"可以为印迹微球提供良好的粒径范围和机械强度，此外还能赋予印迹微球一般不具备的性能，如磁性等。

4.4.5　磁性分子印迹材料

将磁性粒子结合分子印迹技术，合成一种新型功能材料即磁性分子印迹聚合物（magnetic molecularly imprinted polymer，MMIPs）能克服分子印迹聚合物吸附目标物后分离需要离心或过滤等分离较难及烦琐的步骤。磁性分子印迹聚合物的特点：

① 优异磁性能：利用外磁场可以快速分离，替代原有的离心分离、填充柱等繁杂的步骤；

②性质稳定：在磁性材料表面包裹一层性质稳定的物质，可以增强磁性粒子的耐腐蚀性；

③可修饰性：在磁性表面修饰可以增强易于印迹反应的功能基团，如—OH、—NH₂、—COOH等；

④专一识别性：磁性印迹聚合物在其表面具有大量的与印迹分子结构相同的空腔，可以对目标分子进行专一性识别，达到分离富集的效果；

⑤超顺磁性：由于Fe_3O_4具有优良的超顺磁性，所以当磁性印迹聚合物存在于磁场时，能够快速分离，当离开磁场时，又达到均匀分散的效果。

制备MMIPs一般包括四个步骤：一是合成表面修饰的磁性纳米粒子；二是使模板分子与功能单体先预聚合；三是向上述预聚合溶液中加入修饰过的磁性纳米粒子，加入引发剂、交联剂，一定条件下得到MMIPs；四是从聚合物中去除模板分子，MMIPs中便存在与模板分子完全匹配的空穴，从而对模板分子具有特异性识别能力。MMIPs不仅具有分子印迹聚合物的特性：预定性、识别性、高选择吸附性和实用性，而且还具有兼具磁性纳米粒子良好的超顺磁性，因此外加磁场条件下，MMIPs可快速从溶液中分离出来。按磁性纳米粒子与分子印迹材料的结合方式不同，可以将磁性分子印迹材料分为核-壳结构磁性和磁性修饰的分子印迹材料两种（如图4-47）。

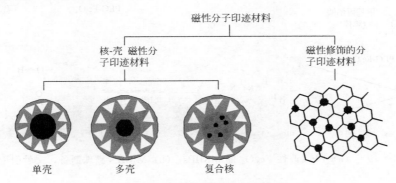

图4-47 磁性分子印迹材料分类

4.4.5.1 核-壳结构磁性分子印迹聚合物

核-壳结构磁性分子印迹材料的结构一般分为单壳、多壳两类。如图4-48所示。单壳结构分子印迹聚合物是将印迹聚合物直接包覆在磁性载体表面。多壳结构先将磁性材料以其他材料包覆，之后再用印迹聚合物进行再包覆，也就是印迹聚合物与磁性材料间有"夹层"，"夹层"的存在保证了磁性材料包埋完全，不易泄漏，且识别位点位于颗粒表面的分子印迹层，能够快速高效地与模板分子结合。

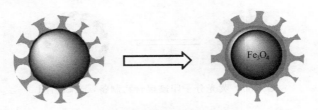

图4-48 磁性分子印迹聚合物核-壳微球的不同类型

Zhang 等人在聚乙二醇修饰的 Fe_3O_4 的表面进行聚合，得到单壳 MMIPs，并成功地将其应用在对环境水样中三嗪类农药的提取中。具体制备过程如图 4-49，在制备过程中采用微波引发聚合，缩短了聚合时间、提高了制备效率。文献中还报道了利用硅凝胶在 Fe_3O_4 粒子表面通过半共价作用制备以雌酮为模板分子的单壳 MMIPs。多壳 MMIPs 的制备步骤比单壳 MMIPs 复杂，但是通过多层的包裹可以提高磁性材料的稳定性，使磁性材料不易泄漏。多壳 MMIPs 在磁性材料和聚合物之间还有一层材料，可根据中间层材料的性质来提升材料的性能。

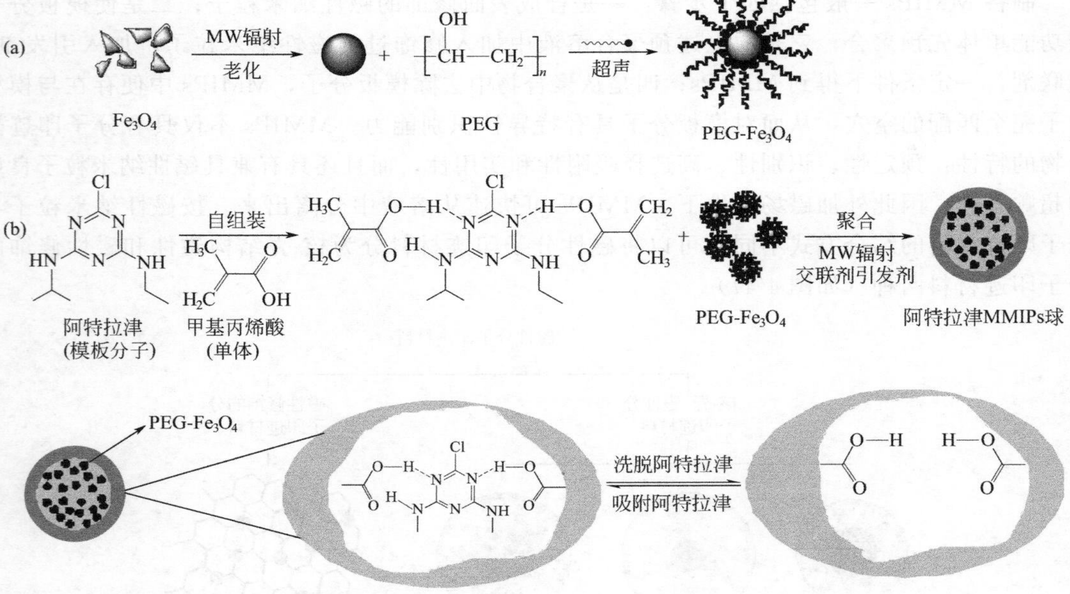

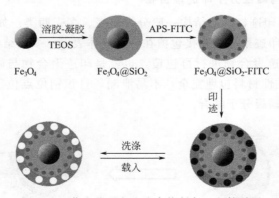

图 4-49　(a) PEG 改性 Fe_3O_4 的 MMIPs；(b) MMIPs 磁珠制备，文献引用

Li 等人在 Fe_3O_4 纳米粒子表面包裹硅胶后，修饰荧光分子-异硫氰酸荧光素；再通过表面聚合得到以双酚 A 为模板分子的荧光 MMIPs，具体制备过程如图 4-50。

图 4-50　荧光分子印迹聚合物制备，文献引用

Lin 等以雌二醇 E2 作为模板分子，制备了磁性多功能印迹材料（mag-MFMIP），制备过程如图 4-51 所示，实现了对环境水体中的雌激素的分离检测，结果表明，磁性印迹材料

对雌激素三醇 E3、双酚 A、雌二醇的回收率分别为 72.2%～92.1%、89.3%～96.0% 和 93.3%～102%，相对标准偏差低于 7.0%。

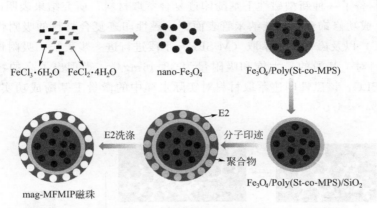

图 4-51　磁性纳米材料制备过程示意图，文献引用

廖文龙研究了自组装磁性分子印迹聚合物的制备及其对土壤中苯并（a）芘（BaP）的选择性吸附，将磁性纳米材料与分子印迹技术结合制备了以 BaP 为模板分子的磁性分子印迹聚合物，并将其用于土壤提取液中 BaP 的分离净化，对吸附条件进行优化后，用等温吸附模型对实验数据进行拟合，发现吸附过程符合 Freundlich 模型（$R^2=0.992$），根据 Langmuir 模型计算得出 MMIPs 的最大吸附容量为 117.65ng/mg。结合高效液相色谱-荧光检测器对土壤中 BaP 进行测定，三种土样的加标回收率在 83.0%～102.8% 之间，相对标准偏差低于 7.2%，MMIPs 的制备流程以及 MMIPs 用于土壤提取液中 BaP 的磁固相萃取流程见图 4-52。

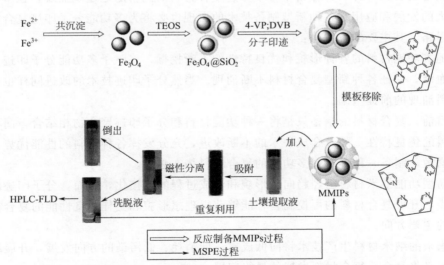

图 4-52　MMIPs 的制备流程以及 MMIPs 用于土壤
提取液中 BaP 的磁固相萃取流程

4.4.5.2　磁性修饰的分子印迹材料

磁性修饰分子印迹材料根据基底材料不同，可分为纳米管和薄膜材料两种。Zhang 等人

利用溶剂热法制备了磁性碳纳米管后，在其表面通过表面聚合技术制得牛血清蛋白的磁性碳纳米管-MIPs（制备过程如图 4-53）。尹玉立采用聚苯胺包覆的磁性碳纳米管为基质，壬基酚为模板分子制备了一种新型磁性壬基酚印迹复合萃取材料。研究结果表明印迹层（厚度约为 60～70nm）成功修饰到磁性碳纳米管表面。该磁性印迹复合材料的吸附性能通过高效液相色谱（HPLC）以及磁性固相萃取（M-SPE）手段进行进一步表征，吸附试验结果表明磁性印迹复合材料对壬基酚的最大饱和吸附量为 38.46mg/g，表现出了高的特异性选择吸附能力。结合 HPLC，该磁性印迹萃取材料对实际水样中的微量壬基酚成功实现了分离富集，回收率为 90.0%～94.0%。

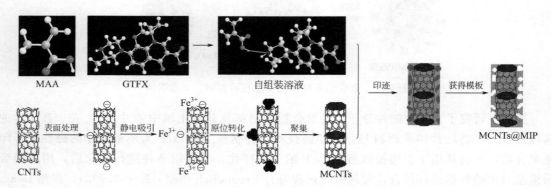

图 4-53　MCNTs@MIPs 的合成路线，文献引用

多功能分子印迹复合材料集多种材料的优良性能为一体，赋予功能材料特异的分子识别能力，在生物、环境、能源和材料等领域表现出了广阔的发展前景。随着科技的进步，功能纳米材料制备的日新月异，各种新型分子印迹复合材料的制备随之逐步涌现，在多种应用领域获得极大的发展和应用。各种新型制备技术的出现也必将为多功能分子印迹复合材料的制备提供新思路。其主要的方向为：

（1）随着功能材料的各种形貌和优良特性的不断挖掘，将赋予多功能分子印迹复合材料以新鲜的血液，保证各种新型复合材料不断涌现。当然分子印迹技术的改进同样也是保证新型复合材料涌现的前提基础。

（2）目前，复合材料的制备只是将一种功能材料和分子印迹聚合物相结合，简单地兼容了两种材料的优良特性。随着合成技术的不断改进，充分发挥各种材料的性能优势，协调互补，互相增敏，制备一种多材料多功能的复合材料势在必行。

（3）新型功能纳米材料已经趋向于形貌和合成过程的可控化，然而，分子印迹的可控合成刚刚起步，开展复合材料的可控制备，能够获得理想形貌和更佳优良性能的复合材料也是今后发展的主要方向。

（4）未来的纳米材料生产技术将向低成本、低消耗、低污染的方向发展，开展绿色环保的制备技术必将是今后复合材料发展的最终归属。

我们有理由相信多功能分子印迹复合材料能够适应当前科研发展和实际应用的需要，是今后纳米技术发展的主要方向之一，在生命科学、医学、环境等研究领域呈现出极其重要的应用价值。表 4-6 总结了磁性分子印迹纳米材料与其他材料在食品及环境分析中的应用对比。

表 4-6　磁性分子印迹纳米材料与其他材料在食品及环境分析中应用对比

分析物	分析方法	样品	线性	LOD	LOQ	回收率/%	RSD/%	检测方法
4-壬基酚	MMIP-SPE	水样	0.1～200μg/mL	0.15ng/mL	—	88～98	<5.1	HPLC/UV
	GO-CS/GCE	水样	0.01～40μmol/L	5.2nmol/L	—	95～101	—	CV-DPV
丙烯酰胺	MMIP-GO	薯片、饼干、油炸方便面	—	15μg/kg	49.5μg/kg	86～94	<4.8	HPLC/UV
	MDMINP	薯片	1～1000μg/kg	0.35μg/kg	0.90μg/kg	94～98	<2.6	HPLC/UV
黄曲霉毒素	MDMIP	玉米	2～12μg/kg	0.05μg/kg		75～94	<6	UHPLC-MS/MS
	磁性-SPE	谷类食品	0.04～15μg/L	13～41ng/L		93.5		HPLC/FLD
革兰氏阴性菌群	MMIP-GCE	细菌上清液	2.5～100nmol/L	0.8nmol/L		96～103	<2.7	CV-DPV
油酸芽孢杆菌	MMIP-μ-SPE	橄榄油	10～1000μg/L	3.2μg/L		95～99	<7.5	GC-MS
双酚A	MMINP-d-SPE	水、橙汁	0.05～4mmol/L	0.3ng/mL	1ng/mL	93～105	<5	DPV
	MMIP-d-SPE	河水	10～200ng/L	5pg/mL	10pg/mL	96～101	<7.7	HPLC/FLD
	MMIP-GCE-GO	矿泉水、牛奶	0.006～20μmol/L	0.003μmol/L		96～106	3.4	CV-DPV
	MNP/RGO-GCE	塑料	0.06～11μmol/L	0.017μmol/L		97～109	2.6	DPV
	WC-TMMIP	海水	0.1～14.5μmol/L	0.02μmol/L	—	—	<4.3	HPLC/UV
氨基甲酸酯	MMIP-CNT	水果	0.29～290mg/kg	9.7～12μg/kg	32～39μg/kg	90～98	<9.6	HPLC/UV
	CPE	水果	0.10～10mg/kg	10～100μg/kg		79～102	<7.7	HPLC/UV
多菌灵	MMIP-SPE	卷心菜、生菜、番茄、花椰菜、豇豆	2～1000ng/mL	3pg/mL		90～109	<5	UHPLC
	SPE	橙子	0.15～0.60mg/kg	0.10mg/kg	0.52mg/kg	31～55	<7	光度法
橘霉素	MMIP-SPE	大米	25～100μg/kg	0.7μg/kg	2.3μg/kg	94～98	<3.4	HPLC/DAD
	MISPE	米粉	5～100μg/L	0.5μg/kg		86～97	<3.8	HPLC/DAD
Cu	MMIP	水	5～1000μg/L	0.5μg/L		>96	<3.4	FAAS
	MISPE	海水	0.4～25μg/L	0.4μg/L			3.6	FAAS
姜黄素	MMIP-MWCNT	姜、咖喱粉	—	1.31μg/mL	4.38μg/mL	79～88	<4.2	UV-Vis
	CCT-CPE	尿液	0.22～100mg/L	0.066μg/mL		101	2.7	HPLC
二嗪农	MMIP-d-SPME	番茄、黄瓜、苹果	0.07～30μg/L	0.02μg/L	0.07μg/L	96～104	<3.8	HPLC/UV
	MISPME	水黄瓜	4～160μg/L	0.048μg/L	—	81～113	5.4	GC/NPD
己烯雌酚	MMIP	牛奶、水	10.4～29.8ng/mL	0.01～8μg/mL	3.6～9.5μg/mL	67～93	<6.4	HPLC/DAD
	MISPME	牛奶	7.5～200μg/L	2.5～3.3μg/L	8.7～9.4μg/L	83～90	<8.9	HPLC/UV
红霉素	MMIP	猪肉、鱼、虾	0.05～10μg/g	0.015～0.2μg/g	0.05～0.5μg/g	89.1	<12.4	HPLC/UV
	MISPE	饲料	0.98～100μg/g	0.35μg/g	—	77～95	<7.6	HPLC/UV

分析物	分析方法	样品	线性	LOD	LOQ	回收率/%	RSD/%	检测方法
六亚甲基四胺	MMIP-SPE	牛奶	1~50μg/L	0.3μg/kg	1μg/kg	88~111	<11.5	GC-MS/MS
	SPE	奶酪、零食	1~100μg/mL	0.3mg/kg	1mg/kg	91~103	<5.3	HPLC
对苯二酚	MMIP	水	0.2~10μg/L	79ng/L	—	99~105	2.3	FI-CL
	GO-GCE	水	0.31~13.1μmol/L	0.1μmol/L	—	97~103	<2.4	CV-DPV
孔雀石绿	MMIP	鱼	2~1000μg/L	0.71μg/kg	—	82~111	<12.8	HPLC
	MMIP	鱼	0.29~290μg/kg	7.3ng/kg	—	77~101	<9.1	ECL
	MMIP	鱼	0.01~1000μg/L	0.1μg/L	—	85-106	<4.7	ELISA
微囊藻毒素	MMIP-SPE	水	0.1~500ng/L	0.03~0.61ng/L	0.1~0.2ng/L	84~98	<7.2	LC-MS/MS
	DLLME	自来水、河水	1~50μg/L	3~5ng/L	—	45~109	<10.5	LC-MS/MS
酞酸酯类	MMIP-SPE	水	0.035~12.2μg/L	1.6~5.2ng/L	5.3~17.3ng/L	86~103	<6.7	GC-MS
	磁性 SPE	水	0.5~100μg/L	6~68ng/L	—	91~113	<11.7	GC-MS
原儿茶酸	HPMMIP	S. aromaticum	1~100μg/mL	0.4μg/mL	0.9μg/mL	94~101	<6	HPLC
	MISPE	红葡萄酒	0.1~4.5mg/mL	0.1~0.4mg/mL	—	—	<8.1	HPLC
槲皮素	MMIP	金盏菊	113~3840μg/L	32.66μg/L	117.82μg/L	82~95	<7	HPLC/DAD
	MMIP	葡萄酒	0.04~1.4μg/mL	1.05μg/L	3.49μg/L	75~81	<4.2	光度法
	CPE	软粉彩、肥皂	5~550ng/mL	1.3μg/L	—	96~103	<2.4	UV-Vis
苏丹红	MMIP-SPE	辣椒粉	0.01~10μg/L	1.8~5.7ng/g	6~21.2ng/g	74~93	<6.4	HPLC/UV
	ILPM	辣椒粉	0.05~4μg/g	4~14ng/g	—	92~106	<5.7	HPLC
三嗪	MMIP-SBSE	土壤	1~50μg/L	3.6~7.5ng/g	—	—	<15	HPLC/U
	DWC-MIP-SPE	水	50~1000μg/L	3.2~8.6ng/g	—	69~95	<3.9	HPLC

参考文献

[1] Kang K, Choi J, Nam J H, et al. J Phys Chem B, 2009, 113 (2): 536.

[2] Shao D, Xia A, Hu J, et al. Colloids Surf A, 2008, 322 (1-3): 61.

[3] RenY, Abbood H A, He F, et al. Chem Eng J, 2013, 15: 300.

[4] Feng G, Jiang L, Wen P, et al. Analyst, 2011, 136 (22): 4822.

[5] Zhang Y, Su Z, Li B, et al. ACS Appl Mater Interfaces, 2016, 8 (19): 12344.

[6] Ding H L, Zhang Y X, Wang S, et al. Chem Mater, 2012, 24 (23): 4572.

[7] Stjerndahl M, Andersson M, Hall H E, et al. Langmuir, 2008, 24 (7): 3532.

[8] 冯雪凤, 金卫根, 刘芬, 等. 无机盐工业, 2008, 40 (12): 12.

[9] Huang X L, Li L L, Liu T L, et al. ACSNano, 2011, 5 (7): 5390.

[10] Zhu Y, Kaskel S, Shi J, et al. Chem Mater, 2007, 19 (26): 6408.

[11] Martln-Saavedra F M, Rulz-Hernandez E, BoreA, et al. ActaBiomater, 2010, 6 (12): 4522.

[12] Zhang L, Qiao S Z, Cheng L, et al. Nanotechnol, 2008, 19 (43): 435608.

[13] Zhang T R, Ge J P, Hu Y X, et al. Angew Chem Int Ed, 2008, 47 (31): 5806.

[14] Feng J, Song S Y, Deng R P, et al. Langumar, 2010, 26 (5): 3596.

[15] Hoffmann F, Fröba M. Chem Soc Rev, 2011, 40: 608.

[16] Burkett S L, Sims S D, Mann S. Chem Commun, 1996, 0: 1367.

[17] Suteewong T, Sai H, Lee J, et al. J Mater Chem, 2010, 20 (36): 7807.

[18] Yoon S B, Kim J Y, Kim J H, et al. J Mater Chem, 2007, 17 (18): 1758.

[19] Nooney R I, Thirunavukkarasu D, ChenY, et al. Langmuir, 2003, 19 (18): 7628.

[20] Anderson M T，Martin J E，Odinek J G，et al. J Chem Mater，1998，10（1）：311.

[21] Fotouhi M，Seidi S，Shanehsaz M，et al. J Chromatogr A，2017，1504：17.

[22] Noorbakhsh A，Alnajar A I K. Micrchem J，2016，129：310.

[23] He X，Wang G N，Yang K，et al. Food Chem，2017，221：1226.

[24] Mahpishanian S，Sereshti H. J Chromatogr A，2017，1485（17）：32.

[25] Yang H，Li F，Shan C，et al. J Chem Mater，2009，19（26）：4632.

[26] Wang S，Chia P J，Chua L L，et al. Adv Mater，2008，20（18）：3440.

[27] Lomeda J R，Doyle C D，Kosynkin D V，et al. J Am Chem Soc，2008，130（48）：16201.

[28] Stankovich S，Piner R D，Nguyen S T，et al. Carbon，2006，44（15）：3342.

[29] Lee S H，Dreyer D R，An J，et al. Macromol Rapid Commun，2010，31（3）：281.

[30] Salavagione H J，Gomez M A，Martínez G. J Macromolecules，2009，42（17）：6331.

[31] Shen J，Hu Y，Li C，et al. Small，2009，5（1）：82.

[32] 李宁，张琦，张庆庆，等. 高等学校化学学报，2013，34（1）：50.

[33] Xu Y，Bai H，Lu G，et al. J Am Chem Soc，2008，130（18）：5856.

[34] Xu Y，Wang Y，Liang J，et al. Nano Res，2009，2（4）：343.

[35] Yang X，Zhang X，Liu Z，et al. J Phys Chem C，2008，112（45）：17554.

[36] 张龙姣，张阳德，申玉璞，等. 生物学杂志，2014，3：60.

[37] Patil A J，Vickery J L，Scott T B，et al. Adv Mater，2009，21（31）：3159.

[38] Liang Y，Wu D，Feng X，et al. Adv Mater，2009，21（17）：1679.

[39] Yang Q，Pan X，Huang F，et al. J Phys Chem C，2010，114（9）：3811.

[40] Zhu Y，Tour J M. Nano Lett，2010，10（11）：4356.

[41] Valles C，Drummond C，Saadaoui H，et al. J Am Chem Soc，2008，130（47）：15802.

[42] Su J，Cao M，Ren L. J Phys Chem C，2011，115（30）：14469.

[43] Yang X，Zhang X，Ma Y，et al. J Mater Chem，2009，19（18）：2710.

[44] Wei H，Yang W，Xi Q. Mater Lett，2012，82（9）：224.

[45] Metin O，Aydogan S，Meral K. J Alloys Compd，2014，585（6）：681.

[46] 杨永岗，陈成猛，温月芳，等. 新型炭材料，2008，23（3）：193.

[47] Ren L，Huang S，Fan W，et al. Appl Surf Sci，2011，258（3）：1132.

[48] Shen J，Hu Y，Shi M，et al. J Phys Chem C，2010，114（3）：1498.

[49] Kyzas G Z，Travlou N A，Kalogirou O，et al. Mater，2013，6（4）：1360.

[50] Cong H P，He J J，Lu Y，et al. Small，2010，6（2）：169.

[51] Cong H P，Ren X C，Wang P，et al. ACS Nano，2012，6（3）：2693.

[52] Chandra V，Park J，Chun Y，et al. ACS Nano，2010，4（7）：3979.

[53] Zhu J，Wei S，Gu H，et al. Environ Sci Technol，2011，46（2）：977.

[54] Bhunia P，Kim G，Baik C，et al. Chem Commun，2012，48：9888.

[55] Hu X J，Liu Y G，Wang H，et al. Sep Purif Technol，2013，108（19）：189.

[56] He F，Fan J，Ma D，et al. Carbon，2010，48（11）：3139.

[57] Fan L，Luo C，Sun M，et al. J Mater Chem，2012，22：24577.

[58] Liu M，Chen C，Hu J，et al. J Phys Chem C，2011，115（51）：25234.

[59] Liu M，Wen T，Wu X，et al. Dalton Trans，2013，42：14710.

[60] Wu Q，Feng C，Wang C，et al. Colloid Surf B，2013，101（1）：210.

[61] Zhou L，Deng H P，Wan J L，et al. Appl Surf Sci，2013，283（15）：1024.

[62] 张燚，陈彪，杨祖培，等. 物理化学学报，2011，27（5）：1261.

[63] Sun D P，Zou Q，Qian G Q，et al. Acta Mater，2013，61（15）：5829.

[64] Chen D，Ji G，Ma Y，et al. ACS Appl Mater Interfaces，2011，3（8）：3078.

[65] Wang Y，Zhang H，Hu R，et al. J Alloys Compd，2017，693（5）：1174.

[66] 肖力光，庞博. 人工晶体学报，2018，47（2）：121.

［67］ Liu Y，Shi Y D，Liu X，et al. Appl Surf Sci，2017，396（28）：58.

［68］ 罗春平，朱承龙，彭于怀，等 . 化工新型材料，2016，44（8）：159.

［69］ Chen T，Qiu J，Zhu K，et al. J Mater Sci：Mater Electron，2014，25（9）：3664.

［70］ Luo X. B，Wang C C，LuoS L，et al. Chem Eng J，2012，187（1）：45.

［71］ Nandi D，Gupta K，Ghosh A K，et al. J Nanopart Res，2012，14：149.

［72］ Chandra V，Park J，Chun Y，et al. ACS Nano，2010，4（7）：3979.

［73］ Sheng G，Li Y，Yang X，et al. RSC Adv，2012，2：12400.

［74］ Zhu J，Sadu R，Wei S，et al. ECS J Solid State Sci Technol，2012，1（1）：1.

［75］ Zhu J，Wei S，Gu H，et al. Environ Sci Technol，2011，46（2）：977.

［76］ Cong H P，Ren X C，Wang P，et al. ACS Nano，2012，6（3）：2693.

［77］ Li L，Fan L，Sun M，et al. Colloids Surf B，2013，107（7）：76.

［78］ Liu M，Chen C，Hu J，et al. J Phys Chem C，2011，115（51）：25234.

［79］ Yang X，Chen C，Li J，et al. RSC Adv，2012，2：8821.

［80］ Li J，Zhang S，Chen C，et al. ACS Appl Mater Interfaces，2012，4（9）：4991.

［81］ Liu M，Wen T，Wu X，et al. Dalton Trans，2013，42：14710.

［82］ Zhang W，Shi X，Zhang Y，et al. J Mater Chem A，2013，1：1745.

［83］ Luo X B，Wang C C，Luo S L，et al. Chem Eng J，2012，187（1）：45.

［84］ Fang Q，Zhou X，Deng W，et al. Chem Eng J，2017，308（15）：1001.

［85］ Kang B K，Lim S B，Yoon Y，et al. J Environ Manag，2017，201（1）：286.

［86］ Vu H C，Dwivedi A D，Le T T，et al. Chem Eng J，2017，307：220.

［87］ Sherlala A I A，Raman A A，Bello M M. IOP Conf Ser Mater Sci Eng，2017，210：1757.

［88］ Chen D，Zhang H，Yang K，et al. J Hazard Mater，2016，310：179.

［89］ Liu S B，Wang H，Chai L Y，et al. J Colloid Interface Sci，2016，478：288.

［90］ Tadjarodi A，Moazen Ferdowsi S，Zare-Dorabi R，et al. Sonochem，2016，33：118.

［91］ Wang Y H，Li L L，Luo C N，et al. Int J Biol Macromol，2016，86：505.

［92］ Xiao W，Yan B，Zeng H，et al. Carbon，2016，105：655.

［93］ Zhang L，Luo H J，Liu P P，et al. Int J Biol Macromol，2016，87：586.

［94］ Zare-Dorabei R，Ferdowsi S M，Barzin A，et al. Ultrason Sonochem，2016，32：265.

［95］ Zhao D，Gao X，Wu C，et al. Appl Surf Sci，2016，384：1.

［96］ Chen J H，Xing H T，Sun X，et al. Appl Surf Sci，2015，356：355.

［97］ Chen M L，Sun Y，Huo C B，et al. Chemosphere，2015，130：52.

［98］ Cui L，Guo X，Wei Q，et al. J Colloid Interface Sci，2015，439：112.

［99］ Cui L，Wang Y，Gao L，et al. Chem Eng J，2015，281：1.

［100］ Liu S，Li S，Zhang H，et al. J Radioanal Nucl Chem，2015，309：1.

［101］ Guo X，Du B，Wei Q，et al. J Hazard Mater，2014，278：211.

［102］ Khatamian M，Khodakarampoor N，Oskoui M S，et al. RSC Adv，2015，5：35352.

［103］ Kyzas G Z，Travlou N A，Deliyanni E A. Colloids Surf B，2014，113：467.

［104］ Carpio M I E，Mangadlao J D，Nguyen H N，et al. Carbon，2014，77：289.

［105］ Zhang Y，Yan T，Yan L，et al. J Mol Liq，2014，198：381.

［106］ Fan W，Gao W，Zhang C，et al. J Mater Chem，2012，22：25108.

［107］ He F，Fan J，Ma D，et al. Carbon，2010，48：3139.

［108］ Wang C，Feng C，Gao Y，et al. Chem Eng J，2011，173：92.

［109］ Yang X，Chen C，Li J，et al. RSC Adv，2012，2：8821.

［110］ Sun H，Cao L，Lu L. Nano Res，2011，4：550.

［111］ Fan L，Luo C，Li X，et al. J Hazard Mater，2012，215：272.

［112］ Li N，Zheng M，Chang X，et al. J Solid State Chem，2011，184：953.

［113］ Mahpishanian S，Sereshti H. J Chromatogr A，2016，1443：43.

[114] Nodeh H R, Ibrahim W A W, Kamboh M A, et al. Chemosphere, 2017, 166: 21.

[115] Mahpishanian S, Sereshti H, Baghdadi M. J Chromatogr A, 2016, 1405: 48.

[116] Yan S, Qi T T Chen D W, et al. J Chromatogr A, 2014, 1347: 30.

[117] Sun T, Yang J, Li L, et al. Chromatographia, 2016, 79: 345.

[118] Luo Y B, Li X, Jiang X Y, et al. J Chromatogr A, 2015, 1406: 1.

[119] Nodeh H R, Ibrahim W A W, Kamboh M A, et al. RSC Adv, 2015, 5: 76424.

[120] Mehdinia A, Rouhani S, Mozaffari S. Microchim Acta, 2016, 183: 1177.

[121] Wu Q, Zhao G, Feng C, et al. J Chromatogr A, 2011, 1218: 7936.

[122] Sun M, Ma X, Wang J, et al. J Sep Sci, 2013, 36: 1478.

[123] Hou M, Zang X, Wang C, et al. J Sep Sci, 2013, 36: 3242.

[124] Wang L, Zang X, Chang Q, et al. Food Anal Method, 2014, 7: 318.

[125] Zhao G Y, Song S J, Wang C, et al. Anal Chim Acta, 2011, 708: 155.

[126] Wang L, Zang X, Chang Q, et al. Anal Methods, 2014, 6: 253.

[127] Wang X, Wang H, Lu M, et al. J Sep Sci, 2016, 39: 1734.

[128] Zhi L I, Mengying H O U, Chun W, et al. Anal Sci, 2013, 29: 325.

[129] Wang W, Ma X, Wu Q, et al. J Sep Sci, 2012, 35: 2266.

[130] Li N, Chen J, Shi Y P. Anal Chim Acta, 2017, 949: 23.

[131] Li Z, Li Y, Qi M, et al. J Sep Sci, 2016, 39: 3818.

[132] Wu J, Zhao H, Chen R, et al. J Chromatogr B, 2016, 1029: 106.

[133] Shi P, Ye N. Anal Methods, 2014, 6: 9725.

[134] Li Y, Wu X, Li Z, et al. Talanta, 2015, 144: 1279.

[135] He X, Wang G N, Yang K, et al. Food Chem, 2017, 221: 1226.

[136] Sun Y, Tian J, Wang L, et al. J Chromatogr A, 2015, 1422: 53.

[137] Wu J, Zhao H, Xiao D, et al. J Chromatogr A, 2016, 145: 1.

[138] Ghorbani M, Chamsaz M, Rounaghi G H. J Sep Sci, 2016, 39: 1082.

[139] Asgharinezhad A A, Ebrahimzadeh H. J Chromatogr A, 2016, 1435: 18.

[140] Abdolmohammad-Zadeh H, Talleb Z. Talanta, 2015, 134: 387.

[141] Kazemi E, Shabani A M H, Dadfarnia S, et al. Anal Chim Acta, 2016, 905: 85.

[142] Ghorbani M, Chamsaz M, Rounaghi G H, et al. Anal Bioanal Chem, 2016, 408 (2016): 7719.

[143] Ye Q, Liu L, Chen Z. J Chromatogr A, 2014, 1329: 24.

[144] Huang D, Wang X, Deng C, et al. J Chromatogr A, 2014, 1325: 65.

[145] Wang X, Song G, Deng C. Talanta, 2015, 132: 753.

[146] Hao L, Wang C, Ma X, et al. Anal Methods, 2014, 6: 5659.

[147] Wang X Y, Deng C H. Talanta, 2015, 144: 1329.

[148] Li D, Ma X, Wang R, et al. Anal Bioanal Chem, 2016, 409: 1.

[149] Chen X H, Pan S D, Ye M J, et al. J Sep Sci, 2016, 39: 762.

[150] Wang L, Zhang Z, Zhang J, et al. J Chromatogr A, 2016, 1463: 1.

[151] Liu L, Feng T, Wang C, et al. Microchim Acta, 2014, 181: 1249.

[152] Maidatsi K V, Chatzimitakos T G, Sakkas V A, et al. J Sep Sci, 2015, 38: 3758.

[153] Wang W N, Ma R Y, Wu Q H, et al. J Chromatogr A, 2013, 1293: 20.

[154] Mehdinia A, Khodaee N, Iabbari A. Anal Chim Acta, 2015, 868: 1.

[155] Rezvani-Eivari M, Amiri A, Baghayeri M, et al. J Chromatogr A, 2016, 1465: 1.

[156] Zhang S, Wu W, Zheng Q. Anal Methods, 2015, 7: 9587.

[157] Cao X, Chen J, Ye X, et al. J Sep Sci, 2013, 36: 3579.

[158] Han Q, Wang Z, Xia J, et al. Talanta, 2012, 101: 388.

[159] Zhu L, Xu H. J Sep Sci, 2014, 37: 2591.

[160] Naing N N, Li S F Y, Lee H K. J Chromatogr A, 2016, 1440: 23.

[161] Ji W H，Zhang M M，Duan W J，et al. Food Chem，2017，235：104.

[162] Zhang M Y，Wang M M，Hao Y L，et al. J Sep Sci，2016，39：1749.

[163] Es'haghi Z，Reza Beheshti H，Feizy J. J Sep Sci，2014，37：2566.

[164] Chen Y L，Cao S R，Zhang L，et al. J Chromatogr A，2016，1448：9.

[165] Yang J，Qiao J Q，Cui S H，et al. J Sep Sci，2015，38：1969.

[166] Wu J R，Xiao D L，Zhao H Y，et al，Microchim Acta，2015，182：2299.

[167] Hemraj-Benny T，Banerjee S，Wong S S. Chem Mate，2004，16：1855.

[168] Balasubramanian K，Burghard M. Small，2005，1：180.

[169] Sun Y，Huang W，LinY. Chem Mater，2001，13：2864.

[170] Liu Y Y，Tang J，Chen X Q. Carbon，2005，43：3178.

[171] Pantarotto D，Singh R，Mc Carthy D. Angew Chem，2004，116：5354.

[172] Li C Y，Stobinski L，Tomasik P. Carbohydr Polym，2003，51：93.

[173] Kim O K，Baldwin J W. J Am Chem Soc，2003，125：4426.

[174] Star A，Steuerman D W，Heath J R. Angew Chem，2002，41：2508.

[175] Zheng M，Jagota A，Strano M S. Science，2003，302：1545.

[176] Yan X，Han Z，Yang Y，et al. J Phys Chem C，2007，111：4125.

[177] Jia B，Gao L，Sun J. Carbon，2007，45：1476.

[178] Korneva G，Ye H，Gogotsy Y，et al. Nano Lett，2005，5：879.

[179] 吕瑞涛，黄正宏，康飞宇. 材料科学与工程学报，2006，24：772.

[180] 郝亮. 原位制备碳纳米管/铁氧体复合材料及性能研究. 北京：北京理工大学，2015.

[181] Fang T H，Chen K H，Chang W J，Appl Surf Sci，2008，254：1890.

[182] Hayashi Y，Fujita T，Tokunaga T，et al. IEEE Int Nanoelectron Conf，2008，1-3：1051.

[183] Cheng J，Zou X P，Zhu G，et al. Solid State Commun，2009，149：1619.

[184] Costa S，Borowiak-Palen E，Bachmatiuk A，et al. Energy Convers Manage，2008，49：2483.

[185] Gui X C，Wang K L，Wang W X，et al. Mater Chem Phys，2009，113：634.

[186] Gui X C，Wei J Q，Wang K L，et al. Mater Res Bull，2008，43：3441.

[187] Gui X C，Wang K L，Wei J Q，et al. Sci China：Technol Sci，2009，52：227.

[188] Mahanandia P，Nanda K K，Prasad V，et al. Mater Res Bull，2008，43：3252.

[189] Muller C，Leonhardt A，Kutz M C，et al. J Phys Chem C，2009，113：2736.

[190] Shi C X，Cong H T. J Appl Phys，2008，104：034307.

[191] Bhatia Ravi，Prasad V. Solid State Commun，2010，150：311.

[192] Costa S，Borowiak-Palen E. Eur Phys J B，2010，75：157.

[193] Sengupta Joydip，Jacob Chacko. J Cryst Growth，2009，311：4692.

[194] Xu M H，Zhong W，Qi X S，et al. J Alloys Compd，2010，495：200.

[195] Zhang J，Muller J O，Zheng W Q，et al. Int Nano Lett，2008，8：2738.

[196] Lv R T，Kang F Y，Zhu D，et al. Carbon，2009，47：2709.

[197] Zhu W，Zhao Z B，Qiu J S. New Res Carbon Mater，2009，24：167.

[198] Zou T C，Li H P，Zhao N G，et al. J Alloys Compd，2010，496 (1)：22.

[199] Narayanan T N，Sunny V，Shaijumon M M，et al. Electrochem Solid-State Lett，2009，12 (4)：21.

[200] Li H P，Zhao N Q，He C N，et al. J Alloys Compd，2008，465 (1)：51.

[201] Goh W J，Makam V S，Hu J，et al. Langmuir，2012，28 (49)：16864.

[202] Liu X，Marangon I，Melinte G et al. ACS Nano，2014，8 (11)：11290.

[203] Lin H Y，Zhu H，Guo H F，et al. Mater Res Bull，2008，43 (10)：2697.

[204] Yi H B，Wen F S，Qiao L，et al. J Appl Phys，2009，106 (10)：103922.

[205] Zhao D L，Zhang J M，Li X，et al. J Alloys Compd，2010，505 (2)：712.

[206] Zhao D L，Li X，Shen Z M，J Alloys Compd，2009，471 (1)：457.

[207] Hang B T，Hayashi H，Yoon S H，et al. J Power Sources，2008，178 (1)：393.

[208] Xu P，Han X J，Liu X R，et al. Mater Chem Phys，2009，114（2）：556.

[209] Jin J，Li R，Wang H，et al. Chem Commun，2007，2：386.

[210] 邓景衡，李佳喜，余侃萍，等. 环境工程学报，2015，9（9）：4125.

[211] 岳文丽，赵海亮，潘学军，等. 工业水处理，2017，37（11）：70.

[212] Zhang Y N，Nan Z D. Mater Res Bull，2015，66：176.

[213] 宋筱，朱翩翩，陈盼，等. 水资源保护，2015，15（5）：77.

[214] 姚伟宣，应剑波，张素玲，等. 色谱，2015，4：342.

[215] 薛文凤，刘浩，刁亚鹏，等. 当代化工研究，2019，3：179.

[216] 李树军. 磁性碳纳米管复合材料对金属离子和苯酚的吸附研究. 兰州：兰州理工大学，2016.

[217] 龚璇，丁冬. 科教导刊，2016，22：68.

[218] 徐玲，沈晓旭，肖强，等. 物理化学学报，2011，27（8）：1956.

[219] 张宁，吴华强，冒丽，等. 功能材料，2012，43（18）：2554.

[220] 侯丽玮，马继平，姜莲华. 分析测试学报，2015，34（6）：715.

[221] He H，Yuan D H，Gaoa Z Q，et al. J Chromatogr A，2013，1324：78.

[222] Li X F，Lu X，Huang Y，et al. Talanta，2014，119：341.

[223] Chen J P，Zhu X S，Spectrochim Acta Part A，2015，137：456.

[224] Ding X Q，Wang Y Z，Wang Y，et al. Anal Chim Acta，2015，861：36.

[225] Li L L，Luo C N，Li X J，et al. Int J Biol Macromol，2014，66（5）：172.

[226] Qiu H D，Jiang S X，Liu X，J Chromatogr A，2006，1103：265.

[227] Liu X F，Lu X，Huang Y，et al. Talanta，2014，119：341.

[228] Galán-Cano F，del Carmen Alcudia-León M，Lucena R，et al. J Chromatogr A，2013，1300：134.

[229] Liu Y T，Tian A L，Wanga X，et al. J Chromatogr A，2015，1400：40.

[230] Zheng X V，Hea L J，Duana Y J，et al. J Chromatogr A，2014，1358：39.

[231] Zhang R Z，Su P，Yang L，et al. J Sep Sci，2014，37（12）：1503.

[232] Bi W T，Wang M，Yang X D，et al. J Sep Sci，2014，37（13）：1632.

[233] Absalan G，Asadi M，Kamran S，et al. J Hazard Mater，2011，192：476.

[234] Agrigento P，Beier M J，Knijnenburg J T N，et al. J Mater Chem，2012，22：20728.

[235] Zheng X Y，He L J，Duan Y J，et al. J Chromatogr A，2014，1358：39.

[236] Jiang Y Y，Guo C，Gao H S，et al. AIChE J，2012，58（4）：1203.

[237] Pouijavadi A，Hosseini S H，Moghaddam F M，et al. Green Chem，2013，15：2913.

[238] Chen S，Qin X，Gu W，et al. Talanta，2016，161：325.

[239] Latifeh F，Yamini Y，Seidi S. Environ Sci Pollut Res，2016，23（5）：4411.

[240] He Z Y，Liu D H，Zhotl Z Q，et al. J Sep Sci，2013，36（19）：3226.

[241] Zheng X Y，He L J，Duan Y J，et al. J Chromatogr A，2014，1358：39.

[242] Liu X F，Lu X，Huang Y，et al. Talanta，2014，119：341.

[243] Peng B，Zhang J H，Lu R H，et al. Analyst，2013，138：6834.

[244] Chen J P，Zhu X S. Spectrochim Acta A，2015，137：456.

[245] Lou M，Liu D H，ZhaoL，et al. Anal Chim Acta，2014，852：8.

[246] Cui C，Hu B，Chen B B，et al. J Anal At Spectrom，2013，28（7）：1110.

[247] Davudabadi Farahani M，ShemiraniF. Microchim Acta，2012，179（3）：219.

[248] Zhang Q L，Yang F，Tang F，et al. Analyst，2010，135（9）：2426.

[249] Cheng Q，Qu F，Li N B，et al. Anal Chim Acta，2012，715：113.

[250] Dong S Y，Huang G Q，Wang X H，et al. Anal Methods，2014，6（17）：6783.

[251] Xiao D，Yuan D，He H，et al. Carbon，2014，72：274.

[252] Wang M，Yang F，Liu L，et al. Food Anal Methods，2017，10（6）：1745.

[253] Zhang J H，Li M，Yang M Y，et al. J Chromatogr A，2012，1254：23.

[254] Yang M Y，Xi X F，Wu X L，et al. J Chromatogr A，2015，1381：37.

[255] Khan S, Kazi T G, Soylak M. Spectrochim Acta PartA, 2014, 123: 194.

[256] Yan H Y, Gao M M, Yang C, et al. Anal Bioanal Chem, 2014, 406: 2669.

[257] Zhang R Z, Su P, Yang L, et al. J Sep Sci, 2014, 37: 1503.

[258] Yilmaz E, Soylak M. Talanta, 2013, 116: 882.

[259] Cao X J, Shen L X, Ye X M, et al. Analyst, 2014, 139: 1938.

[260] Zhang Q L, Yang F, Tang F, et al. Analyst, 2010, 135 (9): 2426.

[261] Zhang J H, Li M, Li Y B, et al. J Sep Sci, 2013, 36 (19): 3249.

[262] Khan S, Kazi T G, Soylak M. Spectrochim Acta Part A, 2014, 123: 194.

[263] Li M, Zhang J H, Li Y B, et al. Talanta, 2013, 107: 81.

[264] Yilmaz E, Soylak M. Talanta, 2013, 116: 882.

[265] Lian H, Hu Y, Li G. J Sep Sci, 2014, 37: 106.

[266] Huang J, Hu Y, Hu Y, et al. Talanta, 2011, 83 (5): 1721.

[267] Kirsch N, Alexander C, Davies S, et al. Anal Chim Acta, 2004, 504 (1): 63.

[268] Jung B, Kim M, Kim W, et al. Chem Commun, 2010, 46: 3699.

[269] Nishide H, Deguchi J, Tsuchida E, et al. Chem Lett, 1976, 5 (2): 169.

[270] Zhai Y, Liu Y, Chang X, et al. React Funct Polym, 2008, 68: 284.

[271] Hu C, Deng J Zhao Y, et al. Food Chem, 2014, 158: 366.

[272] Zhang Y, Song D, LanniL M, et al. Macromolecules, 2010, 43 (15): 6284.

[273] Mosabach K. TrendsBiochem Sci, 1994, 19: 9.

[274] Yoshida M, Uezu K, Goto M, et al, J Appl Polym Sci, 1999, 73 (7): 1223.

[275] 成国祥, 张立永, 付聪. 色谱, 2002, 20 (2): 102.

[276] Matsui J, Kato T, Takeuchi T, et al. Anal Chem, 1993, 65: 2223.

[277] Lin Z, Yang F, He X, et al. J Chromatogr A, 2009, 1216 (49): 8612.

[278] Wang X, Wang L, He X, et al. Talanta, 2009, 78 (2): 327.

[279] Huang J, Liu H, Men H, et al. Macromol Res, 2013, 21 (9): 1021.

[280] Lin Z, He Q, Wang L, et al. J Hazard Mater, 2013, 252: 57.

[281] 廖文龙, Fe$_3$O$_4$ 磁性纳米材料的改性及其对苯并[a]芘的吸附和分析方法. 昆明: 昆明理工大学, 2016.

[282] Zhang Z, Yang X, Chen X, et al. Anal Bioanal Chem, 2011, 401 (9): 2855.

[283] 尹玉立. 磁性碳纳米管表面印迹萃取材料研究. 吉首: 吉首大学, 2016.

[284] Rao W, Cai R, Yin Y, et al. Talanta, 2014, 128: 170.

[285] Zhou W S, Zhao B, Huang X H, et al. Chin J Anal Chem, 2013, 41 (5): 675.

[286] Ning F, Qiu T, Wang Q, et al. Food Chem, 2017, 221: 1797.

[287] Arabi M, Ostovan A, Ghaedi M, et al. Talanta, 2016, 154: 526.

[288] Tan L, He R, Chen K, et al. Microchim Acta, 2016, 183 (4): 1469.

[289] Hashemi M, Taherimaslak Z, Rashidi S. J Chromatogr B, 2014, 960: 200.

[290] Jiang H, Jiang D, Shao J, et al. Biosens Bioelectron, 2016, 75: 411.

[291] Alcudia-Leon M C, Lucena R, Cardenas S, et al. J Chromatogr A, 2016, 1455: 57.

[292] Wu X, Li Y, Zhu X, et al. Talanta, 2017, 162: 57.

[293] Hiratsuka Y, Funaya N, Matsunaga H, et al. J Pharm Biomed Anal, 2013, 75: 180.

[294] Dadkhah S, Ziaei E, Mehdinia A, et al. Microchim Acta, 2016, 183 (6): 1933.

[295] Zhang Y, Cheng Y, Zhou Y. Talanta, 2013, 107: 211.

[296] Wu X, Wang X, Lu W, et al. J Chromatogr A, 2016, 1435: 30.

[297] Gao L, Chen L, Li X. Microchim Acta, 2015, 182 (3-4): 781.

[298] Santalad A, Srijaranai S, Burakham R, et al. Anal Bioanal Chem, 2009, 394 (5): 1307.

[299] Li S, Wu X, Zhang Q, et al. Microchim Acta, 2016, 183 (4): 1433.

[300] del Pozo M, Hernandez L, Quintana C. Talanta, 2010, 81 (4-5): 1542.

[301] Urraca J L, Huertas-Perez J F, Aragoneses Cazorla G, et al. Anal Bioanal Chem, 2016, 408 (11): 3033.

[302] Guo B Y，Wang S，Ren B，et al. J Sep Sci，2010，33（8）：1156.

[303] Kaykhaii M，Khajeh M，Hashemi S H. J Anal Chem，2015，70：1325.

[304] Say R，Birlik E，Ersoz A，et al. Anal Chim Acta，2003，480（2）：251.

[305] Liu X，Zhu L，Gao X，et al. Food Chem，2016，202：309.

[306] Rahimi M，Hashemi P，Nazari F. Anal Chim Acta，2014，826：35.

[307] Bazmandegan-Shamili A，Dadfarnia S，Haji Shabani A M. Food Anal Methods，2016，9（9）：2621.

[308] Wang Y L，Gao Y L，Wang P P，et al. Talanta，2013，115：920.

[309] Xie X，Pan X，Han S，et al. Anal Bioanal Chem，2015，407（6）：1735.

[310] Liu M，Li M，Qiu B，et al. Anal Chim Acta，2010，663（1）：33.

[311] Zhou Y，Zhou T，Jin H，et al. Talanta，2015，137：1.

[312] Zheng Y，Liu Y，Guo H，et al. Anal Chim Acta，2011，690（2）：269.

[313] Xu X，Duhoranimana E，Zhang X. Talanta，2017，163：31.

[314] Lim H，Kim J，Ko K，et al. Food Addit Contam Part A，2014，31（9）：1489.

[315] Chao Y，Zhang X，Liu L，et al. Microchim Acta，2015，182（5-6）：943.

[316] Du J，Ma L，Shan D，et al. J Electroanal Chem，2014，722-723：38.

[317] Lin Z Z，Zhang H Y，Li L，et al. React Funct Polym，2016，98：24.

[318] Huang B，Zhou X，Chen J，et al. Talanta，2015，142：228.

[319] Li L，Lin Z Z，Peng A H，et al. J Chromatogr B，2016，1035：25.

[320] Pan S D，Chen X H，Li X P，et al. J Chromatogr A，2015，1422：1.

[321] Yu H，Clark K D，Anderson J L. J Chromatogr A，2015，1406：10.

[322] Yang R，Liu Y，Yan X，et al. Talanta，2016，161：114.

[323] Meng J，Bu J，Deng C，et al. J Chromatogr A，2011，1218（12）：1585.

[324] Li H，Hu X，Zhang Y. J Chromatogr A，2015，1404：21.

[325] Denderz N，Lehotay J. J Chromatogr A，2014，1372：72.

[326] Ma R T，Shi Y P. Talanta，2015，134：650.

[327] Liu X，Yu D，Yu Y，et al. Appl Surf Sci，2014，320：138.

[328] Pourreza N，Rastegarzadeh S，Larki A. Talanta，2008，77（2）：733.

[329] Xie X，Chen L，Pan X，et al. J Chromatogr A，2015，1405：32.

[330] Yan H，Gao M，Qiao J. J Agric Food Chem，2012，60（27）：6907.

[331] Díaz-Alvarez M，Turiel E，Martín-Esteban A. J Chromatogr A，2016，1469：1.

[332] Xu S，Lu H，Chen L. J Chromatogr A，2014，1350：23.

第**5**章

磁性纳米材料的
表征方法

5.1 电镜

5.1.1 透射电子显微镜

材料的形貌尤其是纳米材料的形貌是材料分析的重要组成部分，它决定了材料很多重要物理化学性能。对于纳米材料，其性质不仅与材料的形貌有关，而且与材料颗粒大小有重要关系。因此，纳米材料的形貌分析是纳米材料研究的重要内容。形貌分析的主要内容是分析材料的几何形貌、材料的颗粒分布、形貌微区的成分和物相结构等方面。透射电子显微镜（transmission electron microscope，TEM），可以看到在光学显微镜下无法看清的小于 $0.2\mu m$ 的细微结构，这些结构称为亚显微结构或超微结构。要想看清这些结构，就必须选择波长更短的光源，以提高显微镜的分辨率。1932 年 Ruska 发明了以电子束为光源的透射电子显微镜，电子束的波长要比可见光和紫外光短得多，并且电子束的波长与发射电子束的电压平方根成反比，也就是说电压越高，波长越短。透射电子显微镜仪器如图 5-1。

5.1.2 电子显微镜的发展历史

望远镜和显微镜是人类认识宏观世界和微观世界不可缺少的重要工具。利用望远镜可以看到 130 亿光年（10^{25} m）的银河系。而借助于显微镜，人们可以看见单个原子（小于 10^{-10} m）的大小。

发明的第一种显微镜是光学显微镜，利用它可以分辨微米（10^{-6} m）范围内的物体。光学显微镜使用可见光做光源，用玻璃透镜来聚焦光和放大图像，所以光学显微镜的分辨本领受波长的限制，极限分辨率为 200nm，光学显微镜的发明和利用促进了电子显微镜的发明和应用。

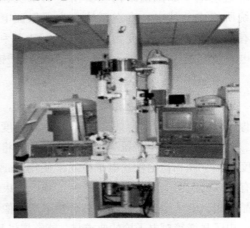

图 5-1　透射电子显微镜

电子显微镜使用高能量的加速电子做照明源，使用电磁线圈来聚焦成像，所以电子显微镜可以分辨光学显微镜所能分辨的最小物体的 1/1000 的物体。

电子显微镜的发展历史可以概括如下。1897 年英国物理学家汤姆逊（J. J. Thomson）在研究阴极射线时发现了电子；1924 年得布罗意（Louis De Broglie）首先在理论上提出电子具有波动性；1926 年 Busch 提出了运动电子在磁场中的运动理论，他指出可以利用轴对称的电场和磁场聚焦电子线。基于这两个构想，1933 年 Ruska 等人设计并成功制造了世界上第一台透射电子显微镜。点分辨率达到 50nm。德国西门子公司于 1939 年成功研制了世界上第一台商品透射电镜，点分辨率达到 10nm；1954 年进一步研制成 Elmiskop I 型透射电镜，点分辨率达到 0.3nm。1957 年 Cowley 教授定量地解释了相位衬度像，即高分辨像，从而建立和完善了高分辨电子显微学的理论基础。目前高分辨电子显微术的分辨率能达到 0.1～0.2nm。20 世纪 70 年代发展起来的扫描透射电子显微术（STEM）丰富了透射电镜的表征手段。90 年代发展的球差矫正技术将透射电镜的分辨率继续提升，目前球差电镜的分辨率能达到亚埃级别。电子显微镜的诞生，最初在医学生物上得到应用，随后用于金属材料研究。近年来，随着纳米材料的发展，利用电子显微镜进行纳米材料的形貌分析已经是电镜的主要分析工作了。

5.1.3　透射电子显微镜工作原理

工作原理：由钨丝阴极在加热状态下发射电子。在阳极加速电压的作用下，经过聚光镜（电磁透镜）会聚为电子束照明样品。穿过样品的电子束携带了样品本身的结构信息经过物镜，在其像平面上形成样品相貌放大像，然后再经过中间镜和投影镜的两次放大，最终形成三级放大像，以图像或衍射谱（衍射花样）的形式显示于荧光屏上，或被记录在照相底片上，或直接保存在计算机硬盘中。透射电镜的结构由电子光学系统（镜筒）、成像系统两个主要部分组成。透射电镜的成像原理可以分为三种情况：吸收像、衍射像、相位像。

5.1.4　透射电子显微镜的构造

透射电子显微镜结构主要由照明系统、成像系统、显像和记录系统、真空系统以及供电系统所组成。其中，真空系统是为了保证电子在整个狭长的通道中不与空气分子碰撞而改变原有轨道，一般真空度为 $10^{-4} \sim 10^{-2}$ Pa，利用场发射电子枪时，真空度应为 $10^{-8} \sim 10^{-6}$ Pa。供电系统则是为提供稳定加速电压和电磁透镜电流而设计的，它们是电子显微镜的辅助系统。

5.1.4.1　电子光学系统

照明系统由电子枪和聚光镜系统组成，其中电子枪是照明系统的核心部分。其功能是为成像系统提供一束平行的、相干的并且亮度大、尺寸小的电子束。

（1）电子枪。电子枪类似于一个透镜，将从电子源发射的电子流束进行聚焦，保证电子束的亮度、相干性和稳定性。电子枪通常使用 LaB_6 热离子发射源或场发射源，如图 5-2 所示。LaB_6 枪有很高的照明电流，但是电流密度和电子束的相干性不如场发射源的高，所以在用于高相干性的晶格相、电子全息图和高空间分辨率的显像分析时，场发射源是不可取代的。

电子显微镜对电子枪的要求是：能够提供足够数目的电子，发射电子越多，成像越亮；发射电子的区域要小，电子束越细，像差越小，分辨本领越好；电子速度越大，动能越大，成像越亮。

（2）聚光镜系统。聚光镜系统将电子枪发射的电子束会聚到试样上，也就是将第一交叉点的电子束成像在试样上，并且控制该处的照明孔径角和束斑尺寸。一般分辨率在 $2 \sim 5nm$ 的电镜均采用单聚光镜，可以将来自电子枪直径为 $100\mu m$ 的电子束会聚成 $50\mu m$ 的电子束；而对于分辨率在 $0.5nm$ 的电镜均采用双聚光镜，可以得到一束直径为 $0.4 \sim 1.5\mu m$ 的电子束。

双聚光镜系统如图 5-3 所示，第一聚光镜为短焦距的强磁透镜，它将电子枪发射的电子束（第一交叉点像）缩小为 $0.3 \sim 1.0\mu m$，并成像在第二聚光镜的物平面上。第二聚光镜为长焦距的弱磁透镜，它将第一聚光镜会聚的电子束放大 $1 \sim 2$ 倍。

双聚光镜系统的优点是：可以使照射到样品表面的电子束截面减小，不易使试样过热；可以保证在聚光镜和物镜之间有足够的空间来安放样品和其他装置；电子束的强度高，具有很强的亮度，而且电子束的平行性和相干性都比较好。

5.1.4.2　成像系统

放大和聚焦是透射电子显微镜进行成像所涉及的操作，是使用透射电镜最主要的目的，获得高质量的放大图像和衍射花样，因此成像系统是电子光学系统中最核心的部分。

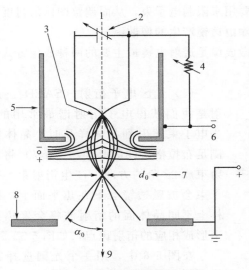

图 5-2　热离子发射源示意图

1—光轴；2—灯丝加热电源；3—灯丝；4—偏压；5—栅极帽；
6—外加电压（kV）；7—电子枪交叉点；8—阳极板；9—发射电流

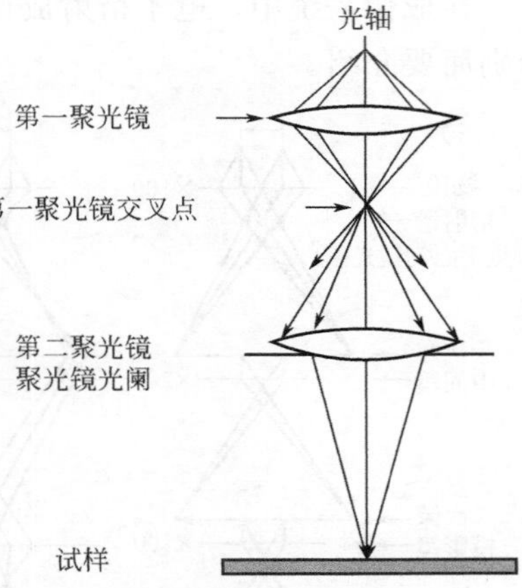

图 5-3　双聚光镜系统

透射电子显微镜的成像系统基本上由三组电磁透镜和两个金属光阑以及消散器组成，如图 5-4 所示。电磁透镜包括物镜、中间镜和投影镜，主要用于成像和放大。决定仪器的分辨本领和图像的分辨率及衬度的是物镜系统，而其他透镜系统只是产生最终图像所需要的放大倍数。在透射电子显微镜中，物镜、中间镜和投影镜以积木方式成像，即上一透镜的像平面是下一透镜的物平面，这样才能使经过连续放大的像是一清晰的像，如图 5-4 所示。这种成像方式中，总的放大倍数应是各个透镜放大倍数的乘积，即

$$M = M_o M_i M_p \tag{5-1}$$

式中，M_o 为物镜放大倍数；M_i 为中间镜放大倍数；M_p 为投影镜放大倍数，其中 M_o 的数值在 50～100 范围，M_i 的数值在 0～20 范围，M_p 的数值在 100～150 范围。总的放大倍数 M 在 1000～200000 内变化。

(a) 电子衍射图　　(b) 电子显微图像

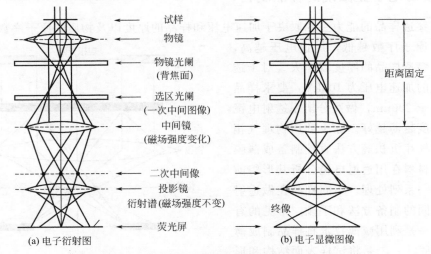

图 5-4　透射电子显微镜成像系统中两种电子图像

金属光阑包括物镜光阑和选区光阑，主要用来限制电子束，从而调整图像的衬度和产生衍射图案的图像范围。消像散器主要用于消除由透镜产生的像散。

在成像系统中，电子衍射成像和电子显微成像是透射电镜最主要的两种成像方式，下面分别简要介绍。

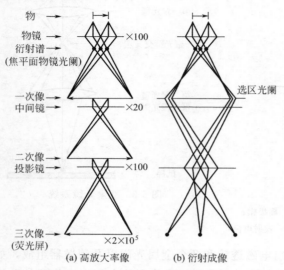

图 5-5　透射电镜成像方式

（1）选区电子衍射（SAED）。选区衍射是我们获得电子衍射谱最常用的方法。当电子束照射到晶体样品时，晶体内几乎满足布拉格条件的晶面组（hkl）将在与入射束成 2θ 角的方向上产生衍射束。平行电子束会被磁透镜会聚在焦平面上，因此试样上不同晶体面的衍射波将会聚焦到平面上形成相应的衍射斑点，如图 5-5。

在图 5-6 中，用一个光阑选择特定试样区域的电子束，只允许通过该光阑的电子被放大投影在荧光屏上，形成此区域的电子衍射谱，这种操作称为选区电子衍射。

由单晶试样衍射得到的衍射谱是对称于中心斑点的规则排列的斑点；电子受到多晶体的衍射，会产生许多衍射圆锥，所以由多晶得到的衍射花样则是以中心斑点为中心的衍射环；由非晶试样得到的衍射谱是以中心斑点为中心的晕环，如图 5-7（a）、（b）、（c）所示。

（2）明场像与暗场像。在透射电镜中成像时，如果用未散射的透射电子束成像，称为明场像，如图 5-8（a）所示。也可以用所有的电子束或某些电子的衍射束来成像，如图 5-8 所示。选择不同电子束用于成像主要是通过移动物镜光阑来实现的。

5.1.5　透射电子显微镜的样品制备

电子束穿透样品的能力主要取决于加速电压和样品的厚度以及物质的原子序数。一般说，样品的原子序数越低，加速电压越高，电子束可以穿透样品的厚度就越大。对于透射电镜常用的加速电压为 100kV，要求样品的厚度要小于 200nm，做高分辨率透射电镜时，样品厚度越薄越好。除少数用物理气相沉积和化学气相沉积等方法直接制备成薄膜外，大多数材料在用透射电镜分析其形貌前都需要经过一系列处理。不同样品在做透射电镜前有不同的制备方法和手段，常见的有两种方法，一是利用减薄技术将样品制成薄膜，称为薄膜法；二是将试样表面结构和形貌复制成薄膜，即复型法。下面简单介绍这

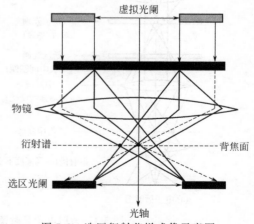

图 5-6　选区衍射花样成像示意图

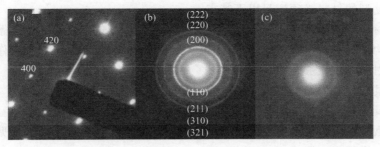

图 5-7　选区电子衍射谱图　（a）单晶；（b）多晶；（c）非晶

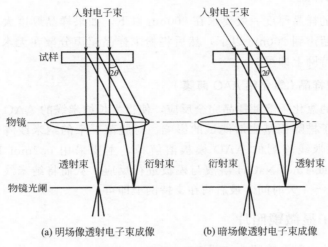

图 5-8　透射电子束成像

两种方法。

5.1.5.1　薄膜法

薄膜法制备样品，要求在制备过程中，样品的组织结构和化学成分不发生变化，并且用于观察的薄区面积要足够大。常用的减薄方法主要有离子减薄和电解抛光减薄技术。

离子减薄主要是指用高能离子或中性原子轰击样品，使样品中的原子或分子被溅射出试样表面，直到试样的厚度达到对电子束是"透明"的薄区，且面积足够观察透射电镜。这种方法可用于金属、陶瓷、半导体和复合材料的减薄，甚至纤维和粉末也可用此方法。

电解抛光主要是在外加电压和一定的电解液中对材料进行腐蚀及抛光。这种方法仅适用于导电材料的制备。与离子减薄技术相比，所用时间较短，但容易引起样品表面化学性质发生改变，并且由于电解液都是腐蚀性较强的酸性溶液，操作过程要采取一定的措施。

5.1.5.2　复型法

复型法是指通过复型的方式把样品的形貌复制到中间媒体上如碳及塑料薄膜上，利用透射电镜的衬度效应，通过对中间媒体的形貌观察得到材料的表面形貌的方法。这种方法主要用于表面形貌的观测。

用于制备复型的材料必须满足以下特点：

（1）复型材料本身必须无结构，即材料必须是非晶体，这主要是为了在做选区电子衍射时，复型的结构不会影响样品的结构；并且在做形貌分析时，不显示复型的任何形貌细节。

（2）必须对电子束足够透明。

（3）必须具有良好的导电性，耐电子束轰击。

（4）必须具有足够的强度和韧度，保证在复制过程中不容易破裂和畸变。

常见的复型材料是塑料或真空沉积的碳膜，碳复型比塑料复型要好。常见的复型有塑料一级复型、碳一级复型、塑料-碳二级复型。

5.1.5.3 粉末样品

因为透射电镜的样品厚度一般要求在200nm以下，如果样品厚度大于200nm，则先要把样品的尺寸磨或超声到200nm以下，然后将粉末样品超声分散在无水乙醇或其他有机溶剂中，最后滴在支持网上即可。

5.1.5.4 薄膜样品（氧化铝 AAO 薄膜）

通常采用饱和的氯化汞溶液样品完全反应，使得生长纳米线的 AAO 模板层从铝的基底上脱落下来，以便于排除铝基底对测试的影响。对脱落下来的纳米线阵列要观察其微观形貌，必须将包裹纳米线阵列的 AAO 模板溶解掉，主要采用 0.2mol H_2CrO_4 与 0.4mol H_3PO_4 的混合溶液或 1mol NaOH 溶液与模板进行反应，从而将纳米线、纳米管等解离出来，这个过程需要 3~4 天时间。最后滴在支持网上即可。

5.1.6 透射电子显微镜照片

（1）纳米颗粒的透射电镜照片如图 5-9。

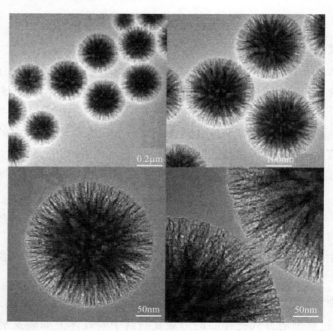

图 5-9 纳米颗粒的透射电镜照片

（2）一维纳米材料的透射电镜照片如图 5-10。

图 5-10　纳米管和纳米线的透射电镜照片

目前，透射电镜有如下三个重要的发展方向。第一，分辨率的提升。从第一台电镜发明出来到现在 80 多年的时间，透射电镜的分辨率在不断提升。球差电镜提升了电镜分辨率到亚埃级别，发展新一代单色器和球差校正器以进一步提高能量分辨率和空间分辨率。第二，原位透射电镜技术。原位透射电镜在化学催化、生命科学和能源材料等领域有着重要应用，原位环境电镜可以通过在原子尺度下实时观察和控制气相反应和液相反应的进行，从而研究反应的本质机理等科学问题。第三，更广泛地应用在生物大分子结构的研究，这主要是冷冻电镜在生物领域的发展。

5.2　扫描电子显微镜

扫描电子显微镜（scanning electron microscopy，SEM）是一种介于透射电子显微镜和光学显微镜之间的观察手段。其利用聚焦的很窄的高能电子束来扫描样品，通过光束与物质间的相互作用，来激发各种物理信息，对这些信息收集、放大、再成像以达到对物质微观形貌表征的目的，如图 5-11 所示。新式的扫描电子显微镜的分辨率可以达到 1nm；放大倍数可以达到 30 万倍及以上连续可调；并且景深大，视野大，成像立体效果好。此外，扫描电子显微镜和其他分析仪器相结合，可以做到观察微观形貌的同时进行物质微区成分分析。扫描电子显微镜在岩土、石墨、陶瓷及纳米材料等的研究上有广泛应用。因此扫描电子显微镜在科学研究领域具有重大作用。与透射电子显微镜比较，扫描电镜具有以下优点：①试样制备简单；②放大倍数高，可从几十倍放大到几十万倍，连续可调，观察样品极为方便；③分辨率高，目前用钨丝灯的 SEM 分辨率已达到 3～6nm，场发射源 SEM 分辨率已达到 1nm；④景深大，景深大的图像立体感强；⑤保真度好，试样通常不需要做任何处理即可直接进行形貌观察。

5.2.1　电子束与样品相互作用产生的信号

具有高能量的入射电子束与固体样品的原子核及核外电子发生作用后，可产生多种物理信号，包括：二次电子、背散射电子、吸收电子、俄歇电子、透射电子特征 X 射线。它们从不同侧面反映了样品的形貌、结构和成分等微观特征。下面将介绍这几种物理信号。

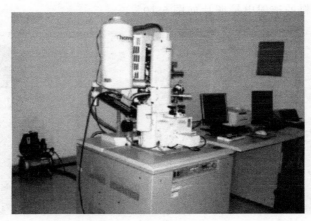

图 5-11 扫描电子显微镜

5.2.1.1 背散射电子

入射电子与试样作用，产生弹性散射后被反射回来的部分电子称为背散射电子，如图 5-12 所示。由于背散射电子的能量与入射电子的能量相近，所以背散射电子的能量较高，基本上不受电场的作用而呈直线运动进入检测器。

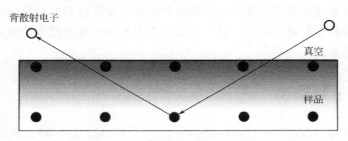

图 5-12 背散射电子产生示意图

背散射电子对样品的原子序数很敏感，所以背散射电子的强度可以反映样品的微区成分。当电子束垂直于样品表面入射时，背散射电子的产额随原子序数的变化关系如图 5-13 所示。从图中可以看出，随原子序数 Z 的增加，背散射电子的产额也在增加。尤其在低原子序数区，这种变化更明显。

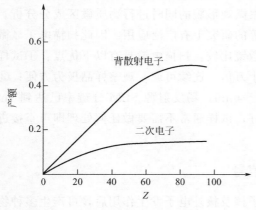

图 5-13 背散射电子和二次电子产额随原子序数的变化关系

进入检测器的背散射电子数目还与样品的倾斜角（电子束与样品的入射角）有关系，如图 5-14 所示，由图可见，随着样品倾斜角的增大，背散射电子的产额（η）也增多。倾斜角较小时，产额随倾斜角的变化增加缓慢，而当倾斜角达到 30°时则迅速增加，所以背散射电子以强度可以反映样品的表面形貌，如图 5-15 所示。

可见，背散射电子不仅可以反映样品的微区成分，还可以反映样品表面的形貌特征，通常可以反映 $0.1 \sim 1 \mu m$ 的信息深度。

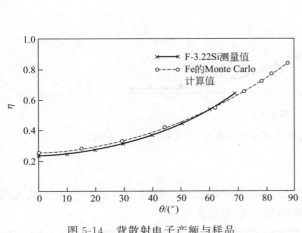

图 5-14　背散射电子产额与样品
的倾斜角（θ）之间的关系

图 5-15　不同样品表面形貌具有不同的倾斜角

5.2.1.2　二次电子（SE）

由于原子核与外层价电子间的结合能很小，当原子的核外电子从入射电子获得了大于相应的结合能的能量后，可脱离原子成为自由电子。如果这种散射过程发生在比较接近样品表层处，那些能量大于材料逸出功的自由电子可从样品表面逸出，变成真空中的自由电子，即二次电子。二次电子是被入射电子轰击出来的外层电子，如图 5-16 所示。

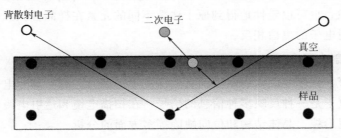

图 5-16　二次电子产生示意图

在产生二次电子的过程中，入射电子只将几个电子伏特的能量转移给核外电子，所以二次电子的能量较低，一般小于 50eV，大部分只有几个电子伏特。由于二次电子能量较低，所以二次电子的重要特征是它的取样深度较浅，一般只有在接近表面深度大约为 10nm 内的二次电子才能逸出表面。图 5-17 是在样品表面不同深度 Z 处和二次电子的强度。

二次电子对样品的成分不敏感，但对样品的表面特征很敏感，其产额 δ_{SE} 与入射束相对于样品表面的入射角 θ 之间存在如下关系：δ_{SE} 正比于 $1/\cos\theta$，当 θ 增大时，二次电子的产额也增大，所以二次电子是研究样品表面形貌最有用的信号。根据这一原理可知，由于样品表面并非光滑，所以对于同一入射电子束，与不同部位的法线夹角是不同的，这样就会产生二次电子强度的差异。再者，由于二次电子探测器的位置固定，样品表面不同部位相对于探测器方位角不同，从而被检测出的二次电子信号强度也不同。

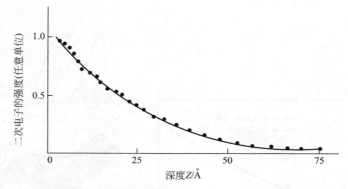

图 5-17　二次电子的逸出概率与样品深度的关系图（1Å＝0.1nm，下同）

5.2.1.3　吸收电子

高能电子入射到较厚的样品后，其中部分入射电子的能量不断降低，这部分电子既无力逸出样品，也不能穿透样品，只能留在样品内部，称为吸收电子。

实验证明，吸收电子的电流 i_a 等于入射电子的总电流 i_o 减去被散射电子电流 i_b 和二次电子的电流 i_s，即：

$$i_o = i_a + i_b + i_s \tag{5-2}$$

由于二次电子的信号与原子序数（$Z > 20$ 时）无关，可设 $i_s = C$，则吸收电子的电流为：

$$i_a = (i_o - C) - i_b$$

在一定条件下，入射电子束的电流是一定的，所以吸收电子的电流与被散射电子的电流存在互补关系。由此看来，吸收电子的产额与被散射电子一样与样品微区的原子序数有关。若用吸收电子成像，也可以定性地得到原子序数不同的元素在样品各微区的分布图，只是图像的衬度与被散射电子的黑白相反。

5.2.1.4　透射电子（TE）

如果样品很薄，其厚度比入射电子的有效深度小得多时，有一部分电子穿透样品而成为透射电子。透射电子是一种反映多种信息的信号，在扫描电镜和透射电镜中，利用透射电子可实现对样品微观形貌、晶体结构和位向缺陷等多方面的分析。

5.2.1.5　特征 X 射线

当样品中电子的内层电子受入射电子的激发电离时，外层电子将会向内层电子的空位跃迁，并辐射 X 射线，使电子趋于稳定状态，如图 5-18（a）所示。特征 X 射线的能量与波长取决于跃迁前的能量差，每一种元素有固定的能量差，所以每种元素才有自己的特征 X 射线。利用这一特点，只要从样品上测得特征 X 射线的能量与波长，就可以确定样品中所含元素的种类。所以特征 X 射线是进行微区成分分析非常重要的信息，也是能谱分析的基本原理。在扫描电镜中，主要是利用半导体硅探测器来检测特征 X 射线，通过多通道分析器获得 X 射线能谱图，从而对元素的成分进行定性和定量分析。

5.2.2　扫描电子显微镜的结构

扫描电子显微镜一般由电子光学系统、扫描系统、信号的检测和放大系统、图像的显示与记录系统、真空系统和电源系统组成。图 5-19 为扫描电子显微镜的原理结构示意图。

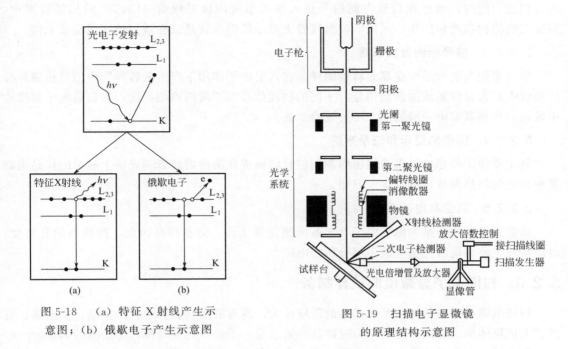

图 5-18 （a）特征 X 射线产生示
意图；（b）俄歇电子产生示意图

图 5-19 扫描电子显微镜
的原理结构示意图

5.2.2.1 电子光学系统

电子光学系统主要由电子枪、电磁聚光镜、光阑及样品室等组成。其作用不像透电镜的电子光学系统是用来成像的，而是用来获得一束高能量、细聚焦的扫描电子束，作为产生物理信号的激发源。

（1）电子枪。电子枪是电子光学系统的一个重要组成部分，它的作用是产生电子束。电子显微镜对电子枪的要求是：能够提供足够数目的电子，发射电子越多，成像越亮；发射电子的区域越小，电子束电子的速度越大，动能越大，成像越亮、越细，相差越小，分辨本领越高。而束斑的尺寸及亮度与电子枪的设计类型有关系。

（2）电磁透镜。电磁透镜一般由第一聚光镜、第二聚光镜和末级聚光镜（物镜）三级电磁透镜组成。其作用是把电子枪的束斑直径逐级缩小，可以使原来直径为 $50\mu m$ 的束斑缩小成只有数纳米的细小束斑。若电子源的束斑直径为 d_0，三级聚光镜的压缩率分别为 M_1、M_2 和 M_3，则最终电子束斑直径

$$d = d_0 M_1 M_2 M_3 \tag{5-3}$$

可见，三级聚光镜是决定扫描电镜分辨率的重要部件。第一聚光镜、第二聚光镜是强透镜，用来缩小电子束斑直径。末级聚光镜是弱透镜，具有较长的焦距，主要是避免在该透镜下放置样品时对二次电子轨迹的干扰。

5.2.2.2 扫描系统

扫描系统的作用是使入射电子束在样品表面上以及阴极射线管内电子束在荧光屏上能够同步扫描。改变入射电子束在样品上的扫描振幅，可以获得所需放大倍数的扫描像。它主要由扫描信号发生器、扫描线圈、放大倍率转换器组成。

扫描信号发生器能够产生锯齿波电流，一方面把它送入扫描线圈上，使电子束在样品上进行扫描；同时，也把锯齿波电流信号送入显示系统阴极射线管（CRT）的扫描线圈中，保证二者的扫描严格同步，所以阴极射线管上显示的图像就是试样被扫描区域的放大像。

5.2.2.3 信号检测放大系统

信号检测与放大系统主要是将检测样品在入射电子作用下产生的各种物理信号检测并经转换放大成为显像系统的调制信号。不同的物理信号有不同的检测系统，在扫描电子显微镜中常用的检测器有电子检测器、X射线检测器。

5.2.2.4 图像的显示和记录系统

其主要作用是把信号系统输出的调制信号转换成在阴极射线管荧光屏上显示的样品表面某种特征的扫描图像，供观察或照相记录。

5.2.2.5 真空和电源系统

真空系统的作用是为保证电子光学系统能正常工作，防止样品污染、提供高的真空度，电源系统主要是提供扫描电镜各部分所需电压。

5.2.3 扫描电子显微镜的试样制备

扫描电镜最突出的优点是对样品的适应性大，所有的块状、粉末状、金属、非金属、有机、无机块体都能观测。扫描电镜对样品的要求是：①良好的导电性；②适当的大小。

要求样品有良好的导电性，主要是防止在样品表面积累电荷。电子束入射到样品表面，相当于给样品充电。当样品的导电性很差时，会在其表面积累负电荷并形成负电场，排斥和散开入射电子束，杂乱地改变电子的方向和二次电子发生数量，给出异常反差的图像，严重时样品信息无法获得。

对于导电性良好的金属样品，只要用导电胶将样品固定在铜或铝的样品架上，送入电镜样品室便可直接观察。而对于不导电或导电差的，观察之前表面必须进行导电层处理。一般采用真空蒸镀镀膜或离子溅射镀膜的方法，使用导电性好且二次电子发射率高的 Au、Ag、Cu、Al 或 C 做导电层。在保证导电性良好的前提下，导电层越薄越好，一般在 5～20nm 左右。因为导电层使样品导电的同时，也会给观测带来干扰。

除了导电性良好和尺寸合适外，样品表面还要求干净、干燥。对于需要进行元素组成分析的样品，最好选用轻元素如 Al 或 C 做导电层。

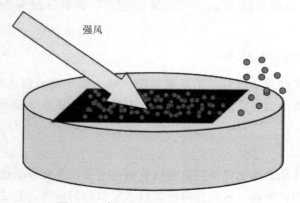

强风

图 5-20　粉末材料固定在样品池上

如果样品为粉末材料，可将样品直接用导电胶固定在样品池上，然后用强风将固定不牢的样品吹走，如图5-20所示。用此方法可避免样品对仪器的污染。

如果样品为薄膜或块状材料，可将样品直接用导电胶固定在样品池上，将所观察侧面朝上，如图 5-21 所示。扫描电镜只能观测样品表面的形貌，要想观测样品的断面，可以用如图 5-22 所示方法。

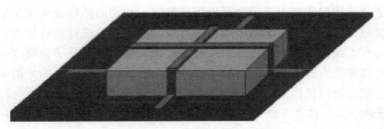

图 5-21　薄膜材料固定在样品池上

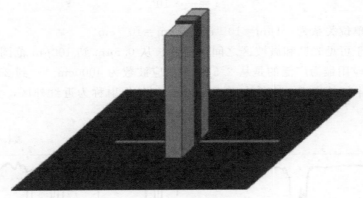

图 5-22　观测断面的方法

扫描电镜技术的出现使微观组织形貌变得清晰化、可视化。扫描电子显微镜具有分辨率高、景深好等优点，对不平坦的微观表面也能进行细微、清晰的观察。它已经是现阶段材料研究中不可缺少的设备。扫描电镜的强大功能注定对推动各领域科技的前进起到积极影响，除了对传统工业领域的影响之外，对现代工业、制造业、农业及科学研究的作用同样不容忽略。

5.3　红外光谱与拉曼光谱

红外光谱与拉曼光谱都是分子光谱，常用于研究分子振动能级跃迁。它们的理论基础有所不同，在化合物结构分析中得到的信息互为补充。

5.3.1　红外光谱概述

红外光谱是研究分子运动的吸收光谱，亦称为分子光谱。通常红外光谱是指波长在 $0.78 \sim 25 \mu m$ 之间的吸收光谱，这段波长范围反映出分子中原子间的振动和变角运动。分子在振动的同时还存在转动运动，虽然转动运动所涉及的能量变化较小，处在远红外区，但转动运动影响到振动运动产生的偶极矩的变化，因而在红外光谱区实际所得的谱图是分子振动和转动的加和表现，因此红外光谱又称振动-转动光谱。物质的红外光谱是物质的分子被红外辐射线照射后，引起分子内振动能级和转动能级跃迁而产生的。

红外吸收光谱法主要用于有机化合物的分析，几乎所有有机化合物在红外光区都有吸收。除了光学异构体、某些高分子量的聚合物以及分子量只有微小差异的化合物外，凡是具有不同结构的两种化合物，一定不会具有相同的红外吸收光谱。红外吸收带的波长位置、形状及强度反映了分子结构的特点，因此可以用来鉴定未知物的结构或确定化学基团。红外吸收带的吸收强度与分子组成或化学基团的含量有关，因此可以进行定量分析。

当用一束具有连续波长的红外光照射某一物质时，该物质的分子会吸收一定波长的红外光的功能，并将其转变为分子振动能和转动能。因此，若将物质透过的光用单色器（如棱镜或光栅）进行色散，就可以得到一条带暗条的谱带。如果以波长 λ（μm）或波数 ν（cm^{-1}）为横轴，以吸光度（A）或百分透过率（T,%）为纵轴，将这条谱带记录下来，就能得到该物质的红外光谱，如图 5-23。红外光谱的波数与波长的关系为：

$$\nu = \frac{1}{\lambda} \times 10^4 \tag{5-4}$$

几种波长的单位关系为：$1\mu m = 10^{-4} cm$，$1nm = 10^{-7} cm$。

红外光谱处于可见光区和微波区之间，是波长从 $0.5\mu m$ 到 $100\mu m$ 范围内的电磁辐射，如图 5-24。其中应用最为广泛的是从 $2.5\mu m$（相应波数为 $4000cm^{-1}$）到 $25\mu m$（相应波数为 $400cm^{-1}$）的中红外光谱。波长小于 $2.5\mu m$ 的红外辐射称为近红外区，大于 $50\mu m$ 的称为远红外区。

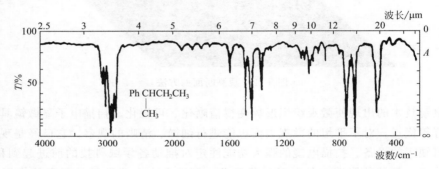

图 5-23　化合物的红外光谱

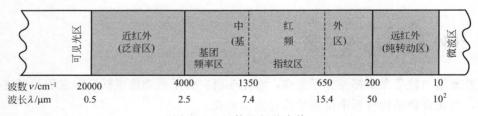

图 5-24　红外区电磁波谱

中红外区的吸收，主要是由分子的振动和转动能级跃迁引起的。绝大多数有机化合物和许多无机化合物的化学键振动的基频均出现在该区。因此，中红外吸收光谱在化合物的结构和组成分析中非常重要。

5.3.2　红外吸收光谱产生条件与红外吸收峰类型

5.3.2.1　红外吸收光谱产生条件

红外吸收光谱是由于分子中振-转动能级跃迁而产生的，但并不是说任何一种波长的红外辐射线，照射任何一种分子都能产生红外吸收光谱，这是因为红外吸收光谱的产生必须满足两个条件。

（1）红外辐射线的频率要与分子中相应基团的振动频率一致，这是由分子吸收光谱的量子化性质所决定的。

（2）分子在振动及转动过程中必须发生偶极矩的变化。分子偶极矩 p 等于分子中正负电荷中心所带的电荷 q 与正负电荷中心之间的距离 d 的乘积，即 $p=qd$。偶极矩的大小反映了分子极性的强弱，p 大，分子极性强，p 小，分子极性弱，$p=0$ 时，分子为非极性。为了满足偶极矩发生变化这一条件，红外辐射线的吸收主要限于那些正负电荷中心不重叠、不对称的极性分子，如 HCl、CO 等。这类分子周围电荷分布是不对称的，其中一个原子的电荷密度比另一个大，因此当两个原子中心间的距离发生变化，即发生振动时，就能产生一个能够与辐射电磁场相互作用的振动电磁场。当红外辐射的频率与分子中相应基团振动频率相一致时，便会发生共振，使分子振动的振幅发生变化，这样就发生振动能级跃迁而产生红外吸收光谱。分子振动时，偶极矩的变化愈大，相应吸收带的强度愈大。

红外吸收谱带的强度是一个振动跃迁发生概率的量度，如果跃迁允许，相应的吸收谱带就较强；如果吸收谱带禁阻，相应的吸收谱带就较弱。若为跃迁允许，在分子振动时必须伴有瞬时偶极矩的变化，从而显示红外活性（能吸收红外光）。一般来说，化学键的极性越强，振动时瞬时偶极矩的变化就越大，吸收谱带就越强。例如，羰基（C═O）由于是极性基团，因而比碳碳双键（C═C）等弱极性基团的伸缩振动吸收带强。因而四氯乙烯（$Cl_2C═CCl_2$）分子中，其 C═C 做全对称伸缩振动，并无瞬时偶极矩的变化，跃迁几乎为零，没有红外吸收。

5.3.2.2 红外吸收峰的类型

（1）基频峰和泛频峰。分子吸收红外辐射线以后，振动能级由基态跃迁至第一激发态即能量最低的激发态时，所产生的吸收峰称为基频峰。基频峰是各种有机基团的基本振动吸收峰，一般都是强峰，基频峰频率等于分子中相应基团的振动频率。如 HCl 分子的基频峰的峰位为 $2886cm^{-1}$，甲基的基频峰的峰位为 $2960cm^{-1}$。

分子吸收红外辐射线以后，若振动能级由基态跃迁至第二、第三或更高激发态时，所产生的吸收峰称为倍频峰。前者称为二倍频峰，其吸收峰的频率是基频峰频率的两倍，后者称为三倍频峰，其吸收峰的频率是基频峰频率的三倍，其他类推。在倍频峰中，二倍频峰还比较强，三倍频峰以上，由于跃迁概率很小，一般都很弱而常常观测不到。

若分子吸收红外辐射线以后所产生的吸收峰频率等于某两个基频峰频率之和或之差，则分别称为合频峰和差频峰，即合频峰频率 $\nu=\nu_1+\nu_2$，$\nu=2\nu_1+\nu_2$，差频峰频率 $\nu=\nu_1-\nu_2$，$\nu=2\nu_1-\nu_2$。

上述倍频峰、合频峰及差频峰统称为泛频峰。泛频峰多为弱峰，在红外吸收光谱中一般来讲，$1<\varepsilon<10$ 的为弱峰，$10<\varepsilon<20$ 的为中强峰，$20<\varepsilon<100$ 的为强峰，$\varepsilon<100$ 的为特强峰。

（2）特征峰和相关峰。物质的红外吸收光谱是其分子结构的反映，每一个吸收峰都与分子中各基团的振动形式相对应。实验表明，组成分子的各种基团如 O—H、N—H、C—H、C═C、C≡C、C═O 等，都有自己的特定红外吸收区域，分子中其他部分对其吸收峰位置影响较小。这些吸收峰具有明显和特征性，能够代表某些基团存在与否。通常把这种能够代表某种基团存在，并具有较高强度的吸收峰称为特征吸收峰，简称特征峰，特征峰一般都位于特征区内。特征峰是鉴定某种基团存在与否的依据。

在红外吸收光谱中，一种基团除了产生特征峰外，往往还能产生多个其他吸收峰。这些吸收峰与特征峰具有相互依存关系，即若有特征峰产生，则必然有其他吸收峰出现，若无特征峰产生，则这些其他吸收峰肯定不会出现。通常把这种由同一基团产生，而与特征峰具有相互依存关系的一组吸收峰称为相关峰。在中红外吸收光谱区，多数基团都有一组相关峰。

5.3.2.3 分子振动方程与分子振动形式

（1）分子振动方程。分子内原子在其平衡位置的振动规律，可以近似地用分子振动方程来描述，基频峰的振动频率则可由分子振动方程求出。

分子振动方程是由双原子分子或双原子基团的振动推导而来的。为了处理上的方便，可以将双原子分子或双原子基团中的两个原子，看作质量分别为 m_1 和 m_2 的两个小球即谐振子，它们之间的化学键可以看作质量可以忽略不计的弹簧，两个原子在其平衡位置上的振动可以近似地看作谐振子和振动，如图 5-25 所示。

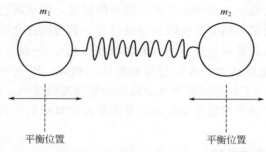

图 5-25　双原子分子或基团的简谐振动示意图

根据经典力学中的虎克定律，可以导出双原子分子或基团的简谐振动方程为：

$$\nu = \frac{1}{2\pi c}\sqrt{\frac{K}{\mu}} \tag{5-5}$$

式中，ν 为波数，单位为 cm^{-1}，在红外吸收光谱中，习惯上用波数表示频率，单位仍用 cm^{-1}；c 为光速，数值等于 3×10^{10} cm/s；K 称为化学键力常数；单位为 N/cm；K 值大小反映化学键强弱，单键的 K 值近似 5N/cm，双键的 K 值近似 10N/cm，三键的 K 值近似 15N/cm；μ 为双原子分子或基团的折合质量。

$$\mu = \frac{m_1 m_2}{m_1 + m_2} \tag{5-6}$$

式中，m_1、m_2 为两原子的原子质量，其单位为原子质量单位（u），$1u = 1.6606\times10^{-27}$ kg。将有关数据代入式（5-5），则得到下式：

$$\nu = 1307\sqrt{\frac{K}{\mu}} \tag{5-7}$$

分子振动方程反映了红外吸收峰的位置与分子结构的关系。根据式（5-7）和红外光谱的测量数据，可以计算出各种类型的化学键力常数 K 值。反之，若已知 K 值，则可以计算出各种基团的振动波数，由此推断该基团频峰的位置。

由分子振动方程可以得出如下结论：

① 对于相同折合质量的不同基团，振动波数与化学键力常数的平方根成正比；K 值越大，则 ν 值越大，相应的吸收峰出现在较高波数区，例如：$C\equiv C$、$C=C$ 和 $C-C$，其 μ 值

相同，但 K 值不同，$K_{C\equiv C}>K_{C=C}>K_{C-C}$，故 $\nu_{C\equiv C}>\nu_{C=C}>\nu_{C-C}$。

② 对于相近化学键力常数的不同基团，振动波数与基团折合质量的平方根成反比，即 μ 越大，则 ν 越小；μ 越小，则 ν 越大。例如 C—F、C—Cl、C—Br、C—I，其 K 值相近，而 μ 值依次增大，故 ν 值依次减小。

③ 对于给定基团，其 K 值和 μ 值均为定值，故该基团的振动波数也就为定值，相应红外吸收峰的位置也就确定下来。根据红外吸收峰的位置，就可以确定相应基团的种类，进而确定物质的组成及结构，这就是红外吸收光谱法定性分析的理论依据。

（2）分子振动形式。双原子分子只有一种振动形式，即两个原子之间的伸缩振动。而多原子分子的振动形式复杂得多，但基本上可以分成两大类，即伸缩振动和弯曲振动，如图 5-26。

① 伸缩振动。指化学键两原子间的距离沿键轴方向发生周期性变化的振动，即键长发生周期性变化的振动。

伸缩振动又分为对称伸缩振动（ν_s）和反对称伸缩振动（ν_{as}）。对称伸缩振动时，相同的两个键同时伸长或缩短。反对称伸缩振动时，一个键伸长，另一个键缩短。同一基团的反对称伸缩振动频率要稍高于对称伸缩振动频率。

② 弯曲振动。弯曲振动也称变形振动，指两个化学键间夹角即键角发生周期性变化的振动。它又分为面内弯曲振动和面外弯曲振动。面内弯曲振动又分为剪式振动（δ）和摇式振动（ρ），面外弯曲振动又分为摆式振动和扭式振动。下面以亚甲基—CH_2 为例说明上述各种振动形式。如图 5-26。

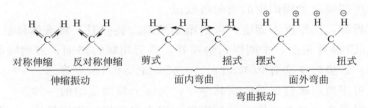

图 5-26　分子振动形式

5.3.3　红外分光光度计

5.3.3.1　色散型红外分光光度计

色散型红外分光光度计基本组成与紫外可见分光光度计相似，由光源、吸收池、单色器、检测器、记录显示装置组成。但两种仪器中吸收池的位置有所不同，前者吸收池放在单色器之前，后者吸收池放在单色器，如图 5-27。

（1）仪器基本组成

① 光源。常用的光源有能斯特灯和硅碳棒两种。

能斯特灯由氧化锆、氧化钇和氧化钍等稀土元素烧结而成，常为圆筒状，直径为 2mm，长约 30mm，两端绕以铂丝作导线。在常温下不导电，加热至 800℃ 左右成为导体，并开始发光，发光波长范围 2.5~25μm，工作温度约为 1750℃，功率为 50~200W，发光度高，稳定性好，使用寿命为 6~12 个月。能斯特灯工作前应先预热 2min，发光后切断预热电源，否则灯易烧坏，其机械强度较差，价格较贵。

硅碳棒由碳化硅烧结而成，一般为两端粗、中间细的实心棒，中间为发光部分，直径约

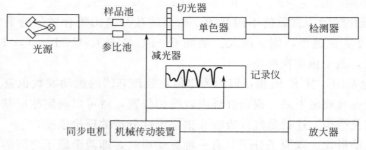

图 5-27　色散型红外分光光度计结构示意图

为 5mm，长约 50mm。硅碳棒室温下为导体，不需预热，工作温度约为 1300℃，功率为 200～400W，其特点是发光面积大、坚固、寿命长、操作方便。其发光波长范围也是 2.5～25 μm。

② 吸收池。由于普通玻璃、石英对红外辐射均有吸收作用，因此红外光谱吸收池的透光窗口一般由 NaCl、KBr、TlI-TlBr 等盐类的晶体制成。NaCl、KBr 晶体易吸湿受潮，使透光窗口模糊，因此红外分光光度计要求在恒湿环境中工作，并要求样品干燥，以防水分侵蚀窗口。TlI-TlBr 混合晶体制成的吸收池具有不吸潮优点，但其透光率稍差。

红外吸收光谱中常用吸收池主要是液体吸收池和气体吸收池。液体吸收池分为固定池、可拆池和密封可变池三种。

固定池的厚度即吸收光程固定的密封吸收池。

可拆池可以拆卸，其厚度不固定，可由铅垫控制。装样时，将液体样品放在 NaCl 晶片上，用另一块 NaCl 晶片覆盖，中间以铅垫隔开，然后用螺钉坚固，显然吸收池厚度实际上就是铅垫的厚度。铅垫的厚度有 0.025mm、0.05mm 及 0.1mm 等。

密封可变池可用微调螺钉连续改变其厚度，实际上是固定池的一种。

固定池和密封可变池具有液体入口和出口，用注射器将液体样品注入，用完后注射器将样品吹出，并用干燥 CCl_4 反复清洗，最后将 CCl_4 除去。

气体吸收池池体由玻璃圆筒做成，有进口和出口管，两端透光窗口用 NaCl 晶体做成，用环氧树脂黏结。圆筒用金属池架固定。气体吸收池厚度一般为 10cm。

③ 单色器。现代红外分光光度计常用平板反射式闪跃光栅作色散元件，其优点是分辨率高、色散率高并且近似线性，能被水侵蚀，不需要恒温恒湿设备，并且价格低。其缺点是存在不同级次间光谱重叠，需要在光栅前加一块滤光片，将不需要的其他级次的干扰光分享掉。

④ 检测器。由于红外光谱能量低，缺乏足够的能量以引起光电子发射，故不能用光电管或光电倍增管进行检测。红外分光光度计常用的检测器是真空热电偶。

真空热电偶是利用两种性质不同的导体构成回路时产生温差电现象，将温度差转变成电位差进而进行检测。

（2）仪器工作原理。从光源中发射的光被两个凹面反射镜对称地分为两束，一束通过样品池，称为测量光束，另一束通过参比池，称为参比光束。两束光到达切光器时，被调制为 10 周/s 的断续信号，使两束光交替地照射到光栅上。光栅以一定速度转动，使不同波长的红外线依次射出，经过滤光片后成为一级光谱的单色光。两束单色光交替地照在检测器上，当测量光束和参比光束辐射通量相等时，检测器无交流信号产生。当样品对某一波长单色光有吸收时，测量光束和参比光束辐射通量不相等，检测产生一个与辐射通量差成正比的交流电压信号，此交流电压信号经放大整流后推动同步电机，带动位于参比光束中减光器（光楔）向减小辐射通量差的方向移动，直至两束辐射通量相等为止，检测器输出信号为零。通常把这种调节两辐射通量相等的方法叫作光学零位法或双光束零位原理。此法排除了来自光源或检测器的误差以及大气吸收的干扰，保证了测量准确度。

光楔的透光面积在全波长范围内，由零到最大是严格按线性变化的，因此参比光束中光楔所在位置的透射比正好等于样品的透射比。与此同时，记录笔与光楔同步移动，这样记录仪就可以记录下样品透射比的变化情况，这就是纵坐标。另一方面，光栅的转动又与记录纸转动速度相匹配，随着记录纸的横向移动，记录笔就记录下样品在不同波长的透射比。这样就得到了样品在整个测定波长的红外吸收光谱图。

5.3.3.2 傅里叶变换红外分光光度计

（1）仪器结构及原理。傅里叶变换红外分光光度计属于干涉型仪器。它是依据光的相干性原理得到干涉图，根据傅里叶变换函数的特性，利用计算机将干涉图转换为普通红外光谱图。

傅里叶变换红外分光光度计由光源（硅碳棒、高压汞灯）、迈克尔逊干涉仪、试样插入装置、检测器、电子计算机和记录仪等部件组成，如图 5-28。

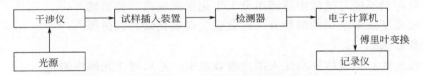

图 5-28　傅里叶变换红外分光光度计结构示意图

干涉仪将光源中发出的光分为两束以后，再以不同的光程差重新组合，发生干涉现象，当两束光的光程差为 $\lambda/2$ 的偶数倍时，照在检测器的相干光相互叠加，产生明线，其相干光强度有极大值。相反，当两束光的光程差为 $\lambda/2$ 的奇数倍时，相干光强度有极小值。通过连续改变干涉仪中反射镜的位置，可以在检测器上得到一个干涉强度（I）对光程差（S）和辐射频率的函数图，这就是干涉图，如图 5-29 所示。如果将样品放入光路中，由于样品吸收了某些频率的能量，将使干涉图的强度曲线相应地发生变化。

上述干涉谱图不是人们所熟悉的红外吸收光谱图。利用数学上的傅里叶变换技术，对不同频率的光强进行计算，就可以得到透射比随频率或波数变化的普通红外吸收光谱图。这种变换和处理非常复杂和麻烦，在仪器中利用计算机进行数据处理和运算过程，完成傅里叶变换。

（2）仪器的特点。傅里叶变换红外分光光度计具有以下特点：

① 测量时间短。其扫描速度比色散型红外分光光度计快几百倍。

② 灵敏度高。检测限可达到 $10^{-9} \sim 10^{-12}$ g。

③ 分辨率高。分辨率可达 $0.1 \sim 0.005\text{cm}^{-1}$，而光栅色散型仪器分辨率也只达到 0.2cm^{-1}。

④ 测量精度高。重复性可达 0.1%，杂色光干扰小。

⑤ 测量的光谱范围宽。在 $10000 \sim 10\text{cm}^{-1}$ 范围内都可测定。

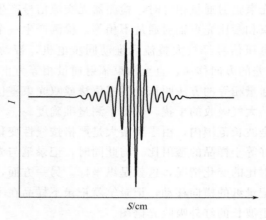

图 5-29 干涉谱图

总之，傅里叶变换红外分光光度计优点非常突出，应用广泛，是现代化学与化工研究中的重要仪器之一。

（3）样品制备

① 液体样品。溶剂要求：试样在其中要有足够溶解度；在测定波长范围内，溶剂本身对红外线无吸收或吸收很弱；应是非水溶剂，并经过干燥，以免侵蚀吸收池的盐窗；应有化学惰性，所有溶剂不能与试样中待测组分发生化学反应或形成氢键。

红外吸收光度法中常用的溶剂有二硫化碳、四氯化碳、氯仿等。

样品制备方法如下。

液体吸收池法：将液体样品注入固定吸收池中，然后置于光路中测定。

两液膜法：该法是定性分析中常用的方法。在可拆池两 NaCl 晶片之间滴加 1～2 滴液体样品，形成一薄膜，液膜厚度可通过池架上坚固螺钉进行微小调节。适于高沸点及不易清洗样品的测定。

涂片法：对于黏度较大的液体样品，可将其涂在一块 NaCl 或 KBr 晶片上，置于光路中测定，此法也只适用于定性分析。

② 固体样品。压片法：将 1～2mg 固体样品与 100～200mg KBr 放在玛瑙研钵中均匀混合并研磨成粉末状（通过 250 目筛孔），将此混合物置于压片机模具中，边抽真空边加压，制成约 1mm 厚、直径为 10mm 的透明薄片，置于光路中测定。

在压片过程中，要求样品和 KBr 都要研磨得很细，以减小光色散作用，并应使二者混合均匀。压片过程中应注意防潮，压制的薄片表现要良好。由于 KBr 在 4000～400cm^{-1} 范围内无吸收作用，故可绘制全波段红外吸收光谱图。除用 KBr 压片外，还可以用 KI、KCl 压片。

糊剂法：称取固体试样约 10mg，在玛瑙研钵中研细，滴加几滴液体石蜡或全氟代煤油，调成糊状，取少许此糊状物置于可拆池两晶片之间，略加压力置于光路中即可进行测定。液体石蜡和全氟代煤油称为悬浮剂，可以减小光色散损失。液体石蜡适用于 1300～400cm^{-1}，全氟代煤油适用于 4000～1300cm^{-1}，二者配合使用可以完成全波段的测定。

③ 气体样品。气体样品可以直接在气体吸收池中进行测定。测定前，先将气体吸收池抽真空，除去其中的二氧化碳、水汽等。气体样品经干燥后充入吸收池内，充入的压力可根据样品对红外吸收线的强弱而定。

5.3.4　拉曼光谱原理

1928 年印度科学家 Raman 发现了拉曼散射效应，在随后的几十年内，由于拉曼散射光的强度很弱，激发光源（汞弧灯）的能量低，在相当一段时间内未能真正成为一种有实际应用价值的工具，直到使用激光作为激发光源激发拉曼光谱仪问世以及傅里叶变换的出现，拉曼光谱检测灵敏度大大增加，其应用范围也在不断扩大。

拉曼散射是光散射现象的一种，单色光束的入射光光子与作为散射中心的分子相互作用时，可发生弹性碰撞和非弹性碰撞。如果光子与样品分子发生弹性碰撞，即光子与分子间没有能量交换，光子的能量保持不变，即大部分光子仅改变了方向的散射，而光的频率仍与激发光源一致，这种散射是弹性散射，称为瑞利散射（Rayleigh scattering）。

当光子与分子发生非弹性碰撞时，光子与分子间发生能量交换，光子把一部分能量给予分子，或者从分子获得一部分能量，光子的能量就会减少或增加。在瑞利散射线的两侧可观察到一系列低于或高于入射光频率的散射线，这就是拉曼散射，分为斯托克斯散射（Stokes Raman scattering）及反斯托克斯散射（anti-Stokes Raman scattering），如图 5-30。其散射光强度占总散射光强度的 $10^{-10} \sim 10^{-6}$。拉曼效应是在外加电场作用下，感生电偶极矩被分子中的振动调制而产生的。虽然红外光谱和拉曼光谱都可以用来研究分子的转动和振动能级，但是从机理上来说，这两种方式是不同的。红外光谱是一种吸收光谱，只有当入射光子能量与分子的某一能隙匹配时，分子才能吸收光子能量，并使分子由基态进入相应激发态。而对于拉曼光谱，并不需要入射光子能量与某一能隙的匹配。在拉曼散射中，光子与分子相互作用使核周围的电子云发生形变（极化），形成一个寿命较短的态，称其为"虚态"，这一状态是不稳定的，会很快重新发射出光子来。

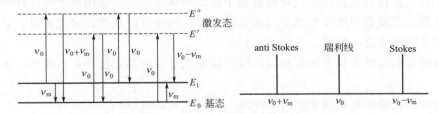

图 5-30　拉曼和瑞利散射能级图

通常拉曼散射检测到的是斯托克斯散射，拉曼散射光与瑞利散射光频率之差值称为拉曼位移。拉曼谱线的数目、位移值的大小和谱带的强度等都与物质分子的振动和转动有关，这些信息就反映了分子的构象及其所处的环境。

5.3.5　拉曼光谱与红外光谱关系

拉曼光谱是分子对激发光的散射，而红外光谱则是分子对红外光的吸收，但二者均是研究分子振动的重要手段，同属分子光谱。分子的非对称性振动和极性基团的振动，都会引起分子偶极矩的变化，因而这类振动是红外活性的；而分子对称性振动和非极性基团的振动，会使分子变形，极化率随之变化，具有拉曼活性。

拉曼光谱适合于测量原子的非极性键振动，如 C—C、N=N、S—S 等，对称性骨架振动，均可从拉曼光谱中获得丰富信息。而不同原子的极性键，如 C=O、C—H、N—H 和 O—H 等，在红外光谱上有反映。在分子结构分析中，拉曼光谱和红外光谱相互补充。从分子结构测定、确证、特点的研究等方面，拉曼光谱和红外光谱研究手法没有很大的不同，但是红外光谱进行水溶液样品测定非常困难，而对拉曼光谱来说却很容易，这是一个不同点。

5.3.5.1 共性

虽然拉曼光谱和红外光谱产生的机理并不同，但它们的光谱所反映的分子能级跃迁类型则是相同的。因此，对于一个分子来说，如果它的振动方式对于红外吸收和拉曼光谱都是活性的话，在拉曼光谱中所观察到的拉曼位移与红外光谱中所观察到的吸收峰的频率是相同的，只是对应峰的相对强度不同而已。也就是说，拉曼光谱和红外光谱与基团频率的关系基本一致。因此，可以根据谱带频率、形状、强度利用基团频率表推断分子结构。

5.3.5.2 各自特点

拉曼光谱技术在应用中具有红外光谱等不具备的优越性，原因如下：

(1) 适用于分子骨架的测定，且无需制样。

(2) 不受水的干扰。拉曼光谱工作可在可见光区，用拉曼光谱进行光谱分析时，水是有用的溶剂，而对红外光谱水是差的溶剂。此外，拉曼光谱测量所用器件和样品池材料可由玻璃或石英制成，而红外光谱测量需用盐材料。

(3) 拉曼光谱使用的激光光源性质使其相当易于探测微量样品，如表面、薄膜、粉末、溶液、气体和其他许多类型的样品。

(4) 拉曼仪器中所用的传感器都是标准的紫外、可见光器件，检测响应得非常快，可用于快速跟踪反应的动力学过程，研究寿命的长短。

(5) 单独一台拉曼光谱仪，就可覆盖整个振动频率范围。而在用傅里叶红外系统时，为了覆盖这个范围，就必须改变检测器或光束劈裂器。用传统的红外光谱仪测量，必须使用两台以上仪器才能覆盖这一区域。

(6) 因谐波和合频带都不是非常强，所以拉曼光谱一般都比红外光谱简单，重叠带很少见到。

(7) 用拉曼光谱法可观测整个对称振动，而红外光谱做不到。

(8) 偏振测量给拉曼光谱所得信息增加了一个额外因素，这对带的认定和结构测定是一个帮助。

红外光谱和拉曼光谱特点比较见表 5-1。

5.3.5.3 判断拉曼活性和红外活性的原则

(1) 相互排斥规则。凡具有对称中心的分子，若其红外是活性的（或者说跃迁是允许的），则其拉曼就是非活性的（或其跃迁是禁阻的）。反之，若该分子的振动对称对拉曼是活性的，则其红外就是非活性的。

例如：O_2 仅有一个简谐振动，即对称伸缩振动，它的红外是非活性的，因为在振动时，不发生偶极矩的变化。而对拉曼光谱来说，则是活性的，因为在振动过程中，极化度发生了变化。

相互排斥规则对于鉴定官能团是特别有用的，例如烯烃的 C═C 伸缩振动，在红外光谱中通常不存在或者很弱，在拉曼光谱中则很强。

表 5-1 红外光谱和拉曼光谱的特点比较

红外光谱(中红外区)	拉曼光谱	红外光谱(中红外区)	拉曼光谱
生物、有机材料为主	无机、有机、生物材料	光谱范围:400~4000cm^{-1}	光谱范围:50~3500cm^{-1}
对极性键敏感	对非极性键敏感	局限:含水样品	局限:有荧光样品
需简单制样	无需制样		

（2）相互允许原则。凡是没有对称中心的分子，若其分子振动，对拉曼是活性的，则其红外也是活性的。如水分子，是非线性分子，具有 3 个简正振动，这 3 种振动都是红外活性的，同样拉曼也是活性的。

（3）相互禁阻原则。对于少数分子振动，其红外和拉曼都是非活性的。如乙烯分子，因为乙烯是平面对称分子，没有永久偶极矩，在扭曲振动时也没有偶极矩变化，所以是红外是非活性的。同样，在扭曲振动时，也没有极化度的改变，因为这样的振动不会产生电子云的变形，因此拉曼也是非活性的。

5.3.6 拉曼光谱仪

自从 20 世纪 60~70 年代将激光器用于拉曼光谱仪后，拉曼光谱仪得到了飞速的发展。图 5-31 是激光拉曼光谱仪的示意图，主要由光源、外光路系统、样品池、单色器、信号处理和输出系统等几部分组成。

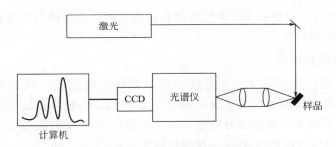

图 5-31 激光拉曼光谱仪的示意图

（1）光源。因为拉曼光谱散射光较弱，只有激发光的 $10^{-6} \sim 10^{-8}$，所以要用很强的单色光来激发样品，这样才能产生足够强的拉曼散射信号，激光是一个很理想的光源。早期的光源是汞弧灯，其波长为 435.8nm；近年来采用单色性非常好的 He-Ne 激光器，其波长为 632.8nm；Ar$^+$ 离子激光器，其波长为 488.0nm 及 514.5nm；Kr$^+$ 离子激光器，其波长为 568.2nm。

（2）样品池。常用样品池有液体池、气体池和毛细管。对于微量样品，可用不同直径的毛细管，对于常量样品，可用液体池、气体池和压片样品架等。

（3）单色器。激光拉曼光谱仪一般采用全息光栅的双单色器，采用双单色器的目的主要是因为要在强的瑞利散射线存在下观测有较小位移的拉曼线，对单色器的分辨率要求很高，双单色器可以达到这个效果，也可以采用三单色器。

（4）检测器。因为拉曼光谱检测的是可见光，可以采用可见-紫外光谱用的一样信噪比很高的光电倍增管或点阵列检测器（CCD、OMA）等作为检测器。常用 Ga-As 光阴极光电倍增管。在测定拉曼光谱时，将激光束射入样品池，一般是与激光束成 90°处观察散射光，因此单色器、检测器都安装在与激光束垂直的光路中。

5.4 X射线衍射仪

5.4.1 X射线衍射的发展与性质

5.4.1.1 X射线衍射的发展历程

1895年，德国物理学家伦琴在研究真空管中的高压放电现象时，发现了X射线，也称伦琴射线。

1912年，德国物理学家劳矣等人发现了X射线在晶体中具有衍射现象。这一现象一方面证明了X射线是一种电磁波，另一方面说明晶体具有周期性结构，为此劳矣提出一组衍射方程。

1913年，英国物理学家布拉格父子推导出简单而实用的布拉格方程，这一结果为X射线分析晶体结构提供了理论基础。

1916年，德拜、谢乐提出了采用多晶体试样的"粉末法"，给X射线衍射分析带来了极大的方便。

1928年，盖革、弥勒采用计数器来记录X射线，此方法导致后来衍射仪的产生，并于20世纪50年代获得使用。

20世纪70年代后，随着电子计算机等高科技的发展，X射线与先进技术相结合，最终成为现代型的自动化衍射仪。

5.4.1.2 X射线的性质

X射线和无线电波、可见光、γ射线一样，都属于电磁波。其波长范围在0.001～100nm之间，介于紫外线和γ射线之间，如图5-32所示。一般称波长短的为硬X射线，反之称软X射线。波长越短，穿透能力越强，用于金属探伤的X射线波长为0.005～0.01nm或更短。用于晶体结构分析的X射线，其波长约为0.05～0.25nm。

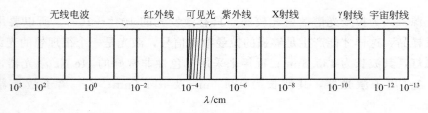

图5-32　电磁波谱

X射线具有波粒二象性。描述X射线波动性物理量频率ν、波长λ和描述粒子性物理量光子能量E、动量P之间遵循爱因斯坦关系式：

$$E = h\nu = h\frac{c}{\lambda} \tag{5-8}$$

$$P = \frac{c}{\lambda} \tag{5-9}$$

式中，c为光速；h为普朗克常数。

（1）X 射线的产生。大量实验证明，高速运动的电子突然受阻时，随着电子能量的消失和转化，会产生 X 射线。因此，要获得 X 射线，需要具备如下条件：

① 产生并发射自由电子；

② 在真空中迫使电子朝一定方向加速运动，以多得尽可能高的速度；

③ 在高速电子流运动方向上设置一障碍物，使高速运动的电子突然受阻而停下来，此障碍物便是阳极靶。

X 射线的发生装置如图 5-33 所示，这是一种装有阴、阳极的真空密封管。灯丝用来发射电子，在管子的阴、阳两极间加上高压，使阴性发射的电子能高速运动，最后撞击阳极靶，动能消失时，将动能转化为 X 射线。X 射线管是获得 X 射线最常用的方法。常用的阳极靶材料有：Cr、Fe、Co、Ni、Cu、Mo、Ag、W 等高熔点金属。

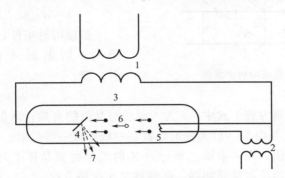

图 5-33　X 射线的发生装置

1—高压变压器；2—灯丝变压器；3—X 射线管；4—阳极；5—阴极；6—电子束；7—X 射线

（2）X 射线谱。X 射线的波长与强度的关系曲线称为 X 射线谱。由 X 射线装置发射出来的 X 射线一般由连续 X 射线谱和特征 X 射线谱组成。

连续 X 射线谱有多种波长的混合体，所以也称白色 X 射线，它是由高速电子与阳极靶材料碰撞时，大部分动能都变成热能而损耗，而一小部分动能以 X 射线形式放射所产生的。由于大量电子射到阳极上的时间、条件和碰撞次数都不相同，所以所产生 X 射线波长不同，形成连续 X 射线谱。

特征 X 射线谱的产生机理与阳极靶材物质的原子内部结构紧密相连。对一定材料的阳极靶材，所产生的特征谱波长是固定的，此波长可以成为阳极靶材的标志或特征，故称为标志谱或特征谱。

5.4.2　X 射线衍射理论与方法

X 射线是波长范围在 0.001～100nm 之间的电磁波，不同波长的 X 射线适用于不同领域，用于晶体分析的 X 射线，其波长约为 0.05～0.25nm。因为这个波长范围与晶体点阵的面间距大致相当，如果波长小于 0.05nm，样品的衍射线会过分地集中在低角度区，不易分辨；而且波长大于 0.25nm 时，样品和空气对 X 射线的吸收太大。

5.4.2.1　X 射线衍射理论——布拉格方程

晶体可以看成由很多平行的晶面组成，晶体的衍射线也是由原子面的衍射线叠加而得。这些衍射线在空间会产生干涉，其中大部分会被抵消，而其中很小一部分满足相干条件而被加强。能够通过相干而被加强的衍射线，可视为某些晶面的"反射"线。

如图 5-34 所示，当一束波长为 λ 的平行 X 射线以 θ 角入射到原子面 A 上，入射线 1a 和 1 经 A 面的原子 P 和 K 散射后以 $1'a$ 和 $1'$ 出射。如果 1a 和 1 在 XX' 处视为同相位，则处于反射线位置的 $1'a$ 和 $1'$ 在到达 YY' 时光程差相等，这说明同一原子面上各原子的干涉可以相互加强。

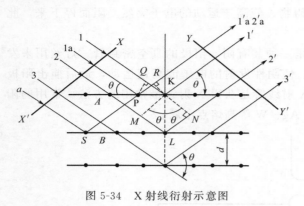

图 5-34　X 射线衍射示意图

入射线 1 入射到 A 晶面后，反射线为 $1'$；另一平行的入射线 2 入射到相邻的 B 后，这两束 X 射线到达 YY' 处的光程差为

$$\delta = ML + LN \tag{5-10}$$

由于晶面间距为 d，所以上式可以写成

$$\delta = d\sin\theta + d\sin\theta = 2d\sin\theta \tag{5-11}$$

根据衍射条件，光程差是波长的整数倍时，衍射波才能相互加强产生衍射，即：

$$2d\sin\theta = n\lambda \tag{5-12}$$

上式是著名的布拉格方程。式中，θ 为入射线与晶面的夹角；入射线的延长线之间的夹角 2θ 角称为衍射角；n 为整数，称为反射级数，一般都取一级衍射。

从上面证明可以看出，当一束单色平行的 X 射线照射到晶体上时，同一晶面上的反射线可以加强；而不同晶面反射线要加强，必须满足布拉格方程。

从布拉格方程可以看出，由于 $\sin\theta \leqslant 1$ 时，所以

$$\lambda \leqslant 2d$$

上式为晶体产生衍射的极限条件，即能够被晶体衍射的 X 射线的波长必须小于或等于参加反射的衍射面中最大面间距的 2 倍，否则不能产生衍射。

或者从另一方面来说，当 X 射线的波长一定时，晶体中能够参加反射的晶面也是有限的，只有

$$d > \lambda/2$$

时，晶面才能衍射 X 射线。即只有晶面间距大于入射 X 射线波长一半的晶面才能发生衍射。

布拉格方程将晶面间距 d、X 射线的波长 λ 与衍射角 θ 结合起来，利用衍射试验，只要知道其中两个，就可以计算出第三个量。从实验角度上可归结为两个方面的应用：一方面已知 X 射线的波长 λ，在实验中测定 θ，计算 d 值来确定晶体的周期结构，这就是结构分析；另一方面已知 d，在实验中测定 θ，计算出 λ，这就是 X 射线光谱学。

5.4.2.2　X 射线的衍射方法

要想使任意给定的晶体产生衍射，其相应的入射线波长 λ 与入射角 θ 必须满足布拉格方程。为了使衍射能够发生，必须使 λ 或 θ 连续可变，这样才能使更多的晶面产生衍射。根据实验时改变这两个量所采取的方式，将衍射方法分为三种：劳埃法、转晶法和粉末法。

（1）劳埃法。采用连续的 X 射线照射不动的单晶体，即通过使 λ 连续变化，θ 不变，从中找出其波长满足布拉格方程关系的 X 射线使其产生衍射。其示意图见 5-35 所示。目前，

劳埃法主要用于单晶取向的测定及晶体的对称性研究。

（2）转晶法。采用单色 X 射线照射转动的单晶体，即入射 X 射线的 λ 不变，而入射角 θ 连续变化，最终在某一时刻入射角 θ 正好满足布拉格方程的要求。其示意图见 5-36 所示。

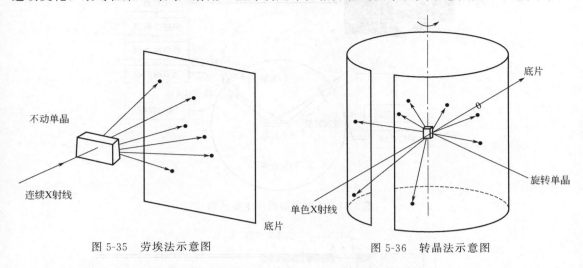

图 5-35　劳埃法示意图　　　　　　　图 5-36　转晶法示意图

（3）粉末法。利用单色 X 射线照射多晶样品，即利用多晶试样中各个高微晶不同取向来改变 θ，从而满足布拉格方程。由于大多数材料都是多晶结构，所以粉末法是衍射分析中最常用的方法。

这三种方法的特点如表 5-2 所示。

表 5-2　三种衍射方法比较

方法	试样	λ	θ
劳埃法	单晶	变化	不变化
转晶法	单晶	不变化	部分变化
粉末法	粉末或多晶	不变化	变化

5.4.3　X 射线衍射仪结构

X 射线衍射仪主要由 X 射线源、测角仪、辐射探测器及控制计算机组成，如图 5-37 所示。

（1）X 射线源。X 射线源一般由 X 射线管、高压发生器和控制电路所组成，图 5-38 是最简单、最常用的封闭式 X 射线管的示意图。

（2）测角仪。测角仪是 X 射线衍射仪中最核心的部件，由光源臂、检测器臂、样品台和狭缝系统所组成，如图 5-39 所示。

根据测角器的衍射仪圆取向，可将测角器分为垂直式和水平式两种。在垂直式测角仪上，样品水平放置，一般保持不动或接近于水平的角度范围内转动。这种方式对样品要求很低，比较受到欢迎，但在制造方面，垂直式测角仪对于光源臂和检测臂所用材料要求很高。

根据光源、试样和检测器的运动模式不同，测角器可分为 θ-θ 型和 θ-2θ 型两种。θ-2θ 型是最常见的模式，它是在记录样品的衍射谱时，光源保持不动，检测器的转动速度是样品转动速度的 2 倍。θ-θ 型测角器在记录样品的衍射谱时，样品保持不动，光源和检测器以相同

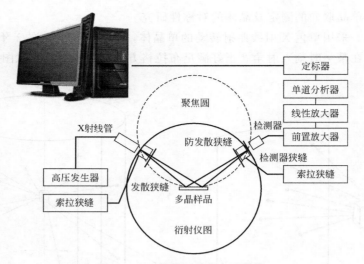

图 5-37　X 射线衍射仪主要结构

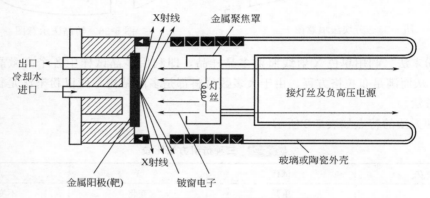

图 5-38　封闭式 X 射线管的示意图

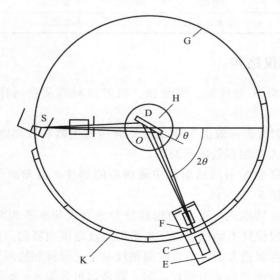

图 5-39　测角仪

G—测角仪圆；S—X 射线源；D—试样；H—试样台；F—接受狭缝；C—计数器；E—支架；K—刻度尺

的速度同步转动。垂直式测角器一般采用 θ-θ 型模式，水平式测角器大多数采用 θ-2θ 型模式。

（3）辐射探测器。辐射探测器的作用是使 X 射线的强度转变为相应的电信号，一般采用正比计数管。计数管是 X 射线的探测元件，计数管和其附属电路称为计数器。

5.4.4　X 射线衍射结果分析

X 射线衍射分析在材料科学中应用大体分为四个方面：

（1）晶体结构研究。主要是解决晶体结构类型和晶胞的大小，从而来研究晶体的微观结构。

（2）单晶体取向和多晶体织构的测定。多晶体的择优取向称为织构，单晶体取向和多晶体织构用 X 射线法测定最准确。

（3）物相分析。物相分析为定性和定量分析，定性分析是测定样品的物相；而定量分析则是求出物相的相对含量。

（4）精细结构研究。主要包括晶粒的大小，材料中微观和宏观应力的测定。

下面分别介绍几种方法：

（1）物相定性分析。利用多晶样品对 X 射线的衍射效应，记录样品的 X 射线衍射图谱，可以得到一套数据。根据布拉格方程从衍射峰的角度值可以算出此衍射峰所对应的晶面间距 d，通过将 d 值与标准值（标准卡片或软件）相比较，可以对试样进行物相分析。

在进行物相分析时，强度 I 和 d 值是两个重要的参数。但是，随着纳米材料的发展，各种形状的纳米材料都相继出现，即使同一物质，由于材料形状不同，它们在同一衍射角 θ 的衍射强度却并不相同，所以强度 I 不是作为物相分析的重要判据。但晶面间距 d 值是由晶体结构所决定的，所以 d 值是物相分析的唯一判据。由于在实验中会有误差，所以 d 值测量也会有误差，但误差不会超过 1%。

每一种物相都有其各自的"指纹"图谱，而混合物的衍射图则是组成该混合物中各个物相衍射图的叠加，所以将实测衍射图与数据库中纯相的标准图谱进行比较，就可以鉴定样品中存在的物相。在进行多相混合物分析时，先将所测谱图三强峰所对应的 d 值和标准值比较，确定后再将其他衍射峰所对应的 d 值与标准卡核对。

（2）晶格常数的测定。晶格常数又称为点阵常数，是指组成晶体最小单元的晶胞各棱边长度，用 a、b、c 表示。

正交晶系的晶面间距公式为：

$$\frac{1}{d^2}=\frac{h^2}{a^2}+\frac{k^2}{b^2}+\frac{l^2}{c^2} \tag{5-13}$$

再根据布拉格方程

$$2d\sin\theta=n\lambda$$

可以得到材料的晶格常数。对于立方晶体，因 $a=b=c$，所以立方晶体的晶格常数

$$a=\frac{\sqrt{h^2+k^2+l^2}}{2\sin\theta} \tag{5-14}$$

从上式可以看出，晶格常数 a 的精度主要由 θ 来决定。

（3）晶粒尺寸的测定。纳米材料的晶粒尺寸直接影响到材料的性能，利用 X 射线衍射来分析材料的晶粒尺寸有一定的限制。一般当晶粒尺寸小于 10nm 时，其衍射峰的宽化现象很明显；而当晶粒尺寸较大时（大于 100nm），其衍射峰的宽化现象不明显。

谢乐（Scherrer）提出衍射线宽化法测定晶粒大小的公式：

$$D = \frac{k\lambda}{(B - B_0)\cos\theta} \tag{5-15}$$

称上式为谢乐公式。式中，D 为晶粒直径；θ 为衍射角；λ 为波长；k 为 Scherrer 常数，一般取 0.9；B_0 为晶粒较大无宽化时衍射线的半高宽；B 为待测样品衍射线的半高宽；$B - B_0 = \Delta B$ 要用弧度表示。使用谢乐公式估算纳米粒子晶粒直径的大小是纳米材料研究中一种较重要的手段，但公式测定晶粒大小的适用范围是 5～300nm。

（4）单晶体取向和多晶体织构的测定。所谓单晶，即结晶内部的微粒在三维空间呈有规律的、周期性排列，或者说晶体的整体在三维方向上由同一空间格子构成，整个晶体中质点在空间的排列为长程有序。

图 5-40 为单晶 Fe 的 X 射线衍射图，从图中可以看出，单晶 Fe 沿（110）方向取向。

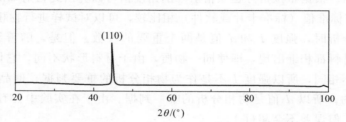

图 5-40　单晶 Fe 的 X 射线衍射图

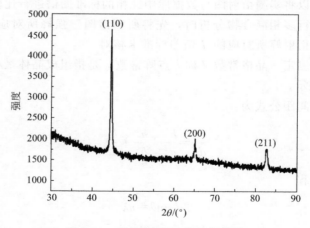

图 5-41　多晶 Fe 的 X 射线衍射图

多晶是由众多取向的单晶晶粒的集合体，图 5-41 为多晶 Fe 的 X 射线衍射图，图中（110）方向的衍射峰强度最大，说明多晶 Fe 沿（110）方向择优取向。与单晶 Fe 不同的是，多晶 Fe 除了沿（110）方向择优取向，还沿（200）和（211）方向取向。

非晶具有短程有序而长程无序，所以在 X 射线衍射图上是一个波包，如图 5-42 所示。

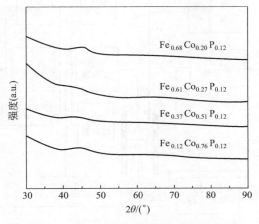

图 5-42　Fe-Co-P 非晶纳米线的 X 射线衍射图

5.5　热重分析（TG）

一些物质受热后发生脱水、分解、排除气体、升华等热反应，引起物质质量发生变化。在程序控温下，测量物质的质量随温度变化的方法，称为热重分析法或热天平分析法。热天平和常规天平的不同之处在于热天平能自动、连续地进行动态称量和记录，也可以控制和改变试样周围的气氛。

5.5.1　热重分析的基本原理和仪器组成

热重分析的基本原理是：加热过程中试样无质量变化时，天平保持平衡，有质量变化时，如失去重量（质量的减少）或重量增加（如变价元素的氧化等），天平失去平衡，这时信号由传感器检测并输送到测重系统，经放大后的信号一方面传到记录仪记录，另一方面传到阻尼天平复位器，使天平能及时复位，这样就可记录下加热过程中试样质量连续变化的信息。试样温度变化由测温热电偶测定并送到记录仪记录。

热重分析仪由程序升温系统、测量系统、显示系统和气氛控制系统组成，如图 5-43 所示。图中左边部分是温度控制系统，右边部分是天平的称重变换、放大、模/数转换、数据实时采集系统。通过计算机进行数据处理，显示打印曲线和处理结果。

程序升温系统由炉子和控温两部分组成。它是把程序发生器发生的控温信号与加热炉中热电偶产生的信号相比较，所得偏差信号经放大器放大，再经过 PID（比例、积分、微分）调节后，作用于可控硅触发线路以变更可控硅的导通角，从而改变加热电流，使偏差信号趋于零，以达到闭环自动控制的目的，使实验的温度严格地按给定速率线性升温或降温。图中右边为天平检测部分，试样质量变化，通过零位平衡原理的称重变换器，把与质量变化成正比的输出电流信号，经称重放大器放大，再由记录仪或微机处理加以记录。图中其他为热重天平辅助调节不可缺少的部分，温度补偿器是校温时用的；称量校正器是校正天平称量准确度用的；电调零为自动清零装置；电减码为如需要可人为扣除试样重量时用；微分器可对试样质量变化作微分处理，得到质量变化速率曲线。

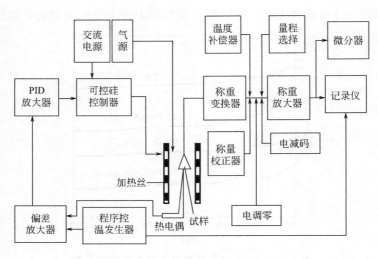

图 5-43　热重分析图

5.5.2　热重曲线

由热重法记录的试样质量变化对温度的关系曲线称热重曲线（TG 曲线），它表示过程的失重累积量，属于积分型。从热重曲线可获得试样的组成、热稳定性、热分解温度、热分解产物和热分解动力学等有关数据。热重法还要获得试样的质量变化率与温度或时间的关系曲线，即微熵热重曲线（DTG 曲线）。微熵热重分析主要用于研究不同温度下试样质量的变化速率，因此它对确定分解的开始阶段温度和最大分辨率时的温度特别有用。

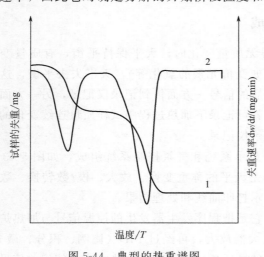

图 5-44　典型的热重谱图
1—热重曲线；2—微熵热重曲线

图 5-44 比较了 TG 和 DTG 的两种失重曲线，在 TG 曲线中，水平部分表示质量恒定，曲线斜率发生变化的部分表示质量的变化，因此从 TG 曲线可求得 DTG 曲线。新型热重分析仪都可以直接记录 DTG 曲线。DTG 曲线表示质量随时间的变化率 dw/dt，它是温度 T 和时间 t 的函数：

$$dw/dt = f(T \text{ 或 } t)$$

DTG 曲线的峰顶 $d^2w/d^2t = 0$，即失重速率的最大值，它与 TG 曲线的拐点相对应，即样品的失重在 TG 曲线中形成的每一个拐点，DTG 曲线上都有对应的峰面积，与样品失重成正比，因此可从 DTG 的峰算出样品的失重量。由热分析曲线可获得如起始失重、失重 5%、失重 10%、失重 20%、失重 50% 或呈现极大失重时的温度及其失重速率，甚至完全失重时的温度，或在某一固定温度处的失重百分率。

5.5.3　影响热重曲线的因素

（1）浮力的影响。因气体的密度在不同温度条件下有所不同，随着温度的上升，试样周围的气体密度将发生变化，造成浮力的变化。对试样容器来说，朝上流动的空气引起表观失重，而空气湍流引起增重，这与坩埚尺寸和形状有关，虽然可借助位于试样容器上方的出气孔加以调整，但使 TG 曲线在整个温度范围内没有表观质量的变化是比较困难的。

（2）样品盘的影响。在热重分析中，样品盘应是惰性材料制作的，如铂或陶瓷等。然而对碱性试样不能使用石英和陶瓷样品盘，这是因为它们都和碱性试样发生反应而改变 TG 曲线。使用铂制作样品盘时，必须注意铂对许多有机化合物和某些无机化合物有催化作用，所以在分析时选用合适的样品盘十分重要。

（3）挥发物冷凝的影响。样品受热分解或升华，逸出的挥发物往往在热重分析仪的低温区冷凝，这不仅污染仪器，而且使实验结果产生严重偏差。对于冷凝问题，可以从两方面来解决：一方面从仪器上采取措施，在样品盘的周围安装一个耐热的屏蔽套或者采用水平结构的热天平；另一方面可以从实验条件着手，尽量减少样品用量和选用合适净化气体流量。

（4）升温速率的影响。升温速率对热重法的影响比较大。由于升温速率越大，所产生的热滞后现象越严重，往往导致热重曲线上的起始温度和终止温度偏高。另外，升温速率快往往不利于中间产物的检出，在 TG 曲线上呈现出的拐点很不明显，升温速率慢可得到明显的实验结果。改变升温速率可以分离相邻反应，如快速升温时曲线表现为转折，而慢速升温时可呈现平台。为此，在热重法中，选择合适的升温速率至关重要，一般升温速率在 5～10℃/min 居多。

（5）气氛的影响。热重法通常可在静态气氛或动态气氛下进行测定，在静态气氛下，如果测定的是一个可逆的分解反应，虽然随着升温、分解速率增大，但是由于样品周围的气体浓度增大又会使分解速率降低；另外，炉内气体的对流可造成样品周围气体浓度不断变化，这些因素会严重影响实验结果，所以通常不采用静态气氛。为了获得重复好的实验结果，一般在严格控制的条件下采用动态气氛，样品预先抽真空，而后在较稳定的氮气流下进行实验，使气流通过炉子或直接通过样品。控制气氛有助于深入了解反应过程的本质，使用动态气氛更容易识别反应类型和释放的气体，以及对数据的定量处理。

（6）样品用量的影响。样品用量大会导致热传导差而影响分析结果。通常样品用量越大，由样品的吸热或放热反应引起的样品温度偏差也越大。样品用量大对逸出气体扩散和热传导都是不利的，样品用量大会使其内部温度梯度增大，因此在热重分析仪灵敏度范围内，热重分析的样品用量尽量小。

（7）样品粒度的影响。样品粒度对热传导和气体扩散有较大影响。粒径小，反应速度快，使 TG 曲线上的起始和终止温度降低，反应区间变窄，试样颗粒大，往往得不到较好的 TG 曲线。

5.6 振动样品磁强计

振动样品磁强计（VSM）是基于电磁感应原理制成的具有相当高灵敏度的磁性测量仪器，是测量材料宏观磁性的主要仪器。

振动样品磁强计适用于各种磁性材料：磁性粉末、超导材料、磁性薄膜、各向异性材料、磁记录材料、块状材料、单晶和液体等材料的测量。可完成磁滞回线、起始磁化曲线、退磁曲线及温度特性曲线、等温剩磁曲线和直流退磁曲线的测量，具有测量简单、快速和界面优好等特点。

5.6.1 振动样品磁强计的概述、特点和用途

（1）概述。1959年美国 S. Foner 制成了实用的振动样品磁强计。近30年以来以感应法为基础的抛移法有很大发展，使样品和测量线圈做周期性的相对运动，从而获取信号出现了各种类型的磁强计：振动样品磁强计、振动线圈磁强计、旋转样品磁强计等。振动样品磁强针的研究受到广泛重视。

根据样品振动振幅大小和对感应信号的处理方式不同，振动样品磁强针又可分为两种：一种是使样品在均匀磁场中做小幅度等幅振动（微振动），振动方向一般垂直于磁场，感应信号一般不需要进行积分处理，直接与被测样品磁矩成正比，它多用于一般电磁铁产生磁场下进行物质磁测量，此方式应用最广，发展最快。另一种是使样品在磁场中做大幅度等幅振动，振动方向与磁场方向平行，感应信号需经积分之后才与被测样品磁矩成正比，它多用于在产生强磁场的超导螺线管中进行物质磁性测量。

（2）特点。振动样品磁强计是基于电磁感应原理制成的具有相当高灵敏度的磁性测量仪器。测量磁矩灵敏度可以从磁场中的零场到磁铁可达到的最大场范围内。

（3）用途。由于振动样品磁强计具有很多优异特性而被搞磁学研究者们采用。又经许多人改进，使振动样品磁强计成为检测物质内禀磁特性的标准通用设备。

物质内禀磁特性主要指物质的磁化强度，即体积磁化强度 M——单位体积内的磁矩，质量磁化强度 σ——单位质量内的磁矩。

5.6.2 振动样品磁强计的结构

振动样品磁强计的结构如图 5-45 所示。它由以下几部分组成：振动系统、电磁铁、电磁铁控制装置、温度控制装置、高斯计、稳压电源、循环水制冷系统。振动系统是振动样品磁强计的重要组成部分。

为使样品在磁场中做等幅强迫振动，需要有振动系统推动。系统应保证频率和振幅稳定。显然适当提高频率和增大振幅对获取信号有利，但为防止在样品中出现涡流效应和样品过分位移，频率和振幅多数设计在 200Hz 和 1mm 以下。低频小幅振动一般采用两种方式产生：一种是用电动机带动机械结构转动；另一种是采用扬声器结构用电信号推动。前者带动负载能力强并且容易保证振幅和频率稳定，后者结构轻便，改变频率和振幅容易，外控方便，受控后也可以保证频率和振幅稳定。

仪器应该仅探测由样品磁性产生的单一固定的频率信号，一切因素产生的相同频率的伪信号必须设法消除，这是提高仪器灵敏度的关键因素。因为振动头是一个强信号源，且频率与探测信号频率一致，故探头与探测线圈要保持较远距离用振动杆传递振动。为了防止产生感应信号，又在振动头上加屏蔽罩。为了确保测量精度，避免振动杆的横向振动，在振动管外面加黄铜保护管，其中部和下部用聚四氟乙烯垫圈支撑，既消除了横振动，又不影响振动效果。

5.6.3 振动样品磁强计的工作原理

由于样品很小，当被磁化后，在远处可将其视为磁偶极子。如将样品按一定方向振动，就等同于磁偶极场在振动，这样放置在样品附近的检测线圈内就有磁通量的变化，会产生感生电动势。如图 5-46 所示，将此电压放大并记录，再通过电压-磁矩的已知关系，即可求出

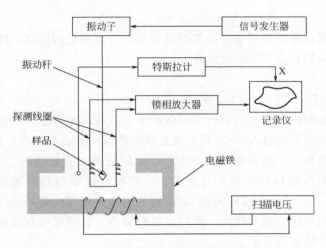

图 5-45　振动样品磁强计的结构示意图

被试样品的 M 或 σ。

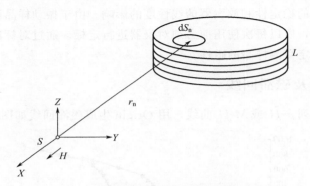

图 5-46　振动样品磁强计的磁性检测原理

其工作原理如下：信号发生器产生的功率信号回到振动子上，使振动子驱动振动杆做周期性运动，从而带动黏附在振动杆下端的样品作同频同相位振动，扫描电源供电磁铁产生可变磁化外场 H 而使样品磁化，从而在检测线圈中产生感应信号，此信号经检测并放大后，馈给 X-Y 记录仪的 Y 轴。而测量磁场用的毫特斯拉计的输出则馈给 X 轴。这样，当扫描电源变化一个周期后，记录仪将描出 J-H 回线。

振动样品磁强计所测得电动势 V_x 与样品磁矩 M_m 的关系为：

$$V_x = kM_m \tag{5-16}$$

式中，V_x 为线圈输出电压的有效值；M_m 为样品磁矩；k 为振动样品磁强针的灵敏度，可由比较法测定，又叫振动样品磁强计的校准或定标。

比较法是用比饱和磁化强度 σ_s 已知的标准样品（高纯度镍样品）进行比较测定 k。若标准样品的质量为 m_s，装入磁强计中的振动输出信号为 V_s，由式（5-16）可得：

$$k = V_s / (m_s \sigma_s) \tag{5-17}$$

校准后，将质量为 m_x 的被测样品替换标准样品。在振动输出为 V_x 时，样品的比磁化强度为：

$$\sigma = V_x/(km_x) = m_s\sigma_s/(m_xV_s)V_x$$

为了确保样品符合磁偶极子条件，使测量结果更符合理论的计算，样品到线圈的中心间距 r 与样品磁化方向的长度 l 之间应满足

$$r^2 \gg (l/2)^2$$

在 $(l/2)^2$ 不大于 r^2 的 1% 时，$l < r/5$。

在测量线圈横截面内磁场平均值时可近似用中心点磁场来表示，在近似条件下，线圈的直径要非常小，如内径不超过 5mm。两个测量线圈的总匝数必须一样，约为 1000 匝。考虑到线圈中的感应电动势在样品所处的磁场中心位置附近有个非繁盛区，叫"鞍点区"。鞍点区的大小与测量线圈的结构和安装位置有关。在对称双线圈结构的轴线间距为 22mm 时，对中点的确定 x、y、z 三个方向各偏移 1mm 时的输出电压变化都不大于 1%。减小线圈间的距离可使测量线圈的输出信号增大，但鞍点区将缩小。如果采用四线圈制探测时，鞍点区比双线圈大些，但灵敏度会降低。

振动样品磁强计的测量方法有两种：绝对法和差值法。绝对法是根据测量方程由电压 V_x 直接测量样品的比磁化强度或磁矩的方法。这种方法容易受系统的机械稳定性、振源频率稳定性、反馈电路的稳定性和放大器的线性度的影响。由于振动样品磁强计测得的是相对信号而不是绝对信号，所以每次使用前必须对仪器进行定标。通过对标准样品的测量得到比例系数，从而才能确定待测样品的磁性。

5.6.4 数据处理及磁滞回线

最后会得到一系列 σ-H 或 M-H 曲线，用 Origin 生成磁滞回线如图 5-47 所示。

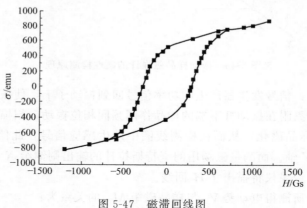

图 5-47　磁滞回线图

$1Gs = 10^{-4}T$，下同

第6章
磁固相萃取的
理论基础

6.1　概述

磁固相萃取是以磁性材料作为吸附剂的一种分散固相萃取技术,它是将目标分析物吸附到分散的磁性吸附剂表面,在外部磁场的作用下,将目标分析物和吸附剂从样品基质中分离开来。

表面能存在于所有固体物质中,且随着表面积的增大而增加,实质上是由于表面不饱和价键所致,固体表面存在各向异性。随着固体表面能下降,其稳定性增加。当某些物质与固体表面碰撞时,受到这些不平衡力吸引而停留在固体表面,这就是吸附。

这里的固体称为吸附剂,被固体吸附的物质称为吸附质,吸附的结果是吸附质在吸附剂上的浓集,吸附剂的表面能降低。

吸附法是利用多孔性物质作为吸附剂,以吸附剂表面吸附废水中的某种污染物的方法。吸附处理具有适用性广、处理效果好、可回收有用物料、吸附剂可重复利用等特点,但对进水预处理要求高,运行费用高。

6.2　吸附原理

吸附法处理废水时,吸附过程发生在液-固两相界面上,是水、吸附质和固体颗粒三者相互作用的结果。吸附质与固体颗粒间的亲和力是引起吸附的主要原因。影响吸附的主要因素有吸附质溶解度的大小,吸附质溶解度越大,则吸附可能性越小;反之,吸附质越容易被吸附。其次,是吸附质与吸附剂之间的静电引力、范德华力或化学键力所引起的分子间作用力。由于这三种不同的力,可形成三种不同形式的吸附,即交换吸附、物理吸附和化学吸附。

交换吸附指吸附质的离子由于静电引力作用聚集在吸附剂表面的带电点上,并置换出原先固着在这些带电点上的其他离子。离子所带电荷越多,吸附越强;电荷相同时,其水化半径越小,越易被吸附。

物理吸附指吸附质与吸附剂之间由于分子间力(范德华力和氢键)而产生的吸附。由于分子间力存在任何物质间,故吸附没有选择性,且吸附强度随吸附质性质不同差异很大,范德华力小,其吸附的牢固程度不如化学吸附,过程放热约42kJ/mol或更少,高温将使吸附质克服分子间力而脱附,所以物理吸附主要发生在低温状态下,可以是单分子层或多分子层吸附。吸附作用的大小是物理吸附影响的主要因素,除与吸附质的性质、比表面积的大小和细孔分布有关,还与吸附质的性质、浓度和温度有关。

化学吸附指吸附质与吸附剂发生化学反应,形成牢固的吸附化学键和表面络合物,吸附质分子不能在表面自由移动。吸附时放热量较大,为 $84\sim420$ kJ/mol,且有选择性,即一种吸附剂只对某种、某类或特定几种物质有吸附作用,一般为单分子层吸附。通常需要一定活化能,在低温时,吸附速度较小。这种吸附与吸附剂的表面化学性质和吸附质的化学性质有密切的关系。被吸附的物质往往需要在很高的温度下才能被解吸,且所释放出的物质已经起了化学变化,不再具有原来的形状,所以化学吸附是不可逆的。

物理吸附后再生容易，且能回收吸附质。化学吸附因结合牢固，再生较困难，利用化学吸附处理毒性很强的污染物更安全。在实际吸附过程中，物理吸附和化学吸附在一定条件下也是可以相互转化的。同一物质，可能在较低温度下进行物理吸附，在较高温度下往往是化学吸附，有时可能同时发生两种吸附。

6.3 吸附平衡

在吸附过程中，固、液两相经过充分的接触后，一方面由于吸附剂不断吸附吸附质；另一方面吸附质由于热运动不断脱离吸附剂表面而解吸，最终将达到吸附与解吸的动态平衡。达到平衡时，单位吸附剂所吸附物质的量称平衡吸附量。

在一定温度下，吸附剂吸附量随吸附质平衡浓度的增加而增加，这种吸附量随平衡浓度增加而变化的曲线称作吸附等温线。根据试验可将吸附等温线归纳为如图 6-1 所示的五种类型。

图 6-1 中Ⅰ型的特征是吸附量有一极限值，可以理解为吸附剂的所有表面都发生单分子层吸附，达到饱和时，吸附量趋于定值。Ⅱ型是非常普通的物理吸附，吸附质的极限值对应于物质的溶解度。Ⅲ型相当少见，其特征是吸附热等于或小于纯吸附质的溶解热。Ⅳ型及Ⅴ型反映了毛细管冷凝现象和孔容的限制，由于在达到饱和浓度之前就达到了平衡，因而显出滞后效应。

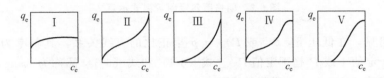

图 6-1 物理吸附五种吸附等温线

描述吸附等温线的数学表达式称为吸附等温式。常用的有朗格缪尔（Langmuir）等温式、B.E.T.等温式和弗罗因德利希（Freundlich）等温式。在废水处理中，常用的为 Freundlich 等温式，方程式如下：

$$A = Kc^{1/n} \tag{6-1}$$

式中　　A——吸附量；

　　　　K——弗罗因德利希常数；

　　　　n——常数，通常大于 1；

　　　　c——气体浓度。

6.3.1 朗格缪尔（Langmuir）等温式

1916 年，朗格缪尔提出了一个吸附模型，他认为固体表面上各个原子间的力场不饱和，可吸附碰撞到固体表面的气体分子或溶剂分子。当固体表面吸附了一层分子后，这种力场就被饱和，因此吸附层为单分子层。假定固体表面是均匀的，吸附的分子间无相互作用。这种模型是最理想、最简单的一种情况，朗格缪尔（Langmuir）吸附等温式如下：

$$\theta = \frac{bp}{1+bp} \tag{6-2}$$

式中，$b = k_a/k_d$，称为吸附平衡常数或吸附系数。

以覆盖度 θ 对气体压力 p 作图，可得到图 6-2 的结果。在讨论吸附等温式时，常用吸附量 Γ 代替 θ，并定义 $\theta = \Gamma/\Gamma_\infty$，其中 Γ_∞ 是覆盖单分子层时的饱和吸附量。因此，式（6-2）可写成：

$$\Gamma = \Gamma_\infty \theta = \Gamma_\infty \frac{bp}{1+bp} \tag{6-3}$$

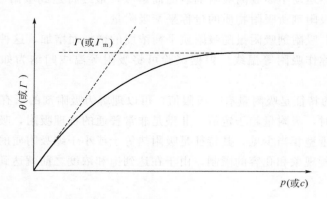

图 6-2　朗格缪尔吸附等温式示意

从图 6-2 可见，在低压下，θ（或 Γ）与 p 呈正比的直线关系，其斜率为 b 或 $b\Gamma_\infty$；在高压下，θ 趋于定值 1 或 Γ 趋于定值 Γ_∞。式（6-4）和式（6-5）都称为 Langmuir 吸附等温式；图 6-2 曲线称为 Langmuir 吸附等温线。

$$\frac{1}{\Gamma} = \frac{1}{\Gamma_\infty} + \frac{1}{\Gamma_\infty bp} \tag{6-4}$$

$$\frac{1}{\theta} = 1 + \frac{1}{bp} \tag{6-5}$$

因此，若以 $\dfrac{1}{\Gamma}$ 对 $\dfrac{1}{p}$ 作图可得一条直线，由直线的斜率、截距可求得吸附平衡常数 b 和饱和吸附量 Γ_∞。

6.3.2　弗罗因德利希（Freundlich）等温式

Freundlich 吸附方程式是非线性模式，由 Freundlich 于 1907 年依据恒温吸附实验结果所推导的，该模式并未限定是单层吸附，可用于不均匀表面的条件下，此模式适用于高浓度吸附质吸附现象的描述，对于低浓度吸附质则不符合实际吸附现象，这是一个经验公式，方程式如下：

$$q_e = K_F c_e^{1/n} \tag{6-6}$$

式中　K_F——Freundlich 吸附系数，$(mg/g) \cdot (L/mg)^{1/n}$；

n——Freundlich 常数。

K_F 与吸附材料的性质和用量、吸附质的性质以及温度等有关。n 是 Freundlich 常数，与吸附体系的性质有关，通常大于 1，n 决定了等温线的形状。一般认为 $1/n$ 值介于 $0.1\sim$ 0.5，则易于吸附，$1/n > 2$ 时难以吸附。利用 K_F 和 $1/n$ 两个常数，可以比较不同吸附材料的特性。

整理变为直线形式为：

$$\lg q_e = \lg K_F + 1/n \lg c_e \tag{6-7}$$

当符合 Freundlich 型吸附平衡时，在对数坐标图上绘制浓度和平衡吸附量的关系就是一条直线。直线的截距为 $\lg K_F$，斜率为 $1/n$。Freundlich 式在一般的浓度范围内与 Langmuir 式比较接近，但在高浓度时不像后者那样趋于一定值；在低浓度时，也不会还原为直线关系。Freundlich 吸附方程式，作为不均匀表面的一个经验吸附等温式是非常合适的，它往往能够在相当广的浓度范围内很好地吻合实验结果。但是它的缺点是没有一个最大吸附量，不能在得出参数的浓度范围以外用来估计吸附作用。

6.3.3　Redlieh-Peterson 等温式

Redlieh 与 Peterson 认为，Langmuir 等温式对低浓度吸附比较适合，而 Freundlich 等温式对于高浓度吸附比较适合，因此，1959 年他们提出结合 Langmuir 和 Freundlich 等温式的 Redlieh-Peterson 等温式：

$$q_e = \frac{Kc_e}{1 + \alpha c_e^{\beta}} \tag{6-8}$$

式中，K、α 为 Redlieh-Peterson 常数，β 为在 $0\sim1$ 之间的系数。Redlieh-Peterson 等温式不遵从理想的单层吸附，适用于不均匀表面的物理吸附与化学吸附。

6.3.4　B.E.T. 等温式

物理吸附的多分子层理论是由 Brunaner，Emmett 和 Teller 在 1938 年提出的。该理论建立的基本假设是：①固体表面是均匀的，空白表面对所有分子的吸附机会相等，分子的吸附、脱附不受其他分子存在的影响；②固体表面与吸附质分子的作用力为范德华力，因此在第一层上还可以进行第二层，第三层……的吸附；且第一层以后各层的吸附热均相等，等于被吸附物质的凝聚热。经过数学推导，可得到 B.E.T. 等温式：

$$q_e = \frac{QBc_e}{(c_s - c_e)\left[1 + \dfrac{(B-1)c_e}{c_s}\right]} \tag{6-9}$$

式中，Q 为吸附质的饱和浓度，mg/L；B 为与吸附能、温度相关的常数。

6.4　吸附动力学

吸附动力学反映的是吸附过程中吸附随时间变化的情况，从而揭露物质结构与吸附性能之间的关系，还可以根据吸附动力学模型对吸附进程及吸附结果进行预测。

6.4.1 准一级吸附动力学方程

描述准一级动力学模型可用下式表示：

$$dq_t/dt = k_1(q_e - q_t) \qquad (6\text{-}10)$$

式中　q_e——平衡时单位质量吸附材料吸附质的量，mg/g；

　　　　q_t——t 时刻溶液中剩余吸附质的量，mg/g；

　　　　k_1——准一级吸附速率平衡常数，$\min^{-1}$。

由边界条件 $t=0$，$q_t=0$，式（6-10）可化直线形式为：

$$\lg(q_e - q_t) = \lg q_e - k_1 t/2.303 \qquad (6\text{-}11)$$

以 $\lg(q_e - q_t)$ 对 t 作图如果能得到一条直线，说明其吸附机理符合准一级动力学模型。为了分析实验数据是否符合准一级动力学方程，必须知道平衡吸附量 q_e，在许多情况下 q_e 并不知道，而且即使吸附量变化已相当慢，但其数值仍小于平衡吸附量，甚至在许多情况下准一级动力学方程不能在全部时间范围与实验数据很好地符合。

6.4.2 准二级吸附动力学方程

准二级动力学方程的表达式为：

$$\frac{dq_t}{dt} = k_2(q_e - q_t) \qquad (6\text{-}12)$$

式中　q_e——平衡时单位质量吸附材料吸附质的量，mg/g；

　　　　q_t——t 时刻溶液中剩余吸附质的量，mg/g；

　　　　k_2——准二级吸附速率平衡常数，(g/mg)/min。

对式（6-12）分离变量、积分后得：

$$\frac{t}{q_t} = \frac{1}{k_2 q_e^2} + \frac{1}{q_e}t \qquad (6\text{-}13)$$

当 $t=0$ 时，初始吸附速率 h_0[(mg/g)/min] 表示为：

$$h_0 = k_2 q_e^2 \qquad (6\text{-}14)$$

代入式（6-13）可得：

$$\frac{t}{q_t} = \frac{1}{h_0} + \frac{1}{q_e}t \qquad (6\text{-}15)$$

通过 t/q_t 对 t 作图，可得出 h_0（截距）、k_2（斜率^2/截距）、q_e（1/斜率）。如 h_0 值越大，则意味着吸附速率越快。如果吸附过程符合准二级动力学模型，可得到一条直线，在此以前不需要知道任何参数，相对于准一级动力学模型来讲，准二级吸附模型揭示了整个吸附过程的行为而且与速率控制步骤相一致。

6.4.3 颗粒内扩散模型

等温条件下，多孔吸附剂的吸附一般是由三个连续的步骤完成的：首先是吸附质分子在颗粒表面的薄液层中扩散（膜扩散）；其次是吸附质在吸附剂颗粒内部的扩散（颗粒内扩散）；最后是吸附质分子吸附在细孔内的吸附位上（吸附）。吸附过程的总速率按照上述顺序取决于最慢的一步。在通常的物理吸附中，上述最后一步的吸附反应速率很快，迅速在微孔表面各点上建立吸附平衡，因此总的吸附速率由膜扩散或颗粒内扩散控制。

设吸附为一级不可逆反应，浓度梯度变化是线性的。根据 Fick 第一定律，膜扩散速率为：

$$\frac{\mathrm{d}q_t}{\mathrm{d}t} = \frac{k_f A}{\rho}(c - c_1) \tag{6-16}$$

式中，k_f 为物质移动系数，cm/s；A 为颗粒的外表面积，cm^2；ρ 为单位体积吸附剂量，g/cm^3；c 为流体中吸附质浓度，g/cm^3；c_1 为颗粒表面的吸附质浓度，g/cm^3。

而颗粒内扩散速率常数可由 Weber-Morris 扩散模型方程求出：

$$q_t = k_p t^{1/2} + x_i \tag{6-17}$$

式中，k_p 称为颗粒内扩散速率常数，mg/（g·$min^{1/2}$）；x_i 为与界面层厚度相关的数。

对 Weber-Morris 方程作图，可以得到一条曲线，曲线的两头弯曲，中间为直线，分别代表了吸附过程的三个步骤：直线部分是由颗粒内扩散的影响而形成；直线不通过原点，说明颗粒内扩散不是控制吸附过程的唯一步骤；直线部分的斜率即为颗粒内扩散速率常数 k_p。

若把吸附剂看作是半径为 r 的球形颗粒，颗粒内扩散为吸附过程的速率控制步骤时，颗粒内有效扩散系数 $D(m^2/s)$ 可由以下公式给出：

$$F(t) = \frac{c_0 - c_1}{c_0 - c_e} = \frac{q_1}{q_e} = \left[1 - \exp\left(-\frac{\pi^2 D t}{r^2}\right)\right]^{1/2}$$

$$\ln[1 - F(t)^2] = -\frac{\pi^2 D}{r^2} t \tag{6-18}$$

式中，c_0 为初始吸附质浓度，mg/L；r 为吸附剂颗粒半径，m。

6.5 吸附热力学

建立在基本的热力学概念的基础上，假设吸附反应体系是孤立的，系统的能量不能自生，也不能消失，热能的变化是系统唯一的动力。在这样假设的基础上，热力学参数主要包括标准焓变 $\Delta H^{\ominus}$，标准熵变 $\Delta S^{\ominus}$ 和标准吉布斯自由能 $\Delta G^{\ominus}$ 的确定，吸附热力学函数可以由以下几个关系式计算：

$$K_d = \frac{q_e}{c_e} \tag{6-19}$$

$$\lg K_d = \frac{\Delta S^{\ominus}}{R} - \frac{\Delta H^{\ominus}}{RT} \tag{6-20}$$

$$\Delta G^{\ominus} = \Delta H^{\ominus} - T\Delta S^{\ominus} \tag{6-21}$$

式中　K_d——吸附质的饱和浓度，mg/L；

q_e——平衡时单位质量吸附材料吸附质的量，mg/g；

c_e——平衡时溶液中剩余吸附质的量，mg/L；

$\Delta S^{\ominus}$——标准熵变，kJ/(mol·K)；

$\Delta H^{\ominus}$——标准焓变，kJ/mol；

$\Delta G^{\ominus}$——标准吉布斯自由能，kJ/mol；

R——通用气体常数，8.314J/(mol·K)；

T——温度，K。

由式（6-19）考察一定范围内温度对吸附分配比的影响，以 $\lg K_d$ 对 $1/T$ 作图，可得到一条直线，则符合温度系数法，见式（6-20），由斜率和截距可以求出 $\Delta S^{\ominus}$ 和 $\Delta H^{\ominus}$，再由式（6-21）求出 $\Delta G^{\ominus}$。

第 **7** 章

磁固相萃取在环境
检测中的应用

7.1　磁固相微萃取方法及其特点

磁固相萃取（magnetic SPE，MSPE）技术是将传统的固相萃取（SPE）技术与磁性功能材料相结合而发展出的一种新型的样品预处理手段。这一方法以磁性粒子作为吸附剂，磁性粒子不需要被填充到固相萃取柱中。磁性粒子能够在样品溶液中完全分散并吸附分析物，通过施加外部磁铁，可以立即从液相中将磁性粒子分离和收集，从而大大简化了萃取过程，提高了提取效率。Fe_3O_4功能化的纳米材料具有较强的磁性，易被外磁场分离，免除了复杂的离心和过滤操作，以其作为固相萃取吸附剂的磁固相萃取技术近年来得到了迅速的发展和广泛的应用。其操作如图7-1。与传统的SPE相比，MSPE具备以下几个优点：

（1）萃取操作简单，避免了烦琐的过柱操作。

（2）磁性吸附剂易于合成或购买，可以回收进行重复利用，大幅度节约了分析成本，降低了污染。

（3）不仅可以对溶液中的化合物进行萃取，也可以对悬浮液中的目标化合物进行萃取，有效地扩大了样品的应用范围。

（4）由于样品中大多数的杂质均为反磁性物质，因此可以有效地降低杂质对分析过程的干扰。

（5）无毒、无污染，环境友好，避免使用大量溶剂，成本低廉；可根据不同的实验目的进行灵活的功能化等。

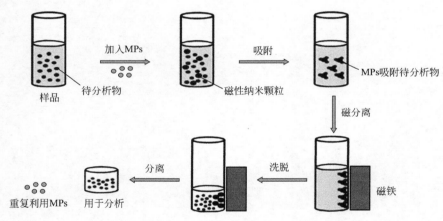

图 7-1　MSPE 操作流程

由于 MSPE 法具有许多优点，它已经被越来越多地应用于食品、环境以及生物样品等复杂样品的预处理过程中，取得了很好的应用效果。随着 MSPE 的发展，研制高选择性和高吸附效率的新型吸附剂、拓宽样品应用的范围、优化在线联用技术、发展自动化或高通量的萃取装置，以及提高分析方法的灵敏度、准确性和重现性等已经成为 MSPE 今后主要的发展方向和研究目标。该技术也会随着不断的发展和完善在样品预处理领域发挥越来越重要的作用。

7.2　影响磁性固相萃取的因素

影响磁性固相萃取效率的因素有表面修饰成分，吸附剂的用量，萃取和解吸的时间、温度及 pH 等。鉴于其受诸多因素的影响，在对目标分析物确定一个合适的 MSPE 方法时，诸多因素必须被优化，从而实现高效率、高选择性地分离、纯化和富集目标分析物。

（1）表面修饰的成分。表面修饰的成分在 MSPE 中起着最重要的作用，目前应用在 MSPE 中修饰的成分有有机高分子、有机小分子、碳材料、氧化物、离子液体和金属有机骨架化合物等。所用的修饰物质与目标分析物之间的相关化学作用力（如 π‑π 共轭效应，氢键作用，疏水作用及诱导效应等）越强，则目标分析物就越容易被吸附到磁性纳米材料上，萃取效率越高。

（2）吸附剂的用量。吸附剂使用量的多少是影响萃取效率高低的一个关键因素。每一种吸附剂和所萃取的目标分析物之间都具有一定的作用位点。当外界条件和其他变量保持恒定时，由于目标分析物不断地被磁性固相萃取剂吸附，因此萃取效率随着磁性固相吸附剂用量的增加而逐渐增大。当磁性固相吸附剂的量达到一定量时，吸附位点可以最大限度地吸附目标分析物，使吸附达到平衡。

（3）吸附时间。吸附时间是使磁性固相萃取剂能最大限度地吸附目标分析物所用的最短时间，即磁性吸附剂上的每个作用位点被目标分析物最大限度地占据所需要的时间。固相吸附过程从本质上讲是吸附剂与目标分析物之间的相互作用的动态过程，这个过程是需要一定的时间的。当吸附剂加入含有目标分析物的溶液中以后，目标分析物则不停地向吸附剂的表面迁移。与此同时，吸附剂表面所吸附的目标分析物也不断地从吸附剂的表面解吸下来。当磁性吸附剂表面的作用位点最大限度地被目标分析物所占据时，样品溶液中目标分析物的含量就会越来越低，从样品溶液中迁移到吸附剂表面的目标分析物的速率和从吸附剂表面解吸分析物的速率相等时，实现动态吸附平衡，这个过程所需时间也即吸附时间。时间如果过短，吸附位点不能充分吸附目标分析物；如果吸附时间太长，则吸附位点上所富集的目标分析物有可能被解吸，从而影响萃取效率及实验周期。因此，选择合适的吸附时间是影响磁性固相萃取回收率及实验周期的一个重要因素。

（4）解吸剂的种类。当目标分析物被吸附在磁性固相吸附剂上时，目标分析物是否可以最大限度地从磁性吸附剂上解吸，则是决定萃取效率高低的另外一个关键因素。因此在磁性固相萃取中，解吸剂的遴选是一项非常重要的工作。解吸剂选择至少要考虑两方面的原则。首先解吸剂能够充分解吸被磁性吸附剂所富集的目标分析化合物，通常以目标分析物和所选解吸剂符合"相似相溶原理"，作为选择解吸剂的一个重要依据。其次所选择的解吸剂应该尽量与样品随后所使用的仪器相匹配。如果用高效液相色谱测定目标分析物，解吸剂则尽量与流动相匹配。当然，如果所选用的解吸剂实在无法与所用仪器相匹配，有时也可以通过氮吹扫等转溶的方式进行相应处理。

分析有机物时，解吸剂一般是有机溶剂；在无机重金属离子分析中，所选用的解吸剂一般是无机酸。无论是解吸有机目标分析物还是一般的无机重金属离子，选用的解吸剂与目标分析物的相互作用只有大于目标分析物和吸附剂之间的相互作用时，目标分析物才可以被解吸。

（5）解吸剂的体积。解吸剂体积的大小是决定富集倍数大小及萃取效率高低的一个因素。在一定的解吸剂体积范围内，萃取效率随着解吸剂体积的增大而增大；当解吸剂的体积增大到一定的程度时，萃取效率不再发生变化，但富集倍数却随着解吸剂体积的增大而降低。这时应当充分考虑富集倍数及萃取效率，折中地选择所用解吸剂的体积。

（6）解吸时间。和吸附过程类似，目标分析物的解吸过程也是一个动态过程。解吸过程中，磁性吸附剂上的目标分析物向解吸剂中迁移。与此同时，解吸剂中的目标分析物也同样会以一定的速率向吸附剂的吸附位点进行迁移。随着时间的推移，磁性吸附剂上的目标分析物被充分解吸，结束解吸过程。如果此时若延长解吸时间，样品溶液的温度会随着时间的增长而发生变化，目标分析物有可能再次被吸附到磁性吸附剂上，从而使萃取效率降低。因此选择合适的解吸时间是影响萃取效率及实验周期的另外一关键因素。

(7) 萃取温度。磁性固相吸附剂吸附目标分析物的过程如果是放热过程，则温度过高，不利于吸附，从而使萃取效率降低；如果吸附过程是吸热过程，则适当的高温有利于吸附目标分析物。解吸剂解吸磁性固相吸附剂表面上吸附的目标分析物时，温度的影响也比较复杂。如果解吸过程是一吸热过程，温度越高，则越有利于解吸，因此能提高萃取回收率。但是如果解吸过程是放热过程，则低温有利于解吸。但同时需要指出的是沸点低的解吸剂在高温条件下容易挥发，会降低萃取结果值的可信度。因此，在磁性固相萃取试验中，每个因素的具体情况都应当充分考虑。

(8) pH 值。pH 对磁性固相萃取的吸附过程的影响规律是非常复杂的。当吸附剂和目标分析物本身都不具有酸碱性时，并且吸附过程的机理只受静电引力作用时，萃取效率一般不受 pH 值大小的影响。但是当吸附剂和目标分析物任何一种表现出酸碱性或者磁性吸附剂和目标分析物之间的吸附依靠静电作用时，萃取效率受 pH 值的影响非常大，并且对不同的吸附剂及不同的目标分析物，影响规律是不尽相同的。

7.3 磁性纳米粒子用于重金属处理中的应用

人类社会的进步和工业化进程的发展造成生态和环境被严重破坏。工业和农业的进程包括矿山的开发，电镀、金属冶炼、金属加工、布纺印染、皮革工业、化学合成、化石燃料燃烧、农药施用和生活垃圾的排放都会向大气、土壤和水环境中排放大量的重金属，使得水资源、人类和生物接触重金属离子的概率越来越大。重金属污染是最常见的一种环境污染问题。重金属可以通过土壤、矿物质和岩石等的地壳运动或者人类的活动进入到水体和人类以及其他生物的食物链。进入到水体中的重金属离子会随着水的流动，发生各种物理化学反应后得到迁移和转化，进入到人类或者其他生物的食物链。进入到食物链中的重金属离子不能被生物降解，并且它们在生物体内可以通过食物链进行生物累积从而通过生物扩大毒性，最终对水生生物的生长以及人类的健康造成一系列有害的影响（常晋娜等，2005）。重金属离子在农业、生活以及科技领域中应用量的增加导致重金属离子与人类或者其他生活接触的机会越来越多。据中国环保部发布的水污染防治计划背景说明，国内水质面临的问题如下：

(1) 我国的水环境质量差。目前，我国的工业和农业发展引起的污水排放量与日俱增，其中重金属、化学需氧量以及氨氮排放量大大超过了环境容量。全国地表水中，9.2%劣于V类水质，24.6%的重点湖泊呈现富营养化状态。饮用水污染问题时有发生，全国范围内的4778个地下水水质监测点中，水质较差的比例占有43.9%，极差的比例为15.7%。全国9个重要海湾中，其中6个水质为差或极差。

(2) 水资源保障能力比较脆弱。截至2015年，我国人口达到13.64亿，而总的淡水资源为28000亿立方米，人均水资源达不到世界平均水资源的四分之一，如此看来，我国面临着人均水资源量少并且时空分布严重不均的现状。如今对于辽河、黄河、海河的水资源利用率分别达到了76%、82%、106%，已大大超过国际公认的40%的开发警戒线，属于严重挤占了生态流量，因此导致水环境自净能力的锐减。

（3）水生态受损严重。自然界中，湖泊、湿地等生态空间逐渐减少，并且海域、长江、湖泊等水质越来越差，生物多样性逐渐降低。

（4）水环境隐患居多。全国近 80% 的化工工厂设置在江河沿岸或者人口密集区等区域。近年来突发环境污染事件频频发生，1995 年以来，全国共发生 1.1 万起突发重大的水环境事件，涉及水污染事件占有很大部分，已经严重影响人民群众的生产生活。

近年来，纳米材料和纳米技术的出现极大促进水处理技术的进步，纳米材料作为新兴的水处理吸附剂在重金属去除领域已经展现出巨大的应用潜力。然而，普通纳米吸附剂因其纳米级的尺寸很难从溶液中分离出来，可能会对环境造成二次污染。Fe_3O_4 磁性纳米颗粒具有比表面积大、超顺磁性、易从溶液中分离、低毒性以及表面易于修饰等特点，在水处理领域有着很广阔的应用前景。从节约资源和环境综合治理的角度来看，纳米基吸附材料在处理废水时被认为是高效、经济和环境友好可以替代现存传统吸附材料。然而使用 MNPs 的吸附过程的设计必须综合考虑各个阶段：①吸附分离；②吸附剂的再次回收利用；③吸附剂的再生；④废再生溶液和饱和吸附剂的管理。尽管 MNPs 作为吸附材料水处理工艺技术可行性已有许多文献报道，而且也很重视该过程的经济效益，但吸附剂的再生阶段，材料的可重复性使用却很少有人关注。

重金属是指原子量在 63.5～200.6 之间，相对密度大于 5 的元素。随着工业的快速发展，例如金属电镀设施、化肥工业、制革厂、电池、造纸工业和农药等行业，直接或间接排放到环境中的含有重金属离子的废水量逐渐增加，尤其在发展中国家，这种现象更为严重。和有机污染物不同，重金属离子往往不能生物降解，而倾向于在生物活体中累积。已有研究表明，很多重金属离子是有毒的或是可致癌。在废水处理中，引起特别关注的重金属离子包括锌、铜、镍、汞、镉、铅和铬等。废水中的重金属离子是不能被破坏分解的，这种特性决定了对废水中重金属离子处理要有特定的方法，或转移其存在的位置，或改变其物理和化学形态。已有许多技术用来除去重金属离子，包括化学沉淀、离子交换、吸附法、膜分离、电化学处理技术等。

吸附法由于具有经济有效、操作灵活、环境友好和吸附剂可再生利用等特点而备受瞩目。吸附法分为化学吸附和物理吸附，其中通过分子间的范德华力产生的吸附为物理吸附，通过吸附质与吸附剂发生一定的络合作用为化学吸附。在污水处理的过程中，一般是这几种吸附作用下的综合结果。吸附法可以实现除臭、脱色以及吸附剂的资源化回收，同时操作过程简单、成本低廉。近年来，纳米技术由于其独特的优异性，在水污染治理方面脱颖而出。纳米材料拥有更小的尺寸、相对大的比表面，因此带有更多的活性位点，对于实现重金属的吸附是更加有利的。纳米粒子处于高能态，相对于常规的材料而言，它的表面吉布斯自由能更大，并且其表面含有大量的不饱和键，从而有更高的活性，因此纳米粒子容易与其他的离子或原子结合，能够在其表面修饰上有机物，为增加更多的活性位点提供了可能性。采用纳米吸附材料来吸附水中重金属离子的报道很多，其中包括活性炭、碳纳米管（单壁碳纳米管、多壁碳纳米管）以及农业废料、无机非金属-二氧化硅材料、纳米零价铁等。

纳米 Fe_3O_4 本身具有的高比表面积和表面原子络合不足等特点，使其对金属离子具有很强的吸附能力，且纳米 Fe_3O_4 超顺磁性使其容易实现磁分离，避免材料的浪费和对环境可能造成的二次污染。因此，Fe_3O_4 磁性纳米粒子可直接用于重金属污染水体治理。

7.3.1 磁性纳米材料去除重金属作用机制

7.3.1.1 静电引力

当颗粒细化到纳米级后，表面会积累大量的正、负电荷，具有非常高的比表面能，表现出强烈的表面效应，导致表面存在较强的静电引力而吸附某些金属离子，达到污水净化的目的。Shen 等结合表面修饰的共沉淀法和多元醇法制备出了 3 种不同尺寸的 Fe_3O_4 纳米粒子，对水中 Cd^{2+}、Cr^{6+}、Cu^{2+}、Ni^{2+} 均有较好的吸附效果。最优条件下，Fe_3O_4 纳米粒子的吸附容量高达 35.46mg/g，对于废水中的有毒离子 Ni^{2+}、Cu^{2+}、Cd^{2+} 和 Cr^{6+}，去除能力分别达到 41.86mg/L、47.44mg/L、45.86mg/L、43.59mg/L。探究影响金属离子吸附的因素时，发现吸附机理主要是靠离子和吸附剂之间的静电引力，且该吸附机制受废水 pH 值和温度的影响较大。Singh 等利用静电引力研究了 Fe_3O_4 纳米粒子对金属离子的选择性吸附效果，发现功能化的纳米粒子对废水中的 Cr^{3+}、Co^{2+}、Ni^{2+}、Cu^{2+}、Cd^{2+}、Pb^{2+} 和 As^{3+} 具有很强的亲和力，去除效率几乎达到 100%，并且选择性吸附金属离子的过程高度依赖于 Fe_3O_4 的表面官能度和介质的 pH 值。

7.3.1.2 还原作用

对于水中重金属离子的去除，也可以采用还原的方式，将某些高价金属离子还原为低价态甚至还原为金属单质，使其毒性大大降低，且更好地被磁性纳米粒子吸附。Li 等利用零价的纳米铁将 Cr^{6+} 还原为 Cr^{3+}，通过研究 X 射线光电子能谱（HR-XPS）发现，还原后的 Cr^{3+} 结合到纳米零价铁（nZVI）的羟基氧化铁壳中并形成类似合金的 $Cr_{61}Fe(OH)_3$ 氢氧化物。对吸附性能进行测试，结果表明其吸附能力与 Fe_3O_4 纳米粒子相比，得到了极大提升，可达到 179mg/g。

7.3.1.3 络合作用

研究证实在水溶液中大多数金属离子都能同一些离子或有机络合体生成各种类型的络合物，从而改变金属离子的某些特性。当水中有毒重金属离子转化为稳定的络合物后，这种毒害的影响就可以减轻。Song 等利用一步化学氧化聚合合成的聚罗丹明包覆磁赤铁矿纳米粒子（PR-MNPs）从水溶液中去除 Hg^{2+}、Cd^{2+}、Mn^{2+}、Cr^{3+}，结果表明该吸附剂对 Hg^{2+} 的去除效率尤其明显，当 Hg^{2+} 浓度为 1.3mg/L 时，吸附效率可以达到 94.5%。研究表明，磁性聚合物纳米粒子对重金属离子的吸附活性随着溶液 pH 值或初始金属离子浓度的增加而增强。此外，再生性能也是衡量吸附剂质量的一个重要指标，性能优异的吸附剂可以重复使用并且具有良好的再生能力。Tang 等利用 SiO_2 对 Fe_3O_4 进行包覆，进一步进行氨基官能化，利用粒子表面的氨基基团与金属离子的络合作用，对水中 Hg^{2+}、Pb^{2+} 的去除效率可达到 90% 以上，而且氨基化后其吸附性能明显优于 $Fe_3O_4@nSiO_2$。在 HCl 或 EDTA 溶液中，Pb 和 Cd 很容易从吸附剂上解吸下来，达到了循环使用的目的。Jiang 等用 SiO_2 对 Fe_3O_4 进行双层包覆制备出 $Fe_3O_4@nSiO_2@mSiO_2$-SH，该纳米粒子具有超顺磁性、高的比表面积、大的孔容和活性吸附位点，对 Hg^{2+} 表现出独特的选择性吸附效果，吸附效率可以达到 99.7%。Liu 等在 Fe_3O_4 的基础上采用纤维素和壳聚糖增加其生物相容性，通过对多种金属离子的吸附性测试，发现其对 Cu^{2+}、Fe^{2+} 和 Pb^{2+} 具有良好的选择吸附性，其中对 Fe^{2+} 的吸附量最大，吸附平衡后可达到 94.17mg/g。这可能是因为 Cu^{2+} 和 Pb^{2+} 容易与壳聚糖上的氨基形成金属螯合物，而 Fe^{2+} 则很容易水解进而氧化生成易被吸附的 $Fe(OH)_3$。

7.3.2 功能化磁性纳米材料对重金属去除

在磁性 Fe_3O_4 纳米粒子表面引进诸如氨基（—NH₂）、巯基（—SH）、羧基（—COOH）、磺酸基（—SO₃H）等化学稳定性较高的活性官能团对其进行功能化修饰，一方面，这些活性基团对重金属离子具有较强的螯合作用，可以高效地选择性吸附水体中的重金属离子；另一方面，经功能化后的磁性 Fe_3O_4 纳米粒子可拥有良好的分散性、抗氧化性和耐酸碱性等特性。所以功能化磁性 Fe_3O_4 纳米粒子对其性能的改进和提高变得尤为重要。用含有不同络合原子的官能团（—SH、—NH₂、—PO₃H₂、—COOH、—SO₃H 等）的高分子硅烷化试剂，通过硅烷化反应修改 $Fe_3O_4@SiO_2$ 纳米微粒，获得一种新颖的功能化吸附剂（$Fe_3O_4@SiO_2$-RH），用于从污水溶液中去除重金属（$Fe_3O_4@SiO_2$-RM）。SiO_2 外壳可以防止 Fe_3O_4 芯被氧化或溶解在酸溶液中，超顺磁性的 Fe_3O_4 纳米微粒芯具有超顺磁性，在外在磁场下易磁分离。

7.3.2.1 氨基功能化磁性 Fe_3O_4 纳米材料

氨基功能化磁性 Fe_3O_4 纳米粒子表面的修饰材料主要有硅烷偶联剂 3-氨丙基三甲/乙氧基硅烷（APTMS/APTES）、乙二胺（EDA）、二亚乙基三胺（DETA）、三亚乙基四胺（TETA）、四亚乙基五胺（TEPA）、邻苯二胺等。把含有氨基的高分子嫁接到 $Fe_3O_4@SiO_2$ 磁性纳米材料中二氧化硅的表面上，其对水中 Cu(Ⅱ)、Pb(Ⅱ) 和 Cd(Ⅱ) 离子有很强的吸附力，其中对 Cu(Ⅱ) 表现出极高的吸附力，这归因于 Cu(Ⅱ) 与氨基强烈的络合能力。这种独特的属性使得 $Fe_3O_4@SiO_2$-NH₂ 纳米粒子在处理污水中的重金属 Cu(Ⅱ) 离子方面具有巨大的潜力。在磁性 Fe_3O_4 纳米粒子表面上修饰 3-氨丙基三甲氧基硅烷/3-氨丙基三乙氧基硅烷（APTMS/APTES）主要分为两种。一种是先将 SiO_2 包裹在 Fe_3O_4 表面上，再通过硅烷化反应将 APTMS/APTES 以化学键的方式修饰到 $Fe_3O_4@SiO_2$ 表面。Tang 等先将制备的 $Fe_3O_4@SiO_2$ 分散到含有乙醇和去离子水的溶液中，然后加入 $NH_3 \cdot H_2O$，最后在超声搅拌下加入 APTMS 反应 12h 得到 APTMS 氨基功能化的 $Fe_3O_4@SiO_2$ 核-壳微球复合材料，该材料用于水溶液中 Pb^{2+} 和 Cd^{2+} 的吸附去除，结果表明经 APTMS 功能化的 $Fe_3O_4@SiO_2$ 核-壳微球复合材料对 Pb^{2+} 和 Cd^{2+} 具有较高的吸附性能，最大吸附容量分别为 128.21mg/g 和 51.81mg/g。吸附饱和的材料用 0.01mol/L 盐酸或 EDTA 进行解吸后的再生吸附剂对 Pb^{2+} 和 Cd^{2+} 仍然表现出极大的亲和性能。另一种是利用溶胶-凝胶法，通过正硅酸乙酯（TEOS）和 APTMS/APTES 发生共缩聚反应修饰到 Fe_3O_4 表面。与第一种方式相比，溶胶-凝胶法作为一种简便、新型的绿色工艺，不仅操作简单，而且能将更多的氨基修饰到 Fe_3O_4 表面。薛娟琴等通过对溶胶-凝胶法进行改进，首先制备了介孔 SiO_2 包覆的 Fe_3O_4 磁性核-壳复合微球，并通过接枝法在 Fe_3O_4 磁性核-壳复合微球表面接枝—NH₂，最终制备得到了一种新型磁性纳米吸附剂（$Fe_3O_4@SiO_2@mSiO_2$-NH₂），通过吸附试验表明该新型磁性材料对水中重金属离子 Cr^{6+} 有良好的吸附效果，吸附过程为准二级动力学模型占主导地位。而对于将 EDA、DETA、TETA、TEPA 修饰到 Fe_3O_4 表面主要有悬浮聚合法、碳二胺活化接枝法、溶剂热一步合成法及原位法。采用悬浮聚合法最大的优势在于其制备的氨基功能化 Fe_3O_4 纳米材料对重金属离子具有较高的吸附性能，但制备过程中功能化材料的选择及工艺的优化对其吸附性有着较大的影响。龚红霞等采用化学共沉淀法得到油酸包覆的 Fe_3O_4 纳米粒子（OA-M），再利用悬浮聚合法使单体甲基丙烯酸甲酯（MMA）、甲基丙烯酸缩水甘油酯（GMA）、二乙烯苯（DVB）在引发剂过甲氧基苯甲酰（BPO）的作用下反应得到环氧基功能化的高分子 Fe_3O_4 纳米粒子，进一步经开环反应制备得到四乙烯五胺功能化的磁性 Fe_3O_4 纳米高分子复合材料（TEPA-MNPs），其合成过程如图 7-2 所示。研究了其对废水中 Cu^{2+}、Cr^{6+} 共存体系中的吸附性能，结果表明以 TEPA-MNPs 为吸附剂，对共存体系中 Cu^{2+}、Cr^{6+} 的吸附行为同时存在竞争作用和协同作用，其涉及的吸附机理有静电、络合和离子交换作用；Zhao 等也通过悬浮聚合法制备了不同类型脂肪胺［四乙烯五胺（TEPA）、三乙烯四胺（TETA）、二乙烯三胺［DETA、乙二胺（EDA）］功能化的 Fe_3O_4 磁性纳米材料，并研究其对溶液中 Cr^{6+} 的吸附效果。结果表明，氨基含量升高，吸附效率也相应升高，4 种脂肪胺修饰的 Fe_3O_4 磁性纳米材料对 Cr^{6+} 的最大吸附容量分别高达 136.98mg/g、149.25mg/g、204.08mg/g、370.37mg/g。程昌敬等在以化学共沉淀法制备了 Fe_3O_4 的基础上，通过碳二亚胺活化在 Fe_3O_4 表面接枝聚乙烯酸，然后用乙二胺（EDA）对其表面进行功能化，制备得到了富含氨基官能团的磁性纳米吸附剂（Fe_3O_4@PAA-EDA），其合成示意图如图 7-3 所示。通过其对废水中 Cu^{2+} 的吸附性能进行探究，结果表明当 $T=$ 298K、pH＝5 时，吸附剂的饱和吸附容量 q_m 为 11.88mg/g。碳二亚胺合成法制备工艺简单，但是相对其他方法氨基功能化制备得到的 Fe_3O_4 纳米材料来说，其对重金属离子的吸附性能较差。

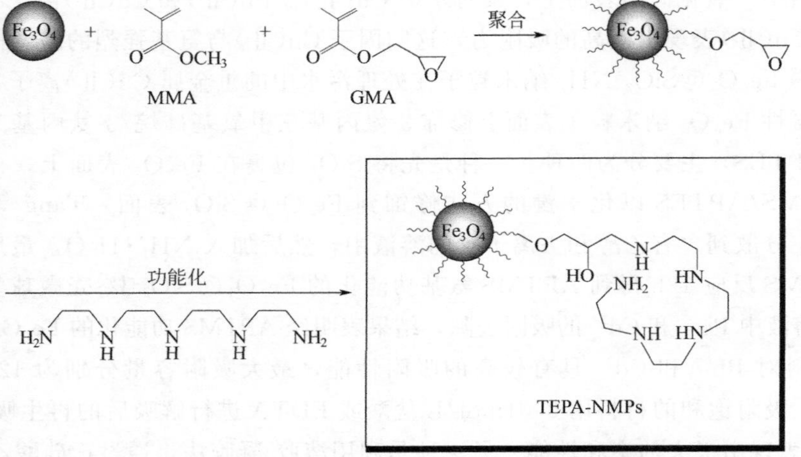

图 7-2 TEPA-MNPs 的制备，文献引用

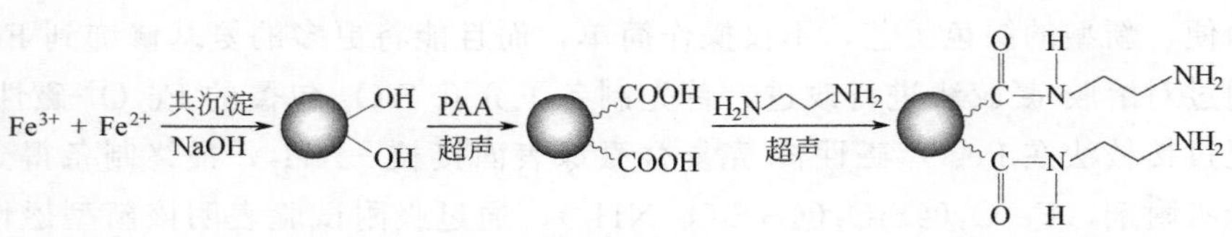

图 7-3 乙二胺修饰磁性 Fe_3O_4 纳米吸附剂（Fe_3O_4@PAA-EDA）的合成示意图，文献引用

利用溶剂热一步合成法制备氨基功能化的 Fe_3O_4 纳米材料，制备方法操作比较简便，但是由于制备反应过程要在高压釜中进行，所以对设备要求较高，而且利用溶剂热一步合成法制备的氨基功能化材料对重金属离子的吸附率一般比较低。如 Ni 等利用溶剂热一步合成法将 EDA 共价键合到磁性 Fe_3O_4 表面，制备得到新型氨基功能化磁性纳米吸附剂

（MNCs），通过对 Cr^{6+} 进行吸附实验，结果表明当 Cr^{6+} 浓度高于 40mg/L 时，MNCs 对 Cr^{6+} 的最大吸附容量仅为 60.25mg/g；同样 Baghani 等也以 $FeCl_3 \cdot 6H_2O$ 为单一铁源，与 1，6-己二胺、无水乙酸钠一起添加到乙二醇中混合均匀，在 50℃ 下剧烈搅拌 30min，然后将混合溶液放入高压釜中于 198℃ 的条件下反应 6h 后取出室温冷却，用水和乙醇洗涤干燥后制备得到氨基功能化 Fe_3O_4 纳米粒子吸附剂，对水溶液中的 Cr^{6+} 和 Ni^{2+} 的吸附量增加到 232.51mg/g 和 222.12mg/g。

也有研究者采用原位法制备了粒径范围为 $0.4\sim0.6\mu m$ 的 EDA 氨基功能化的磁性 Fe_3O_4 高分子微球 EDA-MPs，利用其对 Cr^{6+} 进行吸附实验，结果表明 EDA-MPs 对 Cr^{6+} 的饱和吸附量仅为 32.25mg/g，即使增加甲基丙烯酸缩水甘油酯的用量，其吸附量也只增加到 61.35mg/g。在此研究基础上，针对材料吸附容量小的问题，李鹏飞等对制备方法进行了改进，具体分为 3 个步骤：①利用分散聚合法合成聚甲基丙烯酸缩水甘油酯高分子微球（PGMA）；②通过高分子化学反应将 EDA 连接在 PGMA 内部及表面产生能和铁盐离子结合的功能基团；③将铁盐离子渗透到微球内部，加入浓碱液，生成 Fe_3O_4 纳米粒子沉积在微球内部，最终制备得到磁性 PGMA-NH_2 微球。再用改进方法制备的 PGMA-NH_2 微球对水中 Cr^{6+} 进行吸附实验，表明当温度为 298.15K、pH=4.5 时，PGMA-NH_2 对 Cr^{6+} 的饱和吸附容量提高到 263.16mg/g。

除了以上对氨基功能化 Fe_3O_4 制备去除重金属离子吸附剂的方法外，还有其他研究者利用其他方法对 Fe_3O_4 进行氨基功能化。Zhang 等首先利用溶剂热法制备了粒径为 $10\sim20nm$ 的 Fe_3O_4 纳米粒子，然后在碱性条件下通过正硅酸乙酯（TOES）的水解作用得到 $Fe_3O_4@SiO_2$ 壳-核微球，接下来在酸性介质中，以 $(NH_4)_2S_2O_8$ 为氧化剂，通过邻苯二胺在 $Fe_3O_4@SiO_2$ 表面聚合制备了氨基功能化的 $Fe_3O_4@SiO_2$ 颗粒（FSPs），将其用于吸附水溶液中 As^{3+}、Cu^{2+} 和 Cr^{3+} 的去除实验，结果对 3 种重金属离子的最大吸附容量顺序为 As^{3+}（84mg/g±5mg/g，pH=6.0）>Cr^{3+}（77mg/g±3mg/g，pH=5.3）>Cu^{2+}（65mg/g±3mg/g，pH=6.0）。这种复合颗粒同时具有高饱和磁化强度和相对较高的吸附容量，得益于外层包覆的 SiO_2 和聚合邻苯二胺提高了 Fe_3O_4 内核在水溶液中的稳定性，另外其表面丰富的活性位点也有利于对重金属离子的吸附。

Wang 等通过氨基功能化 $Fe_3O_4@SiO_2$ 磁性纳米材料，制备了一种新型核-壳结构，用来吸附去除水溶液中的 Cu(Ⅱ)、Pb(Ⅱ) 和 Cd(Ⅱ) 重金属离子，考察了 pH 值共存腐殖酸浓度（10.6mg/L）和背景电解质（碱/碱土金属离子）对改性超顺磁吸附 Cu(Ⅱ) 的影响。结果表明：在 pH 值为 $3\sim7$ 内，随着 pH 值的逐渐降低，吸附量逐渐减少，当 pH 值下降到约为 3 时吸附几乎为零，腐殖酸和背景电解质几乎不影响吸附率。

经氨基功能化后的磁性 Fe_3O_4 纳米材料被广泛应用于通过静电引力、离子交换等方式而去除废水中重金属离子。当吸附过程中重金属以阳离子形式存在时，在低 pH 条件下，由于—NH_2 容易质子化而形成—NH_3^+ 以及同种电荷相互排斥的原理，使得在低 pH 条件下氨基功能化的 Fe_3O_4 磁性纳米材料对以阳离子形式存在的重金属吸附能力降低；但是在高 pH 条件下，由于—NH_2 易与—OH^- 结合形成—NH_2OH^-，通过与重金属离子的静电吸附作用使得其吸附能力升高。而吸附以阴离子形式存在的重金属离子，当 pH 较低时，氨基功能化后的磁性 Fe_3O_4 纳米材料可以通过静电引力或者离子交换的形式吸附重金属离子，而且随着 pH 的升高，质子化作用的减弱使得此时的功能化材料与重金属离子发生静电作用和离子交换的能力降低，吸附量也随着下降。

7.3.2.2　巯基功能化磁性 Fe₃O₄ 纳米材料

把含有硫醇基的高分子硅烷试剂通过硅烷化反应嫁接到 Fe₃O₄@SiO₂ 纳米微粒上，根据硬软酸碱理论，硫醇基作为软路易斯碱，更有利于与软路易斯酸（Hg）相互作用，使其有较高的吸附能力、快速的吸附速率和强的抗干扰性，以至于 Fe₃O₄@SiO₂-SH 表现出对汞极强的选择性吸附性能。而且，所吸附的汞容易被解吸，吸附剂显示出良好的可重用性。经巯基功能化后的磁性 Fe₃O₄ 纳米材料主要通过络合作用和较小的静电引力作用来去除重金属离子。磁分离后，可以通过溶解在 HCl 或 HCl 和 2％硫脲溶液中进行解吸和再生，在吸附量高的情况下也可以直接灰化回收贵金属。巯基功能化磁性 Fe₃O₄ 纳米粒子表面的修饰材料主要有 3-巯丙基三甲氧基硅烷（TMMPS）、二巯基丁二酸（DMSA）、硫脲类等。由于在 TMMPS 分子的末端连有一个—SH，其对 Hg^{2+} 具有很强的亲和力，所以 TMMPS 是目前最为常用的巯基功能化改性材料，为了使硅羟基与 TMMPS 反应更加充分，通常先将 SiO₂ 包裹在 Fe₃O₄ 粒子表面上。通过巯基功能化的磁性 Fe₃O₄ 纳米材料主要用于去除水中的 Hg^{2+}。

Zhang 等将制备的 Fe₃O₄@SiO₂ 纳米粒子在 1mol/L 的 HCl 溶液中活化 12h，用纯水洗涤至中性，后将其分散到无水甲苯溶液中，加入 TMMPS，在烧瓶中加热至微沸，保持回流 24h 制备得到用 TMMPS 巯基功能化的 Fe₃O₄@SiO₂-SH 吸附剂。考察了 Fe₃O₄@SiO₂-SH 吸附剂对水中 Hg^{2+} 的吸附性能，结果显示由于 Hg^{2+} 和—SH 之间具有强烈的相互作用，使得 Fe₃O₄@SiO₂-SH 在吸附 Hg^{2+} 的过程中具有良好的抗干扰能力和较强的吸附性能，对 Hg^{2+} 的最大吸附量达 148.8mg/g。Fe₃O₄@SiO₂-SH 吸附剂的合成及对 Hg^{2+} 的吸附示意图如图 7-4 所示。类似地，Li 等先利用化学共沉淀法制备 Fe₃O₄ 纳米粒子，接下来借助 Stöber 法制备得到 SiO₂ 包覆的 Fe₃O₄@SiO₂ 纳米粒子，最后加入 TMMPS，通过后续的反应制备得到 TMMPS 巯基功能化的 Fe₃O₄@SiO₂-RSH 纳米材料。通过对比试验，得知未经巯基官能团化的 Fe₃O₄@SiO₂ 磁纳米粒子几乎对 CH_3Hg^+ 和 $CH_3CH_2Hg^+$ 没有亲和力，经过—SH 官能化的 Fe₃O₄@SiO₂-RSH 纳米材料具有较高的吸附亲和性及螯合能力。徐震耀等用同样的方法制备的 Fe₃O₄@SiO₂-SH 纳米材料不仅对 Hg^{2+} 和 Pb^{2+} 具有较好的吸附效果，去除率分别达到 96.76％ 和 91.5％，而且对 Ag^+、Zn^{2+}、Cu^{2+} 等其他重金属离子也有一定的吸附作用。

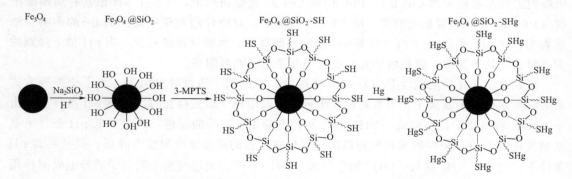

图 7-4　Fe₃O₄@SiO₂-SH 吸附剂的合成及对 Hg^{2+} 的吸附示意图，文献引用

将二巯基丁二酸（DMSA）功能化修饰到 Fe₃O₄ 表面，许多研究者也对此进行过研究，并将其用于水中重金属离子的去除吸附。Venkateswarlu 等通过一种经济环保的方法制备的磁性 Fe₃O₄ 纳米粒子、超纯水及 DMSA 放入 100mL 的圆底烧瓶中，在室温下用 0.01mol/L

的 NaOH 调节 pH 至 8，超声 10h 后制备得到 DMSA 修饰 的 Fe_3O_4 纳米材料。将 DMSA 巯基功能化的 Fe_3O_4 MNPs 用于去除废水中的 Pb^{2+}，单层吸附容量为 46.18mg/g。Singh 等同样也采用该法制备了 DMSA 修饰的功能化磁性 Fe_3O_4 纳米粒子，制备的材料能有效去除水中的 Cr^{3+}、Cu^{2+}、Co^{2+}、Ni^{2+}、Pb^{2+}、Cd^{2+}、As^{3+} 等金属离子。

由硫脲修饰的巯基磁性 Fe_3O_4 纳米粒子对 Hg^{2+} 具有很好的吸附效果，但其制备过程复杂，耗时比较长，在这方面的研究报道也有很多。Pan 等预先制备得到环氧基功能化高分子 Fe_3O_4 纳米粒子 eO-Fe_3O_4-MNPs，加入硫脲溶于乙醇的溶液，在温度为 60℃下反应 6h，得到环硫化物 eS-Fe_3O_4-MNPs，最后把 NaSH 和 eS-Fe_3O_4-MNPs 同时溶于水溶液中，在常温条件下反应搅拌 12h，得到巯基功能化的 SH-Fe_3O_4-MNPs 磁性纳米复合材料，该材料对 Hg^{2+} 的最大吸附量高达 522.9mg/g，合成过程如图 7-5 所示。Zhang 等也利用烯丙基硫脲（ATU）功能化 Fe_3O_4@SiO_2 制备得到 ATU 氨基功能化的纳米材料，通过对比发现其对水中 Hg^{2+} 的吸附去除率超过 99%，可能的原因是 Hg^{2+} 和 ATU 之间软酸-软碱之间的相互作用。

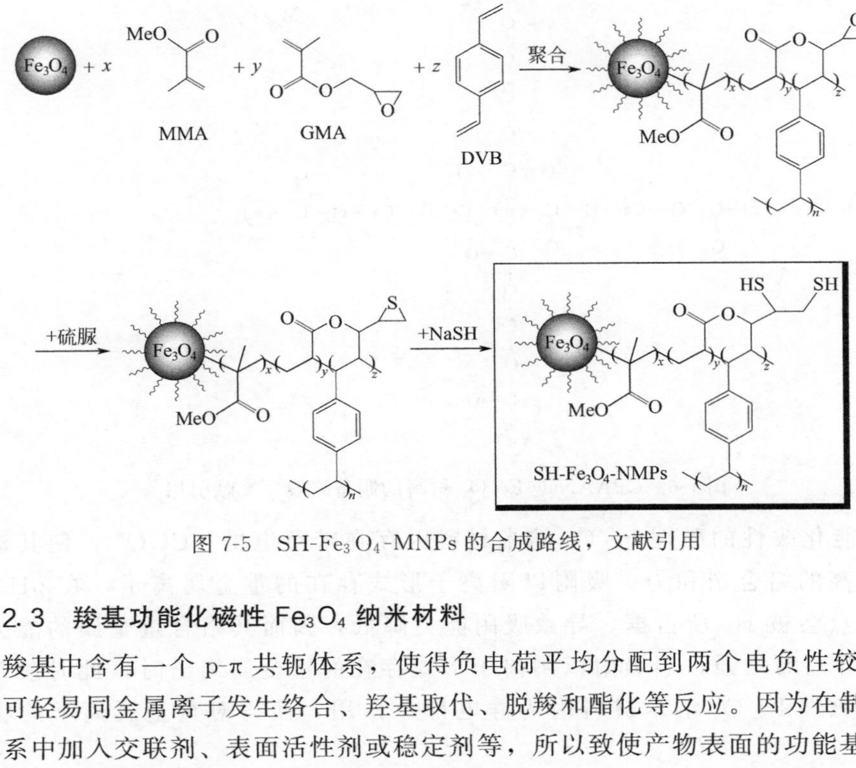

图 7-5 SH-Fe_3O_4-MNPs 的合成路线，文献引用

7.3.2.3 羧基功能化磁性 Fe_3O_4 纳米材料

由于羧基中含有一个 p-π 共轭体系，使得负电荷平均分配到两个电负性较强的氧原子上，因此可轻易同金属离子发生络合、羟基取代、脱羧和酯化等反应。因为在制备过程中要向反应体系中加入交联剂、表面活性剂或稳定剂等，所以致使产物表面的功能基易被包覆在壳层内部，导致微球表面羧基含量降低，单分散性变差，对金属离子的吸附性能一般来说也有所欠缺。

曹向宇等以磁性 Fe_3O_4 纳米粒子为核心，制备了外层包覆羧甲基纤维素的复合磁性纳米材料 CMC-Fe_3O_4，并研究了 CMC-Fe_3O_4 对 Cu^{2+} 的吸附性能，结果表明对 Cu^{2+} 的吸附过程符合 Langmuir 模型（R^2 为 0.97），吸附过程为 Fe_3O_4 和 Cu^{2+} 之间的静电吸附以及 Cu^{2+} 与 CMC 上的—COOH 络合共同作用的结果，在中性溶液中对 Cu^{2+} 的吸附量仅为 20.1mg/g。同样，郑群雄等将制备得到的 Fe_3O_4@SiO_2 保存在甲苯溶液中，然后加入丁二酸酐，在氮气保护下 80℃磁力搅拌 12h，沉淀用甲苯和无水乙醇分别清洗 3 次后真空干燥得到了富含羧基功能团的新型磁性纳米吸附剂，研究了它对 Cu^{2+} 的吸附性能，结果表明：新型羧基化 Fe_3O_4 磁性纳米粒子拥有良好的超顺磁性，但在 pH 为中性时对 Cu^{2+} 的吸附量也只提高到 43.48mg/g。但贺盛福等以廉价易得的丙烯酸单体出发，通过溶液分散聚合及 Ca^{2+} 表面交联制备出表面含有较多羧酸盐基团的聚丙烯酸钠包覆 Fe_3O_4 磁性交联聚合物（CPAANa@ Fe_3O_4）（其制备过程如图 7-6 所示），利用 CPAANa@ Fe_3O_4 对水溶液中的 Pb^{2+} 及 Cd^{2+} 进行吸附试验，结果表明对 Pb^{2+} 和 Cd^{2+} 的最大吸附量分别为 454.55mg/g 和 275.48mg/g，可使 Pb^{2+} 达到排放标准（GB 8978—1996），而且实验发现 CPAANa@ Fe_3O_4 对实际电解矿浆废水的处理具有潜在的应用价值。

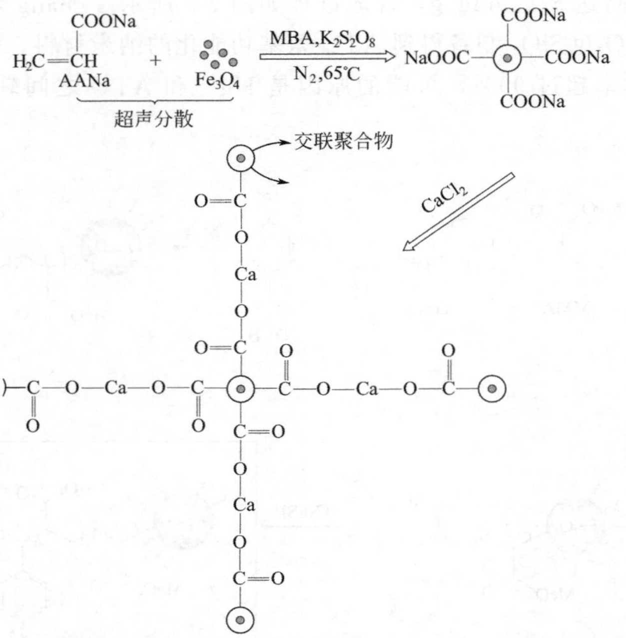

图 7-6　CPAANa@ Fe_3O_4 材料的制备路线，文献引用

羧基功能化改性的磁性 Fe_3O_4 纳米材料因存在带负电的—COO^-，使其对重金属离子具有很高的络合亲和力。吸附以阳离子形式存在的重金属离子，在 pH 较低时，由于吸附位点会被 H^+ 所占据，导致吸附能力降低，因而其络合重金属的能力一般会随着 pH 的升高而增强；当吸附以阴离子形式存在的重金属离子时，此时羧基功能化的带负电的磁性 Fe_3O_4 纳米材料因为静电排斥作用，使得对重金属离子的吸附能力大大降低。

通过以上叙述可知，对磁性 Fe_3O_4 纳米粒子表面进行功能化能提高其分散性能，减少团聚现象的发生，提高了它对重金属离子的吸附性能。但是仅仅通过对磁性 Fe_3O_4 纳米粒子表面进行功能化并不能完全保证其对重金属离子的高效吸附。首先，功能化过程中包括 Fe_3O_4 纳米粒子、分子链以及功能基团等各方面的不可控因素（构象、位阻及空间电子效应）都会对功能化效果产生一定的影响；其次，吸附过程中的 pH、粒径及共存离子效应也会影响重金属离子的吸附效果。所以这些方面存在的问题还有待于进行深入的研究。

7.3.2.4 其他功能化磁性 Fe₃O₄ 纳米材料

Liu 制备了腐殖酸（HA）包被 Fe₃O₄ 的纳米颗粒，用于水溶液中有毒重金属 Hg（Ⅱ）、Pb（Ⅱ）、Cd（Ⅱ）、Cu（Ⅱ）的去除。结果表明，对重金属的吸附平衡时间在 15min 之内，最大吸附容量在 46.3～97.7mg/g，对 Hg（Ⅱ）、Pb（Ⅱ）的去除率在 99% 以上，对 Cd（Ⅱ）、Cu（Ⅱ）的去除率在 95% 以上。Taghizadeh 等以 8-氨基喹啉功能化修饰磁性多壁碳纳米管，对鱼、沉积物、土壤和水样中的 Cd（Ⅱ）、Pb（Ⅱ）和 Ni（Ⅱ）等重金属离子进行快速萃取，三种物质的检测限分别为 0.09ng/mL、0.72ng/mL 和 1.002ng/mL，回收率在 94%～104% 之间，富集倍数达到 181，此吸附材料对三种重金属的吸附量分别达到 201mg/g，150mg/g 和 172mg/g，而且吸附过程在 5min 之内完成，该方法迅速灵敏，对实际样品中的重金属检测具有重要意义。Babazadeh 等先用己二胺修饰四氧化三铁表面，再用对苯二甲酸合成金属-有机框架，成功地应用到农作物样品中的 Cd（Ⅱ）、Pb（Ⅱ）、Zn（Ⅱ）和 Cr（Ⅲ）等重金属离子的检测，四种分析物的检测限分别为 0.15ng/mL、0.8ng/mL、0.2ng/mL 和 0.5ng/mL，对镉、铅、锌、铬四种重金属的吸附量分别达到 155mg/g、198mg/g、164mg/g 和 1.73mg/g。Zhao 等采用水热法合成 Fe₃O₄-MnO₂ 核-壳纳米片，该材料对环境水样中的 As（Ⅲ）和 As（Ⅴ）均具有较好的去除能力，其对 As（Ⅲ）和 As（Ⅴ）的最大吸附量分别为 72.83mg/g 和 32.13mg/g，合成路线如图 7-7。Gollavelli 等采用微波辐射法以氧化石墨烯（GO）和二茂铁为前驱体快速制备出智能磁性石墨烯材料（SMG），通过调节前驱体比例可以控制磁性石墨烯的磁学性质。结果表明该材料在重金属离子初始浓度为 5mg/kg 的 Cr（Ⅵ）、As（Ⅲ）、Pb（Ⅱ）时吸附量分别为 4.86mg/g，3.26mg/g 和 6.00mg/g，去除率均达到 99% 以上，SMG 材料的合成及其应用示意图如图 7-8。

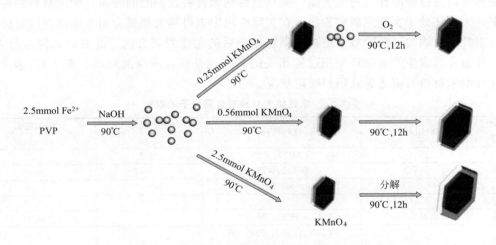

图 7-7 Fe₃O₄-MnO₂ 核-壳纳米片合成路线，文献引用

Fe₃O₄ 及其改性材料在重金属离子吸附中表现了很强的吸附效率，发现在重金属离子的吸附中影响因素主要有吸附时间、搅拌速度、溶液的 pH、吸附剂的投入量和颗粒尺寸等，在污水中重金属离子一定量的情况下吸附时间和吸附剂的投入量都有一个最佳的值，一开始都是随着吸附时间和吸附剂投入量的增大吸附效率逐渐增大，到最佳值时吸附效率达到最大，接下来即使继续增大吸附时间和吸附剂的投入量，吸附效率会保持不变，这主要是由于吸附剂的活性位点与金属离子的吸附达到了平衡。吸附效率一般是随着溶液 pH 的增大先增

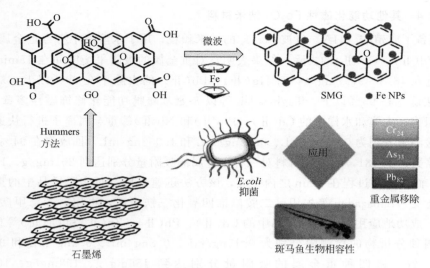

图 7-8 SMG 材料的合成及其应用示意图，文献引用

大后减小，即有一个最合适的 pH，这个最合适的 pH 一般为弱酸性条件。颗粒尺寸越小，对应的比表面积越大，吸附剂与金属离子接触越容易，吸附效率越高。磁性纳米材料能高效去除废水中的难降解物质重金属，并被公认为是未来污水处理中最有前景的新型吸附材料。作为一种新型吸附剂，磁性纳米材料与传统的吸附剂相比最大的优势在于具有磁性，可以通过磁分离技术从废水中得到有效分离，不仅能高效去除废水中的杂质，而且成本低，操作简便，有利于材料的循环利用和污染物的集中处理。然而现阶段存在的问题在于并不是所有的污染物都可以通过吸附作用得到去除，而且磁性纳米材料发展时间较短，纳米材料的种类不是很多，大多还处于实验室研究阶段，在实际应用中未得到大规模应用。如何利用廉价的原料制备出粒度更均匀、吸附效果更高的颗粒是今后的主要发展方向。此外，如何进行无毒、无危险性地大规模生产和循环使用过程相关的研究也是亟须解决的问题。表 7-1、表 7-2 总结了磁性纳米材料对重金属及染料吸附状况。

表 7-1 磁性纳米材料对金属离子的吸附

金属离子	吸附材料	材料改性	材料尺寸/nm	吸附能力/(mg/g)
Cu(II)	Fe₃O₄	CMC 与 CT	13.5	21.5
Cu(II)	Fe₃O₄	阿拉伯树胶	13~67	38.5
Cu(II)	SiO₂@Fe₃O₄	γ-MPTES	50~70	56.8
Cu(II)	Fe₃O₄	—	8~35	35.46
Cu(II)	壳聚糖@Fe₃O₄	α-酮戊二酸	—	96.15
Cu(II)	Fe₃O₄	LA,MBA,GSH,PEG-SH,DMSA 和 EDTA	7.2~8.3	
Cu(II)	Fe₃O₄	羧基丁二酸,氨基 EDA 和巯基 DMSA	6~10	100%
Cu(II)	Fe₃O₄	氨基	—	25.77
Cu(II)	Fe₃O₄	CMCD		47.2
Cu(II)	γ-Fe₂O₃	阳离子树脂	10	15
Cu(II)	Fe₃O₄	氨基 EDA	—	523.6
Cu(II)	α-Fe₂O₃	MPTES	29.47~31.78	25.9
Cu(II)	γ-Fe₂O₃	HA	29.47~31.78	126.6
Cu(II)	γ-Fe₂O₃	MPTES	94.53~96.71	45.5

金属离子	吸附材料	材料改性	材料尺寸/nm	吸附能力/(mg/g)
Cu(Ⅱ)	Fe_3O_4	HA	94.53～96.71	117.6
Cu(Ⅱ)	Fe_3O_4	DAPD	10～12	45
Cu(Ⅱ)	Fe_3O_4	EDTA	200～320	46.27
Cu(Ⅱ)	Fe_3O_4		8	0.184
Cu(Ⅱ)	Fe_3O_4	TSH	25～35	76.9
Cu(Ⅱ) Zn(Ⅱ) Pb(Ⅱ)	$\gamma\text{-}Fe_2O_3$	碳纳米管	250	111.1Cu(Ⅱ) 84.95Zn(Ⅱ) 71.42Pb(Ⅱ)
Cu(Ⅱ) Cd(Ⅱ) Pb(Ⅱ)	Fe_3O_4	壳聚糖	25	29.7Cu(Ⅱ) 30.7Cd(Ⅱ) 31.6Pb(Ⅱ)
Cu(Ⅱ) Cr(Ⅲ) Cd(Ⅱ) Ni(Ⅱ)	Fe_3O_4	—	8～35	99.8%Cu(Ⅱ) 97.6%Cr(Ⅲ) 84.7%Cd(Ⅱ) 88.5%Ni(Ⅱ)
Cr(Ⅵ)	nZVI(零价铁)	淀粉	—	98%脱除
Cr(Ⅵ)	Fe_3O_4		8～35	35.46
Cr(Ⅵ)	Fe_3O_4	硅藻土	15～25	12.31
Cr(Ⅵ)	Fe_3O_4	EDA	300～600	61.35
Cr(Ⅵ)	$\gamma\text{-}Fe_2O_3$	阳离子树脂	10	55
Cr(Ⅵ)	Fe^{3+}氧化/氢氧化物		55	87.305
Cr(Ⅵ)	Fe_3O_4	纤维素	20～40	5.37
Cr(Ⅵ)	nZVI(零价铁)		26.4	100mg/kg
Cr(Ⅵ)	$\gamma\text{-}Fe_2O_3@Fe_3O_4$	PEI	100	83.33
Cr(Ⅵ)	Fe_3O_4	—		34.1
Cr(Ⅵ)	nZVI(零价铁)	—		100%还原
Cr(Ⅵ)	Fe_3O_4	碳纳米管	—	47.98～83.54
Cr(Ⅵ)	Fe_3O_4	磷硅烷	8～15	35.2
Cr(Ⅲ)	$Fe_3O_4\text{-}\alpha\text{-}Fe_2O_3$	—	4～52	617.3
Cr(Ⅲ)	Fe_3O_4	羧基丁二酸,氨基EDA和巯基DMSA	6～10	100%脱除
Cr(Ⅲ) Cd(Ⅱ) Pb(Ⅱ)	$Fe_3O_4\text{-}\gamma\text{-}Fe_2O_3$		4～52	277Cr(Ⅲ) 223.7Cd(Ⅱ) 617.3Pb(Ⅱ)
Ag(Ⅰ)	Fe_3O_4	DMSA	5.8	—
Ag(Ⅰ)	Fe_3O_4	LA,MBA,GSH,PEG-SH,DMSA和EDTA	7.2～8.3	—
Ag(Ⅰ)	$\gamma\text{-}Fe_2O_3$	—	<30	1.24
Pb(Ⅱ)	Fe_3O_4	DMSA	5.8	—
Pb(Ⅱ)	$SiO_2@Fe_3O_4$	γ-MPTES	50～70	70.4
Pb(Ⅱ)	Fe_3O_4	LA,MBA,GSH,PEG-SH,DMSA和EDTA	7.2～8.3	—
Pb(Ⅱ)	Fe_3O_4	羧基丁二酸,氨基EDA和巯基DMSA	6～10	100%脱除
Pb(Ⅱ)	$\gamma\text{-}Fe_2O_3$		约20	818
Pb(Ⅱ)	Fe_3O_4	PGA	120～320	93.3
Pb(Ⅱ)	Fe_3O_4	氨基EDA		369.0
Pb(Ⅱ)	$\alpha\text{-}Fe_3O_4$	MPTES和HA	29.47～31.78	MPTES=84 HA=151.5

金属离子	吸附材料	材料改性	材料尺寸/nm	吸附能力/(mg/g)
Pb(Ⅱ)	γ-Fe$_2$O$_3$	MPTES 和 HA	94.53~96.71	MPTES=96.2 HA=144
Pb(Ⅱ)	Fe$_3$O$_4$	APS-AA-CA 共聚物	15~20	166.1
Pb(Ⅱ)	Fe$_3$O$_4$	固定在 Ca-藻酸盐革菌属、金孢子菌属	—	185.25
Pb(Ⅱ)	Fe$_3$O$_4$-α-Fe$_2$O$_3$	—	4~52	223.7
Pb(Ⅱ)	SiO$_2$@Fe$_3$O$_4$	氨基 EDA	139	17.65
Pb(Ⅱ)	Fe$_3$O$_4$	TSH	25~35	188.7
Pb(Ⅱ)	Fe$_3$O$_4$		8	0.189
Pb(Ⅱ)	Fe$_3$O$_4$	活性蓝-19	52~54	79.3
Cd(Ⅱ)	Fe$_3$O$_4$	DMSA	5.8	—
Cd(Ⅱ)	SiO$_2$@Fe$_3$O$_4$	γ-MPTES	50~70	45.2
Cd(Ⅱ)	Fe$_2$O$_3$	橘皮粉	32~35	76.92
Cd(Ⅱ)	γ-Fe$_2$O$_3$	阳离子交换树脂	10	15.9
Cd(Ⅱ)	Fe$_3$O$_4$	虫胶	20~25	18.797
Cd(Ⅱ)	Fe$_3$O$_4$		8~35	35.46
Cd(Ⅱ)	Fe$_3$O$_4$	羧基丁二酸,氨基 EDA 和巯基 DMSA	6~10	100%脱除
Cd(Ⅱ)	α-Fe$_3$O$_4$		约 20	236
Cd(Ⅱ)	Fe$_3$O$_4$	PACA	1~10	1.79
Cd(Ⅱ)	Fe$_3$O$_4$-α-Fe$_2$O$_3$		4~52	277
Cd(Ⅱ)	γ-Fe$_2$O$_3$	MPTES 和 HA	94.53~96.7	MPTES=48.1 HA=78.7mg/g
Cd(Ⅱ)	Fe$_3$O$_4$	APS-AA-CA 共聚物	15~20	29.6
Cd(Ⅱ)	Fe$_3$O$_4$	氨基 EDA	—	446.4
Cd(Ⅱ)	α-Fe$_2$O$_3$	MPTES 和 HA	29.47~31.78	MPTES=60.2 HA=91.7mg/g
Cd(Ⅱ)	Fe$_3$O$_4$	TSH	25~35	107.5
Cd(Ⅱ)	Al@Fe$_3$O$_4$	—	—	>95%脱除
Ni(Ⅱ)	Fe$_3$O$_4$		8~35	35.46
Ni(Ⅱ)	Fe$_3$O$_4$	羧基 SA、氨基 EDA 及巯基 DMSA	6~10	100%脱除
Ni(Ⅱ)	γ-Fe$_2$O$_3$		<30	0.23
Ni(Ⅱ)	γ-Fe$_2$O$_3$	柠檬酸	7.4	0.5mmol/g
Hg(Ⅱ)	SiO$_2$@Fe$_3$O$_4$	二硫代氨基甲酸盐	NA	25μg/g
Hg(Ⅱ)	Fe$_3$O$_4$	DMSA	5.8	227
Hg(Ⅱ)	SiO$_2$@Fe$_3$O$_4$	γ-MPTES	50~70	83.8
Hg(Ⅱ)	Fe$_3$O$_4$	LA,MBA,GSH,PEG-SH,DMSA 和 EDTA	7.2~8.3	—
Hg(Ⅱ)	SiO$_2$@Fe$_3$O$_4$	异氰酸酯	22	97.56%脱除
Hg(Ⅱ)	SiO$_2$@Fe$_3$O$_4$	巯基 DMSA	111.06	113.7~207.7g/g
Co(Ⅱ)	γ-Fe$_2$O$_3$	柠檬酸	7.4	0.5mmol/g
Co(Ⅱ)	Fe$_3$O$_4$	TSH	25~35	27.7
Co(Ⅱ)	Fe$_3$O$_4$	LA,MBA,GSH,PEG-SH,DMSA 和 EDTA	7.2~8.3	
Co(Ⅱ)	Fe$_3$O$_4$	羧基 SA、氨基 EDA 及巯基 DMSA	6~10	100%脱除

金属离子	吸附材料	材料改性	材料尺寸/nm	吸附能力/(mg/g)
Ti	Fe_3O_4	LA,MBA,GSH,PEG-SH, DMSA 和 EDTA	7.2~8.3	—
Zn(Ⅱ)	Fe_3O_4	氨基聚合物	—	24.3
Zn(Ⅱ)	Fe_3O_4	DAPD	10~12	32
Zn(Ⅱ)	Fe_3O_4	APS-AA-CA 共聚物	15~20	43.4
Zn(Ⅱ)	Fe_3O_4	—	8	0.177
Zn(Ⅱ)	Fe_3O_4	TSH	25~35	51.3
As(Ⅲ)	Fe_3O_4-γ-Fe_2O_3	—	20~40	3.69
As(Ⅲ)	Fe_3O_4-γ-Fe_2O_3	—	34	2.9
As(Ⅲ)	Fe_3O_4	羧基 SA、氨基 EDA 及巯基 DMSA	6~10	91%~97%
As(Ⅲ)	Fe_3O_4	—	6~7	63.8
As(Ⅲ) As(Ⅴ)	nZVI(零价铁)	壳聚糖	69	94As(Ⅲ) 119As(Ⅴ)
As(Ⅲ) As(Ⅴ)	γ-Fe_2O_3		7~12	67.0As(Ⅲ) 95.4As(Ⅴ)
As(Ⅴ)	γ-Fe_2O_3	Fe-Mn 氧化物	20~50	47.76
As(Ⅴ)	Fe_3O_4	CTAB	10	23.07
As(Ⅴ)	Fe_3O_4-γ-Fe_2O_3		20~40	3.71
As(Ⅴ)	Fe_3O_4	磷硅烷	8~15	50.5
As(Ⅴ)	γ-Fe_2O_3		<10	45
As(Ⅴ)	$Fe(OH)_3$		—	370~1250μg/g
As(Ⅴ)	Fe_3O_4-γ-Fe_2O_3		34	3.1
As(Ⅴ)	$CuFe_2O_4$		20~120	45.66
Eu(Ⅲ)	γ-Fe_2O_3	柠檬酸	7.4	0.5mmol/g
La(Ⅲ)	γ-Fe_2O_3	柠檬酸	7.4	0.5mmol/g
U(Ⅵ)	γ-Fe_2O_3	偶氮胂Ⅲ	—	285
Mn(Ⅱ)	Fe_3O_4		8	0.149
Se(Ⅳ)	Fe_3O_4/$Fe(OH)_3$ 凝胶	—	50	95
Se(Ⅵ)	Fe_3O_4/$Fe(OH)_3$ 凝胶	—	50	15.1mg/g

注：AA—丙烯酸；CT—壳聚糖；APS—3-氨基丙基三乙氧基硅烷；CA—巴豆酸；CMC—羧甲基纤维素；CMCD—羧甲基-β-环糊精；CTAB—溴化十六烷基三甲铵；DAPD—2,6-二氨基嘧啶；DMSA—二巯基丁二酸；EDA—乙二胺；EDTA—脱水乙二胺四乙酸二钠；GSH—L-谷胱甘肽；HA—黑腐酸；LA—月桂酸；MBA—4-巯基丁酸；PACA—聚丙烯腈共丙烯酸酯；PEG-SH—（巯基-改性-α-巯基 ω-（丙酸）-β-乙二醇；PEI—聚亚乙基亚胺；PGA—聚-γ-谷氨酸；TSH—硫酰肼。

表 7-2　磁性纳米材料对染料的吸附

吸附剂	表征	染料	pH	温度/K	吸附性质	吸附能力/(mg/g)	动力学模型	等温方程
磁性壳聚糖-Fe(Ⅲ)水凝胶	SEM,EXAFS,XPS	AR73	12	293	—	294.5	PSO	Langmuir-Freundlich
改性壳聚糖树脂 R1	FTIR,比表面,zeta电位	RB5	3	298	吸热	0.63 mmol/g	PSO	Langmuir
改性壳聚糖树脂 R2	FTIR,比表面,zeta电位	RB5	3	298	吸热	0.78 mmol/g	PSO	Langmuir
MCGO	FTIR,XRD,SEM	亚甲蓝	5.3	303	放热	95.31	PSO	Langmuir

吸附剂	表征	染料	pH	温度/K	吸附性质	吸附能力/(mg/g)	动力学模型	等温方程
OC-BzM	TEM，FTIR，穆斯堡尔谱，VSM 和 TGA	亚甲蓝	7.0	333.15	吸热	223.58	PSO	Langmuir-Freundlich
		甲基紫	7.0	333.15	吸热	248.42	PSO	
		孔雀石绿	7.0	333.15	吸热	144.79	PSO	
Mγ-Fe$_2$O$_3$/CSCs	XRD，FTIR，TGA，DSC，SEM，VSM	MO	6.6	300	—	—	PSO	—
EMCN	TEM，VSM，TGA，FTIR	AO7	4.0	298	放热	1215	—	Langmuir
		AO10	3.0	298	放热	1017	—	Langmuir
m-CS/PVA HBs	XRD，VSM，TGA	CR	5.0	298	吸热	470.1	PSO	Langmuir
m-CS/γ-Fe$_2$O$_3$/MWCNT	XRD，FTIR，TGA，DTG	MO	3.14~6.5	297	放热	66.09	PSO	Langmuir
L-Cht/γ-Fe$_2$O$_3$	FTIR，TEM，VSM，TGA	Remazol 红 198	—	298	吸热	267	PSO	Langmuir-Freundlich
CDCM	FTIR，SEM 和 XRD	亚甲蓝	5.0	303	放热	2.78g/g	PSO	Langmuir
壳聚糖包覆磁性纳米粒子	TEM，XRD，TGA，EPR	活性黄 145	3.0	318	吸热	70.10	—	Langmuir
MIMC	SEM，FTIR，XRD	茜素红	3.0	303	放热	43.08	PSO	Langmuir
羧甲基壳聚糖-磁性纳米粒子吸附剂	TEM，XRD	AO12	3.0	298	吸热	1883	PSO	Langmuir
		AG25	3.0	298	吸热	1471		Langmuir
γ-Fe$_2$O$_3$/SiO$_2$/CS 复合物	XRD，SEM	MO	5.0	310	放热	34.29	PSO	Langmuir
γ-Fe$_2$O$_3$/CS 复合物薄片	XRD，FTIR，TGA，DSC	MO	2.91	330	放热	29.41	PSO	Langmuir
磁性 Fe$_3$O$_4$ 壳聚糖复合物	—	CR	2.0	315	吸热	56.66	PSO	Langmuir
MCCG	FTIR，SEM，TEM，XRD	亚甲蓝	—	—	放热	84.32		Langmuir
GO-Chm	SEM/EDAX，FTIR，XRD，XPS，DTA，DTG	RB5	3.0	338	放热	425	PSO	—
戊二醛交壳聚糖磁珠	—	直接红 23	4.0	室温	—	1250	—	Langmuir
Fe$_3$O$_4$/ZrO$_2$/CS	FTIR，SEM，TEM，BET	苋菜红	2.0			99.6	PSO	Freundlich
		酒石黄	2.0			47.3	PSO	Freundlich
CS-MCMs	FTIR，TG，SEM，VSM	MB	7.0	293	—	33.6	PSO	Langmuir
		CV	7.0	293	—	86.6	PSO	Langmuir
		7GL	7.0	293	—	26.3	PSO	Langmuir
CS-Glu-MCMs	FTIR，TG，SEM，VSM	MB	7.0	293	—	182.5	PSO	Langmuir
		CV	7.0	293	—	403.2	PSO	Langmuir
		7GL	7.0	293	—	236.4	PSO	Langmuir
CH 磁珠	XRD，TEM	MO	4.0	293	—	779	PSO	Langmuir
CS-m-GMCNTs	XRD，VSM，SEM-EDS，BET	CR	6.0	298	放热	263.3	PSO	Langmuir
CAGS	FTIR，WAXRD，TGA	As(V)	2.0	298	放热	62.42	PSO	Langmuir
		Cr(Ⅵ)	2.0	298	吸热	58.48	PSO	
海藻壳聚糖磁珠	XRD，FTIR，XPS	La(Ⅲ)	2.8	298	放热	97.1	PSO	Langmuir

吸附剂	表征	染料	pH	温度/K	吸附性质	吸附能力/(mg/g)	动力学模型	等温方程
CS-MCMs	SEM,FTIR,TG,VSM	Cu(II)	5.5	303	—	108.0	PSO	Langmuir
CS/PAA-MCM	SEM,FTIR,TG,VSM	Cu(II)	5.5	303	—	174.0	PSO	Langmuir
MICT	FTIR,SEM-EDX	Cd(II)	7.0	298	—	256.41	PSO	Langmuir
Ag-TCM	SEM,BET,VSM,FTIR	Ag(I)	5.0	303	放热	531.80	PSO	Langmuir
壳聚糖/磁性纳米复合物磁珠	XRD，FTIR，FE-SEM，TEM，VSM，SEM-EDX	Pb(II)	6.0	室温	—	63.33	—	Langmuir
		Ni(II)	6.0	室温	—	52.55	—	
CSTU	FTIR,^{1}H NMR,SEM,XRD,VSM,TGA	Hg(II)	5.0	303	放热	135±3	PSO	Langmuir
		Cd(II)	5.0	303	放热	120±1	PSO	
		Zn(II)	5.0	303	放热	52±1	PSO	
EMCR	光学显微镜，FTIR，BET,TGA,VSM	Hg(II)	5.0	298	放热	539.59	PSO	Langmuir
MACTS	FTIR,SEM,BET	Cu(II)	6.0	293	—	—	—	Langmuir
		Zn(II)	6.0	293	吸热	—	PSO	
		Cr(VI)	3.0	293	—	—	—	
TMCS	XRD,元素分析,VSM,FTIR,TGA,BET	Hg(II)	5.0	301	放热	625.2	PSO	Langmuir
		Cu(II)	5.0	301	放热	66.7	PSO	
		Ni(II)	5.0	301	放热	15.3	PSO	
磁性壳聚糖吸附剂	FTIR 磁力计	Co(II)	5.5	298	放热	27.5	—	Langmuir
磁性壳聚糖纳米粒子	XRD，TEM，FTIR，VSM,EDS	Cu(II)	5.0	308.15	吸热	35.5	—	Langmuir
Fe-Cc	SEM,EDX,FTIR,VSM	UO_2^{2+}	4.0	298.15	吸热	666.67	—	Langmuir
		Th^{4+}	5.5	298.15	吸热	312.50	—	
CSIS	FTIR,^{1}H NMR,TGA,WAXRD	Cu(II)	5.0	301	放热	103.16	187.26	Langmuir
		Co(II)	5.0	301	放热	53.51		Langmuir
		Ni(II)	5.0	301	放热	40.15		Langmuir
CSMO	SEM,FTIR,^{1}H NMR，WAXRD,TGA	Cu(II)	5.0	301	放热	95±4	—	Langmuir
		Co(II)	5.0	301	放热	60±1	—	Langmuir
		Ni(II)	5.0	301	放热	47±1	—	Langmuir
CSAP	FTIR，TGA，XRD,VSM	Cu(II)	5.0	303	放热	124±1	PSO	Langmuir
		Cd(II)	5.0	303	放热	84±2	PSO	
		Ni(II)	5.0	303	放热	67±2	PSO	
IMCR	TGA，FTIR，XRD，光学显微镜，VSM，比表面	U(VI)	5.0	298	—	187.26	PSO	Langmuir
NIMCRα-KA-CCM-NPs	TEM，XRD，VSM，FTIR,EDS	Cu(II)	6.0	295±2	—	96.15	—	Langmuir
CMC	FTIR,SEM,EDS	Cr(VI)	4.0	—	—	69.4	一级动力学方程	Langmuir
EMCN	TEM,XRD,FTIR,TGA	Pt(IV)	2.0	298	—	171	—	Langmuir
XMCS	FTIR,XPS,XRD	Co(II)	5.0	303	—	18.5	PSO	Langmuir
MCS	—	Co(II)	5.0	303	—	2.98	PSO	Langmuir

吸附剂	表征	染料	pH	温度/K	吸附性质	吸附能力/(mg/g)	动力学模型	等温方程
壳聚糖磁珠	SEM,XRD,EDS	Sr^{2+}	8.2	303	—	11.58	颗粒内扩散	Langmuir
EMMC	SEM,FTIR 和 XRD	UO_2^{2+}	3.0	303	放热	82.83	PSO	Sips
CMMC	SEM,TEM,FTIR	Zn^{2+}	5.0	298	放热	32.16	—	Langmuir
EMCMCR	SEM	$Cr(Ⅵ)$	2.0	293	放热	51.81	PSO	Langmuir,Temkin
化学改性壳聚糖磁性树脂 R1	FTIR	$Mo(Ⅵ)$	5.1	333	吸热	541.11	PSO	Langmuir
化学改性壳聚糖磁性树脂 R2	FTIR	$Mo(Ⅵ)$	5.1	333	吸热	872.10	PSO	Langmuir
化学改性壳聚糖磁性树脂 R1	FTIR	$Cr(Ⅵ)$	8.0	—	—	—	—	—
化学改性壳聚糖磁性树脂 R2	FTIR	$Cr(Ⅵ)$	8.0	328	吸热	181.99	PSO	Langmuir
CS-co-MMB-co-PAA	—	$Pb(Ⅱ)$	5.5	298	—	163.90	—	Freundlich
		$Cd(Ⅱ)$	5.5	298	—	135.51	—	Langmuir
		$Cu(Ⅱ)$	5.5	298	—	152.42	—	Langmuir
化学改性壳聚糖磁性树脂	FTIR	$Au(Ⅲ)$	—	303	放热	675.60	PSO	Langmuir
		$Ag(Ⅰ)$	—	303	放热	239.47	PSO	
改性壳聚糖磁性树脂	FTIR	$Hg(Ⅱ)$	5.0	303	放热	613.81	PSO	Langmuir
CSTG	SEM,FTIR,^1H NMR,TGA,XRD,VSM	Hg^{2+}	5.5	303	放热	98±2	PSO	Langmuir
		Cu^{2+}	5.5	303	放热	76±1	PSO	PSO
		Zn^{2+}	5.5	303	放热	52±1	PSO	Langmuir
XMCS	FTIR,EDS,XPS	$Pb(Ⅱ)$	5.0	298	—	76.9	—	Langmuir
		$Cu(Ⅱ)$	5.0	298	—	34.5	—	Langmuir
		$Zn(Ⅱ)$	5.0	298	—	20.8	—	Langmuir
壳聚糖结合 Fe_3O_4 纳米粒子	SEM,TEM,XRD	$Cu(Ⅱ)$	5.0	300	放热	21.5	—	Langmuir
壳聚糖包覆磁性吸附剂	—	$Au(Ⅲ)$	2.0	298	—	59.52	PSO	Langmuir
磁性壳聚糖微球	XRD,SEM,VSM	$Cu(Ⅱ)$	5.0	298	—	19.4	PSO	—
SICCM	TEM,XRD,FTIR	$Cu(Ⅱ)$	4.5	301	—	144.9	—	Langmuir
磁性壳聚糖微球	SEM,电导滴定	$Cu(Ⅱ)$	5.0	298	—	182	PSO	Langmuir
CMC	FTIR,SEM	$Cu(Ⅱ)$	6.0	室温	—	78.13	准一级Langergren	Langmuir
磁性壳聚糖纳米粒子	XRD,SEM,TEM,VSM	$Cr(Ⅵ)$	3.0	298	—	55.80	PSO	Langmuir
$CS/Fe_3O_4/Fe(OH)_3$-$ECS/Fe_3O_4/Fe(OH)_3$-C	SEM,TEM,XPS,XRD	$As(Ⅲ)$	—	—	—	8.47	PSO	Langmuir-Freundlich-
		$As(Ⅲ)$	—	—		4.72	PSO	Langmuir-Freundlich
磁性壳聚糖微囊	FTIR,VSM,TEM	$Cu(Ⅱ)$	7.0	303	放热	104	PSO	Langmuir
		$Cr(Ⅲ)$	7.0	303	放热	159	PSO	Langmuir

吸附剂	表征	染料	pH	温度/K	吸附性质	吸附能力/(mg/g)	动力学模型	等温方程
壳聚糖磁珠	—	Cu(Ⅱ)	5.0	308.15	放热	121.9	颗粒内扩散	Freundlich
EYMC	FTIR,SEM	Pb(Ⅱ)	5.5	303	吸热	127.37	PSO	Langmuir
超顺磁性壳聚糖纳米粒子	FTIR, SEM, XRD,SQUID	Cu(Ⅱ)	6.0	298	—	30.3	—	Langmuir
MCNCs	XRD,TEM,拉曼光谱,SQUID	Cr(Ⅵ)	5.0	300	放热	35.2	PSO	Freundlich
Fe$_3$O$_4$-TETA-CMCS	元素分析,IR,固态 ^{13}C NMR, XRD, TEM,BET,TGA	Pb(Ⅱ)	6.0	298	放热	370.63	PSO	Langmuir
CG-MCS 纳米吸附剂	FTIR, TEM, XRD, VSM,元素分析	Hg(Ⅱ)	—	303.15	—	285	PSO	Langmuir
多孔壳聚糖磁珠	SEM	Cd(Ⅱ)	6.5	298	—	518	—	—

注：Ag-TCM：硫脲-壳聚糖包覆 Fe$_3$O$_4$ 磁性纳米粒子；

AG25：酸性绿 25；

AO7：酸性橙 7；

AO10：酸性橙 10；

AO12：藏花橙；

AR：茜素红；

BET：比表面积；

CAGS：交联磁性壳聚糖-顺丁酸戊二醛；

CDCM：β-环糊精-壳聚糖改性 Fe$_3$O$_4$ 磁性纳米粒子；

CMC：交联磁性壳聚糖；

CMMC：交联磁性改性壳聚糖；

CSAP：交联磁性壳聚糖- 2-氨基吡啶乙二醛；

CS-Glu-MCMs：谷氨酸改性磁性壳聚糖复合微球；

CSIS：交联磁性壳聚糖-靛红席夫碱树脂；

CSMO：壳聚糖-二乙酰一肟席夫碱树脂；

CS-MCMs：壳聚糖磁性复合微球；

CS-m-GMCNTs：壳聚糖改性磁性石墨化多壁碳纳米管；

CS/PAA-MCM：壳聚糖/聚丙烯酸磁性复合微球；

CSTG：壳聚糖-硫代甘油醛席夫碱交联磁性树脂；

CSTU：交联磁性壳聚糖-苯基硫脲；

CS-co-MMB-co-PAA：壳聚糖基水凝胶-带亚甲基二丙烯酰胺及聚丙烯酸接枝共聚物；

CV：结晶紫；

DSC：差示扫描量热法；

EDX：X 射线能量色散谱；

EDAX：能量色散 X 射线光谱；

EMCR：乙二胺改性磁性交联壳聚糖微球；

EMCN：乙二胺改性磁性交联壳聚糖纳米粒子；

EMCMCR：乙二胺改性交联磁性壳聚糖树脂；

EMMC：乙二胺改性磁性壳聚糖；

EYMC：乙二胺改性酵母生物质包覆磁性壳聚糖纳米粒子；

Fe - Cc：磁性壳聚糖复合粒子；

FTIR：傅里叶转换红外光谱仪；

GO-Chm：氧化石墨烯-磁性壳聚糖复合物；

IMCR：离子印迹磁性壳聚糖树脂；

L-Cht/γ-Fe$_2$O$_3$：磁性 N-十二烷基壳聚糖粒子；

MACTS：氨基壳聚糖磁珠；

MB：亚甲基蓝；

MCCG：β-环糊精-壳聚糖/氧化石墨烯材料；

MCM：磁性复合物微球；

MICT：硫脲改性磁性离子印迹壳聚糖/TiO$_2$；

MIMC：壳聚糖包覆磁性 Fe$_3$O$_4$；

MO：甲基橙；

Mγ-Fe$_2$O$_3$/CSCs：磁性 γ-Fe$_2$O$_3$/交联壳聚糖复合物；

m-CS/PVA HBs：磁性壳聚糖/聚乙烯醇水凝胶珠；

m-CS/γ-Fe$_2$O$_3$/MWCNT：壳聚糖包覆磁性纳米粒子；

NIMCR：非印迹磁性壳聚糖树脂；

OC-BzM：N-苄基-O-羧甲基壳聚糖磁性纳米粒子；

PSO：准二级模型；

RB5：活性黑 5；

SICCM：固定化酿酒酵母于磁性壳聚糖纳米粒子表面；

TMCS：硫脲改性磁性壳聚糖微球；

VSM：振动样品磁强计；

XRD：X 射线衍射；

XMCS：黄原酸盐改性磁性壳聚糖；

XPS：X 射线光电子能谱

α-KA：α-酮戊二酸；

α-KA-CCMNPs：壳聚糖包覆用 α-酮戊二酸改性磁性纳米粒子。

7.4 磁性纳米粒子用于有机污染物分离富集

随着全球工业化的迅速发展，环境污染问题日益严重，农药、工业化学品等的使用使得大量有机污染物进入了大气、土壤和水体中，这些有机污染物又可以通过食物链进入到人和动物体内，使得大量动物死亡甚至灭绝，同时也威胁着人类的身体健康。但是往往这些有机污染物在环境中的含量很低，因此，对痕量有机物的检测成为分析研究人员关注的焦点。

农药是重要的农业生产资料，能有效保障和提高农作物的收成。我国是全球农药使用量最大的国家，每年农药使用量在 130 万吨以上，是世界平均水平的 2 倍。然而，随着农药使用范围的逐渐扩大和使用量的不断增加，逐渐暴露了其作为污染物的一面及由此造成的众多食品安全问题。残留在农产品中的农药通过食物链不仅直接影响人体健康甚至可能危及生命。MSPE 技术在农药残留中已有着广泛的应用。Yan 等采用一锅法合成的磁性还原石墨烯（MRGO）作为磁固相萃取吸附剂，对苹果、蔬菜、豇豆和大米等基质中残留的痕量水胺硫磷进行富集与检测。试验表明：随着石墨烯的氧化程度、颗粒尺寸和 Fe$_3$O$_4$ 负载量的增加，MRGO 对水胺硫磷的吸附量降低。Deng 等运用氨基化磁性碳纳米管对茶叶提取液中异丙威等 8 种杀虫剂残留进行快速有效的净化，采用气相色谱-质谱法（GC-MS）测定，回收率在 72.5%～109.1% 之间。Du 等将

CoFe$_2$O$_4$ 磁性纳米颗粒填充于碳纳米管内（MFCNTs），并将其作为 MSPE 吸附剂，建立了蜂蜜和茶叶中 8 种有机氯农药残留的检测方法。Sun 等通过共沉淀法制备了石墨烯基磁性纳米材料（G-Fe$_3$O$_4$），用于水样中 5 种氨基甲酸酯类农药的富集，富集倍数可达 474～868。近来，他们通过化学键合法又合成了一种磁性石墨烯复合吸附材料（Fe$_3$O$_4$@SiO$_2$-G），并将其应用范围扩展至黄瓜和梨中氨基甲酸酯类农药残留的富集与检测。Peng 等将介孔 ZrO$_2$ 修饰于磁性 Fe$_3$O$_4$ 微球表面（m-ZrO$_2$-Fe$_3$O$_4$），并与表面经十八烷基膦酸修饰的磁性微球（Fe$_3$O$_4$-OPA）组合成 QuEChERS 吸附剂，对鱼肉样品中 42 种农药残留进行净化处理，取得了优异的效果。Yu 等采用化学共沉淀法制备油酸和十二烷基苯磺酸钠修饰的 Fe$_3$O$_4$ 纳米粒子，再与苯乙烯、甲基丙烯酸进行乳液聚合反应得到聚苯乙烯涂层磁性纳米材料，并将其用于饮用水中氯氟氰菊酯、溴氰菊酯、氰戊菊酯、苄氯菊酯和联苯菊酯残留的萃取，然后采用液相色谱-紫外检测法（HPLC-UV）进行分析，回收率在 85%～95% 之间。Wang 等以甲基丙烯酸为功能单体，乙二醇二甲基丙烯酸酯（EGDMA）为交联剂，通过分散聚合方法制备了磁性分子印迹聚合物，建立了 HPLC-UV 测定鸡蛋和奶类样品中的环丙氨嗪，与非印迹的聚合物相比，印迹聚合物对分析物有更高的选择性。巫远招等研究了核-壳式磁性纳米微粒 Fe$_3$O$_4$-ZrO$_2$ 对有机磷农药的选择性吸附。利用其富集水相中的有机磷并在外加磁场下分离，采用氢氧化钠洗脱，建立了纳米 Fe$_3$O$_4$-ZrO$_2$ 磁性分离富集、ICP-AES 测定蔬菜中痕量有机磷农药的方法。Fe$_3$O$_4$-ZrO$_2$ 对有机磷农药的富集倍数可达 20～100，方法的检出限低于常规气相色谱法，可满足蔬菜表面痕量有机磷农药残留的分离和测定。

动物性食品中兽药残留问题已愈来愈引起人们的重视，与之相应的检测技术也日趋完善，其中 MSPE 技术作为一种新型的样品前处理技术在食品的兽药残留检测中已被广泛应用。Cao 等开发了一种新型的磁性聚合物复合材料 [Fe$_3$O$_4$/SiO$_2$/poly（MAA-co-EGDMA）]，并将其作为 MSPE 材料用于牛奶样品中 11 种磺胺类药物（SAs）和 10 种苯并咪唑类药物的富集，结果发现该磁性材料具有良好的萃取性能，且萃取和脱附均可在 30s 内完成。最近，Zhao 等通过自组装技术合成了具有核-壳结构的氨基功能化磁性分子印迹纳米环（CS-NR-Mag-MIP），并将其用于鸡肉中 22 种磺胺类药物的萃取与净化。结果表明：经 CS-NR-Mag-MIP 处理，能有效降低基质效应的影响，方法的检出限在 0.013～0.099ng/g 之间。Xiao 等采用溶剂热法合成了磁性碳纳米管，并通过聚合反应在其表面组装了氟喹诺酮模板分子，经甲醇-乙酸（6+4）混合溶液洗脱后得到对鸡蛋中诺氟沙星、培氟沙星、加替沙星和环丙沙星具有专属吸附能力的磁性碳纳米管分子印迹聚合物（MCNTs@MIP）。Wu 等采用一步乳液聚合法制备了表面聚苯磺酸修饰的纳米磁珠，并用于猪肉中克伦特罗（CLE）的富集与净化，与胶体金纳米试纸（AuNPIA）结合可达到痕量检测的目的，检出限为 0.10ng/g，相应的检测数据与 LC-MS/MS 极为接近，该方法可以将整个检测时间缩短至 40min。孔雀石绿（MG）被广泛用于水产养殖业，能有效抵抗鱼类的真菌感染，然而，MG 进入鱼体后极易代谢形成隐色孔雀石绿（LMG），造成长时间残留，进入餐桌后可危及人体健康。鉴于此，Guo 等将表面油酸修饰的磁性纳米微球（OA-MNBs）作为 MSPE 吸附剂用于鱼组织中痕量 LMG 的富集与检测，取得了满意的效果，LMG 的检出限低于 0.10ng/g，且该方法省去了传统方法蒸发浓缩和过量使用有机溶剂等缺点。

食品中常见的色素主要包括天然色素和人工合成色素两大类。天然色素主要来源于天然植物的根、茎、叶、花、果实和动物、微生物等；人工合成色素是通过化学方法制得的有机色素。我国《食品添加剂使用标准》中对允许添加的合成色素种类、使用范围和限量进行了详细的规定。但作为使用广泛的食品添加剂，目前食品中滥用合成色素的现象屡见不鲜。因此相关的检测文献报道也较多，近年来，很多研究者将目光转向了 MSPE 技术，合成了大量新型功能化磁性吸附剂用于食品中合成色素的富集净化与检测。Jiang 等制备了一种新型 C_{18} 修饰的磁性 SiO_2 纳米颗粒（C_{18}-UMS NPS），将其作为 MSPE 吸附剂用于水中苏丹红 I～IV 的富集时，表现了良好的富集性能。后来，该课题组又新合成了聚苯乙烯修饰的磁性纳米颗粒，并成功用于红酒、果汁和食醋中 4 种苏丹红染料的富集与检测。结果表明：吸附剂对上述样品中苏丹红染料具有优良的吸附性能，采用 UFLC-UV-vis 检测可实现 4 种苏丹红染料的快速分析，检出限在 1.7～6.3ng/L 之间。Chen 等采用氨基化低交联度磁性高分子材料（NH_2-LDC-MP）作为 MSPE 吸附剂，采用 UFLC/MS 测定红酒和饮料中柠檬黄、苋菜红、胭脂红、日落黄、诱惑红、亮蓝和赤藓红等 7 种合成色素残留，实现了准确、快速、灵敏检测的目的，并用于日常食品安全风险监测。此外，MSPE 还可用于食品中罗丹明 B、酸性橙 II、喹啉黄的富集与检测，均取得了良好的应用效果。

MSPE 技术对目标分析物的分离和富集作用能够简化前处理流程，缩短检测时间，提高检测效率。因此，MSPE 技术在对食品中多氯联苯（PCBs）、多环芳烃（PAHs）、邻苯二甲酸酯类化合物（PAEs）和真菌毒素等污染物的检测中也有着广泛的应用。Liao 等合成了具有核-壳结构的壳聚糖-聚间二苯胺磁 Fe_3O_4 纳米复合材料（CS-PPD@Fe_3O_4），将其作为 MSPE 吸附剂用于水样中 7 种痕量 PCBs 的富集研究，对影响 MSPE 富集效率的因素进行逐一优化，结果表明：该方法具有灵敏度高、回收率和重现性好等优点。Cao 等将超声提取与 MSPE 相结合，考察了磁性石墨烯材料（G-Fe_3O_4）磁性强度对饮用水中 PCBs 萃取能力的影响。结果表明：随着 G-Fe_3O_4 磁性增强，PCB28 和 PCB52 的萃取效率明显降低。Li 等制备了氧化的磁性碳纳米管复合材料（Fe_3O_4@SiO_2/OCNT），研究了该复合材料作为基质辅助激光散射解析电离-飞行时间质谱法（MALDI-TOF-MS）测定苯并（a）芘（BaP）的吸附剂和基质，通过与石墨烯基磁性复合材料（Fe_3O_4@SiO_2/G）、C_{60} 基磁性复合材料（Fe_3O_4@SiO_2/C_{60}）和未经氧化的磁性碳纳米管复合材料（Fe_3O_4@SiO_2/CNT）的效果对比，结果表明：经氧化的 Fe_3O_4@SiO_2/OCNT 具有最高的灵敏度。其原因可能是 Fe_3O_4@SiO_2/G 对 BaP 的 π-π 作用力较强，Fe_3O_4@SiO_2/C_{60} 对 BaP 的 π-π 作用力太弱，导致两者作为吸附剂和基质 BaP 的脱附/离子化效率较低；Fe_3O_4@SiO_2/OCNT 表面含氧基团的存在有助于吸收光能，从而使脱附/离子化效率高于 Fe_3O_4@SiO_2/CNT。Zhao 等建立了一种基于磁性多壁碳纳米管复合材料 MSPE-GC-MS 同时检测食用油中 8 种 PAHs 残留量的方法。该方法快速、灵敏和准确，能满足日常检测的要求。Pan 等通过溶剂热法、沉淀聚合反应和酰胺化反应可控制备了具有核-壳结构的氨基化磁性石墨烯分子印迹复合材料，对饮用水中痕量氯酚具有优异的萃取性能，5 种氯酚的检出限低至 0.6～9.2ng/L。付善良等利用溶剂热法制备了磁性多壁碳纳米管，并作为 MSPE 吸附剂用于水中 PAEs 的富集检测，通过优化萃取时间、水样 pH、解吸溶剂的种类和用量、解吸时间等因素，建立了磁性多壁碳纳米管 MSPE-GC-MS 检测水样中 13 种 PAEs 的方法，该方法操作简便、快速。Luo 等将磁性多壁碳纳米管的应用范围扩大至饮料和香水中 PAEs 的富集检测，且方法的灵敏度提高了 1～2 个数量级。

Ding 等用磁性碳纳米管开展牛奶中雌激素的检测，3 种雌激素的检出限为 1.21～

$2.35\mu g/L$。Wu 等将赭曲霉毒素的核酸适体嫁接在球形磁性纳米表面，通过 MSPE 途径实现了对麦片、面粉、咖啡等食品样品中赭曲霉毒素的高选择性吸附。Ji 等以双酚 A 为模板分子，以乙烯基吡啶为单体，以 EGDMA 为交联剂，在双键改性磁性纳米粒子表面构筑了一层印迹聚合物，从而实现了对牛奶中双酚 A 的专一性吸附。Chen 等则以甲硝唑（MNZ）为模板分子，利用 3-氨丙基三乙氧基硅氧烷（APTES）可与 MNZ 通过氢键结合的特点，通过溶胶-凝胶法在磁性纳米粒子表面构造丰富的印迹位点，实现了对牛奶和蜂蜜样品中 MNZ 的选择性分离富集。Zhao 等利用 Fe_3O_4 纳米粒子表面良好的亲水性质，将其浸渍在水中，得到了"磁性水"，然后将"磁性水"加入至食用油样品中，采用液-液微萃取方法快速萃取油中的 3-氯-1，2-丙二醇，然后通过磁分离技术实现油水分离；Wang 等利用 C_{18} 磁性纳米复合材料填充微柱，实现了红葡萄酒中槲皮素的在线微型 MSPE，建立的毛细管电泳法具有简便、快速的优点，测定结果与 HPLC 法的结果基本一致。针对微型 MSPE，Li 等使用聚二甲基硅氧烷（PDMS）改性的磁性微球，通过流动注射实现在线 MSPE，同时耦合毛细管电泳实现在线检测。MSPE 可通过磁控技术方便地实现磁性纳米微球的自由聚集、移动和分离。

Bai 等利用水热反应制备了核-壳结构的磁性 Fe_3O_4/C 纳米材料；将该材料应用于环境水样中多环芳烃的萃取时，30min 达到吸附平衡，使用正己烷作脱附剂 15min 完成脱附，富集倍数为 35～133 倍；与气相色谱-质谱仪联用，该技术对多环芳烃的检测限为 0.015～0.335ng/mL。张贵江等将磁性石墨烯作为磁性固相萃取的吸附剂，与气相色谱-质谱（GC-MS）相结合，对环境水样中 7 种三嗪类除草剂的残留进行了测定；该方法操作简单且富集倍数高，7 种三嗪类除草剂的富集倍数在 574～968 倍之间。用该方法分析环境中的实际水样如湖水、井水等萃取回收率为 79.8%～118.3%，相对标准偏差为 3.6%～10.5%。表 7-3、表 7-4 总结了磁性固相萃取对环境中有机污染物处理的研究现状。

表 7-3 磁性纳米材料对农药及有机污染物的吸附

磁性纳米材料（MNPs）	分析物	基质	LOQ /(ng/L)	回收率/%	检测方法
$Fe_3O_4/GO/ILs$	氯酚类	水样	0.2～8.7	85.3～99.3	LC-MS/MS
3D-G-Fe_3O_4	有机磷农药	果汁	1.2～5.1	86.6～107.5	GC-NPD
Fe_3O_4@G-TEOS-MTMOS	有机磷农药	水样	1.4～23.7	83～105	GC-ECD
Fe_3O_4@G-CNPrTEOS	有机磷农药	牛奶	0.01～0.6	82～94	GC-ECD
Fe_3O_4@SiO_2@GO-PEA	有机磷农药	果汁水样	0.02～0.1	90.4～108	GC-NPD
Fe_3O_4@G	水胺硫磷	苹果水样	4.4	81～108	GC-NPD
Fe_3O_4@SiO_2-G	有机氯农药	橙汁	5.0～100	71.7～106.7	GC-MS
Fe_3O_4@G	有机氯农药	烟草	0.0127～3.15ng/g	64～126	GPC-GC-MS/MS
Fe_3O_4@SiO_2-G	有机氯农药	水样	0.12～0.28	80.8～106.3	GC-ECD
RGO/Fe_3O_4@Au	有机氯农药	水样	0.4～4.1	69～114	GC-MS

磁性纳米材料（MNPs）	分析物	基质	LOQ /(ng/L)	回收率/%	检测方法
RGO/Fe$_3$O$_4$	氨基甲酸酯农药	水样	0.02～0.04 ng/mL	87.0～97.3	GC-MS
Fe$_3$O$_4$@SiO$_2$-G	氨基甲酸酯农药	水样	0.08～0.2ng/g	93.1～103.2	HPLC-DAD
Fe$_3$O$_4$@SiO$_2$-G	拟除虫菊酯类	水样	0.01～0.02ng/g	90.0～103.7	GC-MS
Fe$_3$O$_4$@G	三唑类杀菌剂	水样	0.01～0.10ng/g	84.4～108.2	GC-MS
Fe$_3$O$_4$@G	三唑类杀菌剂	水样	25～40	89.0～96.2	HPLC-DAD
Fe$_3$O$_4$@SiO$_2$-G	农药	番茄油菜	5～30	83.2～110.3	LC-MS/MS
mSiO$_2$@Fe$_3$O$_4$-G	农药	水样	0.525～3.30g/L	77.5～113.6	HPLC-UV
Fe$_3$O$_4$@G	酰亚胺杀菌剂	水样果汁	1.0～7.0	79.2～102.4	GC-ECD
Fe$_3$O$_4$@G	三唑类杀菌剂	水样	5～10	86～102	HPLC-UV
Fe$_3$O$_4$@PEI-RGO	苯氧基酸除草剂	大米	0.67～2.00ng/g	87.41～102.52	HPLC-DAD
Fe$_3$O$_4$@TiO$_2$	有机磷农药	环境水样	26～30	76.4～107	HPLC
Fe$_3$O$_4$/C	有机磷农药	环境水样	4.3～47.7	93.4～99.0	HPLC-UV
C$_{18}$-Fe$_3$O$_4$@SiO$_2$	有机磷农药	环境水样	1～8	84～109	GC-MS
C$_{18}$-Fe$_3$O$_4$@SiO$_2$	有机磷农药	环境水样	1.8～5.0	88.1～99.2	GC-MS
Fe$_3$O$_4$ NPs@SiO$_2$ NPs@GO-PEA	有机磷农药	水果	0.02～0.50μg/kg	90～108	GC-NPD
Fe$_3$O$_4$ NPs@SiO$_2$ NPs@[Omim]PF$_6$	利谷隆	莴苣苹果	5μg/L	95～99	UV/Vis
Fe$_3$O$_4$@G	有机磷农药	水果	1.2～5.1ng/L	87～108	GC-NPD
卵磷脂双层包裹 Fe$_3$O$_4$	多环芳烃	环境水样	0.2～0.6ng/L	89～115	HPLC-FLD

磁性纳米材料 （MNPs）	分析物	基质	LOQ /(ng/L)	回收率/%	检测 方法
Fe₃O₄NPs@SiO₂ NPs@MIP	磺酰脲类 除草剂	稻粒	2.63～3.82μg/kg	73～92	HPLC-UV
β-CD@RGO@ Fe₃O₄NP	有机氯农药	蜂蜜	0.52～3.21ng/kg	79～116	GC-ECD
MIPs-IL 磁性微球	有机氯农药	水样	—	82.6～100.4	GC-ECD
仿 MIPs MNPs	双酚 A	水样	300	95.0～106.2	HPLC-UV
MWCNTs	磺胺类抗生素	矿泉水	8.0～27	61～110	HPLC-DAD
CNTs@SiO₂NPs	有机磷农药	梨、葡萄	0.15～0.75μg/kg	78～89	GC-CD-IMS
Fe₃O₄NPs@SiO₂ NPs@PIL	有机磷农药	茶饮料	0.01μg/L	81～113	HPLC-UV
SWCNTs	多环芳烃	环境水样	30～60	50～110	GC-MS

注：GC-ECD 气相色谱-电子捕获检测；

GC-MS 气相色谱-质谱法；

GC-MS/MS 气相色谱串联质谱；

HPLC-DAD 高效液相色谱二极管阵列检测；

HPLC-FLD 荧光检测的高效液相色谱；

HPLC-UV 高效液相色谱紫外检测；

LC-MS/MS 液相色谱串联质谱；

GC-NPD 气相色谱氮磷检测；

G 石墨烯；

GO 氧化石墨烯；

ILs 离子液体；

MIP 分子印迹聚合物；

Fe₃O₄/GO/ILs 平面石墨烯基磁性离子液体纳米材料；

Fe₃O₄@SiO₂@GO-PEA 硅包覆的 Fe₃O₄ 及聚氧化石墨烯纳米复合物；

Fe₃O₄@SiO₂-G 磁性微球石墨烯；

MNPs 磁性纳米粒子；

MIPs 分子印迹聚合物。

表 7-4 磁性纳米材料对环境污染物吸附

吸附材料	分析物	样品	萃取	洗脱剂	回收率%	富集 倍数	检测方法	重复 利用
Fe₃O₄/GO	多环芳烃	水	50mL 水样，40mg 吸附剂，萃取 10min	2mLACN-DCM（4∶1），3min	77～101	25	HPLC-UV	—
Fe₃O₄/RGO	三唑类杀菌剂	水	300mL 水样［pH8，0.5%（质量体积浓度）NaCl］，15min	3×0.5mL 丙酮，1min	86～102	200	HPLC-UV	20 次

吸附材料	分析物	样品	萃取	洗脱剂	回收率/%	富集倍数	检测方法	重复利用
Fe₃O₄/RGO	氯乙酰苯胺类除草剂	水	200mL 水样(pH5)，50mg 吸附剂，40min	3 × 1mL 丙酮，2min	82～108	67	HPLC-UV	—
Fe₃O₄/RGO	氯酚类	水	300mL 水样，30mg 吸附剂，15min	3×0.5mL 甲醇[1%(体积分数)1mol/L NaOH]	86～107	200	HPLC-UV	20 次
Fe₃O₄/RGO	水胺硫磷	水	20mL 水样[2%(质量体积浓度)NaCl]，20mg 吸附剂，10min	0.5mL 甲醇-乙腈(1:1)，1min	85	40	GC-NPD	10 次
Fe₃O₄/GO	邻苯二甲酸酯	水	10mL 水样，20mg 吸附剂，15min	0.4mL 乙酸乙酯	88～110	25	GC-MS	12 次
Fe₃O₄/GO	硝基苯	水	10mL 水样，15mg 吸附剂，10min	1mL DCM，10min	83	10	GC-MS	—
Fe₃O₄/GO	磺胺类药	水	1mL 水样，5mg 吸附剂，10min	1mL 甲醇	67～120	1	HPLC-UV	—
Fe₃O₄/RGO	2，4，6-三溴苯酚，四溴双酚 A，溴二苯醚	水	100mL 水样(pH5)，25mg 吸附剂，10min	2mL 乙腈，2min	85～105	50	HPLC-DAD	30 次
Fe₃O₄/RGO	多氯联苯	水	200mL 水样，25mg 吸附剂，20s	2mL 乙酸乙酯	85～109	100	GC-MS	10 次
Fe₃O₄/RGO	硝基苯	水	10mL 水样，144mL [C₇mim][PF₆]，3mg 吸附剂，20min	0.3mL 甲醇，15s	80～103	33	HPLC-UV	5 次
Fe @ Fe₂O₃/GO	双酚 A，2，4-二氯苯酚，三氯生	水	10mL 水样(pH6.5)，5mg 吸附剂，5min	2 × 0.5mL 甲醇(10mmol/L NaOH)，1min	81～92	10	HPLC-UV	6 次
Fe₃O₄/3D RGO	氯酚类	水	100mL 水样(pH5)，15mg 吸附剂，25min	0.3mL 甲醇[1%(体积分数)1mol/LNaOH]，1min	85～101	333	HPLC-UV	—
Fe₃O₄/RGO-卟啉	磺胺类药	水	1mL 水样，1mg 吸附剂，30min	0.2mL 乙腈，20min	84～117	5	HPLC-DAD	8 次
Fe₃O₄/Si/RGO	多环芳烃	水	250mL 水样，15mg 吸附剂，5min	4 × 0.3mL 丙酮，30s	83～108	208	HPLC-FD	30 次
Fe₃O₄/Si/RGO	双酚 A，三氯生	水	100mL 水样(pH2)，40mg 吸附剂，30min	3 × 0.5mL 甲醇，1min	94～104	67	GC-MS	—
Fe₃O₄/Si/RGO	神经毒剂，硫芥子气及标记	水	200mL 水样，20/50mg 吸附剂，10min	0.5mL 甲醇，3×0.5mL 氯仿	27～90	100	GC-FPD	—

吸附材料	分析物	样品	萃取	洗脱剂	回收率/%	富集倍数	检测方法	重复利用
$Fe_3O_4/$ Si/RGO	有机氯农药	水	50mL 水样,60mg 吸附剂,3min	3mL 丙酮,1min	81~106	17	GC-ECD	15~30 次
$Fe_3O_4/$ Si/RGO	酚类	水	30mL 水样(pH6),50mg 吸附剂,2min	5mL 甲醇	89~104	6	HPLC-UV	15 次
$Fe_3O_4/$Si-C_{18}/GO	邻苯二甲酸酯	水	10mL 水样(pH7),20mg 吸附剂,20min	0.5mL DCM,15min	42~98	20	GC-MS	—
Fe_3O_4/GO/ 聚多巴胺/MO	双酚类物质	水	10mL 水样,30mg 吸附剂,10min	1mL 乙腈,5min	65~93	10	HPLC-UV	—
Fe_3O_4/GO/ 聚多巴胺	邻苯二甲酸酯	水	10mL 水样,15mg 吸附剂,10min	0.5mL DCM,10min	43~96	20	GC-MS	—
Fe_3O_4 @ 聚二烯丙基二甲基氯化铵/ GO-DNA	溴化苯基醚	水	100mL 水样,30mg 吸附剂,30min	10mL DCM-正己烷(40:60)	89~99	10	GC-MS	20 次
Fe_3O_4/Si/ 聚苯胺/GO	稀土元素	水	25mL 水样(pH4),10mg 吸附剂,2min	0.5mL 0.5mol/L HNO_3	80~121	50	ICP-MS	30 次
$Fe_3O_4/$ SiO_2/苯乙基-GO	有机磷农药	水	50mL 水样,30mg 吸附剂,5min	2×1mL 丙酮,30s	95~104	25	GC-NPD	30 次
Fe_3O_4/poly (DVB-co-GMA)-NH_2/GO	氯酚类	水	500mL 水样(pH3),5mg 吸附剂,5min	1mL 甲醇(5mmol/L NaOH),4min	86~100	500	HPLC-MS	—
$Fe_3O_4/$ RGO-聚噻吩	多环芳烃	海水	100mL 水样[30%(质量体积浓度)NaCl],20mg 吸附剂,4min	0.6mL 甲苯,4min	83~107	167	GC-FID	17 次
$Fe_3O_4/$ RGO-多吡咯	Pt(Ⅳ)	土壤、水	450mL 样品(pH4),30mg 吸附剂,5min	4mL 1.5mol/L HCl,10min	99~100	112	FAAS	20 次
Fe_3O_4/GO- 壳聚糖-R-SH	Hg^{2+}	水	250mL 水样(pH6.5),60mg 吸附剂,10min	3mL 0.1mol/L HCl[2%(质量体积浓度)硫脲],10min	96~100	83	FAAS	—
$Fe_3O_4/$ RGO-聚苯乙烯磺酸钠	氨基醇和乙醇胺	水	3mL 水样(pH5~9),9~30mg 吸附剂,20min	2×0.4mL 甲醇[2%(体积分数)HCl]	27~84	4	GC-MS	—
$Fe_3O_4/$ MIP-GO	微囊藻毒素	水	1000mL(pH3),10mg 吸附剂,6min	1mL 甲醇[5%(体积分数)NaOH]	84~98	~1000	HPLC-MS	—

注:poly(DVB-co-GMA)为聚二乙烯基苯基共聚甲基丙烯酸缩水甘油酯。

目前在功能化纳米 Fe_3O_4 磁性材料的制备、去除污染物的机理和应用方面都取得了一定进展。纳米 Fe_3O_4 吸附剂对重金属和有机污染物的吸附机理有以下两个方面：一方面是重金属或有机污染物与吸附剂表面的静电吸引力；另一方面是根据不同的污染物，选择不同的官能团对 Fe_3O_4 表面进行改性，使吸附剂与污染物能实现共价键结合，从而具有选择吸附性。已有的磁固相萃取工作有如下特点：

（1）磁核表面改性多样化，改性材料可以为小分子、大分子或聚合物，既有二维石墨烯材料，又有网状 MOF 或超分子材料，既有限进材料，又有限域材料；

（2）可处理的环境污染物种类多样，含各种多环芳烃、药物、农药、染料及其中间体、邻苯二甲酸酯、多氯联苯、溴代阻燃剂、雌激素和有毒元素等；

（3）分析对象的基质多样化，有环境水样、土壤、植物、烟草、化妆品、豆奶、肉类和蔬菜等；

（4）不仅仅局限于寻找最佳萃取条件，人们开始对作用机理、动力学过程等进行深入探讨。

要使磁固相萃取的应用更加广泛和有效，还可在以下方面做出改进：

（1）由于不同批次制备的磁性纳米材料的形貌、尺寸、均一性等不尽相同，因此需要更精准的合成技术，提高分析应用的结果重现性；

（2）磁性纳米材料往往对多种环境污染物有富集的效果，而对某一特定物质的特异性萃取研究较少，开发新型功能化、选择性、特异性的磁固相萃取材料将提高分析的选择性；

（3）开发全天然生物质材料包覆的 Fe_3O_4 纳米复合材料将更加显示出环境友好的优势；

（4）弄清磁性纳米材料与分析物之间的作用力、富集机理将对新型磁固相萃取材料的开发提供有价值的指导意义；

（5）将磁固相萃取与其他萃取技术如加速溶剂萃取、微波辅助萃取、超声辅助萃取、磁力搅拌吸附萃取、基体分散固相萃取和 QuEChERS（quick、easy、cheap、effective、rugged、safe）等的联合使用将整合各自的优点，在环境污染物分析中发挥更大的作用；

（6）磁固相萃取研究已经成为环境分析化学热点之一，期望通过对其方法学和机理的进一步探讨，有助于发现潜在的、高效的、环境友好且可重复使用的可用于污染物消除的新型磁性纳米材料。但目前用功能化磁性纳米材料作为吸附剂去除水环境污染物大都处于实验研究阶段，实际工程应用还有许多问题亟待解决。首先，功能化磁性纳米材料的制备过程烦琐、耗时长，大规模工业生产技术还不成熟，限制了其在实际工程中的应用；其次，纳米磁性材料对于单一废水的处理效果较好，但不适用于处理多组分高浓度废水；此外，磁性纳米粒子颗粒小、活性高，更易被生物组织吸收，因而其对环境与健康的潜在风险还有待评价研究。因此，磁性纳米水处理技术的发展方向是简化制备过程，降低成本，提高磁性纳米颗粒的功能化技术，开发出更高效、适用范围更广泛、无污染的环境友好型纳米磁性材料；针对不同的污染物类型，开发出具有高吸附选择性、高稳定性的功能化磁性纳米复合材料；结合磁性纳米粒子的独特性质及其去除水污染物的机理，找到更适合的表面修饰材料，使得功能化磁性纳米材料的优点最大化，得到最优的去除效率。

7.5 磁固相萃取在食品安全检测中的应用

7.5.1 食品安全现状

食品安全关乎人民的生命健康和社会的长治久安，人生命活动有赖于安全的食品提供保障。近几年来，全球出现了一些影响极其恶劣的食品安全问题事件，如 2008 年中国三鹿乳品公司的三聚氰胺事件、2008 年至 2009 年期间的美国花生有限公司的沙门氏菌污染花生酱事件、2011 年欧盟的毒豆芽事件和 2013 年新西兰恒天然乳业肉毒梭状芽孢杆菌毒素污染奶粉事件等。一系列食品安全事件引起了全球社会的高度关注，许多国家和地区陆续在食品监管方面调整政策，加大监管力度。当前，极少数食品企业为了追求非法的经济利益，置广大消费者的身体健康于不顾，将有问题或有潜在问题的食品投入市场，导致市场食品安全问题的形势依然比较严峻。目前我国的食品安全问题主要有以下几个方面。首先，违法加工食品的现象特别严重，特别是在一些经济欠发达的地区，食品造假的现象到处可见。其次，个别生产者为了降低成本，将一些劣质的食品原料投入到生产中，而且在加工过程中卫生条件也很差。再次，食品污染问题比较严重，个别在农产品中残留的农兽药和未经批准使用的添加剂对人们的身体健康造成很大的威胁。我国已将食品安全问题作为重要监控目标，习近平总书记指出，食品安全关系到群众的身体健康，关系到中华民族的未来，我们在食品安全管理方面一定要给百姓一个满意的交代。2014 年两会中，李克强总理在政府工作报告中明确提出为了保障群众"舌尖上的安全"，要用最严肃的问责、最严格的监管和最严厉的处罚来做好食品安全工作。食品检测是食品安全管理的重要组成部分，开展合理有效的检测技术研究能够为持续做好食品安全工作提供有力的保障。

7.5.2　重要化学危害成分

(1) 重金属。近几年，随着我们国家社会经济的迅速发展，我们赖以生存的家园大自然也不同程度遭到破坏，水、空气和土壤的污染十分严重，"砷中毒"和"镉大米"等事件都是重金属污染的印证。我们一方面需要满足人们的饮食需求，另一方面需要高度重视重金属的安全问题。因为食品重金属污染不同于一般的食品污染，具有毒性强和半衰期长的特点，在人体也可以蓄积。汞、镉和铅等生物毒性较强的重金属近年来的自然本底浓度持续提高，其危害性越来越严重。重金属会对人体产生癌症等难以治愈的疾病，因此控制重金属残留水平是减少其危害人类的重要措施之一。

(2) 环境污染物。对食品能够造成危害的环境污染物主要来源于工农业生产和排污等，并随后通过食物链进入食品，从而对人类产生危害。大气污染物的种类包括氮氧化物和烟尘等。工农业生产所用的原料和生产工艺千差万别，因此所产生的有害环境污染物也各种各样。所产生的污染物有时会被人以及动植物等直接吸收，有时也会通过降水或沉降等污染农业生态圈。比如由水体引起的污染会通过污水中的有害物质在动植物中累积而造成食品安全问题。另外，污水中的有害成分也会通过灌溉而污染庄稼，或者被动物饮用而污染养殖业。施用农药、污灌等不但污染了农作物，同时由于长期使用这些有害成分，也会造成土壤板结，导致土地的生产能力下降。21 世纪所面临的一个重要问题就是环境污染问题，控制环境污染，给子孙后代留下一片蓝天白云始终是我们的一项重要使命。为有效控制食品的安全，许多国家已将芳香胺等污染物列为主要检测和控制项目。

(3) 农药残留。近几年来随着我国社会经济的不断发展，我国的农业生产取得了巨大的成就，粮食满仓，瓜果飘香，餐桌上的食物日益丰富。目前农业生产中使用农药相当广泛，其对危害农业生产的病虫害等的防治具有十分重要的作用。但是目前在粮食瓜果等许多农产品的农药使用和残留问题的处理过程中依然存在着一些问题，农药残留对食品安全的影响仍需认真对待。农药残留是指对农业生产中喷洒农药后，在农产品上残留的微量农药及其有毒的代谢物。通常使用的农药不是由单一物质构成，而是由几种混合物及其制剂组成，因此农药残留的危害性非常大。食品供应充足和食品整体安全是一个国家食品安全的基本物质保障，目前食品安全越来越受到大家的关注，食品是否对人体有害和安全卫生已成为食品行业和农业十分重视的方面。当今社会亟待解决的民生问题之一就是农药残留和食品安全问题。生活水平的提高也渐次使人们养成了食用安全食品的习惯，因此政府相关部门、科研单位和企业等尽可能利用先进的技术手段，合理有效地处理农药的残留问题，从而满足人们对食品安全的要求。

（4）兽药残留。随着人们生活水平的提高和追求高品质的生活质量，人们对肉蛋乳等动物性生活必需的产品的安全要求也日益提高。然而，动物在养殖过程中，由于自身的原因，可能会产生一些疾病。人们为了获得更高的收益，有时大量使用各种抗生素，致使一些抗生素在动物体内残留。人们使用了这些动物生产的食品后，会造成抗生素在人体内残留。如果人们长期食用兽药残留超标的食品，身体健康会受到严重危害，表现为三致作用（致癌、致畸、致突变）和过敏反应等。此外，兽药残留还可以通过环境和食物链的间接作用，严重威胁畜牧业的健康发展，对生态环境的生态平衡也可能带来破坏。

（5）真菌毒素。真菌毒素（mycotoxin）是世界各地的农产品和食品的主要污染物之一，是一种次生代谢产物，是由污染农产品的真菌在农产品生产过程中产生的。真菌毒素不但会使农产品失去营养价值，而且会破坏人体的免疫系统，造成的损失非常巨大。常见真菌毒素种类包括玉米赤霉烯酮（zearalenone，ZEN）、黄曲霉毒素（aflatoxins，AFT）、展青霉素（patulin，又名棒曲霉素）等。真菌毒素化学性质稳定，食品工业中常规的加热等方式对其难以破坏。另外，真菌毒素一般不溶于水，因此进入人体后，在人体存留时间长，难以随尿液等方式排出体外。常见的农作物、果蔬和动物性产品都可以找到相关的真菌毒素，比如乳制品中会残留黄曲霉毒素 M1，果蔬中会残留展青霉素等。

（6）加工中形成的有害物质。随着社会经济在发展，食品加工技术也在快速发展。食品的加工已经从传统的方法改变到现在运用许多新技术进行生产，从而影响着食品的工艺变革和消费者的身体健康。在食品加工过程中，经常会添加一些辅助材料以便于达到不同的加工目的。在加工过程中，使用添加剂能使食品在货架期、风味、外观等方面达到色香味俱佳的效果，但有一些添加剂可能会影响我们的健康。尽管技术的进步让消费者品尝到许多更美味的食物，但是食品的营养价值和安全问题也不容忽视。一些传统的食品加工技术，如油炸、腌制和烟熏等，在提供给人们美味的同时，也可能存在极大的水平安全隐患。油炸食品由于淀粉长时间受高温作用会产生致癌的丙烯酰胺，烟熏食品会产生苯并芘，腌制食品会产生有害的 N-亚硝基化合物，等等。如习惯吃熏鱼的挪威国家，胃癌的发病率极高；中国食管癌和胃癌高发区的居民也有喜欢食用腌制蔬菜、霉豆腐和烟熏鱼的习惯。另外，酿造食品中在加工过程中也会产生一些对人体有危害的物质，如黄酒中的氨基甲酸乙酯、果酒中的甲醇和酱油中的氯丙醇等。

（7）非法添加物质。非法添加物质是中国法律法规允许使用物质之外的物质，是指那些不属于传统上被认为是食品原料的、也不属于批准使用的新资源食品物质。这类物质也不属于卫计委公布的食药两用或作为普通食品管理的物质，也未被列入中国《食品添加剂使用卫生标准》（GB 2760）及卫计委营养强化剂品种和食品添加剂公告［《食品营养强化剂使用卫生标准》（GB 14880）及卫计委食品添加剂公告］。近年来，少数不法商贩为了追求利润，涉及非法添加物质的食品安全事件屡屡发生，三聚氰胺、苏丹红和塑化剂等重大食品安全事件历历在目，以至于一提到食品安全，人人闻声色变。非法添加物因为存在食品安全隐患，对社会公共安全威胁产生极大不良影响。根据《最高人民法院、最高人民检察院关于办理危害食品安全刑事案件适用法律若干问题的解释》的指令，为了有效打击在食品生产中乱添乱加的行为，警醒食品生产经营者和从业人员严格守法并按相关国家食品安全标准生产经营食品，切实保护人民身体健康，促进食品行业健康安全发展，2014年9月29日国家卫生计生委办公厅发布了食品中可能违法添加的非食用物质名单，整理了原先发布的总共6批清单，汇总成一份内容比较详实的《食品中可能违法添加的非食用物质名单》。

7.5.3 磁性固相萃取技术在食品分析中的应用

为了获得优质安全的食品，食品安全和质量检测已经引起了全社会的广泛关注。在食品分析中，需要消除食品中存在的各种各样的天然物质的干扰，同时对目标分析物要进行适当的富集，以便降低其检出限。虽然目前高精尖的检测仪器日益增多，但是大多数食品成分在使用仪器进行分析测定以前，仍然需要对样品进行适当的前处理，否则其目标组分很难被用来分析。磁性固相萃取技术以其优良的性状集分离、纯化和浓缩于一体，操作简便，无需离心，仅通过外加磁场就可以快速分离富集食品提取物中的目标组分。目前，磁性固相萃取技术在食品中的重金属、农药残留、兽药残留和真菌毒素等成分检测中都有所应用。表7-5列举了近年来磁性固相萃取技术在一些食品检测方面的应用。

表 7-5 磁性固相萃取对食品中药物处理的研究总结

吸附剂	基质	分析物	检测方法	回收率/%	LOD
Fe_3O_4 NPs@GO (5mg)	鸡肉、鸡蛋、牛奶	7种氟喹诺酮类药物	HPLC-DAD	82~109	0.05~0.3 μg/kg
Fe_3O_4 @ NPsMIP (50mg)	牛奶	9种β激动剂	UHPLC-MS	66~114	0.01~0.03 μg/L
Fe_3O_4@NPs 聚苯乙烯(20mg)	牛奶	4种磺胺类药物	HPLC-DAD	92~105	2.0~2.5 μg/L
Fe_3O_4 NPs(0.2g)	牛奶	磺胺嘧啶、磺胺噻唑	HPLC-UV	93~102	10μg/L
CoFe2O4@ NPs GO (15mg)	牛奶	5种磺胺类药物	HPLC-UV	62~104	1.16~1.59 μg/L
Fe_3O_4 NPs @ SiO_2 NPs @MIP(100mg)	猪肉、鱼肉、虾	6种大环内酯类抗生素	HPLC-UV	83~113	0.015~0.2 mg/kg
Fe_3O_4 NPs-MWCNTs-MIP (100mg)	牛奶、蜂蜜	磺胺甲噁唑	HPLC-DAD	68~80	6.04 μg/L
Fe_3O_4 NPs@SMZ-MIP(20mg)	鸡蛋	磺胺二甲基嘧啶，磺胺甲基嘧啶	HPLC-UV	69~93	11.62~14.36μg/L
(CS-NR-MagMIP) (15mg)	鸡胸肌	22种磺胺类药物	UFLC-MS/MS	85~112	0.004~0.030 μg/kg

吸附剂	基质	分析物	检测方法	回收率/%	LOD
Fe₃O₄ NPs@MIP(40mg)	牛奶	3 种氟喹诺酮类	HPLC-UV	94～124	1.8～3.2 μg/kg
Fe₃O₄ NPs @ SiO₂ NPs @ MIP(0.05g)	鸡肉	4 种磺胺类药物	HPLC-UV	95～99	0.5～50 μg/kg
Fe₃O₄ NPs@MIP(50mg)	牛奶	四环素类抗生素	HPLC-UV/Vis	75～94	7.4～19.4 μg/kg
Fe₃O₄ NPs-MWCNTs (70mg)	鸡蛋	7 种磺胺类药物	HPLC-MS	74～96	1.4～2.8 μg/kg
Fe₃O₄ NPs @ SiO₂ NPs @ MIP PAMAM(20mg)	健康食品	格列本脲	HPLC-UV	82～94	1.56 μg/L
Fe₃O₄ NPs @ SiO₂ NPs @ MIP(50mg)	牛奶、蜂蜜	甲硝唑	UV/Vis	86～97	8.56 μg/L
油酸钠 @ Fe₃O₄ NPs (100mg)	苹果汁、葡萄汁	7 种多氯联苯	GC-MS	52～85	1.6～5.4 ng/L
IL @ GO @ Fe₃O₄ NPs (10mg)	可可粉、菠菜、茶	Ni(Ⅱ)	FAAS	97～99	0.16 μg/L
c-MWCNTs @ Fe₃O₄ NPs (5mg)	麻油	23 种酚类物质	HPLC-MS	84～126	0.01～13.60 μg/kg
Fe₃O₄ NPs@GO-DVB-VA(100mg)	红辣椒、黑胡椒、大麻	Pb(Ⅱ),Cd(Ⅱ),Cu (Ⅱ), Ni (Ⅱ), Co (Ⅱ)	FAAS	95～108	0.37～2.39 μg/L
Fe₃O₄ NPs @ TAR @ HKUST-1(50mg)	鱼、虾、莴苣、西蓝花	Cd(Ⅱ),Pb(Ⅱ),Ni (Ⅱ)	FAAS	—	0.15～0.8 μg/L
Fe₃O₄ NPs @ DTC @ MOF-199(14.5mg)	大米、金枪鱼罐头	As(Ⅲ),As(Ⅴ)	ETAAS	84～103	1.2ng/L

吸附剂	基质	分析物	检测方法	回收率/%	LOD
γ-Fe₂O₃NPs @ 嗜热菌（250mg）	蜂蜜、大米、土豆、榛子	Pb(Ⅱ)、Cd(Ⅱ)	ICP-OES	96～99	0.06～0.07 μg/L
γ-Fe₂O₃NPs@ⅡP(10mg)	莴苣、鱼	Co(Ⅱ)	FAAS	93～95	0.8μg/L
Fe₃O₄NPs@SiO₂@[Omin]PF₆(0.1g)	辣椒粉、花椒	罗丹明B	HPLC-UV	99～101	0.08 μg/L
Fe₃O₄NPs@MIP(100mg)	牛奶	雌二醇	UHPLC-UV	89～92	0.01 μg/L
MIP @ RGO @ Fe₃O₄NPs(50mg)	鱼	6种多氯联苯	GC-MS	80～94	00035～0.0070μg/L
Fe₃O₄NPs@CTAB(10mg)	牛奶	3种雌激素类	HPLC-DAD	91～105	0.26～0.61 μg/L
GO@Fe₃O₄NPs(10mg)	混合草莓汁	4种着色剂	HPLC-DAD	89～96	11～16 μg/L
Fe₃O₄NPs-MWCNTs-PVA(1.5mg)	鸡汤塑料包装	2种邻苯二甲酸酯	GC-FID	70～118	26.3～36.4 μg/L

王娟利用磁固相萃取技术研究了食品中邻苯二甲酸酯的样品前处理技术，涉及两方面研究，一是利用共沉淀反应合成四氧化三铁@癸酸磁性纳米材料，并利用 FTIR、SEM 和 TEM 对材料进行表征。以合成的四氧化三铁@癸酸磁性纳米材料为吸附剂，借助涡旋混合，建立了一种检测白酒样品邻苯二甲酸酯的分散微固相萃取的方法。经过优化得到的萃取最优条件：60μL 的四氧化三铁@癸酸纳米材料（60mg/mL，可重复使用 5 次），涡旋时间为 60s，1%氯化钠（质量体积浓度）。结合高效液相色谱-紫外检测器，结果显示四种邻苯二甲酸酯在 5～1000ng/mL 的范围内有良好的线性关系，相关系数大于 0.9999，相对标准偏差（RSD）在 2.9%～3.8%之间，四种邻苯二甲酸酯的检测限分别为：BBP 0.91 ng/mL、DBP 2.17ng/mL、DCHP 2.43 ng/mL、DNOP 1.52 ng/mL，样品加标回收率为 88.9%～105.4%。该方法成功应用于白酒样品中的邻苯二甲酸酯的检测。二是用阴离子表面活性剂直链苯磺酸钠（LAS）作为萃取剂，在样品溶液中形成胶束，并将邻苯二甲酸酯包裹在胶束里，通过加入氯化钠促使凝聚相与水相分离。采用水热法合成的四氧化三铁@硅藻土磁性纳米材料作为吸附剂，成功建立了一种阴离子表面活性剂凝聚相-分散磁固相萃取（CAP-D-MSPE）-高效液相色谱法检测茶饮料中的邻苯二甲酸酯的方法，该方法 5min 内完成富集过程，检测限为 1.42～3～57ng/mL，回收率大于 91.2%，相对标准偏差（RSD）在 1.82%～

3.54％之间，操作流程见图 7-9。

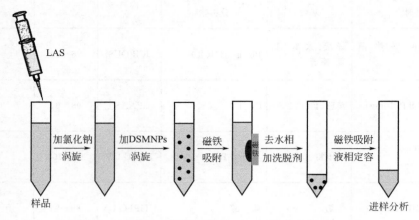

图 7-9　表面活性剂凝聚相-分散磁固相萃取流程图

刘瑞琦研究了食品添加剂中 3-乙酰基-2,5-二甲基噻吩的磁固相萃取技术结合液相色谱分析方法，具体涉及：一是碳纳米管对 Fe_3O_4 表面修饰，并用透射电镜（TEM）和 X 射线衍射（XRD）对所制备的磁性纳米材料的粒径和晶型进行表征。将制备的 Fe_3O_4@MWCNTs 纳米材料进行磁固相萃取联合分散液-液微萃取技术对食品样品中食品添加剂 3-乙酰基-2,5-二甲基噻吩进行分离富集，高效液相色谱仪建立了简单高效的分析新方法。所得的最佳实验条件为：磁固相萃取时 Fe_3O_4@MWCNT NPs 的量为 $200\mu L$，分散液-液微萃取时采用的萃取剂正辛醇的量为 $50\mu L$，萃取平衡时间为 5min，选择 1mL 丙酮为洗脱剂，不考虑溶液 pH 和离子强度。目标物在 $0.5\sim100\mu g/mL$ 范围内线性良好，检测限为 $0.05\mu g/g$，方法的加标回收率为 87.5％～96.7％，相对标准偏差为 2.9％～3.7％。该方法缩短了分析时间，得到了较高的富集倍数，成功用于方便面调料包样品中 3-乙酰基-2,5-二甲基噻吩的检测，操作流程见图 7-10。二是利用碳量子点（CDs）改性 Fe_3O_4@聚多巴胺磁性材料，合成了 Fe_3O_4@聚多巴胺@多巴胺 CDs 磁性材料，并用透射电镜（TEM）对所制备的磁性纳米材料的粒径和晶型进行表征。CDs 的改性使得磁性材料的粒径更小，分散性更好，有效地提高了萃取效率。以 1：2 混合的 Fe_3O_4@聚多巴胺@多巴胺 CDs 和 Fe_3O_4@MWCNTs 两种磁性材料建立了磁固相萃取对调料酱样品中 3 乙酰基 2,5 二甲基噻吩进行富集萃取，随后用高效液相色谱法检测的新方法。在实验所得最佳条件下，在实际调料酱中进行检测的加标回收率在 90.2％～95.7％之间，相对标准偏差（RSDs）在 2.3％～4.8％之间。操作简便而且成本也低，是一种有效的测定调料酱样品食品添加剂 3-乙酰基-2,5-二甲基噻吩的新方法。

杨帆利用改性 Fe_3O_4 磁性纳米材料分离富集食品包装袋中的紫外光稳定剂，结合高效液相色谱法（简称 HPLC）建立了一个简单而有效的紫外光稳定剂分析方法。一是选择正辛酸包覆的 Fe_3O_4 纳米粒子（简称 Fe_3O_4@正辛酸 NPs）为磁固相萃取的吸附剂萃取在保鲜膜中六种紫光稳定剂：2,4-DTBP，UV-326，UV-328，UV-0，UV-9，UV-531。并用透射电镜（TEM）和 X 射线衍射（XRD）对所制备的磁性纳米材料进行物理表征。该方法具有

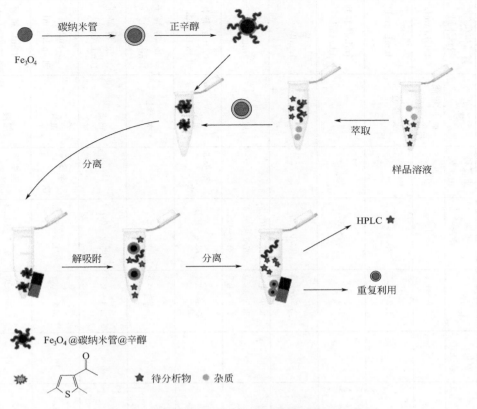

图 7-10　磁固相萃取-分散液-液微萃取过程流程图

良好的线性度，回归系数（R^2）≥0.9999. 检测限分别为 0.42μg/mL，0.05μg/mL，0.14μg/mL，0.04μg/mL，0.13μg/mL，0.14μg/mL。采用加标法（添加水平为 2.5μg/mL，5μg/mL，10μg/mL）测定了六种紫外光稳定剂的回收率，其平均回收率为 80.15%～109.83%，相对标准偏差（RSD）在 1.53%～4.5%的范围内。建立了磁固相萃取-高效液相色谱法测定食品包装袋中六种紫外光稳定剂的含量测定分析方法。二是在水相中用化学共沉淀法制备金改性 Fe_3O_4 纳米粒子（Fe_3O_4@Au）。通过 TEM、XRD 对制备的 Fe_3O_4@Au 的粒径和晶型进行研究并将其作为吸附剂萃取在酸奶盒中的 UV-531，UV-326，UV-328。对影响光稳定剂吸附的主要参数进行了评价和优化，包括吸附剂用量、萃取时间、溶液 pH 值和解吸条件。该方法显示有良好线性关系的范围为 0.75～100μg/mL，R^2≥0.9999。检测限分别达到了 0.05μg/mL、0.14μg/mL 和 0.04μg/mL。采用加标法（添加水平为 2.5μg/mL，5μg/mL，10μg/mL）测定平均回收率在 88.60%～96.86%，RSD 在 0.58%～4.97%的范围内。三是通过化学共沉淀法制备了磁性纳米粒 Fe_3O_4，再利用阳离子表面活性剂十六烷基三甲基溴化铵（CTAB）对 Fe_3O_4 进行表面改性得到 Fe_3O_4@CTAB。所制备的纳米粒子作为磁固相萃取吸附剂并结合高效液相色谱法对饼干包装袋中的 2,4-DTBP，UV-326，UV-328 进行分析测定。高、中、低三个浓度水平的加标回收率在 86.43%～99.39%范围内，RSD 在 0.57%～3.46%之间。表 7-6、表 7-7 总结了磁性固相萃取对药物及生物分子处理的研究现状。

表 7-6　磁性固相萃取在药物中应用

磁性吸附剂	分析物	洗脱剂	测定方法	检出限（LOD）	富集倍数（EF）	RSD/%	回收率/%	重复利用次数	样品	样品体积/洗脱剂体积
MWCNTs/Fe₃O₄	维生素 B₁	正丙醇	光度法	0.37mg/L	197	2.0~4.8	90~105	10	血浆、尿液、药物、食品	48mL/1mL
MWCNTs-Si/Fe₃O₄	己烯雌酚，雌酮，雌三醇	甲醇	MEKC	0.9ng/mL 1.7ng/mL 1.0ng/mL	—	1.2~2.5	89.5~99.8	—	水、蜂蜜、牛奶	10mL/2mL
MWCNTs-Si/Fe₃O₄	雌二醇，炔雌醇，己烯雌酚	丙酮	HPLC	1.21μg/mL 2.35μg/mL 1.97μg/mL	—	1.5	93.7~107.2	—	牛奶	1mL 稀释到 10mL/1mL
MWCNTs/Fe₃O₄-MIP	牛血清白蛋白	3mmol/L NaCl	HPLC	—	—	2.9~4.5	92.0~97.3	—	牛血清	10mL/—
MWCNTs/Fe₃O₄-C₁₆mimBr	槲皮素、木犀草素、山柰酚	1% HAc 甲醇溶液	HPLC	0.5ng/mL 0.2ng/mL 0.8ng/mL	—	3.9~4.3 3.5~4.0 4.0~4.9	97.1~100.5 97.9~100.7 99.2~100.7	—	尿液	2mL/1mL
MWCNTs/Fe₃O₄	2 种唑诺酮和 8 种氟喹诺酮	10% NH₄OH 甲醇溶液	UPLC	5.8~14.5 ng/mL	—	0.3~2.4	78.8~102.4	至少 5 次	血浆	0.3mL 稀释到 1mL/1mL
PDMS/MWCNTs-Fe₃O₄	4 种氟喹诺酮	12% HCl 甲醇溶液	CLC	0.24~0.48 ng/mL	—	2.9~7.8	84~112	—	水、蜂蜜	1g 溶解于 10mL/1mL
MWCNTs/Fe₃O₄-MIP	氟喹诺酮	甲醇/乙酸 (6:4体积比)	HPLC	0.25~0.40 ng/mL	—	2.8~4.5	95.2~100.7	至少 5 次	鸡蛋	2g 溶解于 10mL/5mL
MWCNTs/Fe₃O₄-MIP	加替沙星	甲醇/乙酸 (6:4体积比)	HPLC	0.006μg/mL	10	3.3~4.9	71.9~85.3	至少 5 次	血浆	2.5mL 稀释到 5mL/5mL
MWCNTs/Fe₃O₄-MIP	萘普生	甲醇/0.1mol/L NaOH (1:1体积比)	光度法	2ng/mL	—	0.36~0.95	96.5~102.2	至少 5 次	尿液	25mL 稀释到 35mL/5mL
MWCNTs-Fe₃O₄	11 种磺胺类药	甲醇	UPLC	7~32ng/mL	—	5~20	61~100	至少 5 次	自来水、矿泉水、超纯水	250mL/25mL

续表

磁性吸附剂	分析物	洗脱剂	测定方法	检出限(LOD)	富集倍数(EF)	RSD/%	回收率/%	重复利用次数	样品	样品体积/洗脱剂体积
MWCNTs-Fe$_3$O$_4$	7种磺胺类药	乙腈	LCeMS/MS	1.4~2.8 ng/mL	—	3.2~8.3	73.8~96.2	至少10次	鸡蛋	2g 溶解于18mL/2mL
MWCNTs-Fe$_3$O$_4$	新乌头碱、乌头碱、次乌头碱	乙腈	HPLC	3.1ng/mL 3.2ng/mL 4.1ng/mL	—	4.4 4.0 7.0	99.2~102.3 98.0~102.9 101.7~103.0	—	血浆	0.1mL 稀释到1.1mL/0.2mL
PEGylatede-MWCNTs-Fe$_3$O$_4$	阿霉素	磷酸盐/甲醇(1:3体积比)	HPLC	—	—	0.4~3.8	79.5~84.2	—	鼠组织	50mg 稀释到0.5mL
PEGylatede-MWCNTs-Fe$_3$O$_4$	甲基泼尼松龙	乙腈	HPLC	0.005 μg/mL	—	5.5~9.0	88.2~92.9	至少6次	鼠组织	0.1mL 稀释到0.5mL/40μL
PEGylatede-MWCNTs-Fe$_3$O$_4$	葛根素	乙腈	HPLC	0.005 μg/mL	—	3.1~5.9	95.2~98.0	—	鼠组织	0.1mL 稀释到0.5mL/60μL
MWCNTs-Fe$_3$O$_4$	8种多环芳烃	甲苯	GC-MS	0.10~0.88 ng/g	—	0.5~9.0	87.8~122.3	—	食用油	10mL/0.1mL
MWCNTs-Fe$_3$O$_4$	16种多环芳烃	二氯甲烷	GC-MS	0.035~0.100 ng/g	—	3.8~13.9	81.3~96.7	—	烤肉	5g 溶解于15mL/5mL
MWCNTs-Fe$_3$O$_4$	苯并(a)芘	—	MALDI-TOF-MS	2μg/L	—	—	—	—	有机水溶液	—/—
MWCNTs/SiO$_2$-Fe$_3$O$_4$	β-氟氯氰菊酯 氟氯氰菊酯 氯氰菊酯	乙腈/乙酸(95:5体积比)	HPLC	0.017μg/g 0.010μg/g 0.018μg/g	—	4.5~7.3	82.2~94.4	—	茶叶	1g 溶解于10mL/3mL
MWCNTs-Fe$_3$O$_4$	奥普除草剂及其代谢物	0.1mol/L HCl 甲醇液	HPLC-DAD	2.8~14.3 μg/L	—	0.4~8.5	66.1~89.6	—	环境水样	20mL/1.5mL
M-IL-MWCNTs	神经毒剂及其标记物	乙醇/氯仿	GC	0.05~1.0 ng/mL	—	2.9~8.8	59.7~90.6	—	泥浆水	200mL/3mL

磁性吸附剂	分析物	洗脱剂	测定方法	检出限(LOD)	富集倍数(EF)	RSD/%	回收率/%	重复利用次数	样品	样品体积/洗脱剂体积
MWCNTs-Fe₃O₄	16种邻苯二甲酸酯	丙酮	GC-MS	4.9~38 ng/L	—	5.0~14.6	64.6~125.6	—	自来水及瓶装饮料	10mL/1mL
MWCNTs-Fe₃O₄	13种邻苯二甲酸酯	甲苯/丙酮(1:4体积比)	GC-MS/MS	9~32ng/L	—	<10	86.6~100.2	—	饮用水及瓶装水	200mL/1mL
PDMS/MWCNTs-Fe₃O₄	6种邻苯二甲酸酯	丙酮	GC-MS	10~25 ng/L	—	4.03~12.40	91.5~97.8	—	瓶装水	10mL/2mL
MWCNTs-Fe₃O₄	5种邻苯二甲酸单酯	异丙醇	GC-MS	25~50 ng/L	—	6.18~11.40	92.6~98.8	—	尿液	2mL/5mL
MWCNTs-Fe₃O₄-PVA	DBP DEHP	丙酮/正己烷(1:1体积比)	GC	36.4ng/mL 26.3ng/mL	—	4.6~10.1 4.4~10.2	70~118 73~109	达30次	鸡汤包装袋和水	1mL/1mL
MWCNTs-Fe₃O₄	BPA BPF BADGE BFDGE	甲醇	GC-MS/MS	0.002μg/L 0.001μg/L 0.05μg/L 0.06μg/L	—	1.7~5.0 2.6~4.3 2.9~5.6 3.5~8.0	97.7~115.1 90.3~103.7 88.5~102.4 99.7~101.3	—	水	500mL/5mL
MWCNTs-Fe₃O₄	BPA	丙酮/甲醇	HPLC	—	500	2.8~5.9	87.3~95.4	达10次	水样	50mL/10mL
MWCNTs-Fe₃O₄	MPHB EPHB PPHB	甲醇	HPLC	10ng/mL 10ng/mL 20ng/mL	—	5.33 7.35 6.25		—	碳酸饮料	10mL/2mL
MWCNTs-Fe₃O₄	4种直链烷基苯磺酸盐	甲醇	HPLC	0.13~0.21 μg/L	—	2.4~5.6	87.3~106.3	达50次	环境水样	500mL/6mL
MWCNTs-Fe₃O₄	壬基苯酚	甲醇/乙酸(9:1体积比)	HPLC	0.15ng/mL	—	2.3~5.1	88.6~98.1	—	水样	20mL/2mL

表 7-7 磁性固相萃取在生物分子中应用

吸附剂	基质	分析物	萃取剂/脱附剂	检测方法	回收率/%	LOQ /(ng/mL)	LOD /(ng/mL)
Fe_3O_4/MWCNT/MIP	尿液	吗啡	萃取:pH4.0 脱附:甲醇	UV (286nm)	96.4~105.6	n. f.	60.0
Fe_3O_4/油酸	血清与尿液	阿米替林,去甲替林,多塞平	萃取:1.0mol/L NaOH,pH10.0 脱附:乙腈	LC-UV (250nm)	84.9~105.0	1.7~4.8	0.51~1.40
Fe_3O_4/PNB	血清与尿液	黄连素	萃取:pH4.0,乙腈(血浆) 脱附:甲醇	LC-UV (265nm)	93.9~94.7	0.57~0.63	0.17~0.19
Fe_3O_4/SiO_2/MIP	鼠粪	人参皂苷 Rb1	萃取:甲醇 脱附:甲醇:乙酸(9:1)	LC-MS	n. f.	n. f.	n. f.
Fe_3O_4/GO/C_{16}mimBr	尿液	头孢噻酮,头孢噻肟,头孢呋辛,头孢羟氨苄,头孢克洛	萃取:C_{16}mimBr,磷酸盐缓冲液,pH7.0 脱附:0.1%乙酸丙酮	LC-UV (285nm)	84.3~101.7	1.5~5.5	0.6~1.9
Fe_3O_4/SiO_2/IL	人血	托美丁,吲哚美辛,萘普生	萃取:无水亚硫酸钠,甲醇 脱附:0.1mol/L HNO_3 丙醇液	LC-UV (245nm)	92.0~97.1	0.4~0.9 μg/g	0.2~0.5μg/g
Fe_3O_4/MIP	血清与尿液	奋乃静	萃取:pH4.5 脱附:甲醇:乙酸(9:1)	LC-UV (253nm)	97.92	17.8~18.0	5.3~5.4
Fe_3O_4/SiO_2 ODS-PAN TFME	血清与尿液	奎硫平,氯氮平	萃取:0.1mol/L NaOH,pH9.5 脱附:甲醇	LC-UV (238nm)	99.0~110.0	10.0~50.0	3.0~13.0
MNGO	尿液	安非他明,美沙酮	萃取:0.1mol/L NaOH,pH11.0 脱附:乙腈	LC-UV	94.0~96.0	66.0~82.5	20.0~25.0
Fe_3O_4/MIP	血清	罗红霉素	萃取:pH7.0 脱附:5%乙酸甲醇液	LC-MS	84.5~91.8	9.8	3.8
Fe_3O_4/SiO_2/C_{18}	尿液	可待因,美沙酮,吗啡	萃取:LLE,氨水,pH9.0 脱附:2%甲酸甲醇液	CE-UV (200nm)	75.9~94.3	n. f.	20.0~50.0

续表

吸附剂	基质	分析物	萃取剂/脱附剂	检测方法	回收率/%	LOQ/(ng/mL)	LOD/(ng/mL)
$Fe_3O_4/SiO_2/RAM$	小鼠血清	肾上腺素，多巴胺，去甲肾上腺素	萃取：pH8.0，乙腈 脱附：0.2mol/L 山梨糖醇液	LC-UV (280nm)	80.2~89.1	210.0~285.0	53.0~95.0
Fe_3O_4/GO	尿液	萘普生，布洛芬	萃取：磷酸盐缓冲液，pH6.7 脱附：甲醇	LC-UV (225nm)	86.4~109.9	0.1~0.3	0.003~0.1
$Fe_3O_4/MWCNT$	血清与尿液	罗氟哌酸，氧氟沙星	萃取：乙腈(血清)，0.1mol/L HCl，pH5.5 脱附：甲醇	FLU (295nm/483nm，281nm/446nm)	92.0~199.0	n. f.	12~15
$Fe_3O_4/MWCNT$	尿液	羟氨苄青霉素	萃取：0.1mol/L HCl，pH5.0 脱附：0.1mol/L NaOH (1:1)	UV (232nm)	96.2~102.1	n. f.	3.0
$Fe_3O_4/GO/PABT$	尿液	萘普生，双氯芬酸，布洛芬	萃取：1mol/L HCl，pH 3.1 脱附：40%乙酸乙腈液	LC-UV (220nm 及 230nm)	85.5~90.5	0.25~1.0	0.07~0.3
$Fe_3O_4/MCNT/MIP$	血清	多巴胺，去甲肾上腺素，肾上腺素	萃取：0.1%甲酸甲醇液 脱附：2.0%氨甲醇液	UHPLC-MS/MS	87.5~110.0	0.010~0.076	0.003~0.023
$Fe_3O_4/GO/C_{16}mim-Br$	尿液	氟西汀	萃取：pH7.0 C_{16}mimBr 脱附：甲醇：乙酸(9:1)	Vis (555nm)	95.6~99.8	n. f.	0.21~1.2
Fe_3O_4/SDS	尿液	氨氯地平，卡维地洛	萃取：HCl，pH4.0，10mg/mL SDS 脱附：乙腈	LC-UV (254nm)	81.6~92.7	10.0	2.0~5.0
$\gamma\text{-}Fe_2O_3/MMC/\beta\text{-}CD$	血清	吉非贝齐	萃取：乙腈 脱附：乙醇	FLU (274nm/306nm)	85.0~103.5	0.013	0.004
$Fe_3O_4/MNGO$	尿液	伪麻黄碱	萃取：NaOH，pH10.0 脱附：甲醇	LC-UV	96.42	25.0	82.7
Fe_3O_4/SDS	血清与尿液	免疫抑制剂	萃取：pH3.0 脱附：甲醇：0.01mol/L NaOH(90:10)	UV (255nm)	88.0~95.0	2930~3410	970~1130

续表

吸附剂	基质	分析物	萃取剂/脱附剂	检测方法	回收率/%	LOQ/(ng/mL)	LOD/(ng/mL)
Fe_3O_4/MIP	尿液	替扎尼定	萃取：0.2mol/L NaOH, pH8.0 脱附：乙酸甲醇液(10:90)	UV(319nm)	97.32	n.f.	426.23
Fe_3O_4/SiO_2/MIP	血清与尿液	双氯酚酸	萃取：pH4.0 脱附：甲醇：乙酸(9:1)	UV(277nm)	95.3~103.3	0.74	0.23
Fe_3O_4/SDS	血清与尿液	阿托伐他汀	萃取：三氯乙酸(血清),0.1% SDS,pH3.5 脱附：乙腈	LC-UV(246nm)	88.9~109.5	n.f.	0.1
Fe_3O_4/SiO_2/APTES/GA/3-APBA	血清与尿液	肾上腺素、去甲肾上腺素、多巴胺	萃取：8% $HClO_4$ 及 NaOH(血清),1mol/L磷酸盐缓冲液,pH9.3 脱附：0.2mol/L乙酸	LC-FLU(230nm/310nm)	86.3~97.5	0.04~0.06	0.01~0.02
$Fe_{2-x}Al_xO_3$/SDS	血清与尿液	加替沙星,普卢利沙星	萃取：乙腈(血清);BR缓冲液,pH5.0,SDS 脱附：BR缓冲液 pH3.0,NaCl	FLU(270nm/424nm 及 298nm/485nm)	98.72~106.20	n.f.	0.03~0.07
Fe_3O_4/SiO_2/MIP	尿液	可待因	萃取：BR缓冲液,pH6.5 脱附：甲醇	LC-FLU(214nm/348nm)	97.3~98.1	n.f.	0.67
Fe_3O_4/SiO_2/Imz	尿液	氯沙坦	萃取：0.1mol/L NaOH,pH8.0 脱附：甲醇/NaOH	FLU(250nm/325nm)	96.0~110.0	n.f.	0.12
Fe_3O_4/Ppy	血清与尿液	西酞普兰,舍曲林	萃取：2.0mol/L NaOH,pH9.0 脱附：0.06mol/L HCl甲醇液	LC-UV(210nm)	91.0~101.0	2.0	0.6~1.0
Fe_3O_4/KH-570	头发	吗啡	萃取：丙酮,二氯甲烷,甲醇/乙醇,水,pH9.0 脱附：甲醇	LC-UV(292nm)	87.6	n.f.	0.1
Fe_3O_4/GO	尿液	木樨草素、槲皮素、山柰酚	萃取：0.02mol/L磷酸盐缓冲液 脱附：0.01%乙酸丙酮液	LC-UV	84.4~96.0	n.f.	1.0~2.5
Fe_3O_4/Ppy	血清与尿液	西酞普兰,舍曲林,氟西汀	萃取：25mmol/L磷酸盐缓冲液,pH7.0 脱附：n.f.	DCBI-MS	85.2~118.7	n.f.	0.2~5.0

吸附剂	基质	分析物	萃取剂/脱附剂	检测方法	回收率/%	LOQ /(ng/mL)	LOD /(ng/mL)
Fe₃O₄/MgSiO₃	血清与尿液	怡诺思,依他普仑,帕罗西汀,舍曲林,氟西汀	萃取:1mol/L Na₂HPO₄,pH7.4 脱附:0.1%HCl干85%甲醇	LC-UV (230nm)	72.0~115.0	5.2~8.5	1.7~2.8
Fe₃O₄/RGO	大鼠尿	大黄素,大黄酸,芦荟大黄素,大黄素甲醚,大黄酚	萃取:磷酸盐和氨,pH6.0 脱附:1%乙酸甲醇液	UHPLC Q-TOF-MS	90.0~100.9	0.00092~0.20000	0.00028~0.05899
Fe₃O₄/SDS	尿液	环丙沙星,恩诺沙星,氧氟沙星	萃取:SDS 脱附:0.1mol/L NaOH,pH10	LC-UV (280nm)	92.2~106.4	n.f.	0.01~0.05
Fe₃O₄/Ppy	尿液	醋酸甲地孕酮	萃取:20%NaCl 脱附:正丙醇	LC-UV (257nm)	87.9~98.0	n.f.	0.03
Fe₃O₄/SiO₂	人血及尿液	舒必利	萃取:n.f. 脱附:0.02mol/L NaOH	LC-UV (240nm)	91.2~97.5	n.f.	2.0
Fe₃O₄/ZrO₂/N-十六烷基氨基吡啶	血清	阿米替林,去甲替林	萃取:1mol/L NaOH,pH10 脱附:甲醇	LC-UV (250nm)	89.0~96.0	0.27~0.37	0.04~0.08
Ni/MWCNT	尿液	拉米夫定	萃取:n.f. 脱附:IL:0.03mol/L Na₃PO₄(2:3)	ESI-IMS	93.4~102.2	3.23	0.97
Fe₃O₄/适体	尿液	腺苷	萃取:n.f. 脱附:乙腈:水:0.1mol/L乙酸(95:4:1)	LC-UV (245nm)	n.f.	20.0	
Fe₃O₄/KH-570	人发	怡诺思	萃取:丙酮:二氯甲烷,甲醇/乙醇,水,pH5.0 脱附:甲醇	GC-FID	89.4	1.0μg/g	0.2μg/g
Fe₃O₄/MCNT/MIP	血清	左氧氟沙星	萃取:pH7.4 脱附:甲醇:乙酸(6:4)	LC-UV (280nm)	78.7~83.4	30.0	10.0
Fe₃O₄/GO/β-CD	血清	吉非贝齐	萃取:乙腈 脱附:乙醇	FLU (276nm/304nm)	96.0~103.0	0.01	0.003

吸附剂	基质	分析物	萃取剂/脱附剂	检测方法	回收率/%	LOQ /(ng/mL)	LOD /(ng/mL)
Fe₃O₄/CTAB	血清与尿液	双氯芬酸	萃取:1mol/L NaOH,pH10.0,5mg/mL CTAB 脱附:甲醇	UV(280nm)	96.0~101.0	n. f.	15.0
Fe₃O₄/SiO₂/CTAB	人发	地西泮,去甲羟安定,氯硝西泮,阿普唑仑,咪达唑仑	萃取:二氯甲烷,丙酮,甲醇/0.1mol/L NaOH,pH8,10mg/mL CTAB 脱附:甲醇	LC-UV (254nm)	84.9~90.5	n. f.	9.7~32.0
Fe₃O₄/SiO₂/C₁₆mimBr	尿液	木樨草素,槲皮素,山柰酚	萃取:0.02mol/L磷酸盐缓冲液,pH10.0 脱附:0.01%乙酸丙酮液	LC-UV (360nm)	90.1~97.6	0.25~0.80	0.10~0.50
Fe₃O₄/CS	血清与尿液	木樨草素,槲皮素,山柰酚	萃取:0.01mol/L磷酸,pH7.0和5.0 脱附:0.5%乙酸乙腈液	LC-UV (360nm)	93.5~108.8	1.0~15.0	0.5~10.0
Fe₃O₄/MCNT	尿液	氟西汀	萃取:0.1mol/L氨水,pH10.0 脱附:乙腈	Vis (470nm)	95.0~105.5	190.0	60.0
Fe₃O₄/SiO₂/Ph/MC	血清与尿液	西地那非,去甲基西地那非	萃取:pH6.3 脱附:甲醇:水:乙酸(75:25:1)	LC-UV (290nm)	n. f.	n. f.	0.41~0.96
Fe₃O₄/SiO₂/TSAB	血清与尿液	阿霉素	萃取:pH5.0磷酸盐缓冲液 脱附:乙醇	LC-FLU (498nm /554nm)	76.5~96.0	16.82	5.05
Fe₃O₄/PANI, Fe₃O₄/Ppy, Fe₃O₄/PANI-co-Ppy	血清与尿液	劳拉西泮,硝西泮	萃取:2.0mol/L HCl 或NaOH,pH6.0 脱附:0.5mmol/L CTAB 干乙腈	LC-UV (220nm)	84.0~96.0	5.0	1.5~2.0
Fe₃O₄/MIP	尿液	氧氟沙星,环丙氟哌酸,恩诺沙星,氟哌酸,加替沙星	萃取:n. f. 脱附:乙酸-甲醇(4:6)	LC-UV (278nm 和294nm)	83.1~103.1	n. f.	8.5~19.4
Fe₃O₄/MWCNT/ PEG	鼠血清	甲波尼龙	萃取:n. f. 脱附:乙腈	LC-UV (250nm)	88.2~92.9	10.0	5.0

续表

吸附剂	基质	分析物	萃取剂/脱附剂	检测方法	回收率/%	LOQ /(ng/mL)	LOD /(ng/mL)
Fe_3O_4/SBA-15/C_{18}	血清	氯磺丙脲、格列本脲、格列齐特、格列美脲	萃取:pH3.0磷酸盐缓冲液 脱附:乙腈	LC-UV (230nm)	3.1~47.4	n. f.	n. f.
Fe_3O_4/MIP	血清	扑热息痛	萃取:25mmol/L 乙酸铵,pH9.0,丙酮:乙腈:二氯甲烷,脱附:乙腈:磷酸盐缓冲液 (90:10),pH9.0	LC-UV (257nm)	83.0~91.0	0.40	0.17
Fe_3O_4/SDS	血清与尿液	氯丙嗪	萃取:三氯乙酸,pH3.0,10mg/mL SDS 脱附:乙醇:0.01mol/L NaOH (75:25)	LC-UV (254nm)	16.0~27.0	1.0~5.0	0.5~1.0
Fe_3O_4/癸酸	血清与尿液	双氯酚酸、苯海拉明	萃取:2.0mol/L NaOH,pH9.0,0.2mmol/L CTAB 脱附:甲醇	LC-UV (225nm)	89.6~97.4	10.0	3.0~3.5
Fe_3O_4/CS/Ppy	血清与尿液	萘普生	萃取:pH5.0 脱附:乙醇	FLU (320nm/357nm)	56.0~63.0	40.0	15.0
Fe_3O_4/Ag	血清	头孢曲松	萃取:2.0mol/L 磷酸盐缓冲液,pH3.0 脱附:0.05mol/L磷酸盐缓冲液,pH8.5	LC-UV (270nm)	89.0	60.0	20.0
Fe_3O_4/CTAB	血清与尿液	氟芬那酸	萃取:pH5.0,0.5mg/mL CTAB 脱附:甲醇	LC-UV (280nm)	92.2~99.1	n. f.	0.087~0.097
Fe_3O_4/CPG	血清与尿液	氟伏沙明	萃取:醋酸或磷酸盐缓冲液,pH7.0 脱附:甲醇:0.1%三氟醋酸,5%醋酸	LC-UV (250nm)	85.5~94.0	69.0	20.0
Fe_3O_4/SiO_2/MPTS/MIP	血清	拉莫三嗪	萃取:pH7.0 脱附:甲醇:三氯醋酸:醋酸 (96:2:2)	LC-UV	96.6~98.0	n. f.	0.5~0.7

吸附剂	基质	分析物	萃取剂/脱附剂	检测方法	回收率/%	LOQ/(ng/mL)	LOD/(ng/mL)
MWCNT/Fe$_3$O$_4$/PEG	鼠血清	葛根素	萃取：n.f. 脱附：乙腈	LC-UV(250nm)	73.6~87.4	10.0	5.0
Fe$_3$O$_4$/TMSPT/Au/CTAB	血清与尿液	黄体酮,翠酮	萃取：0.1mol/L HNO$_3$ 或 NH$_3$, pH9.0;10mg CTAB 脱附：甲醇	LC-UV(254nm)	94.5~99.1	n.f.	0.05~0.07
Fe$_3$O$_4$/CTAB	尿液	萘普生,吲哚美辛,双氯酚酸,布洛芬	萃取：pH8.5, 10mg/mL CTAB 脱附：甲醇	LC-UV(202nm)	91.8~96.2	n.f.	2.0~7.0
Fe$_3$O$_4$/MCNT/MIP	血清	加替沙星	萃取：pH7.4 脱附：甲醇：醋酸(6:4)	LC-UV(325nm)	79.1~85.3	15.0	6.0
Fe$_3$O$_4$/SiO$_2$/C$_{18}$	鼠血清	葛根素	萃取：n.f. 脱附：乙腈	LC-UV(250nm)	85.2~92.3	100.0	50.0
Fe$_3$O$_4$/FPG	血清与尿液	来曲唑	萃取：pH4.0 脱附：甲醇/醋酸/三氟醋酸	LC-UV(242nm)	81.5~95.0	43.0	13.0
Fe$_3$O$_4$/MIP	血清与尿液	加替沙星	萃取：n.f. 脱附：甲醇：醋酸(9:1)	UV(286nm)	97.00~99.58	250.0	75.0
Fe$_3$O$_4$/SDS	尿液	羟甲烯龙	萃取：HNO$_3$ 和 70% HClO$_4$; 0.1mol/L HCl 或 NaOH,pH3.0 脱附：乙腈	Vis(530nm)	97.0~106.1	n.f.	4.0
Fe$_3$O$_4$/CTAB	尿液	阿米替林,去甲替林,丙咪嗪,多塞平	萃取：6mol/L NaOH,pH12.0 脱附：甲醇	LC-UV(220nm)	64.0~71.0	n.f.	3.0~5.0
Fe$_3$O$_4$/SiO$_2$/C$_8$	鼠血浆	地西泮	萃取：n.f. 脱附：甲醇	LC-MS	92.8~95.2	n.f.	3
Fe$_3$O$_4$/SiO$_2$/MIP	尿液	曲马多	萃取：0.1mol/L HCl 或 NaOH, pH7.0 脱附：甲醇：醋酸(9:1)	UV(272nm)	96.1~100.1	n.f.	1.5

吸附剂	基质	分析物	萃取剂/脱附剂	检测方法	回收率/%	LOQ /(ng/mL)	LOD /(ng/mL)
Fe_3O_4/MIP	尿液	加替沙星	萃取:n.f. 脱附:甲醇:醋酸(9:1)	UV (286nm)	70.8~94.2	250.0	75.0
Fe_3O_4/Al_2O_3	血清与尿液	阿仑唑索	萃取:0.1mol/L NaOH, 1.0mol/L EDTA(尿液);乙腈(血清) 脱附:20mmol/L $Na_5P_3O_{10}$, pH9.0	CE-FLU (420nm/495nm)	96.0~115.0	5.0	1.5
$Fe_3O_4/SiO_2/Diol/C_{18}$	血清	甲氨蝶呤,亚叶酸,叶酸	萃取:pH2.0 脱附:甲醇	LC-UV (306nm)	65.69~91.42	160.0~302.0	48.0~90.0
$Fe_3O_4/SiO_2/C_{18}$	尿液	槲皮素	萃取:0.1mol/L 磷酸盐缓冲液,pH5.0 脱附:甲醇:磷酸盐缓冲液(3:7),pH2.0	LC-UV (360nm)	98.4~103.8	1.3	0.39
Fe_3O_4/SDS	尿液	氟西汀	萃取:2mol/L HCl, pH 3.0, 1mg/mL SDS 脱附:甲醇	FLU (246nm/294nm)	80.0~85.0	50.0	20.0
$Fe_3O_4/SiO_2/C_{18}$	鼠血浆	利多卡因	萃取:pH11.0 脱附:乙腈	LC-UV (210nm)	86.7~93.8	50	10
$Fe_3O_4/SiO_2/poly$ (MAA-co-EDMA)	尿液	安非他明,可待因,氯胺酮	萃取:6.5mmol/L 磷酸盐缓冲液,pH9.2 脱附:0.5%甲酸丙酮液	CE-UV (214nm)	92.2~109.7	51.0~348.0	15.0~105.0

续表

吸附剂	基质	分析物	萃取剂/脱附剂	检测方法	回收率/%	LOQ /(ng/mL)	LOD /(ng/mL)
$Fe_3O_4/SiO_2/C_{18}$	鼠血浆	甲波尼龙	萃取：n.f. 脱附：正己烷	LC-UV (250nm)	92.4~96.3	n.f.	10
$Fe_3O_4/SiO_2/CTAB$	血清与尿液	大黄酸，大黄素	萃取：4mg/mL CTAB 脱附：1%乙酸乙腈液	LC-FLU (435nm/515nm)	92.76~109.90	n.f.	0.2~10.0
Fe_3O_4	血清	水杨酸	萃取：0.1mol/L $FeCl_3$，甲酸盐缓冲液，pH 2.5 脱附：1mol/L NaOH	UV(298nm)	95.9~98.9	25	5.5
免疫磁珠@C_{18}	血浆	伊曲康唑	萃取：甲醇：水 (10：90) 脱附：乙腈：0.1%甲酸 (70：30)	LC-UV (263nm)	72.0	n.f.	n.f.

注：3-APBA—3-氨基苯硼酸；APTES—3-氨基丙基三乙氧基硅烷；BR 缓冲液—Brittone Robinson 缓冲液；C_{16}mimBr—十六烷基-3-甲基咪唑；C_{18}—十八烷基三氯硅烷；CE—毛细管电泳；CPG—接枝共聚糖；CS—壳聚糖；CTAB—十六烷基三甲基溴铵；DCBI—电晕放电电离解吸；EDMA—二甲基丙烯酸乙二醇酯；EDTA—乙二胺四乙酸；ESI—离子移动性光谱电离；$Fe_3O_4/SiO_2/poly$ (MAA-co-EDMA) —聚 (甲基丙烯酸-乙二醇二甲基丙烯酸酯) Fe_3O_4-SiO_2；FPG—功能聚合物接枝；FLU—荧光分子；GA—戊二醛；GC-FID—火焰离子化检测器；GO—氧化石墨烯；Imz—咪唑离子液体；IL—离子液体；KH-570—3-甲基丙烯酰丙基三甲氧基硅烷；LC—液相色谱；LLE—液液萃取；LOD—检测限；LOQ—定量限；MAA—甲基丙烯酸；MC—甲基纤维素；MCNT—磁性碳纳米管；MFGO—磁功能化氧化石墨烯；MIP—分子印迹聚合物；n.f.—未发现；MMC—磁性介孔碳；MNGO—磁性纳米氧化石墨烯；MPTS—3-甲基丙烯酰丙基三甲氧基硅烷；MS—质谱；MS/MS—串联质谱法；MWCNT—磁性多层碳纳米管；ODS-PAN—十八烷基三硅烷聚丙烯腈；PABT—聚 2-氨基苯并噻唑；PANI—聚苯胺；PANI-co-Ppy—共聚苯胺聚吡咯；PEG—聚乙二醇；Ph—苯基；PNB—对苯酚苯甲醇；Ppy—聚吡咯；Q-TOF—四极飞行时间质谱；RAM—限制进入的材料；RGO—还原的石墨烯氧化物；SBA-15—介孔二氧化硅；SDS—十二烷基硫酸钠；TFME—薄膜微萃取；TMSPT—3-巯丙基三甲氧基硅烷；TSAB—十八烷基三甲基溴化铵；UHPLC—超高效液相色谱；UV—紫外线；Vis—可见光。

参考文献

[1] Shen Y F，Tang J，Nie Z H，et al. Sep Purif Technol，2009，68（3）：312.

[2] Singh S，Barick K C，Bahadur D. J Hazard Mater，2011，192（3）：1539.

[3] Li X，Cao J，Zhang W. Ind Eng Chem Res，2008，47（7）：2131.

[4] Song J，Kong H，Jang J. J Colloid Interface Sci，2011，359：505.

[5] Tang Y，Liang S，Wang J，et al. J Environ Sci，2013，25（4）：830-837.

[6] Jiang Y J，Li X T，Gao J，et al. J Nanopart Res，2011，13（3）：939.

[7] Liu Z，Wang H，Liu C，et al. Chem Commun，2012，48（59）：7350.

[8] Tang Y L，Liang S，Wang J T，et al. J Environ. Sci，2013，25（4）：830.

[9] 薛娟琴，徐尚元，朱倩文，等. 无机化学学报，2016，32（9）：1503.

[10] 龚红霞，胡培珠，姜梦芸，等. 化学学报，2011，69（22）：2673.

[11] Zhao Y G，Shen H Y，Pan S D，et al. J Mater Sci，2012，86（3）：5291.

[12] 程昌敬，吴莉莉，刘东. 西南民族大学学报（自然科学版），2011，37（3）：441.

[13] Ni H，Sun X W，Li Y D，et al. J Mater Sci，2015，50（12）：4270.

[14] Baghani. A N，Mahvi A H，Gholami M，et al. J Environ Health Sci Eng，2016，14：1.

[15] Zhao Y G，Shen H Y，Pan S D，et al. J Hazard Mater，2010，182（1）：295.

[16] 李鹏飞，杨良嵘，李文松，等. 过程工程学报，2011，11（4）：554.

[17] Zhang F，Lan J，Zhao Z S，et al. J Colloid Interface Sci，2012，387（1）：205.

[18] Wang J H，Zheng S R，Shao Y，et al. J Colloid Interface Sci，2010，349（1）：293.

[19] Zhang S G，Zhang Y Y，Liu J S，et al. Chem Eng J，2013，226（24）：30.

[20] Li G Z，Miao L，Zhang Z Q，et al. J Colloid Interface Sci，2014，424（18）：124.

[21] 徐震耀，李新. 材料导报，2015，29：34.

[22] Venkateswarlu S，Kumar B N，Prathima B，et al. Arabian J Chem，2014，5：2316.

[23] Singh S，Barick K C，Bahadur D. J Hazard Mater，2011，192（3）：1539.

[24] Pan S D，Shen H Y，Xu Q H，et al. J Colloid Interface Sci，2012，365（1）：204.

[25] Zhang Q G，Wu J Y，Luo X B. RSC Adv，2016，6：14916.

[26] 曹向宇，李垒，陈灏. 化学学报，2010，68（15）：1461.

[27] 郑群雄，刘煌，徐小强，等. 高等学校化学学报，2012，33（1）：107.

[28] 贺盛福，张帆，程深圳. 化工学报，2016，67（10）：4290.

[29] Liu J，Zhao Z，Jiang G Environ Sci Technol，2008，42（18）：6949.

[30] Taghizadeh M，Asgharinezhad A A，Samkhaniany N，et al. Microchim Acta，2014，181（5）：597.

[31] Babazadeh M，Hosseinzadeh-Khanmiri R，Abolhasani J，et al. RSC Adv，2015，5（26）：19884.

[32] Zhao Z W，Liu J，Cui F Y，et al. J Mater Chem，2012，22：9052.

[33] Gollavelli G，Chang C C，Ling Y C. ACS Sustainable Chem Eng，2013，1：462.

[34] Chang Y C，Chen D H，J Colloid Interface Sci，2005，283：446.

[35] Banerjee S S，Chen D H，J Hazard Mater，2007，147：792.

[36] Wang M，Chen S，Adv Mater Res，2012，518：1956.

[37] Shen Y F，Tang J，Nie Z H，et al. Sep Purif Technol，2009，68：312.

[38] Zhou Y T，Nie H L，White C B，et al. Colloid Interface Sci，2009，330：29.

[39] Warner C L，Addleman R S，Cinson A D，et al. Chem Sus Chem，2010，3：749.

[40] Singh S，Barick K C Bahadur D，J Hazard Mater，2011，192：1539.

[41] Hao Y M，Chen M，Hu Z B. J Hazard Mater，2010，184：392.

[42] Badruddoza A Z M，Tay A S H，Tan P Y，et al. J Hazard Mater，2011，185，1177.

[43] Predescu A，Nicolae A，U P B Sci Bull B，2012，74：255.

[44] Xin X，Wei Q，Yang J，et al. Chem Eng J，2012，184：132.

[45] Liu Y，Chen M，Hao Y，Chem Eng J，2013，218：46.

［46］ Giraldo L，Erto A，Moreno-Pirajan J C，Adsorption，2013，19：465.

［47］ Zargoosh K，Abedini H，Abdolmaleki A，et al. Ind Eng Chem Res，2013，52：14944.

［48］ Singh R，Misra V，Singh R P. J Nanopart Res，2011，13：4063.

［49］ Niu S F，Liu Y，Xu X H，et al. J Zhejiang Univ Sci，2005，6：1022.

［50］ Yuan P，Liu D，Fan M，et al. J Hazard Mater，2010，173：614.

［51］ Zhao Y G，Shen H Y，Pan S D，et al. J Hazard Mater，2010，182：295.

［52］ Zelmanov G，Semiat R. Sep Purif Technol，2013，103：167.

［53］ Gustavo L T，Carlos E B D，Patricia B H，et al. Chem Eng J，2011，173：480.

［54］ Singh R，Misra V，Singh R P. J Nanopart Res，2011，13：4063.

［55］ Pang Y，Zeng G，Tang L，et al. Chem Eng J，2011，175：222.

［56］ Kim J H，Kim J H，Bokare V，et al. J Nanopart Res，2112，14：1010.

［57］ Singh R，Misra V，Singh R P，Environ Monit Assess，2012，184：3643.

［58］ Chen R，Chai L，Li Q，et al. Environ Sci Pollut Res，2013，20：7175.

［59］ Badruddoza A Z M，ZakirShawon Z B，TaifurRahman M，et al. Chem Eng J，2013，225：607.

［60］ Ahmed M A，Ali S M，El-Dek S I，et al. Mat Sci Eng：B，2013，178：744.

［61］ Yantasee W，Warner C，Sangvanich T，et al. Environ Sci Technol，2007，41：5114.

［62］ Salmani M S，Ehrampoush M H，Jahromi M A，et al. Iran J Environ Health Sci Eng，2013，11：21.

［63］ Alqudami A，Alhemiary N A，Munassar S. Environ Sci Pollut Res，2012，19，2832.

［64］ Zhang J，Deng H，Yabutani T，et al. Environ Sci，2011，32：3348.

［65］ Ge F，Li M M，Ye H，et al. J Hazard Mater，2012，211：366.

［66］ Xu P，Zeng G，Huang D，et al. Colloids Surf，A，2013，419：147.

［67］ Mahdavi M，Ahmad M B，Haron M J，et al. J Inorg Organomet Polym，2013，23：599.

［68］ Madrakian T，Afkhami A，Ahmadi M，Chemosphere，2013，90：542.

［69］ Gupta V K，Nayak A. Chem Eng J，2012，180：81.

［70］ Gong J，Chen L，Zeng G，et al. J Environ Sci，2012，24：1165.

［71］ Tiwari A，Sharma N. Res Chem Intermed，2015，41：2043.

［72］ Tavallali H. Int J Chem Tech Res，2011，3：1647.

［73］ Girginova P I，Daniel-da-Silva A L，Lopes C B，et al. J Colloid Interface Sci，2010，345：234.

［74］ Xu Y，Zhou Y，Ma W，et al. J Nanopar Res，2013，15：1716.

［75］ Hakami O，Zhang Y，Banks C J. Water Res，2012，46：3913.

［76］ Ngomsik A F，Bee A，Talbo D，et al. Sep Purif Technol，2012，86：1.

［77］ Chou C M，Lien H L. J Nanopar Res，2011，13：2099.

［78］ Zhai Y，He Q，Han Q，et al. Microchim Acta，2012，178：405.

［79］ Chowdhury S R，Yanful E K，Pratt A R. Environ Earth Sci，2011，64：411.

［80］ Song K，Kim W，Suh C Y，et al. Powder Technol，2013，246：572.

［81］ Zhao X，Guo X，Yang Z，et al. J Nanopar Res，2011，13：2853.

［82］ Gustavo L T，Carlos E B D，Patricia B H，et al. Chem Eng J，2011，173：480.

［83］ Giraldo L，Erto A，Moreno-Pirajan J C. Adsorption，2013，19：465.

［84］ Chao S，Meiping T. Water Res，2013，47：3411-3421.

［85］ Jin Y，Liu F，Tong M，et al. J Hazard Mat，2012，227-228：461-468.

［86］ Kilianova M，Prucek R，Filip J，et al. Chemosphere，2013，93：2690.

［87］ Vitela-Rodriguez A V，Rangel-Mendez J R. J Environ Manage，2013，114：225.

［88］ Zhao Y G，Shen H Y，Pan S D，et al. J Hazard Mater，2010，182：295.

［89］ Madrakian T，Afkhami A，Rahimi M. J Radioanal Nucl Chem，2012，292：597.

［90］ Shen C，Shen Y，Wen Y，et al. Water Res，2011，45 (16)：5200.

［91］ Abou EI-Reash Y G，Otto M，Kenawy I M，et al. Int J Biol Macromol，2011，49 (4)：513.

［92］ Fan L，Luo C，Li X，et al. J Hazard Mater，2012，215：272.

[93] Debrassi A，Corrêa A F，Baccarin T，et al. Chem Eng J，2012，183：284.

[94] Zhu H Y，Jiang R，Xiao L，et al. J Hazard Mater，2010，179：251.

[95] Zhou L，Jin J，Liu Z，et al. J Hazard Mater，2011，185 (2-3)：1045.

[96] Zhu H Y，Fu Y Q，Jiang R，et al. Bioresour Technol，2012，105 (24-30)：24.

[97] Zhu H Y，Jiang R，Xiao L，et al. Bioresour Technol，2010，101 (14)：5063.

[98] Debrassi A，Baccarin T，Demarchi C，et al. Environ Sci Pollut Res，2012，19 (5)：1594.

[99] Fan L，Zhang Y，Luo C，et al. Int J Biol Macromol，2012，50：444.

[100] Kalkan N A，Aksoy S，Aksoy E A，et al. J Appl Polym Sci，2012，124 (1)：576.

[101] Fan L，Zhang Y，Li X，et al. Colloids Surf B，2012，91：250.

[102] Chang Y C，Chen D H. Macromol Biosci，2005，5 (3)：254.

[103] Zhu H Y，Jiang R，Fu Y Q，et al. Appl Surf Sci，2011，258 (4)：1337.

[104] Jiang R，Fu Y Q，Zhu H Y，et al. J Appl Polym Sci，2012，125：E540.

[105] Zhu H，Zhang M，Liu Y，et al. Desalin Water Treat，2012，37 (1-3)：46.

[106] Fan L，Luo C，Sun M，et al. Colloids Surf B，2013，103：601.

[107] Travlou N A，Kyzas G Z，Lazaridis N K，et al. Langmuir，2013，29 (5)：1657.

[108] Sanlier S H，Ak G，Yilmaz H，et al. Prep Biochem Biotechnol，2012，43 (2)：163.

[109] Jiang H，Chen P，Luo S，et al. J Inorg Organomet Polym Mater，2013，23 (2)：393.

[110] Yan H，Li H，Yang H，et al. Chem Eng J，2013，223：402.

[111] Obeid L，Bée A，Talbot D，et al. J Colloid Interface Sci，2013，410：52.

[112] Zhu H，Fu Y，Jiang R，et al. Appl Surf Sci，2013，285：865.

[113] Abou EI-Reash Y G，Otto M，Kenawy I M，et al. Int J Biol Macromol，2011，49 (4)：513.

[114] Wu D，Zhang L，Wang L，et al. J Chem Technol Biotechnol，2011，86 (3)：345.

[115] Yan H，Yang L，Yang Z，et al. J Hazard Mater，2012，229：371.

[116] Chen A，Zeng G，Chen G，et al. Chem Eng J，2012，191：85.

[117] Fan L，Luo C，Lv Z，et al. J Hazard Mater，2011，194：193.

[118] Tran H V，Tran L D，Nguyen T N. Mater Sci Eng，C，2010，30 (2)：304.

[119] Monier M，Abdel-Latif D A. J Hazard Mater，2012，209：240.

[120] Zhou L，Liu Z，Liu J，et al. Desalination，2010，258：41.

[121] Li H，Bi S，Liu L，et al. Desalination，2011，278：397.

[122] Zhou L，Wang Y，Liu Z，et al. J Hazard Mater，2009，161 (2-3)：995.

[123] Chang Y C，Chang S W，Chen D H. React Funct Polym，2006，66 (3)：335.

[124] Yu W C，Jian L W. Chem Eng J，2011，168 (1)：286.

[125] Hritcu D，Humelnicu D，Dodi G，et al. Carbohydr Polym，2012，87 (2)：1185.

[126] Monier M，Ayad D M，Wei Y，et al. J Hazard Mater，2010，177 (1-3)：962.

[127] Monier M，Ayad D M，Wei Y，et al. React Funct Polym，2010，70 (4)：257.

[128] Monier M，Ayad D M，Abdel-Latif D A. Colloids Surf B，2012，94：250.

[129] Zhou L，Shang C，Liu Z，et al. J Colloid Interface Sci，2012，366 (1)：165.

[130] Zhou Y T，Nie H L，Branford-White C，et al. J Colloid Interface Sci，2009，330：29.

[131] Huang G，Zhang H，Shi J X，et al. Ind Eng Chem Res，2009，48 (5)：2646.

[132] Zhou L，Xu J，Liang X，et al. J Hazard Mater，2010，182 (1-3)：518.

[133] Chen Y，Wang J. Nucl Eng Des，2012，242：452.

[134] Chen Y，Wang J. Nucl Eng Des，2012，242：445.

[135] Wang J S，Peng R T，Yang J H，et al. Carbohydr Polym，2011，84：1169.

[136] Fan L，Luo C，Lv Z，et al. Colloids Surf B，2011，88 (2)：574.

[137] Hu X J，Wang J S，Liu Y G，et al. J Hazard Mater，2011，185 (1)：306.

[138] Elwakeel K Z，Atia A A，Donia A M. Hydrometallurgy，2009，97 (1-2)：21.

[139] Elwakeel K Z. Desalination，2010，250 (1)：105.

[140] Paulino A T, Belfiore L A, Kubota L T, et al. Desalination, 2011, 275：187.

[141] Donia A M, Atia A A, Elwakeel K Z. Hydrometallurgy, 2007, 87 (3-4)：197.

[142] Donia A M, Atia A A, Elwakeel K Z. J Hazard Mater, 2008, 151：372.

[143] Monier M. Int J Biol Macromol, 2012, 50 (3)：773.

[144] Zhu Y, Hu J, Wang J. J Hazard Mater, 2012, 221：155.

[145] Chang Y C, Chen D H. J Colloid Interface Sci, 2005, 283 (2)：446.

[146] Chang Y C, Chen D H. Gold Bull, 2006, 39 (3)：98.

[147] Podzus P E, Daraio M E, Jacobo S E. Phys B, 2009, 404 (18)：2710.

[148] Peng Q, Liu Y, Zeng G, et al. J Hazard Mater, 2010, 177 (1-3)：676.

[149] Podzus P E, Debandi M V, Daraio M E. Phys B, 2012, 407 (16)：3131.

[150] Huang G, Yang C, Zhang K, et al. Chin J Chem Eng, 2009, 17 (6)：960.

[151] Thinh N N, Hanh P T B, Ha L T T, et al. Mater Sci Eng C, 2013, 33 (3)：1214.

[152] Vu D, Li X, Wang C. Sci China Chem, 2013, 56 (5)：678.

[153] Zhang S, Zhou Y, Nie W, et al. Ind Eng Chem Res, 2012, 51 (43)：14099.

[154] Chen Y, Hu J, Wang J. Environ Technol, 2012, 33 (2)：2345.

[155] Li T T, Liu Y G, Peng Q Q, et al. Chem Eng J, 2013, 214：189.

[156] Wang C Y, Yang C H, Huang K S, et al. J Mater Chem B, 2013, 1 (16)：2205.

[157] Xiao Y, Liang H, Wang Z. Mater Res Bull, 2013, 48：3910.

[158] Kuang S P, Wang Z Z, Liu J, et al. J Hazard Mater, 2013, 260：210.

[159] Wang Y, Qi Y, Li Y, et al. J Hazard Mater, 2013, 260：9.

[160] Rorrer G L, Hsien T Y, Way J D. Ind Eng Chem Res, 1993, 32：2170.

[161] Yan S, Qi T T, Chen D W, et al. J Chromatogr A, 2014, 1347 (1)：30.

[162] Deng X J, Guo Q J, Chen X P, et al. Food Chem, 2014, 145：853.

[163] Du Z, Liu M, Li G K. J Sep Sci, 2013, 36 (20)：3387.

[164] Sun W, Ma X M, Wang J T, et al. J Sep Sci, 2013, 36 (8)：1478.

[165] Wu Q H, Zhao G Y, Feng C, et al. J Chromatogr A, 2011, 1218 (44)：7936.

[166] Pen X T, Jiang L, Gong Y, et al. Talanta, 2015, 132 (1)：118.

[167] Yu X, Sun Y, Jiang C Z, et al. Talanta, 2012, 98 (1)：257.

[168] Wang X H, Fang Q X, Liu S P, et al. Anal Bioanal Chem, 2012, 404 (5)：1555.

[169] 巫远招, 徐维莲, 侯建国, 等. 农药学学报, 2010, 12 (2)：178.

[170] Cao Q, Luo D, Ding J, et al. J Chromatogr A, 2010, 1217 (35)：5602.

[171] Hu X Z, Chen M L, Gao Q, et al. Talanta, 2012, 89：335.

[172] Zhao Y G, Zhou L X, Pan S D, et al. J Chromatogr A, 2014, 1345：17.

[173] Xiao D L, Dra M, Xiong N Q, et al. Analyst, 2013, 138 (11)：3287.

[174] Wu K S, Guo L, Xu W, et al. Talanta, 2014, 129：431.

[175] Guo L, Zhang J W, Wei H, et al. Talanta, 2012, 97：336.

[176] Jiang C Z, Ying S, Xi Y, et al. Talanta, 2012, 89：38.

[177] Yu X, Sun Y, Jiang C Z, et al. J Sep Sci, 2012, 35 (23)：3403.

[178] Chen X H, Zhao Y G, Shen H Y, et al. J Chromatogr A, 2014, 1346：123..

[179] Liao Q G, Wang D G, Luo L G, et al. Anal Bioanal Chem, 2013, 406 (29)：7571.

[180] Cao X J, Chen J Y, Ye X M, et al. J Sep Sci, 2013, 36 (21/22)：3579.

[181] Li X S, Wu J H, Xu L D, et al. Chem Commun, 2011, 47 (35)：9816.

[182] Zhao Q, Wei F, Luo Y B, et al. J Agric Food Chem, 2011, 59 (24)：12794.

[183] Pan S D, Shen H Y, Zhou L X, et al. J Mater Chem A, 2012, 2 (37)：15345.

[184] 付善良, 丁利, 朱绍华, 等. 色谱, 2011, 29 (8)：737.

[185] Luo Y B, Yu Q W, Yuan B F, et al. Talanta, 2012, 90：123.

[186] Ding J, Gao Q, Li X S, et al. J Sep Sci, 2011, 34 (18)：2498.

[187] Wu X M，Hu J，Zhu B H，et al. J Chromatogr A，2011，1218（41）：7341.

[188] Ji Y S，Yin J J，Xu Z G，et al. Anal Bioanal Chem，2009，395（4）：1125.

[189] Chen D，Deng J，Liang J，et al. Anal Methods，2013，5（3）：722.

[190] Zhao Q，Wei F，Xiao N，et al. J Chromatogr A，2012，1240：45.

[191] Wang Y，Wang L，Tian T，et al. Analyst，2012，137（10）：2400.

[192] Li H，Li H F，Chen Z F，et al. Sci China Ser B. Chem，2009，52（12）：2287.

[193] Bai L，Mei B，Guo Q，et al. J Chromatogr A，2010，1217（47）：7331.

[194] 张贵江，臧晓欢，周欣，等. 色谱，2013，31（11）：1071.

[195] Cai M Q，Su J，Hu J Q，et al. J Chromatogr A，2016，1459：38.

[196] Mahpishanian S，Sereshti H. J Chromatogr A，2016，1443：43.

[197] Nodeh H R，Ibrahim W A W，Kamboh M A，et al. Chemosphere，2017，166：21.

[198] Nodeh H R，Ibrahim W A W，Sanagi M M，et al. RSC Adv，2016，6：24853.

[199] Mahpishanian S，Sereshti H，Baghdadi M. J Chromatogr A，2016，1405：48.

[200] Yan S，Qi T T，Chen D W，et al. J Chromatogr A，2014，1347：30.

[201] Sun T，Yang J，Li L，et al. J Chromatogr A，2016，79：345.

[202] Luo Y B，Li X，Jiang X Y，et al. J Chromatogr A，2015，1406：1.

[203] Nodeh H R，Ibrahim W A W，Kamboh M A，et al. RSC Adv，2015，5：76424.

[204] Mehdinia A，Rouhani S，Mozaffari S，et al. Microchim Acta，2016，183：1177.

[205] Wu Q，Zhao G，Feng C，et al. J Chromatogr A，2011，1218：7936.

[206] Sun M，Ma X，Wang J，et al. J Sep Sci，2013，36：1478.

[207] Hou M，Zang X，Wang C，et al. J Sep Sci，2013，36：3242.

[208] Wang L，Zang X，Chang Q，et al. Food Anal Method，2014，7：318.

[209] Zhao G Y，Song S J，Wang C，et al. Anal Chim Acta，2011，708：155.

[210] Wang L，Zang X，Chang Q，et al. Anal Methods，2014，6：253.

[211] Wang X，Wang H，Lu M，et al. J Sep Sci，2016，39：1734.

[212] Zhi L I，Mengying H O U，Shasha B A I，et al. Anal Sci. 2013，29：325.

[213] Wang W，Ma X，Wu Q，et al. J Sep Sci，2012，35：2266.

[214] Li N，Chen J，Shi Y P. Anal Chim Acta，2017，949：23.

[215] Li C，Chen L，Li W. Microchim Acta，2013，180：1109.

[216] Heidari H，Razmi H，Razmi H. Talanta，2012，99：13.

[217] Xiong Z，Zhang L，Zhang R，et al. J Sep Sci，2012，35：2430.

[218] Xie J，Liu T，Song G，et al. J Chromatogr A，2013，76：535.

[219] Mahpishanian S，Sereshti H，Baghdadi M. J Chromatogr A，2015，1406：48.

[220] Chen J，Zhu X. Spectrochim Acta Part A，2015，137：456.

[221] Mahpishanian S，Sereshti H. J Chromatogr A，2016，1443：43.

[222] Zhang S，Niu H，Zhang Y，et al. J Chromatogr A，2012，1238：38.

[223] Miao S S，Wu M S，Zuo H G，et al. J Agric Food Chem，2015，63：3634.

[224] Mahpishanian S，Sereshti H. J Chromatogr A，2017，1485：32.

[225] Saraji M，Jafari M T，Mossaddegh M I. J Chromatogr A，2016，1429：30.

[226] Zheng X，He L，Duan Y，et al. J Chromatogr A，2014，1358：39.

[227] Han Q，Wang Z，Xia J，et al. Talanta，2012，101：388.

[228] Wang W，Ma X，Wu Q，et al. J Sep Sci，2012，35：2266.

[229] Bai S S，Li Z，Zang X H，et al. Chin J Anal Chem，2013，41：1177.

[230] Wang J，Wang W，Wu Q，et al. J Liq Chromatogr Relat Technol. 2014，37：2349.

[231] Yan S，Qi T T，Chen D W，et al. J Chromatogr A，2014，1347：30.

[232] Ye Q，Liu L，Chen Z，et al. J Chromatogr A，2014，1329：24.

[233] Chen K，Xu M，Ren Y，et al. J Chromatogr A，2015，78：131.

[234] Shi P，Ye N，Anal Methods，2014，6：9725.

[235] Yang J，Qiao J Q，Cui S H，et al. J Sep Sci，2015，38：1969.

[236] Cao X，Chen J，Ye X，et al. J Sep Sci，2013，36：3579.

[237] Cao X，Shen L，Ye X，et al. Analyst，2014，139：1938.

[238] Li F，Cai C，Cheng J，et al. Microchim Acta，2015，182：2503.

[239] Liu X L，Wang C，Wu Q H，et al. Chin Chem Lett. 2014，25：1185.

[240] Shi P，Ye N. Talanta 2015，143：219.

[241] Wang W，Ma R，Wu Q，et al. J Chromatogr A，2013，1293：20.

[242] Zang X，Chang Q，Hou M，et al. Anal Methods，2015，7：8793.

[243] Chinthakindi S，Purohit A，Singh V. J Chromatogr A，2015，1394：9.

[244] Nodeh H R，Wan Ibrahim W A，Kamboh M A，et al. RSC Adv，2015，5：76424.

[245] Zhang R，Su P，Yang Y. J Sep Sci，2014，37：3339.

[246] Huang D，Wang X，Deng C，et al. J Chromatogr A，2014，1325：65.

[247] Wang X，Deng C. Talanta，2015，144：1329.

[248] Wang X，Song G，Deng C. Talanta，2015，132：753.

[249] Gan N，Zhang J，Lin S，et al. Materials，2014，7：6028.

[250] Su S，Chen B，He M，et al. Talanta，2014，119：458.

[251] Mahpishanian S，Sereshti H，Baghdadi M. J Chromatogr A，2015，1406：48.

[252] Pan S D，Zhou L X，Zhao Y G，et al. J Chromatogr A，2014，1362：34.

[253] Mehdinia A，Khodaee N，Jabbari A. Anal Chim Acta，2015，868：1.

[254] Mehdinia A，Asiabi M，Jabbari A. Int J Environ Anal Chem，2015，95：1099.

[255] Banazadeh A，Mozaffari S，Osoli B. J Environ Chem Eng，2015，3：2801.

[256] Ziaei E，Mehdinia A，Jabbari A. Anal Chim Acta，2014，850：49.

[257] Chinthakindi S，Purohit A，Singh V，et al. J Chromatogr A，2015，1423：54.

[258] He X，Wang G N，Yang K，et al. Food Chem，2017，(221)：1226.

[259] Liu H，Lin X，Lin T Y et al. J Sep Sci，2016，39：3594.

[260] Tolmacheva V V，Apyari V V，Furletov A A，et al. Talanta，2016，152：203.

[261] Karami-Osboo R，Miri R，Javidnia K，et al. Anal Methods，2015，7：1586.

[262] Li Y，Wu X，Li Z，et al. Talanta，2015，144：1279.

[263] Zhou Y，Zhou T，Jin H，et al. Talanta，2015，137：1.

[264] Zhao Y，Bi C，He X，et al. RSC Adv，2015，5：70309.

[265] Mao X，Sun H，He X，et al. Anal Methods，2015，7：4708.

[266] Zhao Y G，Zhou L X，Pan S D，et al. J Chromatogr A，2014，1345：17.

[267] Zheng H B，Mo J. Z，Zhang Y，et al. J Chromatogr A，2014，1329：17.

[268] Springer V，Jacksen J，Ek P，et al. J Sep Sci，2014，37 (1)：158.

[269] Karimi M，Aboufazeli F，Zhad H R L Z，et al. Food Anal Method，2014，7 (1)：73.

[270] Xu Y，Ding J，Chen H，et al. Food Chem，2013，140 (1)：83.

[271] Wang R，Wang Y，Xue C，et al. J Sep Sci，2013，36 (6)：1015.

[272] Chen D，Deng J，Liang J，et al. Anal Methods，2013，5：722.

[273] Perez R A，Albero B，Tadeo J L，et al. Microchim Acta，2016，183 (1)：157.

[274] Aliyari E，Alvand M，Shemirani F. RSC Adv，2016，6：64193.

[275] Wu R，Ma F，Zhang L，et al. Food Chem，2016，204：334.

[276] Khan M，Yilmaz E，Sevinc B，et al. Talanta，2016，146：130.

[277] Ghorbani-Kalhor E. Microchim Acta，2016，183 (9)：2639.

[278] Abbaszadeh A，Tadjarodi A. RSC Adv，2016，6：113727 .

[279] Ozdemir S，Kilinç E，Okumus V，et al. Bioresour Technol，2016，201：269.

[280] Beyki M H，Shemirani F，Shirkhodaie M. Int J Biol Macromol，2016，87：375.

［281］Chen J，Zhu X . Food Chem，2016，200：10.

［282］Gao R，Cui X，Hao Y，et al. Food Chem，2016，194：1040.

［283］Lin S，Gan N，Zhang J，et al. J Mol Recognit，2015，28（6）：359.

［284］Wang J，Cheng C，Yang Y. J Food Sci，2015，80（12）：2655.

［285］Wang X，Chen N，Han Q，et al. J Sep Sci，2015，38（12）：2167.

［286］Makkliang F，Kanatharana P，Thavarungkul P，et al. Food Chem. 2015，166：275.

［287］王娟 . 食品中邻苯二甲酸酯类的检测新方法研究 . 昆明：昆明理工大学，2016.

［288］刘瑞琦 . 食品添加剂 3-乙酰基-2,5-二甲基噻吩分析方法的研究 . 昆明：昆明理工大学，2018.

［289］杨帆 . Fe$_3$O$_4$ 磁性纳米材料的改性及其对光稳定剂的吸附和分析方法研究，昆明：昆明理工大学，2017.

［290］Tarigh G D，Shemirani F. Talanta，2014，123：71.

［291］Guan Y，Jiang C，Hu C，et al. Talanta，2010，83：337.

［292］Ding J，Gao Q，Li X S，et al. J Sep Sci，2011，34：2498.

［293］Zhang Z，Yang X，Chen X，et al. Anal Bioanal Chem，2011，401：2855.

［294］Xiao D，Yuan D，He H，et al. Carbon 2014，72：274.

［295］Morales-Cid G，Fekete A，Simonet B M，et al. Anal Chem. 2010，82：2743.

［296］Xu S，Jiang C，Lin Y，et al. Microchim Acta，2012，179：257.

［297］Xiao D，Dramou P，Xiong N，et al. Analyst，2013，138：3287.

［298］Xiao D，Dramou P，Xiong N，et al. J Chromatogr A，2013，1274：44.

［299］Madrakian T，Ahmadi M，Afkhami A，et al. Analyst，2013，138：4252.

［300］Herrera-Herrera A V，Hernandez-Borges J，Afonso M M，et al. Talanta，2013，116：695.

［301］Xu Y，Ding J，Chen H，et al. Food Chem，2013，140：83.

［302］Zhang H F，Shi Y P. Anal Chim Acta，2012，724：54.

［303］Shen S，Ren J，Chen J，et al. J Chromatogr A，2011，1218：4619.

［304］Yu P，Ma H，Shang Y，et al. J Chromatogr A，2014，1348：27.

［305］Yu P，Wang Q，Ma H，et al. J Chromatogr B，2014，959：55.

［306］Zhao Q，Wei F，Luo Y B，et al. J Agric Food Chem，2011，59（24）：12794.

［307］Moazzen M，Ahmadkhaniha R，Gorji M E，et al. Talanta，2013，115：957.

［308］Li X S，Wu J H，Xu L D，et al. Chem Commun，2011，47（35）：9816.

［309］Gao L，Chen L. Microchim Acta，2013，180（5-6）：423.

［310］Luo M，Liu D，Zhao L，et al. Anal Chim Acta，2014，852：88.

［311］Pardasani D，Kanaujia P K，Purohit A K，et al. Talanta，2011，86：248.

［312］Luo Y B，Yu Q W，Yuan B F，et al. Talanta，2012，90：123.

［313］Jiao Y，Fu S，Ding L，et al. Anal Methods，2012，4（9）：2729.

［314］Jeddi M Z，Ahmadkhaniha R，Yunesian M，et al. J Chromatogr Sci，2015，53（2）：385.

［315］Rastkari N，Ahmadkhaniha R. J Chromatogr A，2013，1286：22.

［316］Makkliang F，Kanatharana P，Thavarungkul P，et al. Food Chem，2015，166：275.

［317］Jiao Y，Ding L，Fu S，et al. Anal Methods，2012，4（1）：291.

［318］Zhang Z，Chen X，Rao W，et al. J Chromatogr B，2014，965：190.

［319］Wang Y，Xie J，Wu Y，et al. Talanta，2013，112：123.

［320］Chen B，Wang S，Zhang Q，et al. Analyst，2012，137（5）：1232.

［321］Rao W，Cai R，Yin Y，et al. Talanta，2014，128：170.

［322］Kolaei M，Dashtian K，Rafiee Z，et al. Ultrason Sonochem，2016，33：240.

［323］Jannesar R，Zare F，Ghaedi M，et al. Ultrason Sonochem，2016，32：380.

［324］Aghaie A B G，Hadjmohammadi M R. Talanta，2016，156：18.

［325］Cai Q Z，Yang Z Y，Chen N，et al. J Chromatogr A，2016，1455：65.

［326］Wu J R，Zhao H Y，Xiao D L，et al. J Chromatogr A，2016，1454：1.

［327］Amiri M，Yamini Y，Safari M，et al. Microchim Acta，2016，183（7）：2297.

[328] Safdarian M, Ramezani Z, Ghadiri A A. J Chromatogr A, 2016, 1455: 28-36.

[329] Li D, Zou J, Cai P S, et al. J Pharm Biomed Anal, 2016, 125: 319.

[330] Taghvimi A, Hamishehkar H, Ebrahimi M. J Sep Sci, 2016, 39 (12): 2307.

[331] Ding J, Zhang F S, Zhang X P, et al. J Chromatogr B, 2016, 1021: 221.

[332] Baciu T, Borrull F, Neususs C, et al. Electrophoresis, 2016, 37 (9): 1232.

[333] Xiao D L, Liu S B, Liang L Y, et al. Microchim Acta, 2016, 183 (4): 1417.

[334] Ghorbani M, Chamsaz M, Rounaghi G H. J Sep Sci, 2016, 39 (6): 1082.

[335] Amoli-Diva M, Pourghazi K, Hajjaran S. Mater Sci Eng C, 2016, 60: 30.

[336] Ahmadi M, Madrakian T, Afkhami A. Talanta, 2016, 148: 122.

[337] Asgharinezhad A A, Ebrahimzadeh H. J Chromatogr A, 2016, 1435: 18.

[338] Ma J B, Qiu H W, Rui Q H, et al. J Chromatogr A, 2016, 1429: 86.

[339] Kazemi E, Shabani A M H, Dadfarnia S, et al. Anal Chim Acta, 2016, 905: 85.

[340] Maham M, Sharifabadi M K. J Anal Chem, 2016, 71 (3): 302.

[341] Liu R L, Zhang Z Q, Jing W H, et al. Mater Sci Eng C, 2016, 62: 605.

[342] Taghvimi A, Hamishehkar H, Ebrahimi M, et al. J Chromatogr B, 2016, 1009-1010: 66.

[343] Azari Z, Pourbasheer E, Beheshti A. Spectrochim Acta A, 2016, 153: 599.

[344] Sheykhaghaei G, Hossainisadr M, Khanahmadzadeh S, et al. J Chromatogr. B, 2016, 1011: 1.

[345] Pebdani A A, Shabani A M H, Dadfarnia S, et al. J Iran Chem Soc, 2016, 13 (1): 155.

[346] Khoshhesab Z M, Ayazi Z, Farrokhrouz Z. Anal Methods, 2016, 8: 4934.

[347] Saraji M, Shahvar A. Anal Methods, 2016, 8: 830.

[348] Du J L, Wu H, An Y, et al. Anal Methods, 2016, 8: 2778.

[349] Madrakian T, Fazl F, Ahmadi M, et al. New J Chem, 2016, 40: 122.

[350] Farnoudian-Habibi A, Kangari S, Massoumi B, et al. RSC Adv, 2015, 5 (124): 102895.

[351] Asgharinezhad A. A., Karami S, Ebrahimzadeh H, et al. Int J Pharm, 2015, 494 (1): 102.

[352] Boojaria A, Masrournia M, Ghorbani H, et al. Forensic Sci Med Pathol, 2015, 11 (4): 497.

[353] Wu J, Xiao D, Zhao H, et al. Microchim Acta, 2015, 182 (13-14): 2299.

[354] Chen D, Zheng H B, Huang Y Q, et al. Analyst, 2015, 140 (16): 5662.

[355] Ata S, Berber M, Cabuk H, et al. Anal Methods, 2015, 7 (15): 6231.

[356] Cao W, Yi L, Ye L H, et al. Electrophoresis, 2015, 36 (19): 2404.

[357] Manbohi A, Ahmadi S H. Anal Chim Acta, 2015, 885: 114.

[358] Ebrahimpour B, Yamini Y, Seidi S, et al. Anal Chim Acta, 2015, 885: 98.

[359] Zhao J, Liao W, Yang Y. Biomed Chromatogr, 2015, 29 (12): 1871.

[360] Zare F, Ghaedi M, Daneshfar A. Microchim Acta, 2015, 182 (11-12): 1893.

[361] Wang L, Xu X, Zhang Z. et al. RSC Adv, 2015, 5 (28): 22022.

[362] Najafabadi M E, Khayamian T, Hashemian Z. J Pharm Biomed Anal, 2015, 107: 244.

[363] Ebrahimi M, Ebrahimitalab A, Es'haghi Z, et al. Arch Environ Contam Toxicol, 2015, 68 (2): 412.

[364] Xiao D, Wang C, Dai H, et al. J Mol Recognit, 2015, 28 (5): 277.

[365] Abdolmohammad-Zadeh H, Talleb Z. Talanta, 2015, 134: 387.

[366] Ershad S, Razmara A, Pourghazi K, et al. Micro Nano Lett, 2015, 10: 358.

[367] Esmaeili-Shahri E, Es'haghi Z. J Sep Sci, 2015, 38 (23): 4095.

[368] He H, Yuan D H, Gao Z Q, et al. J Chromatogr A, 2014, 1324: 78.

[369] Xiao D, Zhang C, Yuan D, et al. RSC Adv, 2014, 4 (110): 64843.

[370] Bigdelifam D, Mirzaei M, Hashemi M. Anal Methods, 2014, 6 (21): 8633.

[371] Tang M, Wang Q, Jiang M, et al. Talanta, 2014, 130: 427.

[372] Ma N, Zhang L, Li R, et al. Anal Methods, 2014, 6 (17): 6736.

[373] Asgharinezhad A A, Ebrahimzadeh H, Mirbabaei F, et al. Anal Chim Acta, 2014, 844: 80.

[374] He Y, Huang Y, Jin Y, et al. ACS Appl Mater Interfaces, 2014, 6: 9634.

[375] Yu P, Ma H, Shang Y, et al. J Chromatogr A, 2014, 1348: 27.

[376] de Souza K C, Andrade G F, Vasconcelos I, et al. Mater Sci Eng C, 2014, 40: 275.

[377] Azodi-Deilami S, Najafabadi A H, Asadi E, et al. Microchim Acta, 2014, 181: 1823.

[378] Yamini Y, Faraji M. J Pharm Anal, 2014, 4 (4): 279.

[379] Asgharinezhad A A, Mollazadeh N, Ebrahimzadeh H, et al. J Chromatogr A, 2014, 1338: 1.

[380] Bagheri H, Roostaie A, Baktash M Y. Anal Chim Acta, 2014, 816: 1.

[381] Ahangar L E, Movassaghi K, Bahrami F, et al. Chem Eng Trans, 2014, 38: 391.

[382] Beiraghi A, Pourghazi K, Amoli-Diva M, et al. J Chromatogr B, 2014, 945-946: 46.

[383] Panahi H A, Tavanaei Y, Moniri E, et al. J Chromatogr A, 2014, 1345: 37.

[384] Behbahani M, Bagheri S, Amini M M, et al. J Sep Sci, 2014, 37 (13): 1610.

[385] Yu P F, Wang Q, Ma H W, et al. J Chromatogr B, 2014, 959: 55.

[386] Beiraghi A, Pourghazi K, Amoli-Diva M. Anal Methods, 2014, 6 (5): 1418.

[387] Sharifabadi M K, Saber-Tehrani M, Husain S W, et al. Sci World J, 2014, 2014: 1.

[388] Xiao D, Dramou P, Xiong N, et al. J Chromatogr A, 2013, 1274: 44.

[389] Wang Q, Huang L, Yu P, et al. J Chromatogr B, 2013, 912: 33.

[390] Panahi H A, Soltani E R, Moniri E, et al. Talanta, 2013, 117: 511.

[391] Dramou P, Zuo P L, He H, et al. J Chromatogr A, 2013, 1317: 110.

[392] Madrakian T, Afkhami A, Rahimi M, et al. Talanta, 2013, 115: 468.

[393] Rajabi A A, Yamini Y, Faraji M, et al. Med Chem Res, 2013, 22 (4): 1570.

[394] Liu X D, Yu Y J, Li Y, et al. Talanta, 2013, 106: 321.

[395] Madrakian T, Afkhami A, Mahmood-Kashani H, et al. Talanta, 2013, 105: 255.

[396] Dramou P, Xiao D L, He H, et al. J Sep Sci, 2013, 36 (5): 898.

[397] Su S W, Liao Y C, Wang C W. J Sep Sci, 2012, 35 (5-6): 681.

[398] Wang Y, Wang Y X, Chen L, et al. J Magn Magn Mater, 2012, 324: 410.

[399] Wang Y, Wang L, Tian T, et al. Analyst, 2012, 137 (10): 2400.

[400] Bagheri H, Zandi O, Aghakhani A. Anal Chim Acta, 2011, 692: 80.

[401] Chu B, Lou D J, Yu P F, et al. J Chromatogr A, 2011, 1218: 7248.

[402] Chen M L, Suo L L, Gao Q, et al. Electrophoresis, 2011, 32: 2099.

[403] Yu P F, Wang Q, Zhang X F. Anal Chim Acta, 2010, 678 (1): 50.

[404] Zhu L, Pan D, Ding L, et al. Talanta, 2010, 80 (5): 1873.

[405] Parham H, Rahbar N. J Pharm Biomed Anal, 2009, 50 (1): 58.

[406] Vogeser M, Geiger A, Herrmann R, et al. Clin Biochem, 2009, 42 (9): 915.

第 **8** 章
磁固相萃取技术应用实例

随着社会的发展和检测要求的提高，传统的样品前处理方法面临许多瓶颈，如液-液萃取常需消耗大量的有机溶剂，固相萃取操作耗时长，而固相微萃取萃取容量小。基于上述种种不足，磁性固相萃取（MSPE）作为一种高效、快捷、简易的样品前处理技术已越来越受到人们的关注。MSPE是21世纪在分离富集领域的革命性技术，也称为磁纳米微萃取技术。基于液-固色谱理论，MSPE是以磁性或可磁化的材料作为吸附剂的一种分散固相萃取技术。在MSPE过程中，磁性吸附剂不直接填充到吸附柱中，而是被添加到样品的溶液或者悬浮液中，将目标分析物吸附到分散的磁性吸附剂表面，在外部磁场作用下，目标分析物随吸附剂一起迁移，最终通过合适的溶剂洗脱被测物质，从而与样品的基质分离开来。随着MSPE技术的不断发展，微型化的芯片MSPE和在线MSPE技术也不断涌现，并逐渐引起了研究人员的兴趣，是一种具有良好发展潜力的样品预处理新技术。MSPE被越来越多地用于复杂基质中样品的分离与净化。尤其值得关注的是，MSPE在食品、环境、药品等样品前处理中已取得十分广泛的应用。

8.1 戊二醛壳聚糖磁性纳米材料富集分离与火焰分光光度法联用测定原料药中钯离子

铂族金属因具有独特的化学性质，已广泛应用于化学药物的合成。钯催化剂特别适用于大规模合成原料药（active pharmaceutical ingredients，APIs），主要是因为许多重要的有机反应包括碳碳交叉耦合、加氢和环合反应，依赖于催化剂。钯具有生物活性，然而某些钯化合物已报告有潜在毒性，对人类的影响包括肝脏和肾脏损害、哮喘、过敏、结膜炎和其他严重的健康问题。根据2009年国际协调会议（ICH）的Q3D指导原则，根据每日允许最大暴露量（permitted daily exposures，PDEs）计算，药品中钯的残留量需要控制到10mg/kg以下。因原料药中的钯的残留量较低以及共存离子的干扰，样品的富集分离就显得尤为重要。

壳聚糖（chitosan）作为一种有效的吸附剂，早已受科学家的关注并被广泛应用于分析化学领域。以戊二醛为交联剂对壳聚糖进行改性能有效改善壳聚糖的稳定性，提高其对目标产物的吸附能力，如黄酮类、染料和金属元素。Ruiz等人成功地合成戊二醛交联壳聚糖吸附剂，在酸性介质可有效吸附钯，但由于其颗粒大小在微米级（μm），其对钯的吸附时间长达24h甚至3天，并不适合重金属元素的快速检测。

本节采用水热共沉淀法制备出纳米级戊二醛壳聚糖磁性小球（GMCNs），并与火焰原子吸收光谱法（FAAS）联用，建立了一种快速有效的针对化学合成原料药（API）中残留重金属钯（Pd）的磁固相萃取方法；优化了GMCNs用量、溶液pH值、吸附时间以及洗脱体积等影响萃取率的条件和因素，并根据吸附动力学和热力学实验结果对其吸附机理进行深入研究。

8.1.1 戊二醛壳聚糖纳米材料的制备

戊二醛壳聚糖纳米材料的制备是在以前文献报道的基础上进行改进的。将2.0g壳聚糖置于1%盐酸溶液中，混匀，然后分别将4.9g $FeCl_3 \cdot 6H_2O$ 和0.72g Na_2SO_3 加入上述溶液中，搅拌约60min；取100mL的12%的氨水缓慢加入上述溶液中，剧烈搅拌直到黑色沉淀产生；取10mL戊二醛加入上述反应釜中，搅拌约3h。将合成得到的磁性材料用磁铁进行分离，然后分别用去离子水、乙醇和丙酮洗涤三到四次，并在45℃真空条件下干燥8h。

钯的 MSPE 过程如图 8-1 所示：精密量取上述消解后的样品溶液 10mL 置于离心管中，加入 400μL 的戊二醛壳聚糖纳米材料（含 20mg 的磁性材料），涡旋后，调节溶液 pH 值至 3，静置 5min，将磁铁置于离心管外壁进行吸附，弃去上清液，加入 1.0mL 的 1mol/L 硫脲溶液洗脱，重复两次，合并两次的洗脱液，过滤，然后采用火焰原子吸收分光光度计测定。每次试验空白样品按上述方法同法操作。

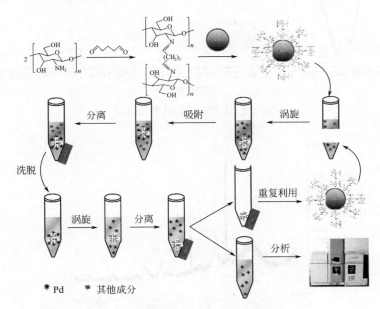

图 8-1　钯的磁固相萃取进程示意图

8.1.2　戊二醛壳聚糖纳米材料的表征

通过 FTIR 对所制备的 GMCNs 材料进行表征，结果如图 8-2 所示，$3446cm^{-1}$ 处的吸收峰可归属为 GMCNs 材料制备过程中加入的壳聚糖的—OH 的特征吸收峰，$1558cm^{-1}$ 和 $1638cm^{-1}$ 处的吸收峰可归属为 GMCNs 材料制备过程中加入的氨水与壳聚糖形成的酰胺基和氨基的—NH_2 的特征吸收峰，$1395cm^{-1}$ 和 $1066cm^{-1}$ 处的吸收峰可归属为 GMCNs 中的—C—O—和 C—N 的特征吸收峰，$584cm^{-1}$ 处的吸收峰为典型的 Fe—O 伸缩振动峰，说明 GMCNs 被成功地修饰到了 Fe_3O_4 的表面。

通过 XRD 对所制备的 GMCNs 材料进行表征，结果如图 8-3 所示，谱线中分别在 31.84°、35.40°、45.62°、56.76°和 63.52°处出现 5 个衍射峰，这是 Fe_3O_4 特有的晶型立方体结构，同样表明 GMCNs 被成功地修饰到了 Fe_3O_4 的表面。

通过 TEM 对所制备的 GMCNs 材料进行表征，结果如图 8-4 所示，GMCNs 材料粒径大约为 20～200nm 且粒子分布不均匀，这主要是因为壳聚糖中的—NH_2 与戊二醛中的═O 反应后出现轻微的聚集现象。

8.1.3　磁固相萃取条件的优化

8.1.3.1　磁性材料的用量

分别取 5～40mg 的磁性材料加入已知含量的样品溶液中，按上述磁固相萃取过程进行

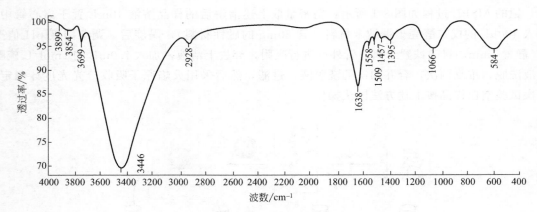

图 8-2　GMCNs 的红外光谱图

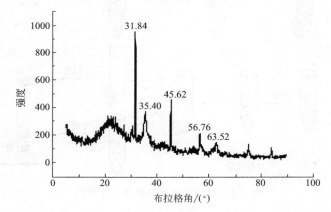

图 8-3　GMCNs 的 X 射线衍射图

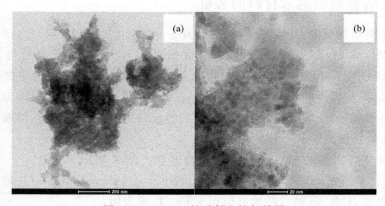

图 8-4　GMCNs 的透射电镜扫描图

操作。如图 8-5（a）所示，当磁性材料用量为 20mg 时，钯的回收率达到 90％以上；当继续增加磁性材料用量时，回收率并没有显著增加。表明 20mg 的 GMCNs 材料是最佳用量。

8.1.3.2　pH 的影响

实验考察了溶液的 pH 在 2～11 之间对吸附回收率的影响。如图 8-5（b）所示，溶液的 pH 在 2～6 时，回收率基本保持不变；但当 pH＞6 时，回收率呈现显著下降的趋势，说明在碱性环境下 Pd^{2+} 易形成氢氧化物沉淀，从而导致被吸附的 Pd^{2+} 浓度下降。实验选择

pH3.0 作为吸附溶液的 pH。

8.1.3.3 吸附时间的影响

吸附时间是影响戊二醛壳聚糖吸附钯离子的一个重要因素，如果给予足够的吸附时间，就能保证尽可能把离子被吸附到磁性纳米材料表面。实验考察了在 1～12min 之间的吸附效果［见图 8-5（c）］，发现在 1～5min 时，随着时间的递增，钯的回收率逐渐增加；当继续增加吸附时间，吸附回收率并没有显著增加。实验选择 5min 作为吸附时间。

8.1.3.4 洗脱液类型的筛选

考查了不同洗脱溶液 1mol/L 盐酸溶液、1mol/L 硝酸溶液、5mol/L 氨水溶液、0.5mol/L 硫脲溶液和 1mol/L 硫脲溶液的洗脱效果［见图 8-5（d）］，结果表明 1mol/L 硫脲溶液能有效洗脱磁性纳米材料表面吸附的钯离子。为了提高钯洗脱的回收率，因此选择分两次洗脱，每次 1mL，最后合并洗脱液即可。

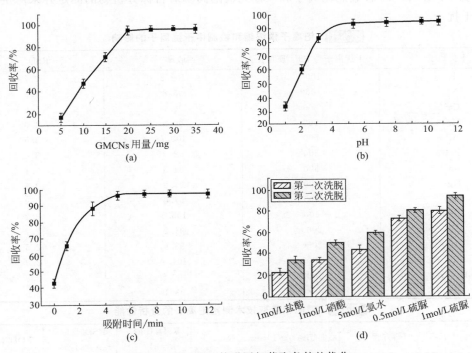

图 8-5　GMCNs 的磁固相萃取条件的优化

8.1.3.5 重复使用次数

为了考察 GMCNs 再生能力，回收后的 GMCNs 材料分别用去离子水和乙醇洗涤三次，再重复上述磁固相萃取过程。结果如图 8-6 所示，GMCNs 在每次重复使用后，吸附能力均有不同程度的下降；为了保证吸附回收率满足定量测定的要求，建议 GMCNs 材料重复使用不得过 4 次。

8.1.4 方法评价

8.1.4.1 共存离子的影响

为了考察其他金属阳离子和无机阴离子对 GMCNs 材料吸附 Pd 的影响，在 $50\mu g/L$ 的钯存在的条件下，我们选择最常见的 10 种金属阳离子和 5 种无机阴离子对钯检测的影响。

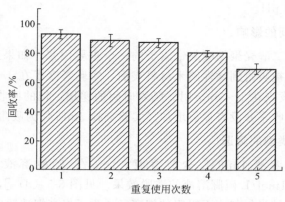

图 8-6　GMCNs 的重复使用次数的影响

结果见表 8-1 所示，10 种金属阳离子和 5 种无机阴离子对目标分析物的测定并未产生显著的影响和干扰。

表 8-1　钯离子预浓缩和检测中干扰离子的影响

干扰离子	干扰离子与 Pd^{2+} 质量比	回收率/%	RSD/%
K^+	1000	102.2	2.7
Na^+	1000	95.8	1.8
Ca^{2+}	800	96.7	3.6
Mg^{2+}	800	99.8	4.0
Al^{3+}	500	100.7	2.5
Fe^{3+}	500	92.9	3.4
Cd^{2+}	500	94.5	3.1
Hg^{2+}	400	97.3	2.5
Zn^{2+}	400	97.0	2.9
Cr^{3+}	400	105.5	3.2
Cl^-	2000	94.2	2.7
NO_3^-	2000	98.6	2.5
PO_4^{3-}	1000	104.7	3.0
CH_3COO^-	1000	100.5	3.8
SO_4^{2-}	500	93.1	2.6

表 8-2　磁固相萃取技术测定钯离子的分析性能

金属离子	回归方程	线性范围/($\mu g/L$)	R^2	RSD(日内，$n=6$)/%	RSD(日间，$n=3$)/%	LOD/($\mu g/L$)
Pd	$A=0.00511C-0.0009$	5.0~500	0.9989	2.5	3.3	2.8

表 8-3　钯的标准认证物质结果表　（$n=6$）

金属离子	GB W07288			GB W07289		
	标准值/($\mu g/g$)	测定值/($\mu g/g$)	回收率/%	标准值/($\mu g/g$)	测定值/($\mu g/g$)	回收率/%
Pd	0.26±0.05	0.252±0.043	96.9	2.3±0.2	2.24±0.14	97.4

8.1.4.2　线性范围、检出限和精密度

在上述最佳的实验条件下，以钯不同浓度为横坐标，以相对应的吸光度为纵坐标建立线性关系。线性方程如表 8-2 所示，相关系数为 0.9989，表明钯在 $5.0\sim500\mu g/L$ 范围内线性关系良好。

8.1.4.3　实际样品分析

为了更好评价磁固相萃取方法，我们选择中国计量科学研究院认证标准物质

（GBW07288 土壤和 GBW07289 流沉积物）采用上述萃取方法对标准物质进行检验。结果如表 8-3 所示，检验结果与认证值的回收率均大于 95％以上，表明戊二醛壳聚糖磁性纳米材料能有效应用于实际样品钯离子的检测。

为了更好评估该方法的适用性，我们将合成原料药使用过钯催化剂的盐酸帕洛诺司琼和赛洛多辛两种原料药样品，通过添加低、中、高三个浓度水平的钯，采用戊二醛壳聚糖磁性纳米材料萃取后用火焰原子吸收光度计测定其吸光度，对该方法进行了加标回收率试验，根据建立的线性方程计算样品中四种分析物的含量。结果如表 8-4 所示，两种原料药的加标回收率在 91.7％～97.6％，相对标准偏差均低于 4.2％，说明该方法具有较好的准确度。

表 8-4 样品分析及回收率结果

样品	加标量/$(\mu g/L)$	测定值/$(\mu g/L)$	回收率/％	RSD/％
赛洛多辛	0	—	—	—
	10	9.52	95.2	3.7
	25	23.56	94.2	2.6
	50	48.79	97.6	4.1
赛洛多辛	0	—	—	—
	10	9.38	93.8	3.5
	25	24.36	97.4	2.4
	50	45.84	91.7	4.3
盐酸帕洛诺司琼	0	4.32	—	—
	10	13.57	92.5	1.8
	25	27.65	93.3	3.5
	50	51.51	94.4	2.7
盐酸帕洛诺司琼	0	—	—	—
	10	9.18	91.8	3.2
	25	24.12	96.5	2.0
	50	46.73	93.5	2.3

8.1.4.4 方法对比

将该方法与文献报道的富集方法进行对比，结果见表 8-5，表明该方法与文献报道的方法一样具有较高的回收率、更宽的线性范围。

表 8-5 已发表的提取和检测钯方法的性能参数对比表

方法	吸附剂	线性范围/$(\mu g/L)$	回收率/％	LOD/$(\mu g/L)$	最大容量/(mg/g)
FAAS	PDR SiO$_2$-PEG	2～80	97～99	0.54	0.99
FAAS	吡啶/纳米氧化铝	—	94～97	0.6	37
FAAS	氧化多壁碳纳米管	1～200	81.1～91.2	0.3	15.7
FAAS	SDS/ACMNPs	6～120	93.5～105.0	4.3	8.3
FAAS	GMCNs	5.0～500	91.7～97.6	2.8	23

8.1.5 吸附性能研究和机理探讨

8.1.5.1 吸附动力学研究

为了考察溶液温度和吸附时间对吸附效率的影响，将样品按照 "8.1.1 图 8-1" 同法操作，将离心管分别放置于 298K、308K 和 318K 温度的水浴锅中（1～60min），结果如图 8-7 所示，吸附效率随温度的升高而下降，说明温度升高后分子热运动加剧，并不利于戊二醛壳聚糖磁性材料有针对性地吸附钯离子；从吸附时间来看，整个吸附过程是十分迅速的，可在较短的时间内完成吸附并定量检测 Pd^{2+} 的含量。

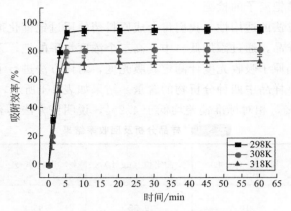

图 8-7 温度和吸附时间对吸附效率的影响

为了深入探究 GMCNs 对 Pd^{2+} 的吸附过程的特性，将吸附数据用 Lagergren 准一级和准二级动力学模型进行拟合。

Lagergren 准一级动力学方程式：

$$\ln(q_e - q_t) = \ln q_e - \frac{k_1}{2.303}t$$

Lagergren 准二级动力学方程式：

$$\frac{t}{q_t} = \frac{1}{k_2 q_e^2} + \frac{t}{q_e}$$

$$q_e = \frac{c_0 - c_e}{M}V$$

$$q_t = \frac{c_0 - c_t}{M}V$$

式中，q_e 为吸附平衡时的吸附容量，mg/g；q_t 为吸附时间 t 时的吸附容量，mg/g；c_0 为吸附质初始质量浓度，mg/L；c_e 为吸附平衡时吸附质的浓度，mg/L；c_t 为吸附时间 t 时吸附质的浓度，mg/L；k_1 是一级吸附速率常数，h^{-1}；k_2 是二级吸附速率常数，g/（mg·h）；V 为反应溶液的体积，L；M 为吸附剂质量，g。

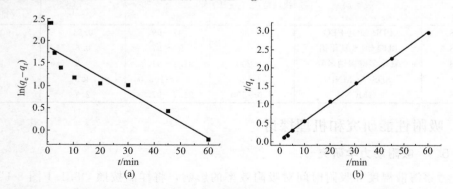

图 8-8 GMCNs 吸附 Pd^{2+} 的准一级动力学模型（a）和准二级动力学模型（b）

GMCNs 在 298K 温度下吸附 Pd^{2+} 的准一级动力学和准二级动力学模型见图 8-8，吸附动力学模型参数见表 8-6，准一级动力学模型的相关系数 R^2 为 0.8414，而准二级动力学模型的相关系数 R^2 为 0.9977，明显高于准一级动力学，且由准二级动力学模型计算出的平衡吸附量为 20.57mg/g，这与实验测定结果 20.45mg/g 非常接近，因此钯在戊二醛壳聚糖磁性材料上的吸附动力学可以用准二级模型很好地拟合。

表 8-6　吸附动力学模型参数

模型	R^2	q_e/(mg/g)	k_1 或 k_2	q_{exp}/(mg/g)
准一级动力学模型	0.8414	6.5061	0.0778	20.45
准二级动力学模型	0.9977	20.5677	0.0327	20.57

8.1.5.2　吸附热力学研究

吸附等温曲线可以用来判断一种吸附剂的吸附效果。在一定温度下，当吸附达到平衡时，溶质分子在两相界面上进行的吸附达到平衡时，它们在两相中浓度之间的关系曲线可以用吸附等温曲线来表达。

为了进一步考察 GMCNs 对 Pd^{2+} 的吸附过程，分别利用 Langmuir 和 Freundlich 吸附模型进行拟合（表 8-7）。Langmuir 模型中，假设吸附发生在单分子表面，被吸附物间没有相互作用。Langmuir 吸附等温式：

$$q_e = q_{max} b c_e / (1 + b c_e)$$

式中，q_e 为吸附容量，mg/g；c_e 为平衡时溶液中吸附质浓度，mg/L；q_{max} 为吸附剂的最大吸附量，mg/g；b 为 Langmuir 吸附常数，与结合位点的亲和力有关。

通过 Langmuir 等温线的线性方程，可以得到：

$$c_e / q_e = 1 / (q_{max} b) + c_e / q_{max}$$

Freundlich 吸附等温式：

$$q_e = K_F c_e^{1/n}$$

式中，q_e 为吸附容量，mg/g；c_e 为平衡时溶液中吸附质浓度，mg/L；K_F（L/g）和 $1/n$ 为 Freundlich 吸附常数，表示吸附能力和吸附强度。

通过 Freundlich 等温线的线性方程，可以得到：

$$\ln q_e = \ln K_F + (1/n) \ln c_e$$

在吸附等温实验中，随着 Pd 浓度的加大，GMCNs 对 Pd 的吸附量也呈现出增加趋势；但当继续增加 Pd^{2+} 浓度，吸附率逐渐变小趋于平衡达到最大值。

表 8-7　基于 Langmuir 和 Freundlich 等温方程的性能参数

模型	线性方程	R^2	等温系数	
Langmuir	$Y = 0.0418X + 1.01101$	0.9921	$q_{max} = 23.9234$mg/g	$b = 0.04134$
Freundlich	$Y = 0.51272X + 0.6846$	0.9178	$K_F = 1.9830$L/g	$n = 1.9504$

通过吸附数据的拟合（见图 8-9），从相关系数可知 Langmuir 方程（$R^2 = 0.9921$）能更好地拟合吸附数据。Langmuir 模型认为吸附剂表面是匀的，说明所制备的戊二醛壳聚糖微球表面的活性位点的分布也是均匀的，修饰壳聚糖对金属离子吸附的活化能也是相同的，从而进一步表明修饰反应在壳聚糖的表面是均匀进行的。由 Langmuir 方程计算的 GMCNs 对钯的最大吸附容量为 23.9mg/g。常数 n 可反映出吸附反应进行的难易程度：当 $0.1 < 1/n \leqslant 0.5$ 时吸附极易于进行；当 $0.5 < 1/n \leqslant 1$ 时吸附易于进行；当 $1/n > 1$ 时吸附难以进行。

Freundlich 方程计算出钯的吸附常数 $1/n$ 为 0.51272，在 0.5～1 范围内，表明吸附过程是比较容易的。

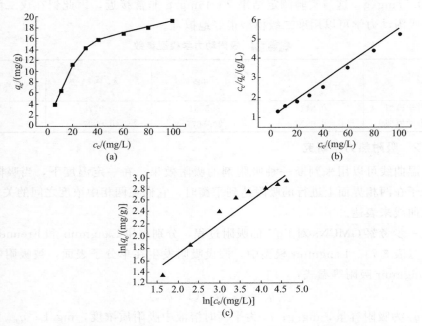

图 8-9　GMCNs 吸附钯的吸附等温线（a）、Langmuir 等温线（b）和 Freundlich 等温线（c）

8.1.5.3　吸附机理探讨

壳聚糖能有效螯合吸附各类金属离子，推测其可能的吸附机理主要是改性后的壳聚糖与钯离子在络合作用下形成络合物（见图 8-10）。

一方面是因为壳聚糖分子中的—NH₂ 和—OH 基团很容易与钯离子发生络合反应。从原子结构来看，—NH₂ 基团中的 N 原子外层有 5 个电子，其中 3 个已配对成键，剩下 1 对孤对电子，失去电子的可能性较小，很容易提供孤对电子，这样壳聚糖与钯离子之间在络合键作用下形成络合物；同理，—OH 基团 O 原子也很容易提供 1 对孤对电子，从而与钯离子形成稳定的络合物。因此，络合反应在戊二醛壳聚糖吸附 Pd 的过程起着主导作用。

另一方面是因为戊二醛改性壳聚糖微球表面由于交联反应将戊二醛中 C＝O 醛基变成了 C＝N 双键，而 C＝N 双键能提供 π 电子，具有很强的络合能力，容易与 Pd 配伍，从而增加吸附底物对 Pd 的吸附作用，随着活性高的表面逐渐被 Pd 遮盖，吸附底物与固体吸附剂表面之间的吸附就越来越弱，这也与图 8-10 所示静态吸附过程基本吻合。

8.1.6　小结

本部分采用戊二醛与壳聚糖交联制备纳米级戊二醛壳聚糖磁性小球（GMCNs），并利用合成的磁性材料和火焰原子吸收光谱法（FAAS）建立了针对原料药（API）中残留重金属钯（Pd）的磁固相萃取方法。结论如下：

（1）首先采用水热共沉淀法制备出壳聚糖磁性纳米颗粒，再在氨水碱性环境中加入戊二醛对其进行改性，使其壳聚糖与戊二醛形成共聚物，提高了纳米材料的稳定性、耐酸碱性和分散性。

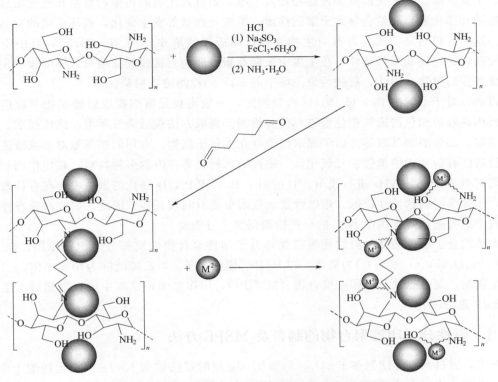

图 8-10 戊二醛壳聚糖磁性材料吸附 Pd 离子的吸附模型

（2）利用 FTIR、XRD 和 TEM 对所制备的磁性材料进行表征，结果表明壳聚糖被成功地修饰到了 Fe_3O_4 的表面，近似呈球形，粒径分布在 20～200nm，有轻微的聚集现象。

（3）动力学实验表明，吸附效率随温度的升高而下降，说明温度升高后分子热运动加剧，并不利于戊二醛壳聚糖磁性材料有针对性地吸附钯离子；从吸附时间来看，在较短的时间内该纳米材料对钯的吸附就能够达到平衡状态，显示出 GMCNs 具有快速识别目标物的优势，其吸附特征更符合准二级动力学模型。

（4）热力学实验表明，Langmuir 方程（$R^2 = 0.9921$）比 Freundlich 方程（$R^2 = 0.9178$）能更好地拟合吸附数据，钯的最大吸附容量为 23.9234mg/g，且吸附过程是比较容易的。

（5）系统地研究并获得磁固相萃取最佳条件：GMCNs 用量为 20mg、溶液 pH3.0、吸附时间 5min、洗脱液类型为 1mol/L 硫脲溶液；在最优实验条件下，该方法在 5.0～500μg/L 范围内具有良好的线性，对盐酸帕洛诺司琼和赛洛多辛原料药中钯离子的回收率达 91.7%～97.6%。

8.2 自组装磁性分子印迹聚合物的制备及其对土壤中苯并（a）芘的选择性吸附研究

土壤是连接大气圈、水圈、岩石圈和生物圈的纽带，作为农业生产的基础和环境要素的重要组成部分，是人类和其他生物赖以生存的物质基础，是不可再生的自然资源。近年来随着工农业生产的迅速发展和人民生活水平的不断提高，产生了大量的有机污染物，通过大气沉降、干湿沉降、废水交换等多种途径进入土壤，当进入土壤的污染物数量和速度超过了土壤的容纳和净化能力，就会导致土壤的性质、组成及性状等发生变化，破坏土壤的自然生态平衡。这些有机污染物质包含有对生物毒害作用极强的苯并（a）芘（BaP），且由于 BaP 具有较高的稳定性和难降解性，在土壤中长期蓄积可能会直接或间接地对人体健康和生态系统造成潜在的风险。因此，对被污染土壤中的 BaP 的检测迫在眉睫。

目前，对于土壤中 BaP 或 PAHs 含量测定，一般流程是溶剂提取后经固相萃取进行净化，再用高效液相色谱或气相色谱进行分离检测。提取方法包括微波萃取、索氏提取、超声辅助萃取、加速溶剂萃取等。由于提取液中存在大量干扰物，常用固相萃取对提取液进行净化，目前已有包括碳纳米管、二氧化钛、磁性纳米材料等在内的多种材料，被用作固相萃取的吸附剂对 BaP 或 PAHs 进行吸附。目前用于 BaP 或 PAHs 净化的方法中存在有待改进的地方，比如吸附剂选择性较低、难以收集、吸附平衡时间较长等，因此，研究高选择性和高吸附效率的吸附剂对土壤中 BaP 的分析检测仍然十分重要。

本节结合了磁性纳米材料的超顺磁性和分子印迹聚合物的模板分子识别作用，以 SiO_2 包覆的 Fe_3O_4（$Fe_3O_4@SiO_2$）为载体，以 BaP 为模板分子，4-乙烯吡啶为功能单体，二苯乙烯为交联剂，制备磁性分子印迹聚合物（MMIPs），用作磁固相萃取中的吸附剂对土壤提取液中 BaP 进行净化。

8.2.1 磁性分子印迹聚合物的制备及 MSPE 方法

首先，通过共沉淀法制备 Fe_3O_4，称取 2.05g 硫酸亚铁铵和 1.41g 三氯化铁溶于 50mL 去离子水中，将混合液转移至 250mL 三口烧瓶中，氮气保护下机械搅拌并水浴加热，当反应液加热至 80℃时，加入 5mL 氨水（质量体积浓度，28%），溶液颜色由棕黄色立即变为黑色，继续反应 30min 后自然冷却至室温，产物用外加磁铁进行磁分离，并用去离子水清洗 4～6 遍，然后将制得的 Fe_3O_4 置于 60℃真空干燥箱干燥 12h。

对上述制备的 Fe_3O_4 进行表面修饰，根据文献报道的方法在 Fe_3O_4 表面进行 SiO_2 包覆。取 100mg Fe_3O_4 纳米粒子加至 80mL 无水乙醇和 20mL 去离子水的混合溶液中，超声处理 30min 使 Fe_3O_4 均匀分散，将混合液转移至 250mL 三口烧瓶中，用氨水调节体系 pH 至 9 后加入 200μL 硅酸四乙酯（TEOS），在室温下机械搅拌 4h 并通入氮气保护。反应完成后用外加磁铁收集产物，并用去离子水洗至中性，然后将制得的 SiO_2 包覆的 Fe_3O_4（$Fe_3O_4@SiO_2$）置于 60℃真空干燥箱干燥 12h。

结合文献报道的悬浮聚合法和 BaP 分子印迹聚合物合成方法制备以 BaP 为模板分子的磁性分子印迹聚合物（MMIPs）。具体操作步骤如下：

（1）称取 2.0g 聚乙烯醇加至 50mL 去离子水中，并加热至 90℃使其溶解，然后冷却至室温得到聚乙烯醇黏稠状透明溶液，向聚乙烯醇溶液中加入 0.60g $Fe_3O_4@SiO_2$，超声 30min 使其均匀分散，将混合液转移至 250mL 三口烧瓶中。

（2）取 25.2mg BaP（模板分子）和 84.1mg 4-乙烯吡啶（功能单体）于锥形瓶中，加入 5mL 乙腈（致孔剂）溶解后，将锥形瓶置于 0℃冰箱 30min，然后加入 715μL 二乙烯苯（交联剂）和 15mg 偶氮二异丁腈（引发剂），超声使之溶解。

（3）将步骤（2）的混合溶液缓慢加入步骤（1）的三口烧瓶中，混合体系在氮气保护下加热至 60℃，机械搅拌下聚合 24h。聚合完成后，产物用外加磁铁收集，并用乙腈在超声作用下洗脱聚合物中的模板分子，洗脱液用 HPLC-FLD 检测直到模板分子 BaP 全部除去。最后，将制得的 MMIPs 分散于 20mL 乙腈中置于 4℃ 冰箱冷藏待用。同时，制备磁性非印迹聚合物（MNIPs）作为对照，非印迹聚合物的制备方法与上述步骤完全相同，只是不加模板分子 BaP。

MMIPs 的制备流程以及 MMIPs 用于土壤提取液中 BaP 的磁固相萃取流程见图 8-11。

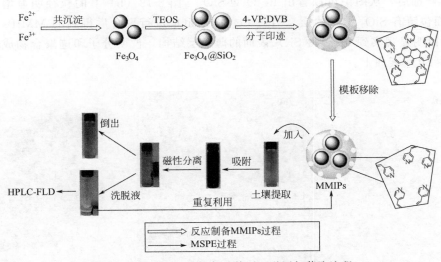

图 8-11　MMIPs 的制备及其用于磁固相萃取流程

8.2.2　批量吸附试验

为了考察所制备的 MMIPs 的吸附性能，合并两次制备的 MMIPs 并分散于 50mL 乙腈中，按 Fe_3O_4 计其浓度估值为 20mg/mL。取 BaP 储备液适量于具塞刻度试管中，用去离子水稀释至 10mL 后，加入一定体积的 MMIPs 分散液（50～300μL），涡旋 30s 后使吸附剂均匀分散，室温下静置 15min 达到平衡吸附后，将溶液置于磁铁上收集吸附剂至溶液变得澄清，取部分上清液用 HPLC-FLD 测定水相中残留的 BaP 浓度，平衡吸附容量 q_e 由初始溶液浓度与平衡后水相浓度之差求得。

8.2.3　土壤样品的采集与处理

研究中选取三种不同地方的土样进行检测，包括公路边土样、工业区土样以及校园土样。除去砾石、植物根系等杂物后，于土表 0～10cm 深处取 0.5～1kg 土样，室温下风干后研磨过 80 目筛，储存于棕色玻璃瓶中，于 4℃ 冰箱避光冷藏待提取。

对土样进行超声提取，称取 1.0g 土样于 50mL 离心管中，加入 10mL 乙腈作为提取溶剂，室温下超声（200W，40kHz）提取 15min 后，于 6000r/min 下离心 5min 收集提取液，再向离心管中加入 10mL 乙腈按照上述条件提取 20min，合并两次提取液后通过减压蒸馏浓缩提取物至 2mL，加入去离子水稀释并定容至 10mL。

将制备的 MMIPs 用于土样提取液中 BaP 的分离纯化，取 20mg 合成的 MMIPs 加至上述提取液中，涡旋使其充分混匀后静置 10min，然后通过外加磁铁进行磁分离，弃去上清液后用乙腈对吸附在 MMIPs 上的 BaP 进行洗脱两次，乙腈每次用量 1mL，通过磁分离收集洗脱液，经 0.45μm 有机滤头过滤后进行 HPLC-FLD 分析。

8.2.4 MMIPs 的表征

通过 TEM 对所制备的 Fe_3O_4，$Fe_3O_4@SiO_2$ 和 MMIPs 的形貌和粒径大小进行表征（见图 8-12），从图中可以看出 Fe_3O_4［图 8-12（a）］的粒径大小在 8～12nm，当 Fe_3O_4 表面经 SiO_2 修饰后，从图中可以看出 $Fe_3O_4@SiO_2$［图 8-12（b）］的粒径明显增大，证明 Fe_3O_4 表面包覆有 SiO_2 纳米片层，当对 $Fe_3O_4@SiO_2$ 进行聚合后得到的 MMIPs［图 8-12（c）］，可以明显观察到 $Fe_3O_4@SiO_2$ 表面的薄膜层结构，说明分子印迹聚合物成功地包覆在 $Fe_3O_4@SiO_2$ 表面上。

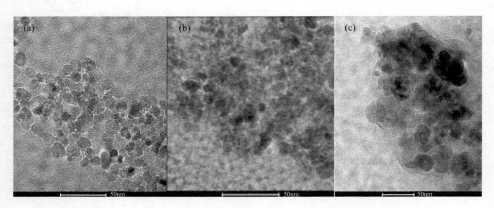

图 8-12　Fe_3O_4（a），$Fe_3O_4@SiO_2$（b）和 MMIPs（c）的 TEM 图

图 8-13 为 Fe_3O_4、$Fe_3O_4@SiO_2$ 和 MMIPs 傅里叶变换红外光谱图，通过对比文献报道数据可知，图 8-13（a）中 580cm^{-1} 处的吸收峰为 Fe—O 振动峰，是 Fe_3O_4 的特征峰。图 8-13（b）中 1104cm^{-1}、965cm^{-1} 和 800cm^{-1} 处的吸收峰分别为 Si—O—Si、Si—O—H 和 Si—O 振动吸收峰，而图 8-13（c）中 1674cm^{-1} 的吸收峰以及 1447cm^{-1} 和 1404cm^{-1} 处的双峰分别属于 MMIPs 中功能单体 4-乙烯吡啶的 C—N 和 C—C 振动吸收峰，3022cm^{-1}、2920cm^{-1}、1447cm^{-1} 属于苯乙烯结构中的 C—H 振动吸收，这些吸收峰的出现证明 MMIPs 制备成功。

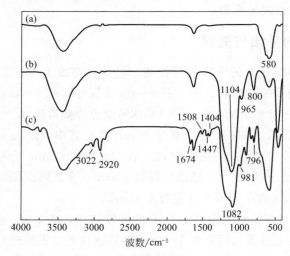

图 8-13　Fe_3O_4，$Fe_3O_4@SiO_2$ 和 MMIPs 傅里叶变换红外光谱图

8.2.5 吸附条件的优化

用 MMIPs 作为吸附剂，同 MNIPs 进行对照试验，选择适当溶液作为溶剂后，用该溶剂配制一系列 BaP 浓度已知的待测液，吸附过程如 8.2.3 部分所描述，通过考察 MMIPs 的吸附容量 q_e 来选择最佳吸附条件，对实验中涉及的试样溶剂、吸附剂用量、溶液 pH、吸附温度、吸附时间等条件进行全面考察，且所有条件试验均平行进行三次。

8.2.5.1 溶剂的影响

当以分子印迹聚合反应中的致孔剂作为目标物的溶解介质时，分子印迹聚合物对目标物的选择性最高，本实验在合成 MMIPs 时所使用的致孔剂为乙腈，故将乙腈作为待考察溶剂之一，除此之外，甲醇、水、乙腈-水混合液均为考察对象，实验结果如图 8-14 所示，整体看来无论在哪种溶剂介质中，MMIPs 的选择性均高于 MNIPs，说明所合成的 MMIPs 对 BaP 具有较高的选择性。尽管乙腈作为聚合反应中的致孔剂，但是结果显示 MMIPs 在乙腈中对 BaP 的吸附能力并不够好，可能是因为 BaP 在乙腈中的高溶解度造成其被 MMIPs 吸附的量减少。当向乙腈中加入去离子水后，溶液的极性增大从而降低了 BaP 的溶解性，同时 MMIPs 对 BaP 的吸附能力也得到提高，当用乙腈-水（1∶4，体积比）为溶液时，MMIPs 对 BaP 的吸附效果最佳，可能是因为溶液的极性较大从而降低了 BaP 在该溶液中的溶解度，其次溶液中的乙腈能够重建聚合反应时 BaP 与聚合物之间的相互作用，故选用乙腈-水（1∶4，体积比）为试样溶液。

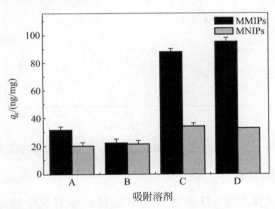

图 8-14　MMIPs 和 MNIPs 分别从乙腈（A）、甲醇（B）、水（C）和乙腈-水（D，1∶4，体积比）中吸附 BaP

8.2.5.2 吸附剂用量的影响

吸附剂的用量与 BaP 的吸附效果有明显关联，因此首先考察 MMIPs 的用量对吸附效率的影响。向已知含量的 BaP 水溶液中分别加入 $50\mu L$ 至 $300\mu L$ MMIPs 分散液对目标物 BaP 进行吸附，结果如图 8-15 所示，随着吸附剂用量的增加，吸附效率呈明显上升趋势，当吸附剂用量超过 $200\mu L$，吸附效率趋于稳定不再增加，故选择 $200\mu L$ MMIPs 分散液作为吸附剂最佳用量。

8.2.5.3 吸附时间的影响

吸附时间对 MMIPs 和 MNIPs 吸附 BaP 的影响如图 8-16 所示，从图中可以看出吸附剂对 BaP 的吸附速率较快，相比前面所用到的磁性纳米粒子作为吸附剂时，其到达吸附平衡的时间稍长，在 15min 左右就达到吸附平衡，可能是因为分子印迹聚合物包裹在 Fe_3O_4 的

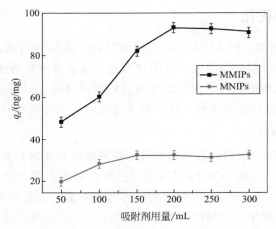

图 8-15　吸附剂用量对吸附效率的影响

表面，使其比表面积减小从而加大传质阻力，另外，BaP 与 MMIPs 吸附活性位点结合需要一定的时间，因此为了使 MMIPs 对 BaP 进行充分吸附，选择 15min 作为吸附时间。

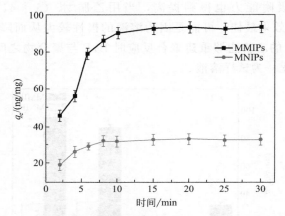

图 8-16　吸附时间对 MMIPs 和 MNIPs 吸附 BaP 的影响

8.2.5.4　溶液 pH 的影响

经过前面的研究，可知溶液 pH 在磁固相萃取过程中对化学稳定性较高的 BaP 几乎没有影响，本次主要研究溶液 pH 对 MMIPs 的影响。由于已有研究报道 Fe_3O_4 在酸性条件下会发生溶解，形成铁离子溶液。本实验着重考察溶液在酸性条件下 MMIPs 对 BaP 的吸附效果，故将溶液 pH 调节在 2.0~9.0 范围内，结果发现 MMIPs 在整个 pH 范围内对 BaP 回收率并未产生明显影响，说明本实验所制备的 MMIPs 的核心 Fe_3O_4 完全被分子印迹聚合物包覆，而且实验制备的磁性分子印迹聚合物具有一定的酸碱耐受性。

8.2.6　吸附剂选择性

本实验中所制备的 MMIPs 是以 BaP 为模板分子，理论上该 MMIPs 只会选择性吸附 BaP，为了验证本实验所制备的 MMIPs 的选择性，本节选取了几种与 BaP 结构类似的 PAHs 或其衍生物作为选择性实验对象，包括 1-羟基芘（1-OHP）、苯并菲（CHR）、芘（PY）、苯并蒽（BaA），在相同条件下，用 MMIPs 对以上几种 BaP 结构类似物进行吸附，同时以 MNIPs 进行对照实验，结果见图 8-17。此外，MMIPs 对 BaP 分子的识别能力用印迹因子 IF 进行评估，印迹因子 IF 计算公式及定义如下：

$$IF = \frac{q_{\text{MMIPs}}}{q_{\text{MNIPs}}}$$

IF 即为模板分子或类似物分子在 MMIPs 上的吸附量（q_{MMIPs}）与在 MNIPs 上的吸附量（q_{MNIPs}）的比值。经计算，MMIPs 对模板分子 BaP 的印迹因子 IF＝4.79，说明 MMIPs 对 BaP 具有较高的亲和力。

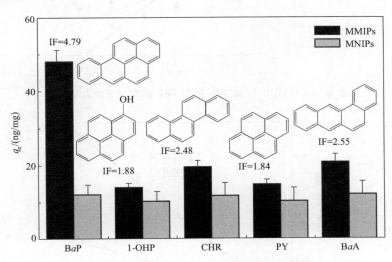

图 8-17　MMIPs 和 MNIPs 对 BaP 和其结构类似物的选择性

8.2.7　吸附动力学

为了深入了解 MMIPs 对 BaP 吸附过程的特性，将吸附数据用准一级和准二级动力学模型进行拟合。并以 MNIPs 为对照，得到准一级和准二级动力学模型拟合线，分别如图 8-18 和图 8-19 所示，准一级和准二级动力学模型拟合数据见表 8-8，MMIPs 和 MNIPs 的准一级反应速率模型的相关系数 R^2 分别为 0.8604 和 0.6413，而准二级反应速率模型的 R^2 分别为 0.9952 和 0.9988，其明显高于准一级动力学相关系数，说明 MMIPs 和 MNIPs 对 BaP 的吸附都更符合准二级动力学模型。

表 8-8　吸附动力学模型参数

温度	$q_{e测}$ /(ng/mg)	准一级			准二级		
		q_e/(ng/mg)	k_1	R^2	q_e/(ng/mg)	k_2	R^2
MMIPs	95.3	35.2	0.1290	0.8604	100.8	0.0051	0.9952
MNIPs	35.4	9.1	0.0538	0.6413	34.2	0.0278	0.9988

8.2.8　吸附等温线

MMIPs 对 BaP 的吸附容量与 BaP 的浓度关系如图 8-20（a）所示，通过 Langmuir 和 Freundlich 等温模型对吸附数据进行拟合，考察其可能的吸附机理和最大吸附容量，拟合的等温线见图 8-20（b）和图 8-20（c）。从图 8-20（a）可看出，MMIPs 的吸附容量随着 BaP 初始浓度的升高不断增加，而 MNIPs 的吸附容量很快就到达平衡，说明 MMIPs 表面具有

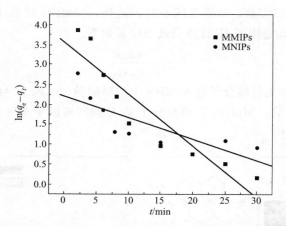

图 8-18 MMIPs 与 MNIPs 吸附 BaP 的准一级动力学模型

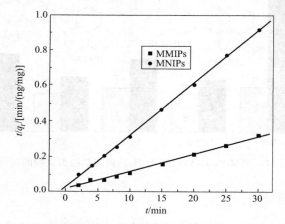

图 8-19 MMIPs 与 MNIPs 吸附 BaP 的准二级动力学模型

较多的吸附位点。相应的拟合常数如表 8-9 所示，结合 Langmuir 和 Freundlich 理论依据，Langmuir 模型假设吸附发生在均匀介质的单分子层表面，被吸附物间没有相互作用，而 Freundlich 模型是基于吸附发生在非均匀介质表面，且当 $1/n$ 趋于 0 时吸附剂表面的不均匀性更突出，在本节中 Freundlich 等温模型的相关系数 $R^2 = 0.992$，相比而言能够更好地对吸附数据进行拟合，根据 Langmuir 模型计算得出 MMIPs 的最大吸附容量为 117.65ng/mg。

表 8-9 **MMIPs 吸附 BaP 的等温模型参数**

Langmuir	
$q_m/(ng/mg)$	117.65
$K_L/(L/g)$	0.041
R^2	0.9764
Freundlich	
$1/n$　　　　　/	0.365
$K_F/(ng/mg) \cdot (dm^3/g)^n$	7.81
R^2	0.9915

8.2.9　吸附剂的回收利用

考虑到实际应用中的成本问题，对吸附 BaP 后的 MMIPs 用乙腈在超声条件下清洗三次

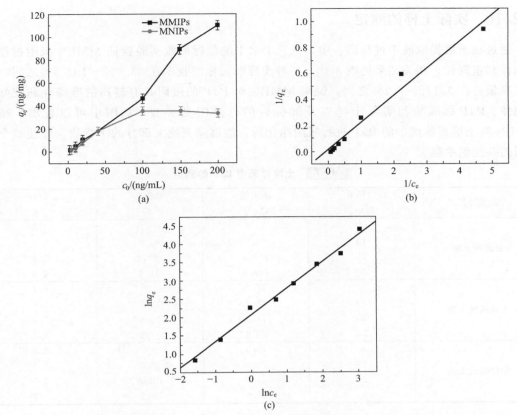

图 8-20　室温下 MMIPs 吸附 BaP 的吸附等温线（a）；Langmuir 等温线（b）；Freundlich 等温线（c）

后，可以重复利用，通过对 MMIPs 进行多次回收，测得不同回收次数的 MMIPs 对 BaP 的吸附效率，MMIPs 经过 8 次回收后，其对 BaP 的吸附效率仍能达到令人满意的结果（见图 8-21）。当 MMIPs 回收 5 次后，其吸附能力才有所下降，可能的原因是 BaP 在与 MMIPs 的结合位点作用力较强，乙腈超声清洗后仍有部分 BaP 占据着结合位点，随着使用次数的增加被占据结合位点逐渐增加，从而导致其对 BaP 的吸附效率有所下降。

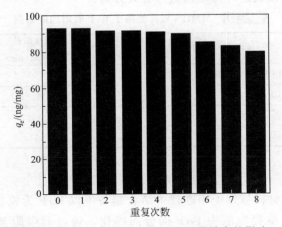

图 8-21　回收的 MMIPs 对 BaP 吸附效率的影响

8.2.10　实际土样的测定

通过在土壤提取液中进行高、中、低三个水平的加标回收实验验证 MMIPs 吸附过程的准确性和重现性，相关结果见表 8-10。三种土样的加标回收率在 83.0%～102.8% 之间，相对标准偏差在 3.1%～7.2% 之间，说明 MMIPs 对 BaP 的吸附具有较高的准确性和较好的重现性。BaP 标准品和实际土样以及加标后的色谱图见 8-22，从图中可以看出，经过 MMIPs 对土壤提取液中的 BaP 进行吸附净化后，能够除去绝大部分的干扰物，并使整个色谱图的基线更平稳。

表 8-10　土壤样品中 BaP 的测定

土壤样品	加标量 /(ng/g)	测定值 /(ng/g)	回收率 ($n=6$)/%	RSD /%
公路边土壤	0	83.2		4.3
	10	91.5	83.0	5.2
	25	108.4	100.8	3.1
	50	128.9	91.4	4.8
工业园区土壤	0	47.2		6.1
	10	56.4	92.0	3.9
	25	71.1	95.6	5.7
	50	95.8	97.2	4.2
学校附近土壤	0	18.5		4.8
	10	27.8	93.0	7.2
	25	44.2	102.8	3.5
	50	67.6	98.2	4.9

8.2.11　MMIPs 与其他吸附剂对比

到目前为止，已有较多基于磁性材料或分子印迹技术的报道用于测定 BaP，但是将磁性纳米材料和分子印迹技术结合后进行 BaP 或 PAHs 的测定报道相对较少，为了验证实验所制备的 MMIPs 的优越性，将 MMIPs 与其他报道中所涉及用于 BaP 吸附的吸附剂进行对比，对比结果见表 8-11。从表中可看出，实验所制备的 MMIPs 具有较快的吸附平衡时间以及较大的吸附容量，可以通过外加磁铁进行有效分离。

表 8-11　MMIPs 与其他用于 BaP 吸附的吸附剂

方法	吸附剂	平衡时间 /min	吸附量 /(ng/mg)	回收率 /%
SPE-GC-MS	Zn(Ⅱ)络合聚合物	7	—	88.7～106.0
SPE-荧光光度法	MIPs	60	41～117	54.5～90.5
MSPE-HPLC-FLD	Fe_3O_4/Au	30	95.33	77.1～96.4
MSPE-HPLC-FLD	MMIPs	15	117.65	83.0～102.8

8.2.12　小结

本研究将磁性纳米材料与分子印迹技术结合制备了以 BaP 为模板分子的磁性分子印迹聚合物，并将其用于土壤提取液中 BaP 的分离净化，通过对吸附条件的优化，所制备的 MMIPs 展现出良好的模板分子识别能力和较高的吸附容量，达到吸附平衡后，吸附剂在外加磁铁的作用下能够实现快速分离，从而避免离心过滤等烦琐操作，达到节省时间和能耗的

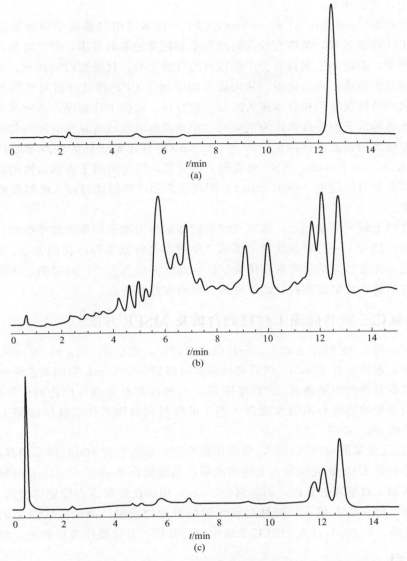

图 8-22　浓度为 5ng/mL 的 BaP 标准品（a），公路边土壤提取液加标前（b）和加标后（c）的色谱图

目的。结合高效液相色谱-荧光检测器建立了一种简单、快速、高选择性的土壤中 BaP 的分析测定方法。

8.3　磁固相萃取-高效液相色谱法检测茶饮料中的邻苯二甲酸酯的研究

表面活性剂（surfactant）是一类具有亲水亲油基团的物质，具有良好的乳化性能、起泡性能、分散性能等特征，使其在萃取方面得到快速的发展和应用。由于表面活性剂的非挥发性、乳化性、环境无污染，被视为一种绿色萃取剂。表面活性剂的类型有阳离子型、阴离子型、两性型和非离子型。最常用的表面活性剂有 Aliquat 系列阳离子表面活性剂、SDS 系列阴离子表面活性剂和 Triton 系列、Genapol 系列、Tergitol 系列、Brij 系列以及 PONPE

系列等非离子表面活性剂。

当前浊点萃取（cloud point extraction，CPE）技术通用的非离子型表面活性剂主要是Triton X 和 PONPE 系列，虽然有较高的回收率和较宽的萃取范围，但在常用的高效液相色谱或荧光检测中，表面活性剂自身会产生较高的背景信号，且保留时间较长，对于富集的被萃取物质的信息将造成严重的遮盖，从而极大地限制了 CPE 样品分析对象的范围，也不能将萃取后的表面活性剂富集相直接送入液相色谱分析。根据上述情况，研究找到一种对目标分析物检测无影响的表面活性剂作为萃取剂，即无紫外吸收或者保留时间与邻苯二甲酸酯的保留时间相差较大的表面活性剂。1999 年，Casero 等提出酸诱导的浊点萃取利用阴离子表面活性剂（anionic surfactant，AS）来克服上述问题，因为阴离子表面活性剂具有适当的离子对，使得其保留时间偏小（小于 3min）。阴离子表面活性剂通过加入电解质形成的相分离现象称为凝聚。

本研究在以上研究的基础上，选取直链苯磺酸钠作为凝聚相萃取的萃取剂，与分散磁固相萃取相结合，建立了一种对茶饮料中邻苯二甲酸酯进行富集与净化的方法。研究 CAP-D-MSPE 的性能，并进行方法学考察和优化。结合高效液相色谱法，同时测定多种邻苯二甲酸酯，具有操作简单、富集倍数高、结果准确、环境友好等特点。

8.3.1 四氧化三铁@硅藻土材料的合成及 MSPE 方法

在室温下，将 1.8g 硅藻土加入 24mL 的乙二醇中，然后把 0.6g $FeCl_3 \cdot 6H_2O$ 和醋酸钠溶入乙二醇中，连续搅拌 30min。然后将该溶液转移到一个 50mL 聚四氟乙烯内衬的不锈钢高压釜中，放在马弗炉内加热至 200℃保持 8h，自然冷却至室温，产物利用外加磁场分离，分别依次使用适量的乙醇和蒸馏水洗涤 3 遍，最终得到的四氧化三铁@硅藻土纳米材料在60℃下真空干燥 8h，备用。

将 0.8mL 直链苯磺酸钠（10%，质量体积浓度）加入装有 10mL 样品的具塞离心管中，充分混匀。然后将 1.0g 氯化钠加入上述溶液中，涡旋混合 2min，将 25mg 四氧化三铁@硅藻土纳米材料加入具塞离心管内，涡旋混合 2min，用磁铁贴在离心管底部吸附 1min，将上层液倒掉后加甲醇 500μL 将下层磁性材料吸附的目标物洗脱。再用磁铁除去固相，甲醇相过 0.45μm 滤膜，取 20μL 注入 HPLC 系统中进行分析。具体操作流程如图 8-23。

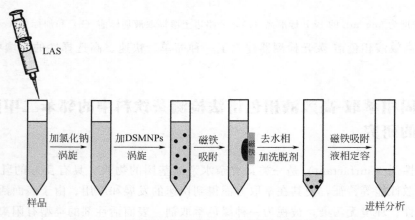

图 8-23　表面活性剂凝聚相-分散磁固相萃取流程图

8.3.2 材料的表征

8.3.2.1 XRD分析

X射线衍射是研究材料元素组成和结构的重要手段之一。图 8-24 是 Fe_3O_4 纳米颗粒和 Fe_3O_4 @硅藻土纳米颗粒的 X 射线衍射图。如图 8-24 所示,Fe_3O_4 纳米粒子和 Fe_3O_4 @硅藻土纳米粒子均在 $2\theta = 30.28°$、$35.46°$、$43.40°$、$53.28°$、$57.14°$ 和 $60.76°$ 的特征峰分别对应(220)、(311)、(400)、(422)、(511)和(440)晶面衍射峰,证明了合成的材料中存在 Fe_3O_4 纳米颗粒,并且其结构没有受到包裹的硅藻土的影响。

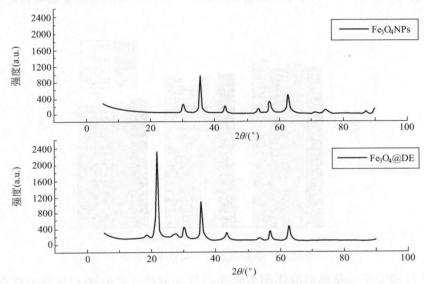

图 8-24 Fe_3O_4 纳米粒子和 Fe_3O_4 @硅藻土纳米粒子 X 射线衍射图

8.3.2.2 TEM分析

通过进行 TEM 分析考察合成材料的表面形态和粒径,Fe_3O_4 @硅藻土纳米粒子的 TEM 图如图 8-25 所示。

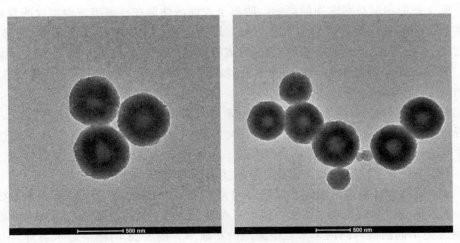

图 8-25 Fe_3O_4 @硅藻土纳米粒子的 TEM 图

如图 8-25 所示,两种产物均为规则的球形,纳米颗粒的平均粒径在 450nm,颗粒分散。

8.3.3 优化 CAP-MSPE 条件

8.3.3.1 凝聚相萃取条件的优化

（1）阴离子表面活性剂的选择和用量对萃取率的影响。在萃取过程中，萃取溶剂的选择非常重要。我们选取水溶性高且价格便宜的阴离子表面活性剂（直链苯磺酸钠、十二烷基苯磺酸钠、十二烷基硫酸钠）作为萃取溶剂考察对萃取效率的影响。阴离子表面活性剂加入样品溶液后，形成胶束，将分析物包裹在胶束内部，达到萃取的效果。结果如图 8-26 所示，直链苯磺酸钠对 4 种邻苯二甲酸酯的富集效果最好，所以在后续实验中选取直链苯磺酸钠作为萃取溶剂。

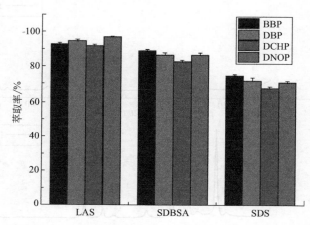

图 8-26　表面活性剂对萃取率的影响

在 CAP-D-SPE 中，萃取剂的体积的大小对乳化效果、萃取率和富集倍数都有重要影响，因此考察萃取剂体积是一个非常重要的步骤。本研究考察了加入 0.2～1.2mL LAS（10%，质量体积浓度）对萃取率的影响。实验结果表明萃取率随着加入 LAS 体积的增加而缓慢增加，在 0.8mL 达到最大值，但是继续增大 LAS 的体积，萃取率不变，这可能是对邻苯二甲酸酯的萃取达到饱和，所以选择 0.8mL LAS 用于后续实验。

（2）氯化钠的用量对萃取率的影响。阴离子表面活性剂在样品溶液中形成的胶束通过加入一定量的盐就可形成凝聚相，与水相分离，即相分离。本实验选择氯化钠（0.5～2.0g）来考察离子强度对阴离子表面活性剂 LAS 形成凝聚相的影响。由图 8-27 可知，当盐用量为 1.0g 时，萃取率最高即凝聚相与水相完全分离，超过 1.0g，萃取率基本不变。所以在后续实验中加入 1.0g 氯化钠。

（3）pH 对萃取率的影响。溶液的 pH 值是影响萃取邻苯二甲酸酯的重要因素，它可以改变分析物在样品溶液和萃取溶剂之间的分配系数，与目标分析物在其中的溶解性密切相关。在样品溶液 pH 2.0～11.0 范围内考察了 pH 对邻苯二甲酸酯萃取效果的影响。结果表明 pH 在中性条件下萃取率最高，因此在后续实验中不调节 pH。

（4）萃取时间对萃取率的影响。萃取时间是 CAP-D-MSPE 体系中一个非常重要的影响因素，为了取得最佳萃取效果，本实验研究了在最佳条件下通过涡旋混合时间对萃取率的影响。图 8-28 是不同涡旋时间内邻苯二甲酸酯的萃取率。图 8-28 的结果显示涡旋混合时间为 2min 时四种邻苯二甲酸酯即可被完全萃取。2min 以后，萃取率没有明显变化。因此我们选择 2min 涡旋时间作为 CAP-D-MSPE 的最佳涡旋混合时间。

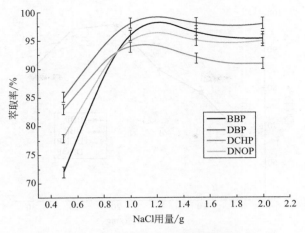

图 8-27　氯化钠的用量对萃取率的影响

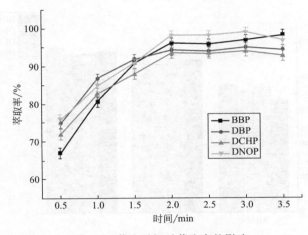

图 8-28　萃取时间对萃取率的影响

8.3.3.2　磁性材料的用量对萃取率的影响

磁性材料的用量是 CAP-D-MSPE 体系中一个很重要的影响因素。磁性材料用来将吸附过目标物的阴离子表面活性剂从水中吸附出来，达到分离净化的效果。在本研究中考察了 5mg、10mg、15mg、20mg、25mg 和 30mg 的 Fe_3O_4@硅藻土磁性纳米材料对萃取率的影响，结果如图 8-29 所示，萃取率在 5～20mg 范围内逐渐增加，且 20mg 时达到最高，当 Fe_3O_4@硅藻土磁性纳米材料用量超过 20mg，萃取率保持不变甚至由于磁性纳米材料的增加而减少。这可能是因为在 20mg 时吸附完全，超过 20mg 导致 LAS 无法从磁性材料上完全洗脱下来。因此，在后续实验中使用 20mg Fe_3O_4@硅藻土磁性纳米材料。

8.3.3.3　洗脱剂对萃取率的影响

有机溶剂可以破坏阴离子表面活性剂所形成的胶束，当胶束被破坏后，邻苯二甲酸酯就可以从表面活性剂胶束中被释放出来。常用的有机溶剂有甲醇、乙醇、乙腈，都可以用作洗脱剂。本研究选取上述三种有机溶剂作为洗脱剂时对萃取率的影响，结果如图 8-30 所示，乙腈作为洗脱剂时洗脱效果最好，四种邻苯二甲酸酯的萃取率都达到最高，所以在后续实验中用乙腈作为洗脱剂。

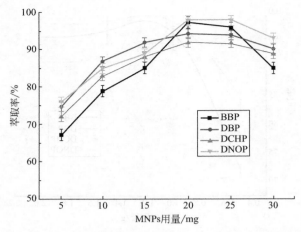

图 8-29　Fe_3O_4@硅藻土磁性纳米材料的用量对萃取率的影响

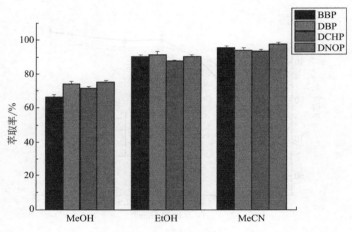

图 8-30　洗脱剂对萃取率的影响

8.3.4　方法验证

8.3.4.1　标准工作曲线的制作及检测限的确定

按照筛选出的最佳检测实验条件，以浓度为横坐标、峰面积为纵坐标制作四种邻苯二甲酸酯的标准工作曲线，在 $10\sim1000\mathrm{ng/mL}$ 浓度范围内均线性良好，相关系数均在 0.999 以上，以信噪比的 3 倍（$S/N=3$）计算检出限。具体数据见表 8-12。

表 8-12　方法的特征性考察

分析物	线性范围 /(ng/mL)	回归方程	相关系数	检测限/(ng/mL)
BBP	$10\sim1000$	$Y=38.95X+207.68$	0.9996	1.42
DBP	$10\sim1000$	$Y=39.36X+263.55$	0.9996	3.51
DCHP	$10\sim1000$	$Y=28.65X+197.44$	0.9992	2.98
DNOP	$10\sim1000$	$Y=29.49X+145.67$	0.9997	1.75

我们将该方法与其他已报道的萃取方法的检测特性对比，结果见表 8-13，与其他方法相比，CAP-D-MSPE 的萃取时间较短。

表 8-13　本方法与已报道萃取方法的比较

样品	分析方法	检测限/(ng/mL)	萃取时间/min	回收率/%	相对标准偏差/%
竹炭	SPE-HPLC/UV	0.35～0.43	50	75.0～114.2	2.0～4.1
瓶装啤酒	SPME-GC/FID	0.003～3.429	60	86.3～109.3	1.69～13.51
废水	CPE-HPLC/UV	1.0～3.8	65	81.5～113.5	1.87～3.89
环境水样	IL-CIA-DLLME-HPLC/VWD	0.68～1.36	13	90.1～99.2	2.2～3.7
茶饮料	CAP-D-MSPE-HPLC/DAD	1.42～3.51	5	91.2～105.1	1.82～3.54

注：SPE-HPLC/UV，solid phase extraction-high performance liquid chromatography/ultraviolet detector，固相萃取-高效液相色谱法/紫外检测器；

SPME-GC/FID，solid phase microextraction-gas chromatography/flame ionization detector，固相微萃取-气相色谱法/火焰离子化检测器；

CPE-HPLC/UV，cloud point extraction-high performance liquid chromatography/ultraviolet detector，浊点萃取-高效液相色谱法/紫外检测器；

IL-CIA-DLLME- HPLC/VWD，ionic liquid cold-induced aggregation dispersive liquid-liquid microextraction- high performance liquid chromatography/variable wavelength detector，离子液体低温诱导聚合分散液-液微萃取-高效液相色谱法/多波长检测器。

8.3.4.2　实际样品分析

通过在绿茶和冰红茶中添加高、中、低三个浓度的邻苯二甲酸酯，考察了方法的加标回收率和精密度，即日和隔日的加标实验每个样品均重复测定 5 次，结果见表 8-14。该方法的回收率在 91.2%～105.1%，相对标准偏差（RSD）在 1.82%～3.54%。邻苯二甲酸酯标准品和实际样品以及加标后的色谱图见图 8-31，本研究方法对茶饮料中的基质有很好的净化功能，背景吸收小，杂质峰干扰小，适用于复杂样品中邻苯二甲酸酯的检测。

表 8-14　即日和隔日方法加标回收率和精密度实验

分析物	样品	加标浓度/(ng/ml)	回收率（即日）/%	相对标准/%	回收率（隔日）/%	相对标准/%
BBP	冰红茶	50	91.2	3.06	92.0	2.25
		100	92.1	1.98	95.9	3.09
		50	92.3	2.59	95.8	2.48
	绿茶	100	101.7	1.99	98.1	1.82
		500	92.9	3.01	91.2	3.04
DBP	冰红茶	50	105.1	2.92	98.1	2.69
		100	98.9	2.08	99.9	2.30
		500	93.7	3.19	99.8	2.75
	绿茶	50	93.9	3.36	91.7	2.74
		100	99.8	3.54	104.3	2.93
		500	96.1	2.19	98.3	2.67

分析物	样品	加标浓度 /(ng/ml)	回收率 (即日)/%	相对标准/%	回收率 (隔日)/%	相对标准/%
DCHP	冰红茶	50	93.8	3.19	99.2	2.75
		100	96.3	2.79	95.2	2.41
		500	104.7	2.94	97.1	1.89
	绿茶	50	94.9	3.31	99.2	3.28
		100	105.1	2.02	98.6	2.99
		500	93.9	2.28	92.9	3.30
DNOP	冰红茶	50	94.7	1.94	93.3	2.89
		100	95.9	2.31	99.2	3.18
		500	103.5	2.12	98.6	2.69
	绿茶	50	95.9	2.25	94.9	2.35
		100	91.6	2.72	94.7	2.77
		500	94.9	2.03	99.7	2.96

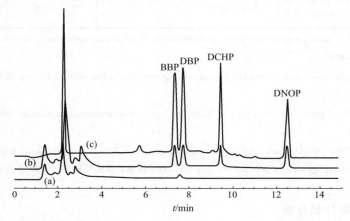

图 8-31　高效液相-紫外检测器色谱图：(a) 空白样品未经过 CAP-MSPE 萃取；(b) 加标样品 (50ng/mL) 未经过 CAP-MSPE 萃取；(c) 加标样品 (50ng/mL) 未经过 CAP-MSPE 萃取后

8.4　碳量子点包裹 Fe_3O_4 纳米材料磁固相萃取-高效液相色谱法测定调料酱中的 3-乙酰基-2,5-二甲基噻吩的研究

3-乙酰基-2,5-二甲基噻吩作为一种合成的食用香精香料，常用于肉类食品加工中，在 GB 2760—2014《食品安全国家标准　食品添加剂使用标准》中的中国编码为 S0572。其分子式为 $C_8H_{10}OS$，分子量为 154.23，CAS 号为 2530-10-1，$\lg K_{ow}=2.36$，沸点为 105~108℃，密度为 1.086g/mL (25℃)，不溶于水，易溶于甲醇、乙醇等有机溶剂。

碳量子点是由分散的类球状颗粒组成，尺寸在 10nm 以下，具有荧光性质的新型纳米碳材料。作为新型的"零维"碳纳米材料，不仅具有类似于传统量子点的发光性能与小尺寸特性，而且还具有水溶性好、生物毒性低和导电性好的优势，使其在生物成像、生物标记、传感器、光催化、发光二极管等领域受到极大关注。本节用碳量子点修饰功能性磁性材料时，合成了 Fe_3O_4@聚多巴胺@多巴胺 CDs 磁性材料，不仅能提高磁性材料在水溶液中的分散性，能降低磁性材料的粒径，还能提高对目标物的萃取。

本节采用 Fe_3O_4@聚多巴胺@多巴胺 CDs 和 Fe_3O_4@MWCNTs 两种磁性材料混合来对

调料酱样品中 3 乙酰基 2,5 二甲基噻吩进行富集萃取，随后用高效液相色谱法检测含量。实验考察了两种吸附剂的配比、吸附剂的用量、吸附时间、平衡时间和洗脱条件等实验参数对吸附率的影响。结合高效液相色谱技术，建立了测定方便面样品食品添加剂 3-乙酰基-2,5-二甲基噻吩的新方法。方法简单快速，重复率和重现性好。

8.4.1 磁性纳米材料合成

8.4.1.1 多巴胺 CDs 的合成

称量 0.3g 多巴胺置于烧杯中，加入 100mL 去离子水搅拌均匀；将溶液置于容量为 200mL 的聚四氟乙烯内衬的不锈钢反应釜中，200℃加热 6h；反应后的产物自然冷却至室温，获得碳量子点初始溶液。

8.4.1.2 Fe_3O_4 磁性材料的合成

取 2.05g 硫酸亚铁铵和 1.41g 三氯化铁置于三角烧瓶中，用 50mL 纯化水溶解后，氮气保护下，水浴加热至 80℃之后，加入 5mL 氨水，继续搅拌反应 30min，最后冷却至室温，用纯化水洗涤 3 次，即得 Fe_3O_4 NPs。

8.4.1.3 Fe_3O_4@聚多巴胺@多巴胺 CDs 磁性材料的合成

取 1g Fe_3O_4，分散在 30mL 去离子水和 25mL 10mmol/L 的多巴胺溶液中，并用 0.1mol/L NaOH 调 pH 为 8.5，加入 0.02g 过硫酸钾后，常温搅拌 3h。加入 25mL 多巴胺 CDs，继续常温搅拌 12h，用钕磁铁分离磁性材料，并用去离子水和无水乙醇洗涤 3～4 次，即得 Fe_3O_4@聚多巴胺@多巴胺 CDs 磁性材料。

8.4.1.4 Fe_3O_4@MWCNTs 磁性材料的合成

称取 10g 六水三氯化铁溶于 200mL 乙二醇中，再加入 716mg 碳纳米管，然后置于超声仪中（200W，40Hz）超声 30min。加入 30g 乙酸钠，溶解后加入 100mL 乙二胺涡旋混匀 20min，然后将混合液转移至 250mL 聚四氟乙烯内衬的不锈钢反应釜中，在 200℃条件下加热反应 8h。反应完成后冷却至室温。所得悬浮液经甲醇沉淀后用钕铁硼（Nd-Fe-B）强磁性磁铁收集，并用去离子水/甲醇洗涤 4～6 遍以除去过量的未反应的试剂，最后将制得的 MWCNTs 包覆的 Fe_3O_4 纳米材料（Fe_3O_4@MWCNTs NPs）重新分散在 200mL 水溶液中（20mg/mL）。置于 4℃贮存，备用。

8.4.2 样品前处理过程

取不同品牌的调料酱（李锦记黄豆酱，李锦记排骨酱，海天海鲜酱，老干妈风味鸡油辣椒酱，晨明香菇酱和红油豆瓣酱购于昆明理工大学学校门口超市）5.0g 于 50mL 离心管中，加入 20mL 甲醇超声提取 30min，在 6000r/min 下离心 10min，取上清液备用。

取上清液 1mL 置于 10mL 离心管中，加入纯化水定容至 5mL。调节溶液呈中性后，加入 200μL Fe_3O_4@MWCNTs 磁性材料和 100μL Fe_3O_4@聚多巴胺@多巴胺 CDs 磁性材料，在涡旋混匀器上混合 1min，后静置 15min，用磁铁放于离心管底部，对溶液中的磁性纳米材料进行收集，上清液倒掉后，用 1mL 丙酮洗脱磁性材料，涡旋混匀器上涡旋 1min。用磁铁放在离心管底部吸住磁性材料，上层洗脱液经滤膜过滤以 20μL 进高效液相色谱进行分析。

8.4.3 磁性材料的表征分析

通过进行 TEM 分析考察合成材料的表面形态和粒径，如图 8-32 所示，可以很明显地看出两种产物均为规则的球形，Fe₃O₄@聚多巴胺@多巴胺 CDs 纳米粒子的粒径要比 Fe₃O₄@聚多巴胺纳米粒子的粒径要小，颗粒更加分散。

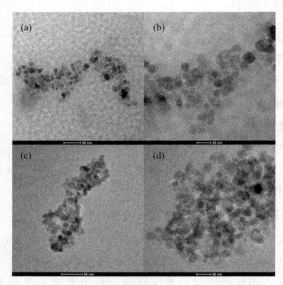

图 8-32　Fe₃O₄@聚多巴胺@多巴胺 CDs NPs(a,b) 和 Fe₃O₄@聚多巴胺 NPs(c,d)的 TEM 图

8.4.4 吸附剂的配比

本节采用了 Fe₃O₄@MWCNTs 磁性材料和 Fe₃O₄@聚多巴胺@多巴胺 CDs 磁性材料混合起来，对目标物进行萃取，因此两个磁性材料的不同配比对萃取效率的影响，也是要考察的因素。考察了 Fe₃O₄@MWCNTs 磁性材料和 Fe₃O₄@聚多巴胺@多巴胺 CDs 磁性材料不同配比（1∶1，1∶2，2∶1，1∶3，3∶1，2∶0，0∶2）对萃取率的影响，如图 8-33 所示，可知，随着 Fe₃O₄@MWCNTs 磁性材料比例的增加，萃取率呈递增的趋势；随着 Fe₃O₄@聚多巴胺@多巴胺 CDs 磁性材料配比的增加，萃取率有所增加但是不明显。因此，本研究选用 Fe₃O₄@MWCNTs 磁性材料和 Fe₃O₄@聚多巴胺@多巴胺 CDs 磁性材料的配比为 2∶1，即加入 200μL Fe₃O₄@MWCNTs 磁性材料和 100μL Fe₃O₄@聚多巴胺@多巴胺 CDs 磁性材料。

8.4.5 溶液 pH 的影响

样品溶液 pH 为磁固相萃取中的一个重要影响因素，3-乙酰基-2,5-二甲基噻吩作为一种化学稳定性较高的物质，pH 对其影响较小。因此，在磁固相萃取过程中，pH 主要影响吸附剂的表面性质和吸附剂表面结合位点，从而影响 3-乙酰基-2,5-二甲基噻吩的吸附。研究考察了溶液在 pH＝4.0～11.0 范围内 Fe₃O₄@MWCNTs 磁性材料和 Fe₃O₄@聚多巴胺@多巴胺 CDs 磁性材料对 3-乙酰基-2,5-二甲基噻吩萃取率的影响，结果发现（图 8-34）在整个范围内 pH 变化时，在酸性条件下，萃取率影响不大，但是 Fe₃O₄@聚多巴胺@多巴胺 CDs 磁性材料会分解，不利于实验的进行，影响实验结果的准确性，在碱性条件下，不利于吸

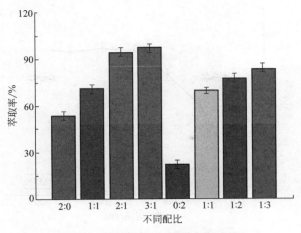

图 8-33　磁性材料的不同配比的影响

附。由以上可知，在实验中调节 pH 为中性环境。

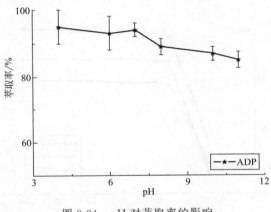

图 8-34　pH 对萃取率的影响

8.4.6　萃取时间

一般来说，通过磁固相萃取将目标物从待测液中分离的过程是一个吸附平衡过程，需要一定的时间才能达到吸附平衡。本研究考察 2～30min 范围内，3-乙酰基-2,5-二甲基噻吩的萃取率随磁固相萃取时间增加的变化规律。结果如图 8-35 所示，当萃取时间从 2min 增加到 10min 时，3-乙酰基-2,5-二甲基噻吩的萃取率随萃取时间的增加而提高，在 10min 后即达到最大值。10min 后 3-乙酰基-2,5-二甲基噻吩的萃取率不再随着时间的增加而增加，说明萃取 8min 即到平衡状态，故选择 8min 为磁固相萃取时间。

8.4.7　吸附动力学

吸附动力学主要用来反映吸附剂对目标物吸附速率的快慢，为了探讨 Fe_3O_4 @ MWCNTs 磁性材料和 $100\mu L$ Fe_3O_4@聚多巴胺@多巴胺 CDs 磁性材料对 3-乙酰基-2,5-二甲基噻吩的吸附特性，根据磁固相萃取的操作过程，分别在常温下、40℃、60℃的温度下（在水浴锅中控制温度）2～30min 内，考察了温度对吸附效率的影响，结果如图 8-36 所示，可知，吸附时间会在 8min 左右完成（与之前的实验结果吻合），温度过高会使吸附效率下降，

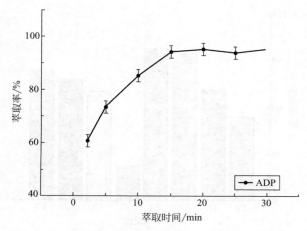

图 8-35　萃取时间对萃取率的影响

这也说明温度升高分子热运动加剧，并不利于此两种磁性材料对目标物的吸附。

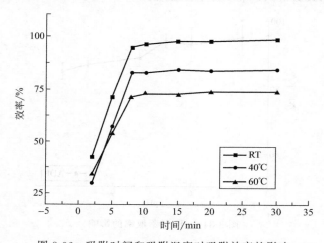

图 8-36　吸附时间和吸附温度对吸附效率的影响

当 3-乙酰基-2,5-二甲基噻吩的初始浓度为 $5\mu g/mL$，$pH=7$，在常温下的条件时，将吸附数据用准一级和准二级动力学模型进行拟合，所涉及的相关公式如下：

$$\ln(q_e-q_t)=\ln q_e-K_1t \tag{8-1}$$

$$\frac{t}{q_t}=\frac{1}{K_2q_e^2}+\frac{1}{q_e}t \tag{8-2}$$

式中，q_e，q_t 分别为吸附平衡及时间 t 时刻的吸附量，ng/mg；K_1 为准一级动力学反应速率常数；K_2 为二级动力学反应速率常数，g/（ng/mg）。

在上面的公式中，以 $\ln(q_e-q_t)$ 和 t/q_t 分别对 t 作图，分别得到准一级动力学模型拟合线和准二级动力学模型拟合线（如图 8-37 所示），通过斜率及截距确定 K_1、K_2 和 q_e 相对应的值。由图可知，在常温下准一级反应速率模型的相关系数 $R^2=0.4686$，而准二级反应速率模型的 $R^2=0.9978$，明显高于准一级动力学相关系数，且准二级动力学模型计算出的吸附剂的最大吸附容量结果为 65.8ng/mg，与实验中所得的数据基本一致。因此，这两种磁性材料的吸附动力学过程更符合准二级动力学模型，说明该吸附过程与吸附剂和吸附质浓度均有关系。

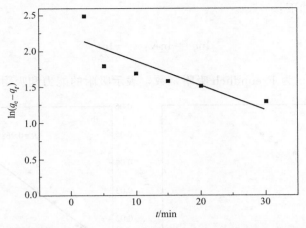

图 8-37　Fe$_3$O$_4$@PDA@DA CDs NPs 和 Fe$_3$O$_4$@MWCNTs NPs 吸附 ADP 的准一级动力学模型

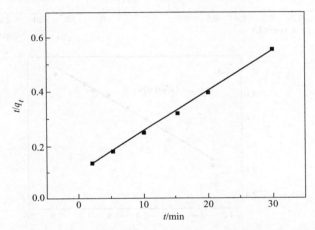

图 8-38　Fe$_3$O$_4$@PDA@DA CDs NPs 和 Fe$_3$O$_4$@MWCNTs NPs 吸附 ADP 的准二级动力学模型

8.4.8　吸附等温线

表 8-15　吸附动力学模型参数

模式	R^2	q_e/(ng/mg)	K_1 或 K_2	$q_{e测}$/(ng/mg)
准一级	0.7186	9.007	0.0336	66.2
准二级	0.9991	65.8	0.0233	66.2

吸附等温线可以用来判断吸附剂对目标物的吸附效果。在常温下，pH＝7，吸附时间为 8min 时，依次改变 3-乙酰基-2,5-二甲基噻吩的初始浓度，进一步考察 Fe$_3$O$_4$@PDA@DA CDs NPs 和 Fe$_3$O$_4$@PDA NPs 对目标物的最大吸附能力，分别利用 Freundlich 和 Langmuir 吸附模型进行拟合（表 8-15）。Langmuir 模型中，假设吸附发生在单分子层表面，被吸附物间没有相互作用，其数学表达式（8-3）为：

$$\frac{1}{q_e}=\frac{1}{q_m}+\frac{1}{K_L q_m c_e} \tag{8-3}$$

式中，q_m 是吸附剂的最大吸附量，ng/mg；K_L 为吸附能量常数，是指被吸附物对吸附剂的亲和度。

Freundlich 等温线是依据吸附点和能量指数分布，假设吸附发生在非均匀介质表面，其数学表达式（8-4）如下：

$$\ln q_e = \ln K_F + \frac{1}{n}\ln c_e \tag{8-4}$$

式中，K_F 和 $1/n$ 为 Freundlich 吸附常数，表示吸附的能力和吸附的强度。

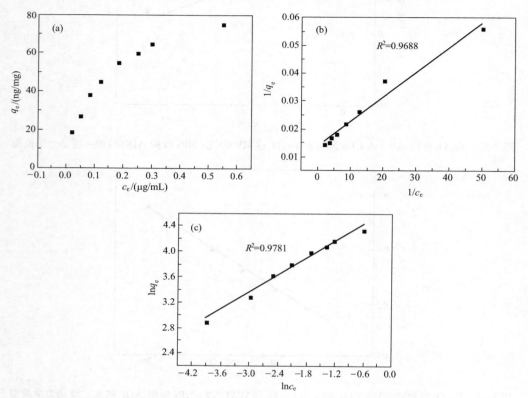

图 8-39　Fe$_3$O$_4$@PDA@DA CDs NPs 和 Fe$_3$O$_4$@MWCNTs NPs 吸附 ADP
的吸附等温线（a）；Langmuir 等温线（b）；Freundlich 等温线（c）

在吸附实验过程中，随着目标物浓度的增大，两种混合磁性材料对目标物的吸附量呈增加的趋势，吸附效率逐渐降低达到最大吸附能力值。根据吸附数据进行拟合，结果如图 8-39 所示，拟合所得各模型参数以及相关系数（R^2）如表 8-16 所示，从相关系数可以看出 Freundlich 模型（$R^2=0.9781$）能够更好地拟合吸附数据，认为吸附的活性位点是均匀分布的，对金属离子吸附的活化能也是相同的。根据 Langmuir 模型计算得出 Fe$_3$O$_4$@PDA@DA CDs NPs 和 Fe$_3$O$_4$@PDA NPs 对 ADP 的饱和吸附容量为 71.43ng/mg。常数 n 可以反映出吸附反应进行的难易程度，当经验参数 $1/n$ 的值介于 0.1～0.5 之间时，说明吸附容易发生，当 $0.5<1/n\leqslant1$ 时，吸附能够发生，当 $1/n>1$ 时，吸附难以发生。从表 8-16 中可知，本实验中 $1/n=0.4504$ 说明吸附过程是容易发生的。

表 8-16　Fe$_3$O$_4$@PDA@DA CDs NPs 和 Fe$_3$O$_4$@MWCNTs NPs 吸附 ADP 的等温模型参数

吸附模型	R^2	等温系数	
Langmuir	0.9688	$K_L=15.56$	$q_m=71.43$ng/mg
Freundlich	0.9781	$K_F=110.34$	$1/n=0.4504$

8.4.9　洗脱及重复利用

洗脱条件的影响包括洗脱溶剂和洗脱时间，实验选取了正己烷、乙腈、甲醇和丙酮作为洗脱剂进行解吸试验，同时考察了洗脱剂用量的影响。实验结果如图8-40所示，当洗脱剂的用量为1mL时，只有丙酮能达到令人满意的回收率，故选择丙酮作为洗脱剂。洗脱时间对实验结果也有较大的影响，洗脱时间不够，待测物不能完全解吸。实验结果表明，涡旋解吸2min目标物可以被完全洗脱下来。

将目标物和正辛醇从磁性材料洗脱下来之后，收集吸附剂。洗脱剂用甲醇和水分别清洗2~4次，重复用于磁固相萃取过程，结果表明，重复利用4~5次后，吸附效率并没有发生明显改变，说明吸附剂 Fe_3O_4@MWCNTs磁性材料和 Fe_3O_4@聚多巴胺@多巴胺CDs磁性材料是可以重复使用的。

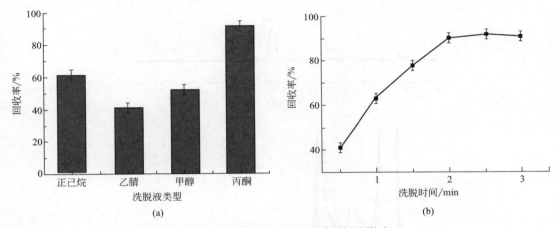

图8-40　洗脱剂的选择和洗脱时间的影响

为了研究所制备的 Fe_3O_4@MWCNTs磁性材料和 Fe_3O_4@聚多巴胺@多巴胺CDs磁性材料的重复利用性，将目标物3-乙酰基-2,5-二甲基噻吩从两种磁性材料上洗脱后，将收集的磁性材料用40%乙醇清洗2~4次，再用清水清洗2次，重复用于磁固相萃取实验。通过对比3-乙酰基-2,5-二甲基噻吩回收率，没有出现明显改变，证明本实验所合成的 Fe_3O_4@MWCNTs磁性材料和 Fe_3O_4@聚多巴胺@多巴胺CDs磁性材料是可以重复使用的。

8.4.10　方法有效性和样品分析

8.4.10.1　方法验证

在优化后的最佳条件下，本节通过检测调料酱样品中不同浓度的3-乙酰基-2,5-二甲基噻吩，研究了待测物浓度与响应值之间的关系。以色谱峰面积对浓度进行线性回归，3-乙酰基-2,5-二甲基噻吩线性范围在0.5~100μg/mL，线性方程为 $Y=27.443X+5.158$，$R^2=0.9992$。在信噪比为3（$S/N=3$）时，方法的检出限（LOD）为0.06μg/mL。

通过添加高、中、低三个浓度的3-乙酰基-2,5-二甲基噻吩考察了方法的加标回收率和日间、日内精密度，结果见表8-17。该方法的回收率在90.2%~95.7%，相对标准偏差（RSD）在2.3%~4.8%。

表 8-17　方法加标回收率实验

项目	添加量 /(mg/kg)	第一天(n=5) 检出量 (mg/kg)(RSD(%))	第二天(n=5) 检出量 (mg/kg) (RSD(%))	第三天(n=5) 检出量 (mg/kg)(RSD(%))	回收率/%
ADP	25	23(3.1)	24(4.0)	23(4.8)	93
	50	48(2.9)	46(2.9)	47(3.6)	94
	75	71(2.3)	73(3.4)	70(3.7)	95

注：RSD 代表当天内平均浓度相对标准偏差。

8.4.10.2　样品色谱分析

经过高效液相色谱仪检测得到的 3-乙酰基-2,5-二甲基噻吩标准色谱图、调料酱样品加标前后和加标调料酱样品经 MSPE 富集前后对比如图 8-41 所示。由色谱图可知，经过磁固相萃取后，杂峰变少，说明磁性材料对目标物有选择性，能消除大部分干扰物质。

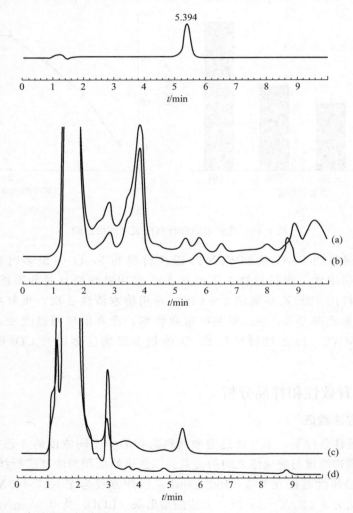

图 8-41　高效液相色谱图：(a) 样品加标 (5μg/mL)；(b) 样品；(c) 样品加标经磁固相萃取处理 (5μg/mL) 和 (d) 样品经磁固相萃取处理

8.4.11　样品分析

为了评估已建立的方法对 6 种调料酱（李锦记黄豆酱，李锦记排骨酱，海天海鲜酱，老干妈风味鸡油辣椒酱，晨明香菇酱和红油豆瓣酱）中添加剂 3-乙酰基-2,5-二甲基噻吩检测的有效性，本节将上面建立的方法应用于 6 种市售调料酱样品（表 8-18），检测出结果如表 8-18，可知当加标量为 0μg/g，10μg/g，20μg/g，50μg/g 时，检测出的加标回收率在 90.2%～95.7%之间，相对标准偏差（RSD）在 2.3%～4.8%之间。

表 8-18　实际样品中 3-乙酰基-2,5-二甲基噻吩的测定

样品	加标浓度/（μg/g）	检测浓度/（μg/g）	回收率/%	相对标准偏差(n=5)/%
李锦记黄豆酱	0	nd	—	—
	10	9.09	90.9	3.6
	20	18.44	92.2	2.9
	50	47.65	95.3	3.2
李锦记排骨酱	0	nd	—	—
	10	9.21	92.1	3.8
	20	18.94	94.7	3.1
	50	47.45	94.9	3.8
老干妈风味鸡油辣椒酱	0	nd	—	—
	10	9.27	92.7	3.1
	20	18.4	92.1	2.3
	50	46.8	93.5	4.5
晨明香菇酱	0	2.62		
	10	11.37	91.7	2.6
	20	18.8	93.6	3.7
	50	47.2	94.3	3.9
海天海鲜酱	0	nd	—	—
	10	9.25	92.5	2.8
	20	18.6	93.1	3.5
	50	47.4	94.8	3.7
红油豆瓣酱	0	3.32		
	10	12.66	93.4	2.9
	20	18.9	94.2	4.8
	50	45.9	91.8	3.4

注：nd（not detected），未检测到。

8.4.12　小结

本部分研究建立了碳量子点修饰 Fe_3O_4 磁性纳米材料的合成方法后，采用 Fe_3O_4@聚多巴胺@多巴胺 CDs 和 Fe_3O_4@MWCNTs 两种磁性材料混合来对调料酱样品中 3-乙酰基-2,5-二甲基噻吩进行富集萃取，并结合高效液相色谱对其进行定量分析。优化了 Fe_3O_4 磁性纳米材料的合成和磁固相萃取条件，并对此方法的准确性进行考察。结果表明该方法检测出的加标回收率在 90.2%～95.7%之间，RSD（n=5）在 2.3%～4.8%之间。该方法的操作简便而且成本也低，是一种有效的测定调料酱样品食品添加剂 3-乙酰基-2,5-二甲基噻吩的新方法。

功能化磁性纳米粒子是磁性固相萃取技术的关键材料，因此，目前相关研究者在磁性微纳米粒子的制备、功能化方面投入了大量精力，并取得了一系列理论与实践成果。尤其在功

能化方面，形成了包括表面嫁接有机小分子、表面包覆碳或无机氧化物、表面嫁接或包覆聚合物、载体表面或孔道内负载磁性纳米粒子、载体骨架内掺入磁性纳米粒子、物理共混法制备磁性功能材料在内的 6 种有效方法。以此为基础，MSPE 技术也已成功应用于食品安全检测领域，并在环境分析、生物样品前处理等方面显示了良好的应用潜力。

目前，关于 MSPE 技术的开发和应用研究方兴未艾，尚需人们在以下几个方面继续展开研究：

（1）合成更多有用的功能化磁性微纳米粒子，以满足各种样品前处理体系的需要，特别是设计合成对复杂基质中目标物具有专一吸附能力的磁性材料；

（2）研究开发新型 MSPE 应用装置，从而提高功能化磁性材料的使用效率，进而拓宽 MSPE 技术的应用范围；

（3）与其他萃取技术（如液-液微萃取）结合，发展更加高效的样品前处理模式；

（4）与高效液相色谱、质谱等分析检测仪器联用，发展在线磁性固相萃取（on-line MSPE）技术。

在解决有机污染物选择性分离的同时，也面临着很多挑战和问题，以下几方面将是今后的发展方向：①由于有机污染物分子结构差异性大，如何根据目标分子的结构特点设计多功能磁性纳米粒子，实现高灵敏度、特异性的分离检测；②磁性纳米材料的性能表征参数（如表面活性基团数量、粒径和尺寸等）与目标分子的相互关系，磁性纳米材料的可控设计与制备，纳米材料的团聚及其悬浮液的不稳定性等问题；③在线微型磁性固相萃取结合在线分析，实现样品处理和检测的连续自动化，这不仅是磁性纳米材料在分离和检测领域应用需要解决的难点，也是目前分离和分析检测研究的热点和重点；④使用表面活性剂涂层修饰的最大缺点是在洗脱分析物时，表面活性剂胶束被破坏，这将引起解吸溶剂中含有高浓度的表面活性剂，从而可能会干扰质谱、紫外或荧光检测；⑤磁性高分子聚合物和磁性分子印迹材料制备较烦琐，吸附萃取的选择性、重现性还不尽如人意。因此开发研究物理化学稳定性高、使用寿命长、吸附容量大、萃取效率高、选择性好的新型磁性纳米材料已成为目前国内外磁分离技术研究的重要课题。